成长之难

一个少年的心灵史

PAINS AND GAINS

The Spiritual Development
Of A Youth

小石 / 口述　陈墨 / 编撰

中国大百科全书出版社

图书在版编目（CIP）数据

成长之难：一个少年的心灵史 / 陈墨编撰；小石口述. —北京：中国大百科全书出版社，2021.1

ISBN 978-7-5202-0889-5

Ⅰ.①成⋯　Ⅱ.①陈⋯②小⋯　Ⅲ.①青少年心理学—通俗读物　Ⅳ.①B844.2-49

中国版本图书馆CIP数据核字（2020）第267485号

出 版 人　刘国辉
策　　划　陈　墨　刘国辉
责任编辑　陈　光
责任印制　邹景峰
封面设计　今亮后声
版式设计　博越创想
出版发行　中国大百科全书出版社
地　　址　北京阜成门北大街 17 号
邮　　编　100037
网　　址　http://www.ecph.com.cn
印　　刷　北京君升印刷有限公司
开　　本　710 毫米 ×1000 毫米　1/16
字　　数　564 千字
印　　张　30.5
版　　次　2021 年 1 月第 1 版
印　　次　2021 年 1 月第 1 次印刷
定　　价　68.00 元

讲述人：小石（子）及其父、母、妻

采访人：陈墨

摄　像：李颢、李一意

录　音：刘玲

时　间：2017 年 7 月—2018 年 8 月（采访 25 次，68 小时）

地　点：北京，陈墨家（另有一两次在主人公住处）

原始抄本整理：刘玲、李一意

目录 CONTENTS

前记

本书是一个青年人的口述历史，内容是从人之初说到上大学。

书名《成长之难》的"难"，可解为困难的难，也可解为苦难的难，抑或灾难的难。本书主人公与众不同，作为饱受宠爱的独生子，幼儿园生活留下的是"恐怖"记忆。小学时因为上课经常走神，因而成绩时好时坏，与同龄人的差异却不很明显。在初中时大脑经常"断电"，厌学情绪严重，逆反心理渐增，用三年半时间才上到初三上学期，终于出现身心故障，当然无法上高中。休学期间，无明火起时常掀桌子摔碗，发躁发狂时常砸门砸墙，郁闷时作困兽之嚎，愤慨时差点要了妈妈的命。孩子的苦难即父母的灾难，父母苦痛可想而知，但他们始终没有放弃，小心守望呵护，直到孩子逐渐自愈，四年半后以初中辍学生身份考上大学。

本想以《问题少年口述历史》或《问题少年的心灵史》为副题——这样的副标题可能更吸引人眼球——斟酌再三，最终决定不用"问题少年"这个标签。虽然他在成长中的确遭遇了各式各样的问题，他的身心也曾出现各种奇异症状，是否可以把这个少年定义为"问题少年"？实无法确定。这少年虽曾逃学离家，终不过是在家居所在的小院附近转悠了半个晚上；虽曾想"杀"幼儿园老师、小学老师、中学老师、自己的妈妈和奶奶，也终不过是一个少年无助无望时有口无心的幼稚想象。这少年固然有问题，或不过是因不适应学校教育而产生的身心症候，总不能把一个生病的孩子称为问题少年吧？更何况，少年问题的起源，很可能还与他的父母、幼儿园老师、中小学老师有关，既然不把父母称为"问题父母"，老师称为"问题老师"，为什么要把受害生病的少年称为"问题少年"？恰当办法，是对故事中的所有人都作同情和理解，即便出错，那也不过是因为无知。

该少年从小喜欢独自幻想神游，以至于听不到、听不懂老师的声音，在这一意义上说，该说他是"神游少年"。他经常做噩梦，也确实喜欢梦想，这又像是"追梦少年"。他感受世界的方式非常独特，想法和经历也与众不同，更像是"奇葩少年"。如此搞法，这少年的头上的标签堆积得越来越多，势必会掩盖其真实面目。所以决定不用任何标签，将他的记忆口述定名为《一个少年的心灵史》。说它是"心理病历"也可，说它是"励志之书"也行，作为一个少年成长的记忆实录，我说它是孩子的心灵史，其中有大量尚待破译的人性与文化秘密。

我与少年的父亲相识，见证了少年成长的最后一段坎坷。那是他休学的后期，想要考大学时，他父亲陪他来我家，他和我颇为投缘。此后，他和我或是对面交谈，或是电话沟通，一直保持联系（书中讲述了这一段）。我见证了他考上大学，见证了他不断自愈康复，见证他终于成长为身心健康的阳光青年。

后来某一天，我对主人公说，何不把你经历和记忆以口述历史方式记录下来？主人公说：赞同。我说你的故事不能由你一人说了算，我还要采访你的父亲、母亲。他说，他去征求父母意见。他父亲先同意了，后来他母亲也同意了。

本来还计划去采访主人公的其他亲戚，以及幼儿园、小学、中学的老师和同学，后因采访团队成员抽不出时间出差，只得作罢。这个项目的主题，也就只能从一个少年的生命史（这需作生命编年考据，尽量做到客观真实），修订为一个少年的心灵史，亦即发掘他的个人记忆（当然偏于主观），加上采访人的解读和评说。我把这一发掘记忆和解读记忆的工作，称为"心灵考古"。有关这方面的具体因由和细节，我会在《后记》中说。

采访结束后遇到了新问题：主人公的母亲不同意公开出版。对此我能理解，因为口述历史中不仅包含主人公个人及其家庭隐私，且涉及主人公成长期对他人的观感和评价。经主人公父子劝说，孩子母亲同意公开出版，但必须化名。这是合情合理的要求。化名出版口述历史，在国内外都有先例，不妨照此办理。

无论如何，我都要感谢主人公及其父母！讲述这段不堪回首的往事，对有类似经历的个人和家庭或许有帮助，但对主人公及其父母而言则不啻重入地狱、再受煎熬，更何况还有"家丑外扬"之忧！这一家人面对真实的勇气、济世助人的情怀，我十分钦佩，并且由衷感激！假如这本书的价值得到认同，真的能帮助到一些仍处于"青春黑洞"中的少年及其家人，首功当在本书主人公及其父母。

下面交代，我为什么要采访主人公及其父母，并推出这部口述历史书。

其中最重要的原因是，我也是一个父亲，准确说是一个自以为合格而实际上未必合格的父亲。主人公父母曾有的不恰当心态、言语和行为，我几乎全都犯过。

还有一个原因，是 2010 年 7 月 8 日《南方周末》第 6 版有一篇特稿，标题是《父母皆祸害？》，报道网络上的一个名为 anti-parents（反父母）的讨论小组，成员在其中倾诉小时候如何受到父母的压抑和戕害。"父母皆祸害"之说，当然不无偏激，世上肯定有很多父母是子女的良师益友；即使有些父母无意中伤害了子女，想必多半不是主观故意，也不能说"皆祸害"。不过，这是数千青年的呼声，纵使不是主流也同样值得倾听，值得深思和讨论。由此想到鲁迅先生于 1919 年发表的文章《我们现在怎样做父亲》中说："开宗第一，便是理解。往昔的欧洲人对于孩子的误解，是以为成人的预备；中国人的误解是以为缩小的成人。直到近来，经过许多学者的研究，才知道孩子的世界，与成人截然不同。倘不先行理解，一味蛮做，便大碍于孩子的发展。"[1]鲁迅先生的教言，想必有很多人看懂并受益，但也显然还有不少人没有看懂甚或没有看到。

我知道人间父母都以为自己爱孩子，实际也可能是。然而有时候——

> 正是爱花人的手，把花儿从枝头摘下，
> 供在花瓶里，
> 于是花儿枯萎。[2]

我当年读这几句诗产生强烈共鸣，是苦于父母不理解我；而在我成为父亲之后，我的孩子很可能也有我少年时同样的苦闷。文化行为会自动复制。

父母当真了解、理解自己的孩子吗？

如果问我，我可能会张口结舌，暗自冷汗淋漓。

这也正是我要做这部口述历史的原因。我还希望，有更多人做这样的口述历史，若能因此而形成庞大的数据库，以便专业科学家做数据挖掘和分析，在科学的层面上了解和理解孩子。这样，或许能避免父母想当然。

最后要说明，本书主人公回忆和陈述的内容，可能会让一些读者不适。但这是主人公真实的陈述和记忆，我不能作任何改写或修饰。我们会看到，主人公的陈述言语中，有很多不符合语法规范的现象，这是言语的真实——日常生活中的

---

[1] 鲁迅：《我们现在怎样做父亲》，原载《新青年》6 卷第 6 号，1919 年 11 月。见《鲁迅全集》第一卷，人民文学出版社 2005 年版，第 134—149 页。

[2] 这是我少年时读过的几句诗，曾让我产生过强烈共鸣，我记得的诗句也不见得十分准确，更遗憾的是诗的标题和作者我已经不记得了。

言语交流与合乎规范的文章往往天差地远——我也尽量保留原貌。保留的原因，是言为心声，留存主人公言语的真实信息，以便语言心理学家或心理语言学家得到原始样本，予以科学的专业分析。为此，务请编辑和审稿人高抬贵手。

闲话少说，且让我们倾听这个少年的奇异心声。

第一章

奇幻的人之初

小引

我们对零至三岁婴幼儿的了解，
并不比对一万年前的人类历史的知识多。

1

最早的记忆

陈墨（以下简称"陈"）：你最早的记忆是什么？

小石（以下简称"子"）：这个比较模糊。我也不确定是哪个，真是出生时的记忆还是后面的幻觉啊。但是我的印象中，在我那个，好像我有那么一段时期，就是，有一种朦胧的感觉，就每一天睁开（眼睛），感觉是醒着的，睁着眼睛的，但是四周调子比较暗，好像只能看清一些局部，是没有声音的，但是我能感觉到，我的感觉中是在吸奶嘴，就是吸奶。看到的，就是暗暗的，影像中的那个，硕大的那个乳房，然后隐隐约约看见那个，好像是我妈，就是一个长头发的，扎了一个辫子的，应该是这样一个女人。她应该是，会这样撇开衣服来，硕大的乳房，就是凑近我。然后我就在吮吸吧，但是没有吮吸的感觉，像是梦。就是感觉，重复的是撇开衣服，然后乳房凑近，然后吮吸。我甚至每次回忆那个画面的时候啊，我感觉到乳房在抖动，就是抖动的乳房。然后，就那一段之后啊，就没有什么记忆。好像梦醒一样，我就长大了，好像进入那下一个环节了。

陈：通常的记忆一般是三岁以后才开始，你在哺乳期就有记忆？

子：这个，我就是不能分清（是不是记忆）。现在依然不能分清。在我的认识中，我把我这个定为第一份记忆。这么多年，我一直是这么认为的，那是我最开始的记忆。但我不能确定（是不是记忆）。

陈：也可能是你的想象？

子：也有可能，但是我不能确定，从我的角度来讲，我觉得这是我的第一份记忆。而且这个记忆我觉得还持续了一段时间。也像是梦吧，一段长时间的昏昏暗暗的感觉中，就只有一个女人，可能是我妈，只有乳房。就那么一个（场景），我定义为比较早的回忆。

（下文中字体不同部分为陈墨对主人公父母的采访，及主人公父亲的日记，简称"父、母、父亲日记"）：

父亲日记

1988 年 8 月 17 日　星期三

儿子回到家，又能吃又能睡，又能拉。吃起奶来像头小饿虎，吸奶吸得"吧唧吧唧"响，吸吮不出奶来就焦躁得怪叫，小脑袋涨得通红。吃饱了就酣然大睡，睡着了有时候还自己眯着眼笑，真逗，弄都弄不醒，把你竖起来都不开眼。肚子不饿是难得醒的，除非是把大便拉在身上了。好好（小名）第一天回到家就拉了三泡大屎，把外婆给累坏了，又要给你洗屁股，又要给你洗尿布。

陈：接下来的记忆是什么？

子：我比较深的记忆是我拉肚子。我也不记得是什么时候开始拉肚子，但是在拉肚子的那个时期，感觉我已经有一些记忆了。但那个记忆，是没有办法完整地描述的。唉！都没有办法变成连续的事件，我遇到了谁，我干什么，我没有（完整的记忆）。

陈：只有碎片？

子：只有碎片。依然是很黑，但是我印象中，是在——也可能我记错了，不知道——但我印象中是在我的青山湖小区这个家里面。一张床，那张床有一个毯子，那段时间就不舒服，也是黑黑的，感觉没有白天。我那段时间的记忆，我每每回忆起来是，没有白天。只是很难受，为什么难受呢？是拉稀，但是我印象中那个拉稀并不是我到厕所去拉稀，或者是有我爸我妈陪得我去拉稀，而好像是我在晚上醒过来，我的那个粪便就已经在我的裤子上，而且好像已经过了一段时间。那个稀泥巴的粪便有点硬了。它粘在我的屁股和那个也不知道是尿不湿还是内裤（尿布），有点臭。我就是不舒服嘛。我爬起来，我感觉到把那个裤子揭开来的时候，就是裤子拉离屁股皮肤的时候，我感觉就是粪便，内裤跟皮肤黏在了一起。非常的不舒服，非常的难受。那段时间，我印象中也持续了一段时间。就是每天都会拉肚子，我都记不清我都吃了什么东西，但是拉肚子，而且还伴随着口腔溃疡，就是嘴巴老痛。就是有泡，是一段非常不舒服的记忆。然后，哎呀，隐隐约约会记得自己给抱去厕所，会给我清洗，裤子上面全是那个黄点，就是粪便留下的黄点。然后……

陈：这个可以求证。

子：这个我觉得应该是真的。

陈：你觉得是记忆？

子：粪便这个我觉得应该是真的，因为那个东西真的很难受，很难受，而且那个臭味呀……

陈：这也应该是很小吧？应该是三岁以前的事情？

子：那不能确定，也可能是三岁以后，不能确定年龄啊，但是我能确定这个事情应该比那个乳房的记忆我更能确认。这个是真实。

陈：这是记忆？

子：这是真事，因为我感觉还比较深。

陈（问受访人母亲）：送（他）到乡下去是什么情况？①

母：我们上班没有人带。

陈：八个月了，他还没有断奶？

母：是啊，我们中途时间到那里喂的嘛，到别人家里去。哦，对了，我断奶比较早，我六个月就断了奶。

陈（问受访人父亲）：他妈妈上班以后，放到农村一整天？

父：一整天。（他）断了奶之后就送到农村去（带）。农村带他就是这个（样）的，一个房子它外场就是有一个坪样的一个平地，那家农村主妇，她自己还养猪养鸡，很多事嘛，她就把他放在一个可以站的摇桶里。那时候他还不会走路，可以站在摇桶里，就放在家门口那里。她就在那里做事，家里到处做事，基本上就不管他，就放在那里，吃啊，就给他喝点水呀，就是这样子过来的。那个大嫂住家的边上有个邻居，（邻居的）那个小孩就一岁多，刚会走路，就来跟他玩。玩着玩着，就有一天突然手在他脸上抓了一下。抓我儿子。抓着之后就，那时候也没有电话，通知不了。我是下班后去的，一看，哎呀好可怕，三道很深很深的血印子。那个农家大嫂就很抱歉也很慌张，跟我拼命说好话，那个（抓他脸的）小孩的母亲，那个邻居也很抱歉，就对不起，小孩不懂事，就拿了一个碗，装了十个蛋，就作为补偿。就是你给他补点蛋。以前我每次去（接），儿子都是在那个小的摇桶里面，站着那个里头。那天去就奇怪，那个农妇抱着他，我感到奇怪，哎，她抱着他，哦，脸上（受伤了），还好，没有抓到眼睛，很深的三道血印。那就搞得人心里很难受。但是，当时也还没有地方去，还得送得去。没多久他就闹肚子，拉稀，拉得很厉害，连着一个多月拉稀。一拉稀，人就变得很瘦了，体

---

① 送到乡下去，是在主人公所住小区附近的郊区一个村庄找到一家农户白天托管。

质也变得很差了。但是还是得在那个农家带。

母：他小的时候就经常要生病，一个月要生一次病。

陈：生什么样的病？

母：不是感冒就是咽喉发炎，每个月必生一次病。

陈：从农村接回来以后，他拉肚子？

母：就是把他吓到了嘛。然后，就他爷爷死了回来后，①就一直是生病的，一直拉肚子，拉了一个多月将近两个月，紧（总）都不得好，那一下人就彻底瘦了嘛，然后说是说吓到了嘛。叫人家乡下人去，收吓（民间习俗，小孩被吓到后会找巫婆收吓）嘛，就是拿那个米去摇，摇到那个米都会立起来竖起来，一粒粒米竖起来。

陈：你小时候经常做噩梦，是从什么时候开始，还记得吗？

子：最早的梦记不太得了，只能记住最恐怖的梦。

陈：是什么？

子：哎，发高烧。应该也不会是上小学，应该算的话，至少应该是幼儿园以前。但是不能确定，就是闭上眼睛，呃，不不不，不是闭上眼睛，哦，是闭上眼睛，就是我在发高烧。啊，一睁开眼睛啊，就什么都没有，闭上眼睛的时候呢，就看见那个满天的黄沙，有一棵树，树上捆了个人，然后有另一个人，总在跑向那棵树，但是他永远都跑不到那棵树的那个点。他永远会回到，就像闪回似的，永远会回到起点，又往那里跑。那个梦让我，让我就比较恐怖。然后，一闭上眼睛啊，他就退了。说不清是幻觉还是梦，但是闭上眼睛它会有。有一天我不敢闭眼，我就睁开眼睛，就看着天花板，然后，闭上眼睛它又会有。这么来来回回的持续着，睁眼，闭眼。我感觉那天我比较难受。高烧，我很想睡觉，那天应该是中午，我躺在床上的时候，应该是吃完饭让我睡觉。但是，反反复复，重复着这个东西。

陈：你觉得恐怖，主要是人被捆着，还是跑不到目的地？

子：永远跑不到目的地。永远跑不到目的地的恐怖。

陈：永远跑不到目的地，为什么一个小孩会恐怖呢？

子：我不知道，就是看那个跑啊，觉得很吓人。当时的感觉就是很吓人。

陈：是什么很吓人？是跑的人的表情很吓人？

子：看不清人的脸。如果是按照镜头的焦距来看，他是个远景。人物是看不清的，只是远处有两个模糊的影子。

陈：为什么模糊的影子你会恐怖呢？

子：就是觉得很吓人啊。真实感觉就是很吓人，它是一种身体反应，不是理

---

① 主人公的爷爷于 1989 年 4 月去世。

智上的东西，它是身体上不舒服，就是像鬼影一样，总缠着你。闭上眼睛，他就来，总是跑不到头。黄沙它还不停地簌簌簌……不断地重复。一睁开眼就是天花板，一闭上眼，那个东西就有。

陈：那就不是梦境，而是幻觉，是吧？

子：也可能是幻觉，我一结束的时候他又来。我在发高烧。

小时候经常听外婆说：三岁看大，六岁看老。这应该是世代相传的育儿经验。数十年后，在哈佛大学教育学院知名教授霍华德·加德纳的《超越教化的心灵》中看到，现代教育专家竟也以三岁看大、六岁看老作为基本假设，实在有点吃惊。想一想，也不难理解，孩子三岁时，大脑"原装布线"已成轮廓，也形成了对外部世界的基本应对模式，可不是能够以此推测其长大的心智与行为类型？既然是科学讨论，我对六岁看老仍然有所疑惑，假如真是这样，学校教育意义何在？青春期自我意识意义何在？个人自我建构意义何在？

但对三岁看大，我却不敢置一词。因为我不懂。接下来的问题是，如何获得幼儿三岁之前心智发展的实证？达尔文、皮亚杰等科学家虽然详细记录过孩子从出生到长大的过程与细节，但却无法记录孩子的主观感受和心智变化。唯一办法是——通过包括口述历史途径——采集幼儿的记忆。但又有多少人记得自己三岁之前的感受和心智变化？个人成长的这段重要历史，正如史前文明遗存，我们知道它是普遍存在的，但发现并发掘实际遗存却是可遇而不可求。

本次采访之所以从受访人最早的人生记忆开始，是基于记忆与个人心理的关联性，每个人的最早人生记忆，会透露个人心理的丰富信息，甚至可以说是个人心理的底色。最早的记忆不仅是记忆刻痕，且是记忆沉淀、冲突与竞争的结果。

我本人第一个人生记忆，大约是三到四岁时的场景。很多人都是从三到四岁起才开始有明确记忆。而主人公关于乳房、拉稀的记忆，竟好像是其婴儿时期的生活图像碎片。他这婴儿时期（哺乳时期）的记忆是否靠谱？我不知道。弗洛伊德的书中提及，有人记得自己出生后 6 个月时的事。个体记忆开始的时间也可能不同，记得婴儿时事是否可靠？或要待脑科学家、记忆科学家证实或证伪。

个人记忆是否真实可信向来是口述历史工作中的一个重大问题。田野考古遗址真实可信，但也因洪水、地震、人类活动等因素而受到扰动；个人的记忆受到扰动的因素更多，成年后形成的世界观、人生观，个人信念、个性偏向、心智活力，乃至采访过程中的情绪因素等等，都可能成为个人记忆的扰动因素。

主人公的上述记忆，是否存在扰动现象？是一个值得研究的问题。线索是，受访人自己也不能确定，关于乳房的那个画面到底是记忆还是幻象？拉稀的记忆到底是婴儿时期的真实记忆，还是幼儿时期的记忆，甚或基于自己（无意识）的想象？进一步的线索是，噩梦的记忆是什么时候开始的？主人公也无法说出具体时间，可能是婴儿期的记忆，但也可能是幼儿期即三四岁以后的噩梦——他母亲说孩子在整个童年时期每个月都要生病——噩梦与生病有明显关联。

若不假思索地相信言语真实即记忆真实，仅从其讲述的记忆（或想象）看，也能给出某种解释。例如，关于乳房的记忆，可以用弗洛伊德性学说来解释。关于拉稀和噩梦的记忆，或可用生物学家贾雷德·戴蒙德的细菌学说来解释，即细菌环境的变化（城市里的细菌环境与乡村的细菌环境有很大不同）让孩子严重不适，导致细菌感染，从而拉稀，并成为主人公噩梦的源头。

分辨主人公的记忆究竟是生活事实还是心理幻象，当然很重要；也许更重要的是，无论是事实还是幻象，它都是主人公的心理图景。而这些心理图景有一个共同主题，即："黑黑的，感觉没有白天。"即便是没有心理学知识的人也能感觉到，这是一种负面的、令人恐惧的心理图景。即使是没有文学知识的人也能看出，这是一个有关人之初生命印象的隐喻和象征。问题是：这样的心理图景是如何形成的？是先天遗传的产物？还是后天刺激的结果？

为了探索这一图景的根源，我采访了孩子的父亲和母亲，从他们的成长经历一直问到恋爱、结婚的过程，尤其是孩子出生前后的生活情形。那是一个长故事，因为本书篇幅的限制，无法将其父母的陈述全都附录于此。这里只能简述与孩子相关部分的关键信息，要点是，孩子出生前后，年轻的父母正处在夫妻关系紧张阶段。原因有二，一是年轻的妻子在进入新的家庭后一直有不适感，觉得丈夫只顾及自己的原家庭，而没有顾及妻子的感受，从而为此吵闹并冷战；二是孩子出生后，年轻父母的工作和生活十分忙乱，不免心气烦躁，小家庭里冷战氛围更浓。这对年轻的父母毫无疑问都爱自己的孩子，只是他们没有想到，夫妻间的怄气和冷脸，很可能成为孩子对这个世界的第一印象。成人并不懂得，孩子虽然没有理解能力，甚至没有清晰的意识，却有着超出成人数倍的信息捕捉和印象感知能力，不仅能看到冷脸，甚至能接受到怄气的气息。正因为婴儿没有信息处理能力，这些信息才会沉淀、淤积，纠结成生命的无意识底色。这是不是孩子噩梦的根源？我不敢确定。只能猜想：这很可能与孩子的噩梦有某种关联。

2

青山湖小区

陈：你对青山湖小区那个居住环境，有什么样的记忆？

子：青山湖小区我记忆还比较深。进入青山湖小区（有）这么几栋楼，总要经过一个大铁门。为什么总记得那个大铁门呢？因为在那个大铁门旁边有一户人家在修车，我妈会带我去修车，然后看到一个，可能就十二三岁，可能十五六岁，一个学生，戴着一顶草帽，在抽烟。那是我第一次见到青少年抽烟，还跟我妈指着说，你看，那个人抽烟。我妈不说话，就点头。然后是一个铁门，要骑上一阵，好像那个自行车都要停到那个地方。是一伙（家）南昌人开的停车场吧。那家人家，是三代同堂，爷爷，爸爸，妈妈，小孩。小孩比我稍大一点，他们家开了一个杂货店，杂货店边上有一个很大很大的停车场，每次骑自行车都要停到那个棚里。经过那里，就要回我们自己的家了。自己家呢，好像有三个单元，我们住的似乎是中间这个。我当时是在四楼（住），边上是瑄（儿时伙伴），上面是勇（儿时伙伴），我家阳台上能够看到另一个单元的门洞（阳台），我看到父亲单位同事每天会端一本书坐在那个阳台上看。

陈：家里面的印象还有吗？比如说，几间房子？

子：应该有两个房间。我爸我妈和我，我们三个住在一个房间，还有一个房间是没人住的，我记得那段时间我们一直住在一起。

陈：是一张床，还是？

子：旁边有一张小床。是铁的那种婴儿床，旁边是铁架子搭起来的。后来就变成了一款木质的，边上也是有小栏杆的，但一定是有我爸和我妈陪同我住。在夏天会在那个小房间里开空调，好像是铺地铺。

陈：小房间指的不是主卧室，而是另一个房间是吧？

子：主卧室。[①] 会打地铺。在那个房间打地铺，也许是在那个小房间，我记

[①] 孩子的父亲说，当时住的是两室一厅，辅卧室里有一台窗式空调，夏天在辅卧室打地铺。

不清了。然后，我爸有一台放卡带的录音机。会放一些歌，但是我记不清会放哪些歌。我记得清的就是我爸老会放《黄河大合唱》之类的他会唱的革命歌曲。好像他还要到单位上去当领唱，什么歌咏比赛呀。我爸就会每天早上把那个音乐一开，就开始唱歌。有时候早上起来，打了一盆水在洗脸，会突然陷入小孩子的亢奋，不知道是放的音乐，还是爸爸妈妈要上班了，我兴奋，有意拧毛巾，把水往外边拧，瞬间拧了一地，我爸就凶我，那天我感觉特别兴奋，拧毛巾，被凶了嘛。那是一次大兴奋。走出阳台，探出那个头呢，我总是看到那个一楼，一楼每家都有个院子，那个种花种草的院子永远都很脏，上面的人会丢杂物。还有我们这些顽童啊，吐痰，所以是个极端肮脏的地方，但是我每次会好奇往下看，又有什么垃圾没有，有时候自己也往下丢东西，反正垃圾堆在那里也不扫，任它在那里野蛮生长。

走下楼来呢，那就是玩闹的院子嘛。那院子嘛，比较野生，草比较多，虫子比较多。总有蝗虫和蚱蜢穿梭。

陈：蝗虫和蚱蜢不是一个东西吗？

子：不是。蚱蜢是尖头，蝗虫是扁头，蚱蜢比较笨，好抓。蝗虫，它那个后脚哇有刺，尤其是大蝗虫，抓的时候容易割到手。比较好抓的蝗虫是黄色的，灰的与草的颜色混在一起，特别不好抓，不好发现。我喜欢在那个草丛里面走，有那么一段时候就是脖颈总是会痛，连痛了几次之后，有一次又一痛，我就拿手往脖子上一抓，咔，丢下一个东西，是螳螂，总有螳螂会扑到你上面来。螳螂就厉害了，因为螳螂是大家都很想抓又抓不着的东西啊，（抓到）螳螂之后，你可以去炫耀，抓着螳螂了！我抓到过一次，被我虐待，玩腻了之后把它弄死了。还有石头缝，那个是比较吓人的，不敢轻易去翻的地方，一翻开来，里面，第一有蚯蚓，有千足虫，最吓人的是蜈蚣，大片大片的蜈蚣在里面跑，我爸小时候跟我讲过，蜈蚣啊不能碰，有毒。（我）怕蜈蚣，所以这个东西比较吓人。每次看到这些东西在里面爬，以我的习惯呢，都是喜欢撒尿，但每每看到蜈蚣呢，就把那个（石头块）复原了。害怕。这整个院子里面啊，我最爱抓蚱蜢。勇他们呢，都很快融入了当地的环境，杂志社的孩子，在那里还挺多，是一个圈。当地的市井居民，开杂货店的又是一个圈。两者不太一样，文化圈和野生圈。勇很快就会跟他们交流沟通，那小区附近有个游戏机室，进去打游戏的时候，一毛钱一个牌子，属于比较便宜的时代，勇就经常抄个三五毛钱去打游戏机。我不太加入他们，我在那里兴致盎然地抓蝗虫。而且还玩各种比较好玩的花式，比方说我喜欢把蚱蜢去喂蚂蚁，那蝗虫和蚱蜢到了夏季最旺盛的时候，会出现父负子，就是大蚱蜢身上驮一个小蚱蜢，然后我就去抓，抓住之后，我就发现一个现象啊，就是我抓住一个大蚱蜢和一个小蚱蜢之后哇，我把那个小蚱蜢抛了，小蚱蜢不会跑，就会蹦到我手上来，我就又抛，会重复这个游戏。有时候我会找一根仙人掌，咔，把大蚱蜢插死在那个仙人掌上，我就走了。第二天，只要是那个父子蚱蜢，那个小蚱蜢一定会在那个大蚱蜢旁边，不走。最后那个大蚱蜢，放在仙人掌上的大蚱蜢，它会吸引来蚂蚁，来把它分食了。

陈：是你一个人玩，还是有别人？

子：基本就我玩。一个人。有一年，我觉得最过瘾的就是，离我们的院子不远的地方啊，有一个学校，好像我爸还（曾经）在那里读书。[①] 有一年暑假，我哥哥[②] 跟我们住在一起，我们还带了一个网，拍了照片。那一年，整个江大的操场上草非常长，往年的蚱蜢这么小［比划：一寸左右］，那年的这么大［比划：两寸左右］，随时能抓到拇指长的，我就抓到一只比较大的蚱蜢。我给我爸看，我爸还表扬我了。

陈：怎么表扬呢？

子："抓到了，挺好哇！"

陈：抓到了挺好？

子：意思就是你很厉害。让我感觉到：你很厉害。

陈：以至于下次更来劲？

子：对呀。在这个院子（小区）里，有一个，脸上有胎记或者是白癜风的，脸上一大块东西，长得比较丑的一个村妇，短发。那个村妇啊，她像是有精神问题，时常自言自语地对着一个没有人的地方，骂。骂一个小时，她有时候从你身边过的时候，沉默不语，看都不看你，游魂野鬼似的。但有时候她会对着一堵墙，啪啪啪啪，骂很久，特别投入，手舞足蹈，很久。一直到搬家之后，才……

陈：见到她很害怕吗？

子：不害怕，就觉得很新奇。我怕的是另外的东西，有一只狗，那只狗一见我就喊、就吼，那只狗是只典型的欺善怕恶的狗，我还老跟它相遇，抓蚱蜢的时候，它的头就出来了。上学背个书包回来，从幼儿园回来，它也出现了，它就嗷嗷叫。

陈：见到别的小孩不叫吗？

子：没见它对别人嚎，见我就嚎。有一次我见到它，狭路相逢，草丛里，我赶快跑，我刚跑两步，它就冲我吼。这狗是个怂货，只是吓我，从来不敢冲上

---

① 这所学校是指江西大学，现更名为南昌大学。

② 哥哥，是主人公姨妈的儿子。

来。但是，着实把我吓得够呛。但是有一回啊，有一只狗，跟那只是一样的，但是颜色偏淡一点，白色有斑点，中华田园犬，比它大的狗，不记得是上幼儿园还是上（小）学，看见有一辆卡车停在那里，很多人喊，轧到了、轧到了，我爸也停车，那个车轮下面钻出一条狗，那个狗脖子都被压得皮肉分离了，还在挣扎，那个手（爪子）在不停地往断口处挠，那个头哇不停地往后面偏，动不了了，就在原处不停地挠。大家说，完了完了。后来我爸跟我说，如果狗一旦没死透，它容易成疯狗。那一刻，很奇怪啊，说来很巧，那只狗出事了之后啊，那只老冲我嚎的狗也出现得少了。我在想，是不是就是它被轧死了。

采访人札记

关于居住环境的提问，有几个目的。一是要了解主人公的具体生活环境；二是要主人公对生活环境的感知能力和记忆重点；三是要通过这方面的提问，验证受访人记忆的准确度——在口述历史采访中，通常都要有此类可验证的问题，测验受访人记忆特点及其准确程度。受访人记忆陈述，有些内容我们无法验证，例如前述关于人生最初的记忆内容，只有他本人知道，别人不可能知道；但有些信息则是可以验证的，例如家庭居所位置、家居环境、家里的房间布置，等等。在这个案例中，主人公的记忆是否准确，只需询问其父母，即可验证。例如，在上面的陈述中，主人公对自家空调房间的记忆就明显有误。这很容易理解，孩子不关心这个，谁也不会指望一个孩子对他不感兴趣的环境记忆完全正确。但这一验证仍是非常重要的，可作为对受访人的记忆真确性评估的一个参照。

上面的陈述表明，主人公对自己生活环境的记忆，重点不在室内，而在户外。这可能是所有孩子的共同特点，邻居家是张大爷还是李大妈，孩子并不关心（若邻居家有同龄的孩子则不同），他关心的是户外的草丛，以及草丛中蝗虫、蚱蜢螳螂、蚯蚓和蚂蚁。精神分析学家弗洛伊德有一个重要假说，即每个人的成长都将复现人类的进化过程。在这一意义上说，幼儿相当于远古先民，对大自然的亲近正是人类本性。孩子对动物的态度，不过是古代先民生活情景的无意识再现。在这一意义上说，从未在草丛中捕捉过蚱蜢的孩子，生命经验或有缺失。

捕捉蝗虫和蚱蜢，显然是主人公童年最重要的人生经验。在说到这段经历时，主人公的眼里总是光芒闪烁，实际上，主人公还曾将这段经历写成小说公开发表。我曾看过那篇小说，直觉到小说的字里行间含有重要的生命信息。不过，我并不懂得那些信息的真确意涵。在口述历史采访时，听到主人公说他常常一个人面对草丛不亦乐乎，情不自禁地产生一阵隐忧，忧什么？现在也还说不清。

在有关小区生活环境的记忆中，那个精神病患者和那只狗都是重要角色。成年人对这些可能都会习以为常，乃至视而不见，对孩子而言却是十分新奇的人生经验。此类经验不过是人类生活寻常景观的印象而已，于一般人或许并不重要。幼儿主人公遭遇这类新奇的人、古怪的狗，是否有什么意义？有什么意义？我不知道。如果是面对一篇文学作品，我也许会说，精神病患者和那只总是追逐主人公的狗，可能是某种隐喻。现在面对的是一个人的记忆陈述，隐喻是否仍然成立？我不敢说是，却也不能说否——我对口述历史也有一个小小的假说，人类的一切记忆都是有意义、有价值的；有些记忆信息的意义和价值我们还不得而知，未来的科学家或许会懂得，甚至可能如获至宝。也就是说，大数据时代的口述历史，即人类记忆采集、保藏、探索和研究，其意义和价值不言而喻。

3

玩具、游戏与电视

陈：小时候玩玩具有哪些记忆？

子：我印象最深的还是一个老鹰机器人。那个机器人在当时整个院子里，别人都没有，就我有。每次带出去，别的孩子会爱不释手。（即使）被爸妈叫去吃饭都不愿意走，要爸妈用棍子抽，才把他拽回去。小时候最想玩的就是机器人。小时候看的动画片是变形金刚，变形金刚风靡一时。最想的就是拥有一台像变形金刚一样的机器人。我就有了那台老鹰机器人。

陈：你所有的（玩具）都是机器人吗？

子：有很多玩具呀。

陈：比如说呢？

子：蛐蛐，笼子装的，会叫。

陈：那个蛐蛐是怎么来的呢？

子：有人卖呀。金龟子，我爸会抓那个，拿绳子系着，一放它会飞。给我抓过那个东西，那是我印象比较深的一个玩具。我们家比较省，一般不给我轻易买玩具。我的玩具呢，显得比宇 ① 要时尚一点。宇的玩具，时常买一个金箍棒，时常买一把剑。很少买变形金刚之类的。还有一回是我哥哥清理玩具，一批残胳膊断腿的变形金刚，那时候变形金刚的时代已经远去了一点，那时候是神兽金刚，讲的是五个狮子，平常的时候，他们是由人操作，五个狮子是机器人，平时的时候是代步的汽车，环游宇宙，遇到大怪物的时候呢会变身，几个狮子会组合变成一个机器人。我哥哥就有一个黑色的机器人，神兽，断了腿。但是我觉得特别好玩，我觉得拥有一台梦寐以求的偶像级的机器人。

陈：断了腿，你修理吗？

子：不修哇，就是正常玩。

陈：如果你要想修，会跟你爸爸妈妈提要求吗？

子：会提呀，那时候南昌卖机器人都是会在街上摆摊，我都会跳下自行车拖住车子说，买，买。

陈：结果？满足的比例是多少？

子：满足过一次。我妈给我买过一个，是后背可以装大炮的。

陈：只买过一次？还是你只记得买过一次？

子：只记得买过一次。

陈：小时候的游戏，还有那些？

子：《魂斗罗》。当年最时尚的一个游戏就叫《魂斗罗》。两个人，一个红的和蓝的，一共有八关，我打到过第三关，拿到枪，其实就是打怪。可以跳，可以蹲，就只到第三关。水平不怎么高，喜欢玩，但水平不见涨。

陈：不能设法打到第四关吗？

子：没有让我玩那么多次，就是不会让我成天坐在游戏机前玩。我爸更想让我写字。《魂斗罗》是比较时尚的。我哥哥带我到游戏机室去玩过几次，那时候啊游戏机室是最火爆的时候。人山人海的小孩，那时候又没有什么未成年人不让进，到处都是小孩。

陈：除此之外呢？

---

① 宇：是主人公姑姑的儿子，也是主人公童年生活中的重要角色。

子：对，是那个《拳皇》，那个日本在中国非常流行的《拳皇》。最早《拳皇》是一本漫画，第一代拳皇，在日本。大家拿着牌子玩对打，打得兴起，相互对骂，在外面约架，再打。我哥就带我去玩，我觉得一点意思都没有，我说回去吧，我哥说不回去。

陈：你对游戏的兴趣没有那么深？

子：我对《拳皇》没有掌握。在日本，《拳皇》属于分级的，不属于小孩的，还是比较血腥和暴力的。那个设计经常有袒胸露乳的，还是比较色情的，不是属于小孩该玩的，但是它就进入了中国，有这么多人玩。

陈：你最早看电视是什么时候？看动画片？

子：看电视啊，真的还是《射雕英雄传》。

陈：不是动画片吗？

子：对。我感觉最喜欢看的是《射雕英雄传》。你只要打开电视，每个台都在放，黄日华，那好像从来都不用担心看不着，每个台都在放《射雕英雄传》，反复放。我从来没有看到过开头结尾，每次都不知道为什么，都是看到郭靖登陆桃花岛，去找黄蓉，遇到了欧阳锋，然后遇到了周伯通，然后到了洪七公，那几个段落开始看，最长也就看到黄蓉被欧阳锋抓走了，练功了，翻来覆去地看啦。印象最深的就是电视剧了。好像就最爱这个电视剧。

陈：除了《射雕英雄传》，排序前五的是哪些？

子：其他的都是动画片。印象最深的，第一部，我记得，中国的，《邋遢大王历险记》，就那个人缩小了，进了老鼠国，后来变大了，回来了嘛。我觉得，哎，挺好看的。这属于比较早期的记忆了，《邋遢大王》。《舒克和贝塔》我觉得好看啊，我记得最好看的其中一个细节。那个细节是什么呢？舒克和贝塔两个老鼠中的一个吧，好像离开家了，去到远的地方去了，过了很多年之后，他带了很多东西回来，见了他的妈妈，那个舒克还是贝塔就流眼泪。看得，哎呀，印象很深，就总是忘不掉。

陈：这是什么时候？

子：应该是上了幼儿园，不然没有那么强的感觉。后来日本动画就零零星星地在各种电视台出现了。其中（印象）很深的一个动画片就是《北斗神拳》，勇自从看了《北斗神拳》之后就总是在我面前打赤膊，那个《北斗神拳》里面的男主角剑次郎，胸前有"北斗七星"，七个伤疤，勇就经常露出胸膛给我看，你看我也是有七个伤疤的男人。那个动画，极度的少儿不宜，每一集都会出现残肢断臂，还有畸形恋情，男主角那个恋人也死在那个男主角的手里。有一个女孩喜欢那个男主角，但那个比男主角小二十多岁，属于父女恋情。《北斗神拳》演了一百多集，特别长。每一集，剑次郎战斗的对象是自己的同门师兄弟，北斗·神拳的高手，都要很痛苦地把自己的同门灭掉。我一直记不得情节，但我记得那个片子的大结局，他战胜了最后的那个大 boss，那个大 boss 也是北斗·神拳的高手，战斗完之后，那个小女孩，被打昏的那个，失忆，会第一眼爱上看到的那个男性，剑次郎就把这个女孩给了他的一个小跟班，说我要继续上路。那个时候那个剑次郎已经变得有点老了，经过了很多次战斗，而且赤身骑着一匹马行走在那个地方，那脑子里一幕一幕回忆起他战斗过的所有的人，说他一直会在路上，去战斗，在那时就结束了。我还看得泪流满面，我还看得很热血。

陈：怎么呢？

子：现在回忆，当时看过很热血，好有感觉。

陈：你看动画片是每天都看？

子：幼儿园之前是可以的。

陈：规定时间吗？

子：用我爸经典的话说，你看电视眼睛一点都不眨。我觉得应该对我没有太多的限制。

父亲日记

1990 年 5 月 15 日　星期二

儿子看着一天天长大，长高，尤其是智力发育得很快，有着让人吃惊的记忆力和模仿能力。他在不知不觉中已经会说几乎生活中全部的日常用语，又没有人教他，他竟是躲在我们大人身后，偷偷地自然而然地学会的。他会突然指着我们拿着的东西叫着它的名字，什么酱油哇、巧克力呀。有一天他突然自己把电视给扭开了，那么惊喜，叫着笑着拖着公公、婆婆去看，"打开了，打开了"地叫个不停。

陈：你只说了三部动画片。

子：《宇宙骑士》，就是配音比较矬啊。宇宙骑士 D-boy，就是危险男孩，dangerous boy，危险的男孩。那个片子也演得长，演到一年级才结束。也很悲壮，给我留下（印象）的都是悲壮的情节，是很大师的，做得特别好，但是当时我看不懂。后来有一个情节终于看懂了，有一集宇宙骑士穿一个白盔甲，对面敌人穿一个红色的盔甲，两个人经常打，到了倒数第二集，这个白色盔甲的宇宙骑士 D-boy 呀，终于把这个穿红盔甲的干掉了。之后，从这个穿红色盔甲的人脑壳后面爬出来一只虫子，台词我都记得，D-boy 一脚把这个虫子踩碎，说，都怪你，他喊那个红色的人叫义野，是他弟弟。他把自己的弟弟杀了。(在) 外星太空站，他们是一家人，他们被一个叫赖顿的给逮住了，只有这个叫星野的人逃出来了，他为什么有这么强的能力呢，是因为被那个外星怪物改造成了机器人，但是没有完成，所以他只能变身三十分钟，只有他能战胜那个宇宙的怪物。他每杀一个人，那个人就是他的哥哥，妹妹，那个人就是他的弟弟，是这么一个故事。到那一刻我就明白了，他把他弟弟给杀了。杀了之后，他就到赖顿总站去决一死战，由于他变身只有三十分钟，是不完全的，多次的三十分钟，导致他变成了一个彻底的杀人机器，付出了失去记忆这么一个代价。小的时候看，不明白这个情节，他变作流星飞上天空，然后他昏倒了，他的脑子都是神经，伴随着音乐，乒乒乓，一个个碎掉，就看到他曾经的记忆，画面啊，一个一个碎掉。当时看到那一刻，又有点小小的感动。我也分不清是什么感觉，好有共鸣。

陈：美国动画片呢？

子：有。最早的美国动画片叫《火星飞鼠》，那是用米老鼠的形象穿着超人的衣服，有超人能量的老鼠，每一集都解决很多问题，其实就是超人的老鼠版。后来，不知道是不是米老鼠的形象深入人心，又有了一个动画片，叫《火星鼠》，五个从火星来的老鼠。然后拯救人类，总是跟一个很邋遢的怪物进行斗争。有枪有武器，乒乒乓对打。但是没有那么喜欢，也会盯着看，看得很投入，但是在生命中留下的印象不如《北斗神拳》《宇宙骑士》这么打动我。反正看得我不流泪。

采访人札记

在口述历史采访中，询问受访人有关玩具、游戏的记忆，主要目的并不是要作民俗学调查，而是要了解主人公成长的经历和特点，从玩具的品种、玩法中，可以观察一个幼儿的个性偏好，同时也能直接感受到时代的变迁。主人公的玩具已经进入"机器人时代"，与其父辈的玩具大不相同，从主人公的回忆看，主人公小时候的玩具很多，但记得的玩具却只有几样，那是他真正喜爱从而印象深刻的玩具。其中包括变形金刚，也包括笼子里的蛐蛐，这反映了主人公的天性。

在问及游戏时，本来的意思是要问实际生活中的游戏，诸如"官兵抓强盗""老鹰抓小鸡"或"丢手绢"之类，主人公的回答是《魂斗罗》，即电子游戏，一个人也可以玩的那种。或许这一代人的游戏方式已经改变，以至于"游戏"的概念也改变了。世世代代的幼童所玩的游戏，在城市幼童的生活中，大部分都已经消失，只有在民俗博物馆中才能看到了。当我意识到游戏已经被重新定义，就没有按照原有定义继续追问下去，而是听主人公讲述自己的游戏时光。在他的讲述中，有一点值得注意，那就是主人公对游戏的兴趣似乎没有想象的那么大。原因可能是他不大喜欢游戏，也可能是不喜欢去游戏厅——因为那里人多——主人公不喜欢人多的地方，宁愿在院子里与小伙伴玩，或在家里一个人玩。

这一代人成长环境的最大变化，是传播学家所说的媒介环境的变化，突出标志之一，就是绝大多数城市家庭中都有电视了。传播学家尼尔·波兹曼有一部书叫《童年的消逝》，说电视使得儿童的童年过早结束，甚至消失，即观看电视使得儿童过早地变成"小大人"。此说不无道理，主人公对游戏的重新定义似乎也能证明这一点。而今，电脑、网络及手机移动终端的普及，媒介环境的变化升级更加快速惊人，毫无疑问会影响每一个幼童的成长。这种影响究竟如何测量和评估？传播学家可能还没有找到科学可靠的统计与研究方式。这可能需要经过对几代人的追踪研究才能得出结果，甚至永远都无法得到准确的研究结果。

有一点是肯定的，无论传播学家怎样惊呼，都不可能改变媒介环境急遽变化及不断升级趋势。尼尔·波兹曼的理论只是一种惊呼与警示。既然如此，新一代幼童必然会在与其父辈不同的成长环境中成长，如同远古原始人类遭遇外星人，而且与拥有相对高科技的外星人成了朋友，并与"外星人"的科技营造的媒介环境一同成长。也就是说，不仅游戏被重新定义，成长也将被重新定义，儿童成长的多样性、心智发展的复杂性不断超出父母的经验和认知。主人公的父亲为儿子的聪慧而惊喜，此时，这个父亲并不知道，儿子的成长方式和成长曲线，将让他心惊肉跳，吃尽苦头。其原因，是对幼儿心智不了解、更不理解。

人类心智是如何发展的？人类学家弗雷泽在《金枝》中有一个说法："就我们所知晓的人类较高级的思想活动，基本经历了这样一个过程——由巫术发展到宗教，然后到科学。"[1] 就人类的心智发展历史而言，这一说法是真实可信的，假如人类个体心智发展会重现人类进化过程，是不是可以借用此说作为基本假设或临时观测模型？我认为值得一试。巫术文明或巫术心智已是人类较高级的精神活动了，它的特点是 1%—2% 的经验，加上 98%—99% 的幻觉联想，简单说，就是"想当然心智"。宗教智慧则有极大进步，是人类经验＋智慧＋思考＋想象的产物，宗教的特征是信则灵，不容置疑。宗教心智并不专指宗教，中国秦代以吏为师、汉代独尊儒术，目的与宗教一样，是要教化民众。我把它称为"信当然心智"，其特点是相信、记忆、理解和服从。这样说来，学童在学校里学习即是此类心智形成和发展过程。科学心智的特点很容易理解，是可以质疑和挑战权威，

---

① ［英］詹姆斯·乔治·弗雷泽：《金枝》（下），赵昫译，安徽人民出版社 2012 年版，第 908 页。

只相信逻辑实证，我称之为"思其所以然心智"。想当然心智的特点，是感受＋想象；信当然的心智特点，是记忆＋理解；思其所以然的心智特点，是独立思考＋事实验证。

人类心智特点是逐渐丰富发达，但却并非后者排斥前者。即思其所以然心智并不排斥信当然心智，甚至也不排斥想当然，爱因斯坦说：没有想象力，就没有物理学。感受、想象、记忆、理解、思考共同组成心智网络，复杂度不断提升。

4

描红、挨打与规训

陈：说说你学识字的经历，是从什么时候开始的？爸爸、妈妈谁教的你？

子：我爸。具体时间记不清，（记忆）也是碎片。就是很快就教我写字了。

陈：没有认字你怎么写字呢？

子：描红。一套描红本，描笔画，点横竖撇捺。

陈：你爸爸教你写字是描红，是吧？

子：然后写一些简单的字，一二三四五六七。

陈：你在上小学一年级之前不认字吗？

子：不认识很多，我是到了二三年级的时候好像突然感觉什么都认识了。

陈：你确定在幼儿园或幼儿园之前就开始描红，是吧？

子：我可以确定。而且我不知道在描啥东西，从来没有乐趣。

陈：描的那个字其实你不认识？

子：认识点横竖撇捺，但是字我肯定不认识。

陈：每个星期描多少时间？

子：这个我没有准确的学习规划，我感觉只要我爸有时间，不论多晚，都会让我练字。他出差了，我到我外婆和奶奶家也要带着描红本。我外婆和奶奶比较宠爱我，让我练字的时候就没有掐得这么严，就勾勾，过关了。我爸就比较严，我也不晓得为什么这么严，就是我写着、写着，他就夺过我的笔，写着、写着他就发脾气，本子都划破了，然后给我当当敲个几下。如果我奶奶在，会过来搭救我一下。

陈：不知道爸爸为什么不高兴？

子：完全不知道。不理解，真的不理解。

陈（问孩子的父亲）：我求证一个细节，你给他描红本，他当时不认识那个字，你让他描，为什么还会生气，脸色不好看？

父：生气、脸色不好是后来，是他要上小学了，写字写不好，姿势很难看，手是撇的，身子是弯的，怎么写都写不好。我一开始会很耐心地教他要怎么写，抓着他的手要怎么写，怎么教都教不过来，我有时候就忍不住要发躁了。

陈：写字姿势不对？

父：姿势也不对。怎么调教都不行。我抓住他的手写都不行。抓着手一放又过去了，又撇着。总是纠正不了，顽固。

陈：也没有那种知识或意识，要去请教一个小学老师啊？

父：没有。那时候就是想当然，（认为）自己就是专家，写字是很简单的事情。

陈：算术呢，什么时候开始？

子：幼儿园以前也开始教了。

陈：谁教你？

子：外婆教过我。我印象中是外婆教过。教我算数，我爸会教我，但我更深的印象是我外婆教我。一加一等于二，二加二等于四。我奶奶从来不教我，身为校长，[①] 我爸说她是校长，我印象中她每天都是斗志昂扬地打一把蒲扇冲出家门了，从没教我认字啊什么的。偶尔教我，会说，啊，你写得特别好。然后就这么让我过关了，没怎么太管我。

陈：你在幼儿园之前有生病打针的记忆吗？

子：有，而且会哭，会恐惧。那时候我觉得好吓人啦，那时候打推针，我那时候祈祷，千万不要推头或推脚，我那时候看到有些婴儿，血管太细，就在头上打一针，然后那个孩子就啊啊大哭，这么可怕啊，好恐怖啊。还有那时候的针特

---

① 主人公的奶奶曾担任小学的校长。

别粗，玻璃管，捅进去，我觉得很痛啊，我觉得整个屁股都肿起来了，痛，然后经常生病。

陈：你小时候不会申辩，但有时候爆发，那是怎么回事？

子：多种情况。比如说我爸在我写字的时候发脾气，这是一种。其实我是想发脾气，但是不敢发，知道发了之后会挨揍。发个鬼呀，就觉得恐怖。但是啊，就是心里被敲的感觉是有的，而且久久不能消退。比如我妈说我吃饭慢，我就爆发了，就跟我妈对打，可能就踢她，印象中我第一次跟我妈打架就踢她屁股。对她打来打去。她那时候不敢真打我。她抽我两下，她是象征性地抽我，我是真格地打她。

陈：你为什么前面说你妈没有陪你出去玩，后面说跟妈妈一起去菜市场？

子：准确点说，在幼儿园之前，我不太记得她陪我出去玩过。但是我后来回忆，也有过那么一两次，但是我不愉快，非常不愉快。一次她陪我去江大，[①]到路上的时候她说要去逛衣服（店），我说你去逛衣服（店），我自己去。我就跑，她就在后面追我，过马路的时候我就自己冲过去了，我第一次自己横穿马路，我妈追上之后说我现在厉害了，敢单穿马路了，她没有骂我。这是一次。还有一次也是她陪我去江大，她坐在那里呀，阴沉着脸，黑板脸，我拿一个蚱蜢给她看，她也没有反应。这是少有的两次，带我出去玩一玩，但是不怎么好玩。在小学的时候，有那么几次她带我出去玩过，还有点意思。主动带我出去玩的还是我爸呀，我外婆会主动带我去逛一逛。我妈那时候好像也不是很顺畅，感觉也是很忙，也不太回家，感觉出现不多。

陈：你挨打的记忆，最早是什么时候？

子：印象最深的挨打，肯定就是那个写字。因为每次写字必挨打，我感觉，不是被推出去罚站，就是语言上暴力，要挨揍，当然也不是拳打脚踢了，拿筷子敲敲，还是敲得挺痛，那个印象很深，因为很怕，一写必打。为啥呀？关键是不明白为啥打我，我一点不知道。直到好多年后，老师说我这个手腕不对，我才明白，哦，你说我手腕不对。

陈：挨骂、挨打，你小时候能区分几个等级的处罚吗？

子：肯定是挨打呀，挨打最重啊。挨打是这样，突如其来，前面还是风平浪静，五秒钟后就连凶带吼，带打，一连串动作，来得突如其来呀。突然就刮大风了，爆发式的。我小时候吃饭慢，我吃饭非常慢，我妈（的）说法对我影响非常大。我爸妈都说我，我有点受伤，导致我后来吃饭很快。我妈说我是数饭，所有

---

① 江大，即江西大学。

人都吃完了，我还在那里，不动。我爸说的是，你就没有像到我家人的胃，你就像到你妈家人的胃。

陈：说你在数饭，就是吃得慢，你怎么感觉会很受伤呢？

子：我感觉他们就是说我不行，是我不好，觉得没有得到表扬呗。

陈：真的语言暴力你能举出例子来吗？这个其实不是语言暴力。

子："生出你来我都是倒了霉。"

陈：这是妈妈说的？

子：啊。

陈：在什么样的情况下呢？

子：洗脸没洗好咯，或者调皮捣蛋，闹腾啦。有那么一些时候，她会爆发式地数落我，就"生出你来呀都是倒霉了"，就会觉得，哎，不太舒服。

陈：这个算是语言暴力。还有吗？

子：语言暴力大部分都是属于这种。比较多的时候他们就上手了。宇是挨暴打，瑄呀都是挨暴打，拿皮带打，我称为伤残型挨打。我属于挨耳刮子，扭耳朵——吃饭吃慢了，还不吃快点？扭上去了。

陈：爸爸也会扭耳朵吗？

子：扭啊，干吗不扭？我爸集中于练字，我妈集中于家务。在他们眼中啊，我样样不行，我感觉。我小时候的感觉就是我做什么事情都不咋地。每写字，必挨我爸揍；弄衣服呀，穿鞋子呀，必挨我妈的那么一个（扭耳朵）。有一次印象很深，我们（自己家里）门啦是可以锁起来的，就是你可以把它反锁，有一回我就跟我妈闹别扭嘛，好像就是不想吃饭，或者是什么东西没有给我买，我就把那个门锁上，不让她进来。她要拿衣服就必须进来，我就把门堵住了，你不要进来。我就很得意。哪知道五分钟之后，门被我妈撞开了，来把我痛打了一顿，这次真把我痛打了一顿。打完之后，我还没怎么哭，我还去看那个门，那个门怎么会撞开呢？在我的记忆是不可能把门撞开的呀。

陈（问主人公的母亲）：第一次打他是在什么时候？

母：就是那段上幼儿园的时间我就打了他。

陈：之前没有打过他？之前也打过他吗？

母：很少打他，小的时候很少打他，但是大了就打的。

陈：上幼儿园的时候，三岁以后开打？

母：那倒不是三岁，就是那个会走路到他们家的时候开始打。哎，那时候开始打。

陈：通常什么样的情况？

母：他不听话，调皮捣蛋。

陈：怎么叫不听话，调皮捣蛋？

母：就是不听我的话，叫他干什么他不干，非要这样那样，反正就是这样的不听话，那时候他还不会做什么事，反正我叫他回来洗澡哇什么，他都不听咯。哎，我会打他。实际上那时候我是把气撒在他身上。

陈：你心里对丈夫或丈夫家人心里不愉快，就打儿子？

母：打儿子，这个我是知道的。为什么呢，我当时确实是说了啦，我说，你要听话，你要乖撒，妈妈叫你做什么就做什么吵，我说妈妈也舍不得打你（抽泣）。

子：冬天的时候，烧大煤球炉子嘛，接的那种大烟管，整个客厅变成一个大烟囱。我姑姑烧煤球炉子的时候呢，她就会用煤球炉子上面蹿起来的那点火苗，放一个小锅铲在上面做蛋饺，放肉，或者做鹅颈丸子。那个火焰，我觉得很温暖，所以我一直有记忆。我姑姑那时似乎还挺着大肚子。我坐在那里，还在讲话，哄我。

父亲日记

1990 年 12 月 6 日　星期四

把儿子送到奶奶家不知不觉已经四五天了，让他晚上离开父母亲这还是第一次。当听到他得知爸爸"出差"，他找父母询问姑姑和奶奶时，竟并未哭泣，显得异常懂事、老成。这不是他这个岁数的孩子做到的，他不过仅两岁多点！真使我心里不知什么滋味。成熟和懂事本是我们大人所希望的，然而，有时懂事的程度超出通常的范围，便使人觉得孩子过早就不得不接受他心里本不愿接受的事，真是太可怜，令人心酸。

陈：你小时候写字、穿衣服做不好，慢啦，有两种可能，一种是你心在别处，另一种是注意力不集中。你是属于哪一种？

子：写字我没兴趣。我一点兴趣都没有，我集中不了，在写字的那一刻。写字的时候我就没有灵魂，我脑子里也没有事，我就看到那个笔画，画过来就这样画嘛，我就这么弄嘛，我没有乐趣。

陈：穿衣服呢慢，那是什么原因呢？

子：一种情况就是我比较受宠。我是我外婆带大的，动作我就比别人慢一点，我外婆给我穿嘛。慢一点之后呢，我妈就会凶我。我担心她凶我，不是穿得更慢了吗？

陈：你跟妈妈去买菜时走丢了，是怎么回事？

子：那个印象非常深。就是丢了嘛。就是在买菜的时候，我突然找不着我妈了嘛。然后有一个买菜的大妈过来，跟我说，你过来，到我这儿，你妈马上就过来了。果然，我妈很快就过来了，我妈还谢谢她。我妈就把我带走了。就那一刻突然（我妈）不见了，我零秒钟就大哭了。

陈：恐惧？

子：恐惧，而且后来我还做了噩梦——我被一个黑衣人给绑走了，我妈在五米外锻炼身体，可是我怎么喊她，她都还是锻炼身体，喊不动。

陈：你的记忆当中没有爸爸妈妈抱你的感觉，为什么？

子：照片中是有，我记不得了。我记得我姑父抱过我，我姑父抱我，我妈还来了句："这么大还要抱。"而且不能亲，亲了之后，她会说，你在电视上面学坏了。太脏了，不能亲。

陈：父母、亲戚都不亲你吗？

子：我舅公亲过我。但也是在没人的时候，我舅公对我比较好，我外婆的哥哥。其他的没有，我后来有段时候觉得亲是很恶心的事情，我后来有这种感觉。

陈：为什么呢？

子：就是他们说你不对，你的内心有一种不舒服的感觉。而且亲他们的时候，他们是闪避，没有回应。

陈：爸爸妈妈都会闪避吗？

子：嗯。

陈：你小时候有亲爸爸妈妈的渴望吗？

子：应该有。但我干吗亲我妈，有本能啊，我未必心里头意识得到。是吧？

陈：上幼儿园之前还有什么记忆吗？

子：嗯，我外公身体不好，我对我外公记忆没有那么深，我觉得他在我生命中留下了凝重的影子。他总是愁眉苦脸地出现在我的眼前，没有笑容。过了很多年之后，我看到他年轻时的照片，哦，他是会笑的啊。这个老爷子是有点让人讨厌啦，我当时是觉得他有点讨厌，表情这么愁眉苦脸的。而且我是通过我外公才知道有人喝酒。我外公喝酒啊，他喝完酒就咳嗽，总是驼着个背。我爸后来告诉我，外公是个极讲究的人，可我觉得我外公是极其不讲究的人。

陈：当时你不知道他生病？

子：啊，脸上没有笑容，跟他也不怎么交流。我外婆我很喜欢，我外公我就觉得……说话愁眉不展，而且还敬菩萨，每天给菩萨端一点饼，还有山楂片，有时候给我吃一点。但是我总觉得这个人不怎么好玩。还打过我外公一次……我有一次在练字，我妈也在督促我练字，我妈先说了我练字练不好，结果我外公出来说我妈，说她对我太宠了。他说我妈呢，我拿本子向他丢过去，还拿凳子去铲他的腿。肯定是幼儿园之前的事，我感觉没有上幼儿园。

陈：外公说你妈对你太宠？

子：应该是。他说我妈没教我好。我感觉他在数落我妈，然后我就过去打他。

陈：你实际上是维护你妈，是吧？

子：本能反应啦。没有那么有理智的想法，就觉得，骂人，打，就打了我外公。结果我外公也没有跟我计较，又愁眉苦脸地溜走了。

采访人札记

如何教育孩子？是现代家长普遍面临的问题。

在农业文明时代，如何教育孩子当然也是一个问题，但问题似乎不大。真正的大问题是：如何养活孩子。能够养活孩子的父母就是合格的父母，养活孩子更多的父母则是父母的成功和荣耀的标志。至于教育孩子，那似乎很简单，基本理念是"听话"即可，即父母要他怎么做就怎么做。理由是：老子走过的桥比你走过的路多，老子吃过的盐比你吃过的饭多，老子是你老子（或老妈），难道会害你？孩子不听说怎么办？那也很简单，骂，打，罚跪，最严重的是饿饭。这也有一个理论，即"棍棒头上出孝子"，意思是，好孩子都是父母打出来的。

若说古代中国的育儿经验就是简单粗暴的"棍棒头上出孝子"，当然并不准确，从《颜氏家训》到曾文正公《家书》，就是更高级的家教典范。按人类学家罗伯特·雷德菲尔德的说法，孔子的"君君臣臣父父子子"纲常理论及颜之推、曾国藩等人的家训家教属于大传统，而"棍棒头上出孝子"等农民文化属于小传统。中国文明就是在此大小传统——其间应该还有许多层级的"中传统"——相互作用下绵延数千年。一个文明延续数千年不变，总有其原因和理由。

传统教育方式之所以能够代际传承并长期延续，其原因是，传统生活与劳作相对简单，个体生活及成长的压力不大，即使有压力，通常是整个家族一起应对。经常挨打也不成问题：因为邻居小伙伴人人如此，日常景观即是正常现象。有没有因为家庭暴力而致心理崩溃乃至精神失常？占比多少？因为没有人专门做过这方面的专题研究，所以不得而知。即便有，也没有影响文化的延续与传承。

但在现代生活中，情况完全不同了。一个独生子女在幼童时期所受到的规训压力，可能就比农业文明时期的一个人一生的压力总和还要大。有不少独生子女家长为了让孩子不要"输在起跑线上"，对婴幼儿实施填鸭式人为施压，罔顾幼童成长规律，剥夺幼童游戏偏好与权力，造成各种各样的心理创伤。以至于一部分受伤的幼童在成年之后营建网上部落，集体疗伤，倾诉"父母＝祸害"。

本书主人公的父母同样有望子成龙之心，虽然不像那些极端父母那样从婴儿时期就开始在孩子心灵上雕龙刻凤，但也早早就开始实施规训，让孩子描红，以为这是件很简单的事。显然没有想到，成人是成人，孩子是孩子，成人容易做到的事，孩子未必能做到——孩子尚不识字时，描红的困难程度可想而知。更重要的是，孩子在描红过程中毫无乐趣可言，更不明白为什么要这么做。当孩子无法按照规范姿势行为，即强行纠正，甚至开打。根据后见之明，孩子的古怪姿势，与其说是因为先天性行为动作失调，不如说是后天的无意识防御和抵抗——孩子的防御和抵抗姿态，很可能是其内心感触的肢体符号。

孩子三岁前到底是什么样？要进行进一步探索和分析。在采访中，我们没有听到孩子说他小时候受宠的事，似乎从小就苦大仇深。这应该不是事实。实际上，这个小家伙在三岁前可算是不折不扣的"小皇帝"。他是独生子女，父母只有一个孩子，宠爱不难想象；他是家族的长孙，他出生时，姑姑、叔叔都没结婚，全家宠爱集于一身；他是典型的漂亮婴儿，不仅家人宠爱，亲友邻居宠爱，就连路人也宠爱。说他是"小皇帝"，证据是——所说证据都能在书中找到——他外公曾批评过女儿（即孩子的母亲）过于宠爱孩子；他父亲的日记中曾质问自己是不是把孩子宠坏了；他自己也说"宇比我还得宠"（即承认自己是得宠的）；他5岁时就开始与母亲对打……书中许多信息都能证明他被过度宠溺。

当然也有另一面，即走路姿势不对、写字姿势不对就要挨打。对婴幼儿而言，受宠是"舒服的"，而挨打是"不舒服的"，所以他记不住受宠，却能记住挨打的经历。小小年纪就挨打，破坏了孩子世界的同一性，多数时候是小皇帝，转眼间又变成"小奴才"（所以挨打）、"小混蛋"（所以挨骂），孩子如何能懂得？他只能记住舒服、不舒服，舒服事多多益善，不舒服就躲避、甚至抗拒。舒服的事可能会被遗忘，而不舒服的事则更容易形成伤痛记忆。这是孩子的心智特点，也是孩子的行为模式——这孩子此后的种种表现，都是这一行为模式的重复再现。

问题是：写字挨打的细节究竟发生在何时？主人公说是在上幼儿园之前，而父亲记得的是快上小学时（即幼儿园毕业时）。我应该相信谁呢？

第二章

恐怖的幼儿园

小引

老师是人类灵魂的工程师。

这个"灵魂"指的是什么呢?

是人类的心智?还是每个人的精神自我?

5

恐怖的地方

陈：你喜欢上幼儿园吗？

子：幼儿园是世界上最恐怖的地方。

陈：哦？到幼儿园情景你还记得吗？

子：有一次是早上去的，那天早上大家在出早操，放的一首歌是《祖国我们是花朵》。[①]那天我见了老师之后，老师也没有太搭理我，我就直接进入队伍里面，跟大家一起啊，唱歌，跳舞。但我印象中我没有跳，我旁边有一个女孩，那个女孩我还记得她的名字，叫莎，唱得非常开心。我一见到她，像见到外星人一样，为什么这么开心，你在干吗？我不知所措。我能感觉我在里面身体很紧张，觉得很那个，很不喜欢。我每一次做早操都很紧张，我始终不明白他们在跳什么，我也学不会那首歌。不想跳。

陈：你拉（屎）到裤子上的事是什么时候？

子：那是我奶奶后来告诉我的，我自己没有这个记忆。她跟我说，我那天在幼儿园，她来接我，我牵着奶奶的手不说话，然后跟我奶奶悄声地说，奶奶我把屎拉在裤子上了。我奶奶看到我那一刻特别可怜，然后回到家脱衣服，换啦洗啦。但我记不得。但是我是知道我在幼儿园是不敢撒尿的。一天有一个集体上厕所的时间，关键是你想尿尿你可以举手哇，我不敢，哪怕我憋得感觉膀胱要爆了，我也不敢跟老师说我要上厕所。

陈：不敢的原因是什么？

---

① 作者记忆可能有误，歌曲名当是《我们是祖国的花朵》。

子：似乎老师都是不能说话的人，都是很可怕的人，幼儿园老师都很凶，很可怕。

陈：老师是真的很凶，还是你觉得凶？

子：有几个真的很凶，真的。我可能有点不合群。

陈：老师对孩子有亲热态度吗？

子：有点，但不属于我。不会像他们那样。感觉我在老师的眼中啊，是个不说话的人。我不善于跟人交流，或者干吗。上课讲的各种东西我也不想听，不爱听，听不懂。

陈（问孩子的父亲）：对儿子在幼儿园种种不适应，当时有觉察吗？

父：没有（觉察），没有意识。以为就是这个性格。他哥哥，在幼儿园也是这样的，大便拉到裤子上都不敢跟老师说。也是这样的。就以为他胆小嘛，我有时候送他，他就不愿意进去，磨磨唧唧，非要凶他才进去。

陈：幼儿园（上课）是什么样的情况？

子：一般就是认认字，做游戏，老鹰抓小鸡啊，跳跳舞，然后中午吃个中饭，会睡个午觉。我睡午觉的时候，睡着的时候很少，我基本睡不着，我会看到身边的人睡着，我睡不着，也不想睡。有时候我无聊，会去挠前面人的脚，用藏在厕所里的纸丢人的脸。有的时候老师发现了，就过来说，你不睡不要影响别人睡啊。感觉中午睡觉就是个折磨。下午依然是做游戏，比如让你玩玩玩具，小玩具大家分一分，有时候大家会安静，就是训练你安静。然后就下课，四五点钟，一般我姑姑会来接我。我爸也会来接我，我妈接我的时间比较少，她工作比较忙，然后就回家，吃饭呗。会用画笔画画，会练练字，就是这样。

陈：送就是你爸爸送？

子：我爸爸会送，我姑姑也会送，我姑父也接过我，我奶奶也来探过我的班。

陈：探过你的班是什么意思？

子：就过来看我呗。有一次我奶奶来我都哭了。

陈：为什么呢？

子：不知道。那时候不开心的事情，但是我见到我奶奶居然哭了，好像受了委屈，但是啥委屈我也记不得啦。

陈：你对幼儿园老师教的没有兴趣，为什么呢？

子：我感兴趣的都是动画片，跟他们聊的时候，我也都是在聊动画片。

陈：现实当中的游戏一点兴趣都没有？

子：一点兴趣都没有。不爱玩，一点也不喜欢玩。

陈：不喜欢游戏？还是不喜欢小伙伴？还是不喜欢老师？是哪一种？

子：嗯，不喜欢小伙伴，也不喜欢老师。不喜欢老师监着我，按规矩来，也不喜欢小伙伴。因为我个子比较高嘛，动作比较慢，我在幼儿园就比较高，做游戏，比如说，过河，拿两块板子，你不能离开板，要不停地把脚跨过去，这样。

　　幼儿园是最恐怖的地方？有人对此可能无法理解。弗洛伊德却说：儿童似乎只是在复演史前人和现代原始人的行为，这些人由于无知和无助而害怕一切新奇的东西，并且还害怕许多今天已经不再引起我们焦虑的东西（《精神分析导论演讲》）。很多人小时候肯定有类似经验。

　　具体说，幼儿不适幼儿园的原因之一，是幼儿从家庭环境转换到学校环境，会因恐惧而产生不适，又因不适而产生排斥。独生子女对幼儿园的恐惧和排斥可能会更强烈，因为他或她在家庭环境中是所有成人关注的焦点，而到了幼儿园中却变成了一群小星星中的一颗，自然会有失落感，从而感到不适。幼儿不适的程度不同，因为有原因之二，即在幼儿园中，有些幼儿很可能受到其他小朋友的欺凌。在某种意义上说，幼儿园相当于一个丛林世界，在这里存在"弱肉强食"现象，一些身体强壮、个性强悍或糊涂胆大的小家伙很可能会欺负一些身体较弱、个性较弱或内向敏感的小伙伴。换个角度说，这也正是幼儿成长的一部分，幼儿园中的幼儿，不仅要探索自然环境，也要探索社会环境，探索人与人之间的关系，建立幼儿与幼儿之间的社会关系。幼儿有自由本能，却不懂得个人自由的边界，因而幼儿间常常会出现行为出界、恃强凌弱现象。这又导致了原因之三，即幼儿园老师对幼儿的管束，有些老师的管束方式恰当而有效，而有些老师的管束方式可能显得简单而粗暴，这就形成了某些心理不适且脆弱的幼儿的噩梦经验：幼儿园是恐怖的地方。

　　在幼儿园中，绝大部分幼儿经历或长或短的一段时间，都会逐渐适应，进而习惯并且享受幼儿园的学习和玩乐生活。但也有少数幼儿——由于各自不同的原因——始终难以适应。我们的主人公就是一个非常典型的例子。

　　我与主人公有十几年的接触史，无数次倾听他的倾诉，也多次听他说及在幼儿园里的经历，内容虽似大同小异，实际上却存在多个不同的"版本"。在最初的版本中，幼儿园老师几乎全都像恶魔或巫婆。而此次口述历史的版本，则逐渐趋向于"客观"。我给客观二字打上引号，是因为口述历史的记忆陈述，不存在

100%的客观，每个人的记忆都会带有记忆讲述者的主观性偏见，包括立场偏见、情绪偏见等等。这也正是口述历史的奥妙所在：人性的奥秘存在于客观事实与主观偏见的差异及其认知与记忆之中。具体说主人公，假定他在幼儿园里，有若干不愉快的记忆，也有若干愉快的记忆，由于不愉快的情绪过于强烈，以至于不自觉地形成认知与记忆偏见，即不愉快的记忆淹没了愉快的记忆。

在上面的讲述中，主人公并不完全是"受气包"，同时也是"作恶者"，例如他在午休时挠别人脚板，且用厕纸往别人脸上扔，这些行为肯定造成了他人的不快乃至噩梦，但主人公却意识不到，那时候他尚未学会感受别人的感受，只记住了自己的不快。主人公对幼儿园的记忆是否真实？我们不知道。但主人公对幼儿园的负面情绪应该是真实的，只不过，他还不知道，这些负面情绪及对幼儿园的负面记忆，主要原因未必是幼儿园老师或幼儿，而是他自己不适，即境由心生。当然，那时如有一个妈妈那样的老师对主人公加以呵护，情况或许会有所不同。

问题是，与主人公同龄的孩子差不多都是独生子女，为什么有的孩子能适应幼儿园，而有的孩子却将幼儿园视为最恐怖的地方？与孩子受宠程度有关吗？

6

幻象与真相

陈：在幼儿园你喜欢扮演动画片里的狮子勇士合体雷霆王？

子：对呀。我还让别人跟我一块扮演呢。有一次印象最深的是大家都发了新书，我看大家都那么自觉啊，都在那里写东西，那个小朋友，我们一起聊天聊得很好，但被老师逮到了，打断了我愉快的幻想历程。

父亲日记

1991 年 1 月 2 日　星期三

儿子是越来越能说了，并且富有许多奇特的想象力。原来他只是静静地听我讲故事，最多在反复重复的地方念出一两个词，而现在完全不同了，他把各种故事给串了起来，还将故事中的主人公变成了自己。我和他讲狮子和小白兔的故事，那是从他不到一岁就开始讲给他听，为了他睡觉前能够给他催眠的。他便编出来他开着摩托车，开枪把狮子打死了，然后又开着车进入一间房子，关上门……他已经会联想了，甚至会构思了，真是奇怪。

陈：啊，你说在幼儿园就喜欢幻想吗？

子：有，有性幻想。看到《西游记》，看到唐僧老被美女逮走嘛，我也幻想强盗抓美女，每天睡觉都幻想这样的游戏，幻想一会儿。

陈：每一天都会幻想？

子：几十天，每天睡觉幻想一集，幻想了十几二十集。就是一个人，长得好像白龙马的那个演员，今天逮卖豆腐的姑娘，明天逮卖红薯的姑娘，后天逮卖烧饼的姑娘，大后天逮卖茶叶蛋的姑娘。都是逮姑娘。

陈：是在幼儿园时期？

子：那肯定。我还知道这是连续剧，我还想今天开始第几集了，幻想着。

陈：幼儿园吃饭，你不太喜欢，是吧？

子：不喜欢。我吃得很慢嘛，永远是最后一个。老师很凶，说，这位老先生，不要吃了，走。（收走）这碗饭，结果被赶走了。有的时候，太蹉，最好的饭（菜）是榨菜炒肉，我有意留了两根榨菜不吃，我一转头被别人抢走了。

陈：从你碗里抢走了？

子：对呀。嗯，我觉得不好玩。

陈：你被别人抢走，你个子比别人大，你会去报复他吗？

子：没有。幼儿园从来是被欺负的料。但是有过一回，那是我人生第一次在幼儿园打架。原来那么厉害，我一个人干倒了五个人。

陈：什么情况？

子：嗯，我从来不跟别人打架，有一回啊，幼儿园那些小孩结团体，就过来欺负你。当时我记忆中，有一个小团体又过来欺负我，他们是模仿游戏、模仿动画片来打我。那天他们打我的时候，我也不知道哪来的力气，突然我咆哮就冲出去了。第一个要打我的是一个女孩，被我碰倒了，后来一个男孩冲过来又被我一拳碰倒了，后来我操起了一把凳子，对我旁边的一个男孩打过去，一下把他的手打出了血，就把他们打退了。打出了血那个人就哭，那伙人就上来说赔手指，说打出了血，刚说完我又冲上去打，把他们就打怕了。那天打了三次架，三次都是以他们被狠揍一顿告终。打到第二次时候，我靠，原来打架这么简单啊，拿着拳头对着人头上打就可以了。然后第三次我就专门朝人的头顶上打。打的那天，他们就告老师了。那对我来说是个极端的体验，因为我的经历都是我被打哭了告老师，那天却是我把人家打哭了被告老师，但是很神奇，老师没有骂我，就说你们不要惹他，还说了他们。我就这样脱险了。

陈：是一个年纪比较大的老师？

子：啊，对。我的确是被打的那一方，只是我反抗了而已。反抗结果让人出人意料。

陈：回家把你这个战斗史告诉爸爸妈妈了吗？

子：（摇头）没说。但那次打得比较凶，自我感觉人生比较雄壮，难得打一次比较帅的架。

陈：这一段是你的真实记忆还是幻想？

子：应该是真实的。

陈：在幼儿园，小孩当中也有相互挑逗？

子：挑逗啦，开玩笑。谁谁谁，偷看谁谁谁的乳房，会有这种说法。谁谁谁进了男厕所，站着尿尿了。炎（幼儿园同伴），他会模仿大人亲吻的动作，钻到桌子底下去亲吻一个女孩子的脚。这是我亲眼所见，他还跟我说，我去亲那个谁谁谁的脚。他就钻过去了，我当时看得，嗨，创意大哥，你还可以啊。那种感觉很新奇。但是每每遇到这个事情的时候我内心很羞涩，虽然我知道我内心也有这样的欲望，幻想，哎，我好像展露得不很明显。

陈：寒假幼儿园还开托管班，是吧？

子：暑假一样。有一回也是托管班，中午会有不同园（班）的孩子在一起睡。那天，夏天中午睡觉的地方每一个人都没有毯子和被子，我爸妈觉得中午没有毯子就会冷到，我就成了幼儿园里唯一一个有毯子的孩子。可是幼儿园里有个老师非常胖，她说哎呀，我中午没有枕头，走到我面前她就把我的毯子拿去当了枕头。第二天又把我的毯子当枕头，而且我去找我的毯子，她把我的毯子随便丢在一张床上面。我当时，有想宰了那个老师的冲动，就觉得那个老师，是个混蛋。那一刻，我对老师没有什么好印象。

陈：你不会说，老师，这是我的毯子？

子：那不会，那不敢。真不敢，不敢跟我爸妈说。就是不敢说，哎。没说。

陈：但你内心很气？

子：对。憋得很难受，而且憋得多年都很难受。

陈：你小时候很在意别人说你有用、没用吗？

子：因为大多数人都说我很木讷呀。相比较而言，也不是很愿意跟人家说话。玩游戏也不太擅长，吃饭也慢，写字也不行。

陈：你跟院子里的小孩都挺好的，为什么到幼儿园没有玩得很好的同伴？

子：零星有一两个小伙伴，但不会成为集体游戏的合群者，因为我觉得我不感兴趣，我就参加不进去。只有跟我聊动画片啦，我眼睛就亮了；你要我练字啊做游戏啊我一点兴趣都没有，我尤其讨厌跳舞。

陈：老师把玩具拿去给老师的孩子玩，那是什么情况？

子：就是啊，我公公（其实是外公）给我买了一个双层小汽车。拿来之后，她二话不说就拿去给自己的孩子玩。

陈：她自己的孩子也在你们这个班上吗？

子：她自己的孩子不在我们班上，比我们小。她会要自己的孩子拿根教鞭教训我们别说话，她会把玩具给自己的孩子玩。

陈：谁拿个教鞭？

子：那个老师让自己的孩子拿根教鞭敲我们。说，别说话。那孩子特别拽。然后我的车就给了她，给她玩了一天。

陈：然后她送回来还是你要回来了？

子：要回来了，然后，老师的印象又"咔嚓"了一下嘛。

陈：你不是不敢跟老师说话吗？你怎么敢问老师要回来呢？

子：最后要回家了，你肯定要要回来呀，那小汽车毕竟是我的呀。那个时候，就是逼到关键时刻，还是能去讲些话的。

陈：那个老师拿你的毯子做枕头，你说你不敢去要？

子：对呀。

陈：两个场景，你的表现完全不一样，为什么？

子：小汽车玩了一天啦，实在忍无可忍了。毯子毕竟是中午一小时的事。小汽车玩了一天啦，再不拿回来不就是别人的了。

陈：你说换过几个很凶的老师，是怎么回事？

子：有一个老师，上课的时候站在那个教台上，拿一个教鞭，狂打，叫：你，跳起来，你，往那边走，就吼着你玩游戏嘛。拿着鞭子，在那里吼，就跟希特勒赶猪似的。在那里喊着你走，觉得特别吓人。老师喊得跟杀猪一样，特别恐怖。第二个老师就是把我的玩具抢走。又换了一个，这个老师有个讨厌的地方，她拿根针吓唬你，见你不听话，对着你说，我扎你。最可怕的是她培养小孩当班长，班长就学老师用针扎你，看到你讲话就拿针扎你。我被扎过一次，但那孩子还有分寸，只扎了我后颈，没扎进去，但那一下我觉得很恐怖。然后又换了个老太婆，我就（觉得她）更是个王八蛋，每天给班长们发根棍子，谁不听话就拿棍子打，我又是被打的。

陈：你非常在意别人对你的评价？

子：哎，在意别人的目光啊，那是一种表面，其实那种语气会在我心里头翻来覆去，忘不掉。就跟播收音机似的，在我脑子里反复的重现。很痛苦，心里头就会觉得很憋屈。脑子里会不停地幻想出：我把他们鞭尸啊，打成肉酱啊，碎尸啊，我砍他们啦。

陈：在幼儿园没有什么好的记忆？

子：客观回忆，其实同学们对我的印象没有那么差。有一个例证啊，有一次我跟我爸出差，离开了学校（幼儿园）一阵子，我回去的时候，还是那些孩子，他们都冲我喊，你好久都没有来了。我装作很漠视的没有看见，其实心里觉得还是挺高兴的。也可能不高兴，也许我就不知道怎样回应这样一种感情。有一个孩子问我，你到底是谁呀？笑着问我的，我其实知道他认识我。算是愉快的记忆吧。但是到下午，老师她拿那个作业本给我："你把拉下的课全部给我补回来，听到没有？"拿那个（手指）尖对着我鼻子上点了一下。哎，那一下很难受。那些智力游戏其实很简单，但是奇怪，我居然看不懂。

陈：比如说？

子：比如说一堆鸟，上面有棵树，啄木鸟吃虫子啊，麻雀连稻子啊，就是简单地教孩子科普的一些东西，孩子就不求甚解的连，啄木鸟连这个，麻雀连这个，我完全看不懂，不知道游戏干吗的。我生生坐了两个小时，直到我爸过来，发现我一个字都没有写。后来我爸教我连，算是完成了。我觉得特别羞耻，人家都会写，我不会写。关键是我不知道怎样表述这种感觉，我真的看不懂。这是什么意思啊？

陈：你不懂，没有学会去问老师？

子：不敢，甚至连抄旁边的人都不敢抄。

陈：你怎么连抄都不敢呢？

子：不敢。好像就是脑子断线了。没有任何想问别人的意思。

陈：你不是说有些同学也是不会连吗？

子：就是瞎连，就是跟着感觉瞎连，其实老师也不会看对和错，你只要连就是了。但是我不知道怎么连。

陈：你上幼儿园期间，还报了兴趣班？

子：哦，我报过。

陈：家里会跟你商量吗？

子：会。报美术班的时候没有跟我商量。去了，但是发生了一个事，人家画冰箱我就画乱码，反正就不按正常人的画。没有办法按照他的方法去画画。

陈：你为什么不按老师的方法去画呢？

子：画线条有快感。就是跟着感觉画，很有快感。不想按老师的来。

陈：大家都按照一个方式画，你不按这个方式画，老师有什么样的反应？

子：肯定是不怎么好呗。

陈：美术班上了多长时间？

子：我记不得了，不会很长时间。总之，老师没有成功地教育我，我也没有听讲，老师让我画的东西，我也全都没有听。结束了，只是一个兴趣班。拼音班是学校（幼儿园）开的课外兴趣班。我爸希望我去跳舞，我觉得跳舞真丑，我要上拼音。

陈：你拼音学得很有成就感，是什么情况？

子：就觉得老师讲的东西我能听懂了，每节课我能听懂，听完之后能够按照他的方法去临摹，去说一说写一写。

陈：为什么在拼音课你能懂呢？

子：有一个原因，我放松了。这个原因很重要，不再是我在的那些班主任来管我了，那些老师在我都不放松，拼音老师很亲和。也是幼儿园老师，很亲和。

陈：她平常不是带你们这个班是吧？

子：嗯。而且，就是有些东西我接受力稍微差一点，跳舞呀什么我会因为羞涩不想跳。说英语啊我会觉得听不太懂，我在走神。但是说拼音的时候呢，我的直觉好像我听懂了，我也没有刻意地怎么样，我就觉得这个我能接受。然后我就听懂了。还有一个很奇怪的现象，在小学的时候我上过一次英语课外班，我也很放松，可是我无法听懂。无法集中，集中不了，没有兴趣。

陈：那一定是有别的原因，现在没法追究了。

子：拼音班哈，说实话课程量没有那么大，就教你一个"ɑbcd"，就行了，一多我就有点跟不上。正好在这个接受度，我刚好能够接受，接下来，在我完了的时候再写一写，那不正好在那个点上吗？

陈：你不喜欢跳舞，但曾上台跳蝌蚪舞，是怎么回事？

子：那是被逼的。不想去，可能是老师要培养培养我，不要那么内向吧，让我去了，就跳舞呗，练了大概有一个多月，每天练，我觉得每天都是一个折磨，一点也不爱跳。

陈：怎么上台表演呢？

子：这个有点意思。有一个细节，就是我爸在台下看我跳舞。我觉得那天跳舞我还跳得挺好，我还真是忘记了紧张，我还看到了底下在鼓掌。但是我脑子里面在思考，你知道吗，在思考一件事，是跳舞前老师跟我们说，如果跳舞的时候哪个把头上的蝌蚪帽子给弄掉了，千万不要马上捡，跳完再捡。我就记得这句话，我有意把那个帽子弄掉了，我刻意在滚的时候把帽子蹭下来了，我有意的。后来我姑姑说，你跳得挺好，就是把帽子给弄掉了。我心里头哦了一声，因为我知道我是有意这么干的。

陈：你对跳舞的兴趣有没有改变呢？

子：一点没有。不喜欢，这种活能不找我就不要找我。

陈：你爸爸告诉你不能玩"小弟弟"，是什么情况？ ①

子：小时候有的时候会抚摸"小弟弟"，我爸就会告诉我，你不要玩。玩的时候就有快感嘛，会下意识地抚摸它，有快感。

陈：那时候你多大？

子：幼儿园。我爸要我不要玩。

陈：然后呢？

子：然后就真的不敢动它呀。

陈：你爸没说吓人的话？

子：没有，没有。只是那个语气已经让我意识到很严重了。我感觉到抚摸"弟弟"是一个特别严重的事，导致我以后的性啦各方面都受阻力。到今天有时候也会有这种紧张和不安。一直会有，碰到它就会觉得不舒服。

陈：你对说话语气很敏感，一直到今天都是这样？

子：一直到今天。一个孩子朝我吼两句我都会难受好几天，虽然我有理智呀我慢慢的疏导，知道没有什么事，（不必）计较孩子的这个事，但……

陈：吃饭敲碗是怎么回事？

子：就是调皮呀，吃饭的（时候）还是好打打碗，我妈说不准敲碗，只有乞丐才敲碗。

陈：我明白。为什么你会记住这个？

子：呃，那种感觉。

陈：那种语调语气？

子：一方面是语调语气，还有就是你在做一件事情，你的事情没做完，你敲

---

① 本节最后的几段对话，采访时间稍后，在编纂时安排在此。特此说明。

碗敲得很开心，突然被打断了，憋得慌。是情绪上的。我并不觉得这个事情我做得有多对，情绪被打断了之后哇，心里有不舒服的感觉，感到憋屈。其实我的身体（情绪冲动）会突然穿越我的理智，有的时候我就会突然犯一下火。

采访人札记

主人公为什么对幼儿园有如此严重的不适？需要进一步深入探讨。

从主人公的陈述中，我们知道，他喜欢独自幻想，而不适应且不喜欢幼儿园里的集体生活。究竟是因为喜欢独自幻想而排斥人际互动？还是不适应不喜欢集体生活而不得不退回自己的内心幻想？就是一个重要问题。

如果不假思索，会以为主人公天性如此，即天生就不适应幼儿园的集体生活。问题是，人类是群居动物，社会性与社会化早已成了人类惯习或本能。除了极少数自闭症患者——对此我们所知有限——大部分幼童都喜欢与同龄的孩子玩。主人公不是自闭症患者，为什么不喜欢与同龄的孩子在一起呢？我们只能猜想。

猜想一：或许是因为人之初的痛苦经验形成了某种潜意识，在暗中支配着幼童的行为。所谓人之初的痛苦经验，已知有二，一是婴儿时期被乡村保姆邻居的幼儿抓伤，使得主人公对其他幼童产生本能的恐惧与防范，从而不喜欢、不敢、不愿与陌生的幼童相处。二是婴儿时期与母亲的"精神脐带"连接出了问题（参照主人公人之初的最早记忆或想象），有某种不安全感，从而产生种种不适。

猜想二：主人公的不适，更可能是后天原因所致。具体说，主人公不喜欢幼儿园，首先是因为主人公的动作慢，姿态古怪，害怕小伙伴讥笑，所以避之则吉。而主人公之所以动作慢，是因为在幼儿时期吃饭、穿衣等事，都是由长辈包办，缺少必要的早期训练，从而始终动作不利索且姿态古怪。其次，偏偏主人公又是一个敏感超常的幼童，特别在意他人的评价，同龄人的讥笑乃至貌似讥笑的正常反馈，都可能造成心理挫伤。主人公的敏感，或许是来自先天遗传，也可能来自后大环境刺激——主人公长相可爱，且聪颖过人（可参照其父亲的日记）——势必被其所有长辈乃至邻居宠爱和夸奖。按照社会学家的说法，每个人都是由他人的目光雕塑而成，长辈宠爱欣赏的目光将主人公雕塑成人间凤凰与麒麟，这种超常儿童形象很可能会成为主人公的无意识的自我评价或自我定位。问题是：他动作慢，姿态古怪，与凤凰与麒麟的形象不符，如此造成极大的心理落差，出于自我保护的人类天性，主人公格外敏感，宁愿耽于幻想，不愿且无法合群。

　　主人公对幼儿园严重不适的真正原因是什么？我没有能力论定。写出上述猜想，是想起鲁迅先生的《骂杀与捧杀》，这篇文章说的是文学批评的乱象，也可以引申到儿童教育上来。如果说传统的"棍棒头上出孝子"的教育方式是骂杀，那么现在的家长普遍奉行的"夸奖教育"，若是过度赞誉若超出对象的实际能力，很可能造成捧杀。而主人公以天才或超人自居，迟早会跌下现实的悬崖，造成主人公的心理问题，甚至会导致严重的神经症。更可怕的是，当家长发现自己的孩子实际上并非超人，或在某些方面不如"别人家的孩子"时，往往会对孩子变脸，批评孩子诸般不是，从"捧杀"变成"骂杀"，孩子会无所适从，且苦不堪言。

　　实际上，每个幼童的成长都会给家长带来惊喜，而每一次惊喜的场景，其实都是幼童成长过程的普遍现象。家长以为自家孩子是超人，多半是因为无知。

7

兄弟与玩伴

　　陈：你是跟宇一起上幼儿园，是吧？

　　子：我在中班，他在小班。

　　陈：宇他家里不来接时，就哭，那是什么情况？

　　子：宇就比较容易哭。宇是在三楼上课，我是在一楼上课，一般是先接我再去接宇。有一回——那回很奇怪——我姑姑先接了我，叫我在楼下等，我跟着上去了，结果我姑姑来这么一句话："你上去把宇接下来。"我觉得这是人生莫大的光荣和挑战啦，我印象中，幼儿园一些同学就是哥哥来接他。我觉得这是很有责任感的挑战啦，接他吧。我刚刚上去，我就看到一个人在那里大哭，宇戴着一个老虎帽子，在那里很可怜地大哭，哭得一塌糊涂，老师在哄他。哎，我当时觉得，我从来没有享受过老师这样哄。哎呀，怎么跟老师讲接宇的事呢？我一时说不出口。我说我是宇的哥哥，来接他，不就行了嘛，但是我不敢。我就拿手去戳宇（用手势），老师哄宇后就走开了，把我当作一个孩子。宇也好玩，看到我来了之后呢，就哭着跟着我往外面走。走到二楼的时候，老师喊一句宇，哎呀，跑了。冲下来逮到了我，我跟她说：我是他哥哥，来接他。老师就放我们走了。走了几个台阶，宇喊一句"哥哥"，然后又喊一句："妈妈呢？"我说在楼下，就下去了。他下去之后就变得特别得意，跟我奶奶——那时候我奶奶也在——说，你怎么才来？我在这里找你半天了，你怎么才来？这是一段我接宇的经历。

陈：有当哥哥的感觉，是这意思吗？

子：应该有。我只觉得蛮爽，心情很爽。终于别人把我当作一个有用的人来对待。有用处，有这种感觉。

陈：你的玩伴有院子里的瑄、勇，一起玩得最多的还是宇？

子：对，那是一定的。我小时候，跟宇一起玩，有时候我俩能玩到一起。虽然这孩子吧，抢东西的时候吧，有时候会拿凳子砸我，砸完了呢，他也肯定挨揍，但我们俩还能玩到一起去。宇，当时还很好玩，他说他要告别父亲家，做母亲家的人，从此跟妈妈姓，也许他爸老打他，他说要改变。

陈：他爸爸为什么老要打他呢？

子：他小时候也有些行为……他是一个很受宠的小孩。受宠程度也许比我还要高，因为他们父亲家来说，他是唯一一个孙子，其他都是女儿，所以被关注的程度比我还要高。

陈：所以你曾嫉妒他有很多新玩具？

子：吃着碗里的，看着锅里的。变形金刚很好玩，我又想要把剑。呵呵。还有个什么，作为哥哥嘛，你的玩具总是要让给弟弟，大人总是要你让。你的感觉，什么玩具你得先拿给弟弟玩。比如说我捡了一个大哥大的天线，我拿在手里玩，他也要玩，你不给他他就哭。好处就是我是做哥哥的，你要谦让，慢慢的，你会意识到这一点。但是有时候也会让你不舒服。

陈：那次接宇，在你，有哥哥的角色意识？

子：哎，在宇这个事上，看到他我会意识到（自己是哥哥）。那一次啊，让我感觉到，原来我的作用还挺大。你说打架的话，我也打过宇，但是还没有他打得这么牛逼，起码我不会拿凳子打他，他还拿凳子打过我。总之，还是会意识到，我是哥哥。就能清晰意识到我是哥哥。

陈：他拿凳子打你？为什么？

子：（为了）玩具。有一把枪，都想玩，我可能力气大一点，他抢不过我。小鬼玩偷袭，我转身，他给我一凳子。还有就属于小孩的无理取闹了，斗兽棋，宇明明输了，不行，我非要赢，不推翻我就要打你，也有这种情况。无理取闹呗。

陈：有一次你把他弄出了鼻血，是怎么回事？

子：我们两个闹别扭，抢玩具，两个人互相打嘛，打起了火来，我就拿起拖鞋，丢过去，正打在他鼻子上，两秒钟就出鼻血了，三秒钟就被我爸提出去门外思过了。大概待了三十分钟，我又被提回来了。

陈：在你奶奶家？

子：我奶奶家。家庭聚会的时候。宇出鼻血，我有点后悔。担心那个鼻血会不会流太多呀。我有这种想法。

陈：你跟宇一起玩，怎么会有同性恋的恐惧？怎么回事？

子：哦，有一回我们俩在床上打闹嘛，后来我就碰到了宇的脸，他那个脸啦特别细腻光滑，然后我又抚摸了一下，就这么两下，我就生出了一种从来没有过的感觉，这种皮肤啊，这么细腻，觉得真舒服，就生出了一种特殊的喜爱的兴趣。但是到了晚上呢，我脑子里突然蹦出来一个词，同性恋。我也不记得以前别人有教过我同性恋是啥，那时候也比较小，在幼儿园，但是隐隐约约觉得那是两个同性的男人之间的啥。我就问我爸，我说老爸，同性恋是啥呀？其实我隐隐知道答案。我爸就跟我讲，同性恋就是两个男人，我爸还问我，你怎么会知道（问）这个问题，我不敢跟他讲，就这样一种感觉。

陈：这个困扰有多长时间？

子：就这么几天。或者是说啊，不敢多想，不敢细想，觉得这事吧，是一个禁忌，不敢细想。

陈：再说说勇，他们上学前班对你有什么压力，是吧？

子：本没有压力，学前班是啥我都不知道。是我爸妈对勇的那种夸耀，好像挺有压力的，好像隐隐约约觉得自己不如勇他们能干。

陈：觉得不如他们？

子：有，有的。首先对方会炫耀，父母会炫耀，说瑄，在哪个钢琴比赛中又拿奖了。勇，在学前班有小手表，勇已经上了三个兴趣班了。他们会说。说了之后呢，我妈就会在我面前说人家有多好，给我脸色看。那就会不舒服。然后，（勇）是一个人在家里的，我爸妈就觉得我不够独立，也要我一个人在家。就把门锁起来，也让我一个人在家。我没那么独立，就吓死了，我没有那么独立。

陈：什么意思？我没听懂。

子：暑假嘛，没有人带，父母都要上班，我外公也身体不好，等等等等。就会有这种情况嘛。勇从小就特别独立，很小就背着书包上各种班，我妈就觉得这个孩子特独立。我就特别不独立嘛。就会说。

陈：你一个人关在家里做什么呢？看电视？

子：不可以。后来不准我看电视。发生过一件事，有一天容许我看电视，但是那个电视起火了，电视线"嗞嗞"爆炸（冒烟），起火，我当时印象非常深，正在看《超级星球雷瓦力探长》，看到正精彩，哎，怎么电视没了？那个电视线在冒火。我第一反应，我跑。哎呀，我第二反应是，我跑了，起火怎么办？我要把电视线给拔掉，它还在起火，我就上去把那个线"啪"的拔下来了，拔下来就放在地上。火就熄掉了，我就把手去碰了一下，我一戳，烫啊。我当时怕那个电视会不会爆炸，我就跑到楼底下去了。等我爸爸妈妈回来。

陈：结果呢？

子：结果好了，电视后来修好了。

陈：没人责备你吧？

子：还受到了一点小小的表扬。

陈：你一个人在家，想看电视就看电视？

子：会布置作业，让我写作业。但是我爸妈显然忽视了一个问题，我在家里虽然没有电视，我照样大脑里同样可以幻想一天。

陈：整天幻想？

子：对呀。能幻想一天。从《变形金刚》幻想到《北斗神拳》。幻想，还是啥事没干。发呆，都能幻想一天。

之所以要问及主人公的哥哥（姨表哥）、弟弟（姑表弟）和玩伴，是因为这些都是社会学家所说的首属群体或初级群体，家庭成员、邻里成员、同龄玩伴，都是首属群体的重要组成部分。首属群体对幼儿成长的重要性不言而喻：幼儿社会化的基本模型，就是在首属群体成员互动中完成的。

主人公耽于个人幻想而不适应幼儿园群体生活，不免有点让人担心，这会不会影响其正常地社会化？实际情况比我们预料的要好，主人公并非没有玩伴，首先是他的姨表哥、姑表弟，其次就是勇、瑄等邻居小伙伴（大部分是主人公爸爸的同事的孩子）。主人公有机会与小伙伴一起玩耍，是特别值得庆幸之事。

人类学家玛格丽特·米德提出代际关系的前喻文化（长辈指点晚辈的文化）、并喻文化（长辈与晚辈相互指点的文化）、后喻文化（晚辈指点长辈的文化），是一个了不起的洞见。实际上，在幼童成长过程中，同辈之间的相互指点，即共同完成社会化的历程，共同模仿并扮演社会角色，其重要性丝毫不亚于文化的代际传承。与小伙伴在玩耍过程的社会化意义，很可能超过家庭教育和课堂教育。家长限制乃至剥夺幼童与小伙伴一起玩耍的机会——理由是让幼童把更多时间花在"文化知识学习"上——很可能会得不偿失，甚至适得其反。幼童一起玩耍的过程中，不仅有实际文化知识的传播，更有实际社会角色的演绎实践。

在主人公的这段陈述中，有一个意义重大的事件，是主人公的姑姑让他去接表弟宇。宇是姑姑的孩子，而姑姑在主人公的生活中一直是一个重要的温暖源。所以，姑姑让主人公在楼下等，主人公却要跟随姑姑上楼（是对姑姑的依恋）；姑姑让他单独去上楼去接弟弟，虽然他不敢对老师说话，却还是完成了任务，接到弟弟，与弟弟一起下楼。说此事意义重大，首先是因为这是主人公第一次实地演绎自己的社会角色（哥哥）。此前，他当然知道，自己是哥哥、宇是弟弟，但那只是概念而已。这次完全不同，他是以哥哥的身份去完成接弟弟的任务，是对自己的社会角色的确认，也是第一次完成角色的义务。由于亲身体验了哥哥这一社会角色，主人公对弟弟宇的这一份情感，正是由此奠定基础。

说此事意义重大，还因为，姑姑有意无意中对主人公作了首次社会角色赋权，让主人公克服畏惧心理去完成其社会角色的一项重要任务，让主人公的社会能力得到了实际锻炼的机会。主人公一向胆小，怕老师，而这次克服了畏惧心理，终于完成任务，即便主人公当时并不懂得这一经验的重要性，但这一经验仍然会沉淀于主人公的记忆中，为主人公的自知与自信奠定了一块重要基石。

有教育学家将人力资源管理学的赋权、赋能概念引入儿童教育中，这是一个创举。让我们知道，对幼童的实际赋权与赋能，比任何大道理都有效得多。赋权即赋能，诸如：吃饭是孩子的事，就让孩子自己做；是哥哥，那就让他做哥哥应该做的事。如此日积月累，幼童的社会角色意识及其生活能力自能不断提升。

在主人公的陈述中，还有一个重要信息，即他的这些玩伴同时也是他的比较对象和"竞争对手"——这种关系是家长建构的：实际上并不是孩子之间的"竞争"，而是家长之间的面子的竞争——表弟宇，玩伴勇和瑄，都是"别人家的孩子"（父母拿他们来刺激主人公，甚至羞辱主人公），让主人公吃了不少苦头。这一情形，后面的讲述中还会多次提及。

8

旅游不好玩

陈：五岁的时候去庐山旅游，有记忆吗？

子：没有太完整的记忆。只是记得那天，好像我去旅游之前还生病了。去医院的时候，医院都是熟人，我老生病哈，然后听我妈对别人说，他爸爸要带他去庐山了。这是我人生第一次出差远行嘛，很激动。上山（是）开车上的，我吐了；下山的时候还是开车下的，我还是吐了。

陈：你晕车？

子：晕车。我没有觉得好玩。就风景区啦，会在那里合合影、照照相，好像那天还下雨，天气没有那么好。总之就是感觉没有那么好玩。

陈：除了你以外，还有别的小孩吗？

子：没有。

陈：这是不好玩的一个原因吧？

子：我不知道，但没有那么好玩，我后来也没想去过庐山，我觉得庐山一点也不好玩。

父：到庐山，（他）大概四五岁。一年夏天，我去出差，就带他去了，住了几天。他对庐山山水这些东西也不太感兴趣，感兴趣的是那种细微的，包括树叶子呀，草丛啊，他可以在那里蹲个半天，看，搞。有一天我没有事，牯岭街边上一条小路一条小溪那里有很多树丛草丛，他在那里待了一个下午。那天阳光很好，他在那里看啦玩啦，我就站在边上。看着他，在那里待了一个下午。他也没有想到要到哪个景点啦。

陈：还有一次是跟你爸爸的一个女同事出去旅游，是去哪儿？

子：我记不太清去了几个地方了。我记得那个时候流行《大力水手》，我总跟芳（父亲的同事）谈大力水手吃菠菜力气变得特别大，我也想吃菠菜，其实我特别讨厌吃菠菜。另外就是我不愿意单独照相，我就喜欢跟芳一块合照。看到这个女的很亲切，就是从来没有对别的女性生出过，除了我外婆之外，我对我妈也没有什么亲切感。当时，这个女孩就感觉很亲切，对我特别好。合影总是跟她在一块，导致人家单独的（相片）都没有。印象中我们走了很多路，有一回我好像找厕所没找着，还是拉在裤子上了。我爸跟我说，走了这么多路，你累得更瘦了。比之前还瘦。

父：这一次（出门）就是跟芳，是我的同事，她爸爸是我的老师，所以关系很亲密嘛，就像自己家人样的。那时候她才二十多岁，刚进来（入职），就想跟着我学学编辑。我就带着她去做稿子，先是到杭州，我们还到了苏州，还到了上海。到上海，儿子就说要找个地方爬山，上海到哪里去找山爬呀？他要爬山。那些旅游点、商店，他不感兴趣，这是一个记忆。还有就是，他在上海可能吃坏了东西，那天，他突然跟我小声说，我大便拉到裤子上了，你不要跟她（芳）说。哎呀，我当时就觉得这个小孩自尊心很强，后来就我们回到旅馆再换（裤子），拉稀，他那个肠胃一直不太好嘛。拉稀，那一次也是印象很深。

陈：那场旅游只记得这些，是吧？

子：我都不记景点，我对景点没什么兴趣。

陈：啊，你说你对妈妈的温暖记忆是你妈妈包包子？

子：（旅游）回来哈，夜晚回来，哎呀，我妈居然会包包子，是不是她包的？好像就包过一次。包子里有火腿肠，她跟我说，你看，妈妈包了包子，肚子饿了吃一个，我连吃了两个，觉得特别好吃，那包子像上海生煎包样，带着点锅巴，还有火腿肠，很香。当时真饿了，吃了挺多。那天我觉得我妈显得比较慈祥。

陈：你经常跟爸爸出差吗？

子：出差的记忆还是挺多的。去过北京。

陈：记得什么样的事情？

子：我基本记不得，因为我都觉得不好玩，我觉得最好玩的一次是去深圳，因为动画片多，我天天看。

陈：假如深圳没有动画片呢？

子：没有好的印象，一样。嗯，一样，我就没那么喜欢玩。对那些景点有感觉，比如说我到过北京，什么世界公园，我去爬过长城。就是有一次玩得很兴奋，就是那个特特乐，就是5D①动画，看到恐龙朝你飞过来的感觉，那很好玩。有一个记忆是比较深的，早上起来要赶火车，堵车堵得太厉害了，有一个女孩蹬（坐）三轮，冲我们喊，快上我们的车，我们搭你去，我们就这样去了车站。有

---

① 此处表述有误，应该是4维电影。

这么一个记忆。那时候火车时间比较长，很容易跟对面的邻居打牌。记得有一对年轻的夫妻，灰色的绿豆糕给我吃，其实挺好吃的，我故意说不好吃，把它扔了。我还拽那个新娘子的头发。有一回峰（父亲的同事）跟我们一块去，峰特别严肃，有一回我调皮捣蛋，我爸当着峰的面把我揍了一顿。哎哎，哭了。

陈：绿豆糕很好吃，你为什么说不好吃呢？

子：就觉得要装一下。

陈：峰训你，是怎么回事？

子：是因为我调皮呀。而且我有点没大没小，你要我叫（人）^①——可能这一点也是我不讨老师喜欢的原因，我不叫老师好——我也不叫任何叔叔阿姨好，我就不叫。

陈：你从来不叫人？

子：从来不叫。我不叫啊，并不是我觉得我不想叫你，而是我不好意思。

陈：你爸爸在火车上揍你，是为什么？

子：调皮捣蛋。他们在打牌，我在旁边捣乱。我爸没跟我玩呗，我在那里无聊，我就捣蛋。

陈：你跟爸爸出来旅游，还有哪些记忆？

子：北京我见到过明（父亲的作者）。当时明留着一头长发，那时候还比较困难，我爸来组稿，来请我和他一起吃饭。吃肯德基还是麦当劳。我那天在发脾气，银色的长命锁，我爸不给我买。

陈：什么呀？

子：长命锁。就是一个挂坠，可以理解为一个挂坠。就是类似于那种云南的小吊坠。项链。

陈：为什么想要那个呢？

子：我觉得漂亮啊。我觉得那个东西很漂亮，但不给我买，所以那天不开心，总是不高兴。但见到了明，他那个长头发让我印象很深。

陈：只对他长头发的印象很深？

子：这个人谈吐，跟大多数见到的人不一样。就觉得明更像小孩。

陈：更像小孩？

子：这是我的（感觉），更像小孩。我在他身上闻到了一种小孩的气息。他的表情啦、动作啊，说话的时候那种克制不住的，哈，说他是傻笑也好，反正跟峰他们是不一样的，他更控制不住，不太在意自己的举止。

---

① 叫人，意即与人打招呼、问好，是家长对幼儿的社交礼仪训练。主人公对此严重不适。

陈：于是你对他有好印象？

子：没有任何好印象，就是觉得这个人，没有这么强的距离感。

陈：觉得可亲近度比较高？

子：哎，明可亲度也不高。但是在那一刻，他身上有一种小孩一般的气息，那是我有印象的。他面对一个孩子在调皮捣蛋时候的反应，就跟正常的人不太一样。也说不出来哪不一样，总之，他好像不怎么在意这个东西。记得他给我买了根冰棍，还挺好吃。肯德基的冰棍，还挺好吃。

父：当时去长城的路上，有个模拟仿真的宇宙飞船[1]，坐在椅子上，摇动，他很开心。也有小孩，一个女孩，在里头吓得哭的。一下穿过峡谷，一下从恐龙肚子底下穿过去。开着那个飞船。那一次他还蛮开心。那次还到了世界公园咯，还到了故宫。那次出差时间比较长，到北京去组稿。那时候卧铺很难买到哇，好不容易买了一张卧铺，我们赶火车的时候就碰上堵车，出租车离火车站还有很长一段路就动都不动了，直到离火车快开二十分钟了，还是一动不动，那个司机说你赶快下车走。没有办法，只有下车，我肩上扛着个包，一包行李，扛着个箱子，一只手拖着他，往前跑，弄得路上很多人看。一开始是我拖着他跑，到后来我累了，他拖着我跑，快跑，快快快。后来跑了一段路，一个三轮车过来，上面一个小姑娘，挺好的，她说赶快上来赶快上来，我（们）就跳上去，那个师傅还拼命骑，骑到那里（火车站），骑到那里也没有收我的钱，下来赶快就进（站）去了，进去了，刚检完票就响铃了。就很惊险，有这一段记忆。

陈：他拉着你跑？

父：他拉着我跑，后来我跑不动了，一开始我有劲，拉着他跑，跑了没几分钟我就气喘吁吁了，还扛着个箱子，他就跑在我前面了，快跑快跑，就这样。

陈：OK。这次到北京有哪些经历？

父：到北京还去了恭王府，在恭王府里头玩。那天下大雨，一只鸟飞不动，一只麻雀，飞不动，被他抓住了，他就认为恭王府那里有麻雀抓，所以就每天坚持要抓麻雀。后来作者的爱人，就拿个盆子，放点米在下面，抓了几天也抓不到，但是他天天就守在那里要抓麻雀，哪里都不去。那天祚（作者）请我吃饭，他也不去，不走。祚就扭着他去了，两个人一路打，一路打，打得去吃饭。所以后来祚跟他开玩笑说，我们是"战友"。

陈：去深圳呢？

父：之后，去深圳去得多咯。到深圳很多时候都是他一个人在宾馆里头。主

---

[1] 即4维电影。

要一个原因，就是他老是会晕车，吐。我们住的地方到印刷厂一般都要坐很久的公交车嘛，他在路上就会吐，所以干脆他一个人在宾馆里待着呗，我办完事就回来。所以他在深圳还蛮开心。

陈：可以看很多动画片？

父：动画片多，深圳的香港台多，动画片多。基本是他一个人玩，宾馆里面，看电视，就一个人看电视。不放心也没有办法。那时候确实也比较大意。因为在印刷厂他也没有什么事干，印刷厂都是工厂（机器）。我又在那里看稿子。

陈：他不乱跑，是吧？

父：他不跑，哪里都不去。

陈：你当时带他出差的目的是什么？是父子两个愿意在一块，还有一个就是减少他妈妈的负担？

父：两种都有，还有希望他胆子大一点。见多识广，开阔眼界，多接触人。因为他在家里有好几次，我就接到我爱人的电话，就说他调皮捣蛋，你来管他。

陈：所谓调皮指的是什么呢？

父：恐怕后来主要是成绩不好。比如我在出差，考试成绩不好，我爱人就马上打电话给我，你要多管他，他成绩一塌糊涂，什么都不懂，主要是成绩。

采访人札记

这一节可以说是主人公的《童年旅游简史》，不仅是幼儿园时期的事，也包括小学时代（寒暑假）的旅游经历。本书重点不在主人公的活动年表，而在主人公的心灵成长史，所以对上述旅游的具体时间没有作具体考证，把旅游作为一个话题来谈，集中挖掘主人公对旅游的记忆，是想了解主人公的成长经验。

幼童成长，不仅需要家教，更需要父母陪伴。带着孩子去旅行，当是比较好的陪伴方式之一。家长带自家孩子去旅游，在现代城市生活中早已不足为奇，知识分子家庭的孩子更是司空见惯。主人公的父亲是大学中文系毕业，从事编辑工作，出差的机会较多，带孩子旅游的次数也就多。尽管有工作之便，仍然难能可贵，带孩子出差并非易事，带主人公这样的孩子显然更加困难。即便如此，这个父亲仍然坚持不懈，不断带孩子去旅游，未读万卷书，先行万里路。

听主人公说：旅游"感觉没有那么好玩"时，我想起了一段往事。当年带我女儿去西安旅游，重点是去博物馆，西安省博物馆当然要去，碑林博物馆也不可不去。在逛碑林博物馆时，发现小家伙溜了，顿时一身冷汗。好在很快就在博物馆的院子里找到了，问她为什么出来？她说没兴趣。我当时十分恼火：这里有无数稀世珍宝，你居然说没兴趣？现在回想，当时我的脸色、语气肯定很吓人，甚至面目可憎如凶神恶煞。我一直以为自己有理，以为女儿不懂事，直到此次采访，听受访主人公随口说出"感觉没有那么好玩"，才深受震撼：我一直没有从孩子的视角去看孩子不喜欢碑林博物馆这件事：满屋石碑，光线还不怎么好，对一个不懂书法的孩子来说，哪里说得上好玩？说不定还会有莫名的恐惧，以至于要逃到室外阳光下。如此说来，不懂事的是我，应该愧疚的是我。

这才想到：旅游好不好玩，应该由谁界定？

这个问题的答案，说简单也简单，既然是带孩子旅游，好玩不好玩，当然要以孩子的感受为准。问题是，我们都以为自己爱孩子，却未必能习惯于与孩子沟通与协商，从而说不是有多理解孩子，更难以做到尊重孩子。于是，实际生活中大部分情形是，带孩子去旅游，游哪里、怎么游，多由大人说了算。家长信心满满，以为自己选定的游览项目肯定对孩子有好处，孩子是否感兴趣则通常会被忽略。或者——像我那样——发现孩子不感兴趣，非但不检讨，反而对孩子一通吼。

更复杂的是，仔细观测主人公的回忆和陈述，发现他的记忆和陈述也非十分准确，更非完全事实。说旅游"感觉上没有那么好玩"，毕竟只是主人公的一种感觉而已。对许多孩子而言，旅游机会来之不易，主人公却说不好玩，这正是他生活优裕且被宠溺的证据。或许是因为晕车，并且把自己的感觉当作了记忆的标签，按这一标签提取记忆，当然也都是感觉上没有那么好玩。看父亲的现场记录，很容易找到反证：在庐山草丛中捉虫，在北京恭王府抓鸟，在去长城的途中乘坐飞船，以及在深圳旅馆中无限制看电视，应该都是好玩的。至于旅游的经验对主人公成长究竟产生多大影响，则不仅幼童自己不知道，成年人也未必真的知道。

9

电影 · 诗 · 童话

陈：你为什么特别喜欢《正大综艺》？

子：《正大综艺》那时候会放电影。有几个电影印象非常深，而且我觉得对我有重大的影响。一个是《猫王》，就是埃尔维斯·普雷斯利，那个电影有情色的画面，猫王就是个生活紊乱的人嘛。那时候，也没有删减，真的有他跟比他小十四岁的女友做爱的镜头，我妈当时让我不要看那个做爱，我没有想到那个做爱让我很亢奋。我看到一个细节是，猫王把衣服脱掉，他全身的胸毛，那个男性的象征——猫王那时候的造型很像我现在的这个造型——我说那个造型怎么这么帅呢？而且猫王那个舞蹈，我想要跳舞，第一次想有表现欲望是看到猫王的那个舞蹈，我觉得太帅了。不好听地说，他那个叫流氓舞，甩着下部，抖动的双腿，然后跟着那个节奏。我觉得，哦，特别帅！那些歌曲、旋律我都记了很久。

陈：看《猫王》电影时候你多大？

子：应该在幼儿园，因为小学（时父母）不让看电影、电视。

陈：还有什么电影？

子：还有一部是山口百惠演的电影，叫什么？反正结尾她演的那个角色死了。因病死了。当时，那个电影也对我影响很大。里头好像还有三浦友和。① 那个电影嘛，我印象比较深。为什么深呢？她那个悲剧的氛围啊，让我心里头过早受到了触动，原来生命会离去。我那时候会意识到，生命会离去，就会这样悄然的离去。那个女人，在好像（办）喜事的时候就突然死去了。很难忘，她那个角色演得很病态。白白的那种粉底的脸，就感觉她是一个要死的人，那是一个印象很深的片子。

还有一个片子是《与狼共舞》，凯文·科斯特纳的《与狼共舞》。我印象最深的，最难忘的一个画面是什么啊，就是一开始他要被锯掉腿，那里一片都是锯腿

---

① 所说电影很可能是 1975 年出品的电影《绝唱》，西河克己导演，三口百惠、三浦友和主演。

的人，那个人在那里也一定要被锯腿。他为了穿上靴子，咬住箭，一下把那个靴子穿进去了，疼痛，接下来不是英雄场景吗？骑着那匹马，枪来打他，他张开那个双手。哎呀！我意识到原来当男人要这个样子。会有很深的那个（触动）……还有，看到一个画面，夜晚了，在跟狼跳舞，一团大火，然后，狼，一个人。我也不知道具体怎样描述那种感觉，但那个画面，太过难忘了。这个胸口，有点生理的反应啦，那种感觉血液在抽哇，抽动一般。

陈：血脉贲张？

子：啊，对。

陈：三部电影你有三种不同的感觉？

子：对呀。还有一部电影，现在看都不入流了，叫《玫瑰兄弟情》，那个主角叫索尔，是讲两兄弟的故事，两兄弟被培养成了特工。有一个情节让我印象非常深刻，两兄弟中的老大，被乱枪打死，然后那个兄弟为他报仇，最后去杀到他的养父，来了个逆转。那个兄弟被杀死的时刻，（我）很难受，就是好几天晚上都是会想到那个人被乱枪，砰砰砰，嘣死的那个画面，就是那种感觉。当时我还会想到一个问题，就是电影结束之后哇，就是索尔和那个女的走了，我当时想到，这个人啊，其实，他的弟弟已经死了，那这个人以后咋办呢？这是个孤儿，他唯一一长大的兄弟死了；养父也被他杀掉，那这个人就算有了老婆，他人生会很好吗？

陈：你当时会想到这个问题？

子：会想到这个问题。突然就想到这个问题。然后，就突然不怎么想看这部电影了。我觉得这个电影太沉重了。当时想，这个人以后怎么办？会想到这个问题。还有个电影就是《大闹天宫》，那就是经典的了。

陈：是动画片，是吧？

子：动画片。《大闹天宫》当时也想到过一个问题。就是看过六小龄童的孙悟空嘛，结尾的时候，把西天取经给取了嘛，其实没有看过《西游记》之前，也会作为故事，我奶奶呀，我爸爸呀，讲，就说孙悟空把西经给取回来了。孙悟空特别厉害，那一刻有极强的共鸣，就好像我脑子里面总在杀人的我，在某些层面上好像得到了释放一样。就是他把天宫砸得一塌糊涂，也没有如来佛了，只有孙悟空，在那个毁坏了的宫廷里面哈哈大笑。最后在那个山上占山为王，写上齐天大圣。我靠，真过瘾！原来可以这么着。有释放感，就这个画面有极强的释放感。

陈：你爸爸教你写字以外还教你读诗，这是好的记忆吗？

子：不算太好，就是没有兴趣。读过很多诗。

陈：是你爸爸教一句你念一句，还是你自己念？

子：我爸教，念呗。但是啊，学诗比写字要好。我那个什么呢，我意外地把那个诗还记住了几首，真的就记住了。"杨柳青青著地垂，杨花漫漫搅天飞……借问行人归不归。"我爸就念了一遍，就见了鬼的记住了，一直没忘。"春蚕到死丝方尽，蜡炬成灰泪始干。"我爸还读得抑扬顿挫。

陈：你爸教你李商隐？

子：他就拿着那个（《唐诗三百首》）各种念，他也不挑诗，根本就不挑，他李白也念，还念得特别投入。他念得投入，还跟我讲，讲得我都不明白什么意思，他说这一段写得多好，"抽刀断水水更流，举杯浇愁愁更愁"。都记得。到后来，所以到初中，老师发现我记忆力极好，不是我记忆力极好，是多半在小时候我爸就教过我，就算我忘记了全部但我记得片段，一念，我就能记住。

陈：读诗也没有不愉快的记忆，是吧？

子：有一个愉快的记忆。唯一愉快的记忆。是李白的诗，有冲动，我突然想读《将进酒》。《将进酒》是我唯一主动背的。当时那个叫什么，里头有一句嘛，"岑夫子，丹丘生，将进酒，杯莫停，与君歌一曲，请君为我倾耳听，钟鼓馔玉不足贵，但愿长醉不愿醒"。就是那"但愿长醉不愿醒"这一下，我觉得很有武侠小说的感觉，我感觉李白是个侠客。我就感觉这个人，很大侠呀。读李白那个诗呀，也是有释放的。（其他人）读的是婉转，是惆怅。李白那个诗，你读得觉得很爽，我就把《将进酒》背了一遍，那是我主动背的。

陈："春蚕到死丝方尽"你也背下来了。

子：你不觉得"春蚕到死丝方尽"很有日本动画的感觉吗？他有凋零，人死去的哀愁。我对有一类诗是没有感觉的，比如"安得广厦千万间，大庇天下寒士俱欢颜"，见了鬼，那是什么鬼诗。比如《滕王阁序》，什么"落霞与孤鹜齐飞，秋水与长天一色"，那是什么鬼诗啊，不懂。

陈：是在你上小学之前学的？

子：小学之前。

陈．小学之前会给你读《滕王阁序》啊？

子：他就是不（给我）读，他也会自己念。他自己零星地背了一些诗句。陈叔叔你问出差有什么记忆，我想起来了，这是一个记忆，他会给我偶尔念一念（诗）。

陈：在火车上还是在宾馆里？

子：零星念出一两句来，我爸要不就跟我讲武侠小说，要不就跟我讲《西游记》，要不就讲他们小时候的故事，再就讲点诗，就这几个类型。

陈：零星的念几句，是跟你交流，还是他自己念？

子：交流，一定是交流。一定是。我感觉他很喜欢。我念的，"杨柳——"，他说要"杨柳（提高八度）——"，你要这样，这么着、这么着。（摇手）完全没有感觉，不想念，其他的都没有兴趣。李白的那个，真的是有一点点共鸣了，有一点点触动。然后，"春蚕到死丝方尽"，那一句也有一些触动。还有那个，"柳条折尽归不尽，借问行人归不归"，① 所以那首诗到现在也记得。有触动。

陈（问其父亲）：你给他念诗是有意识的吗？

父：也算有意识，有的时候是无意识。有时候停电啦，我们在五村住，老停电，没事做，又太早，（晚上）八点钟，在床上，就给他读读诗，让他背一背。有时候就有意识的。不能算特别有意识，因为我没有选那些儿童诗呀，适合他读的，我基本上是按照《唐诗三百首》的顺序，一首首往下读。不是什么很有意识。那时候我们对孩子的教育，说老实话，还是停留在一种想当然的那种（状态），就是很随意，没有很系统的，在这个年龄段应该重点怎么样培养，培养什么东西。没有，没有这种意识。包括我们对生活，家庭生活，爱情生活，怎么样跟妻子交流哇，怎么样面对一些家庭困难啦，基本上都是我行我素，很随意，而且想当然，觉得自己是最对的。

子：我外婆家放了一套老的中国神话故事，童话故事书对我影响特别大。

陈：幼儿园时你能看书吗？

子：我爸会跟我讲，我外婆也会跟我讲。那个故事书上面的一些图画呀，有些情节能看明白。

陈：你爸爸讲的睡前故事吗？

子：我爸睡前会跟我讲讲《白雪公主》，我没觉得《白雪公主》有多好听，我觉得一点意思都没有，《白雪公主》哇，《灰姑娘》啊，都没有意思，太难听了。一点不觉得《格林童话》《安徒生童话》有什么好玩的。不爱听。但中国几个民间传说的故事，让我印象很深。又很有宣泄感。

陈：比如说呢？

子：比如说，《刑天》，他到天宫上去，跟众神搏斗，头也没有了，只剩乳房和那个肚脐当脸，一直战斗到群神怕了。之后，我觉得英雄就是这个样子的呀，太酷了！就应该，当时我有一个很古怪的想法，就是英雄带点残缺的才美。就该缺个胳膊少个腿。那个刑天的形象啊，一个巨神，乳房都变成了眼睛，那个景象我觉得就是太美了，一个人啦，他可以这样去战斗啊，就觉得特别美。

陈：触动了你？

子：嗯。还有一个，真正让人感动的那个故事呀，我不明白当时为什么那么

---

① 此处记忆有误。原诗句是：柳条折尽花飞尽，借问行人归不归。

感动，《夸父追日》那个故事。我晚上久久不能入睡，就是在想这个故事，夸父追日的故事。他不是想追逐太阳嘛，太阳老是落山啦，不停地跑，不停地跑。跑渴了，喝掉了几条河，喝掉了几条江。我老是记得一个场景，就是那个场景后来指引我，一直相信艺术是很伟大的，其实不是什么梵高影响我，是夸父的故事的那一刻——是什么呢，他不是死了吗？但他手上的那个手杖啊，变成了一片树林，里头有果子。但凡路行渴了的人都会去吃那果子，那个手杖的情节让我感动了很久。以致我学了艺术之后，我心中一直隐隐觉得那个艺术的果子就是那个夸父的手杖。就是我小时候听到的那个故事，就是艺术家会死去，但是他的手杖会变成一片树林，会让每一个人去得到温暖。那个故事印象特别深。当时就触动很深。但是无法解释，那个手杖为什么变为一片树林感动人呢？就是一个人他在追一个太阳嘛，很荒诞的，神话故事，但是为什么那个手杖落下的时刻那么感人？但是后来，接触到艺术了之后，就明白了为什么，其实（我）能够走出那个青春困境，也跟这个有关系，我突然觉得，人生有一点点方向。

陈：很好。还有吗？

子：第三个故事就是《愚公移山》。那个故事印象特别深。当时不觉得愚公移山有多伟大，但是，到了很后面、很后面，看了无数艺术家传记之后，回头突然想起《愚公移山》那个故事。那个故事的具体内容，我当时的理解就是，他干吗要为了自己的事情，一次一次的要把那个山（搬掉）？当时受到了触动。很多年（后）回忆啊，觉得原来一个人的力量能够那么大，一个人的力量可以那么大。那个故事我从来没有忘却啊，随时会跟我新的知识融合起来，迸发出来，肯定留下过很深、很深的回忆。

陈：《愚公移山》的故事当年有触动，却不知道为什么？

子：不知道为什么。

父亲日记

1994 年 2 月 3 日　星期四

从多种征兆来看，儿子都是个艺术型的人，敏感、过激、好问，经常独自扮演某种角色或进入某种情境，口里念念有词，躲在无人之处手舞足蹈，即使在吃饭也是心不在焉，不知身在何处，常常需要大声对他喝叫"快吃"！他具有这方面的品质，我真正不知该怎样培养他呢。向艺术家方面培养？让他当一名为人类提供灵魂庇护所的人？让他吃苦受罪干那种不受时尚青睐，而社会又不可缺少的工具式的活儿？唉！矛盾哪！

采访人札记

很多人以为幼童的心灵是"一张白纸"，其实是成人想当然（理智的成人仍有巫术想象即原始心智遗存），即对儿童的无知。传统神话中说人死后要喝孟婆汤，以便忘却生前事，我怀疑创造这一神话的先辈是基于对自己婴幼儿生活失忆的经验。几乎没有人会记得自己婴儿时期的经历，那可能就是"孟婆汤"的来源。现在我们知道，婴儿六根（眼、耳、鼻、舌、身、意）齐全，捕捉信息的能力可能超过成年人，只不过这些信息无从记忆而已。

本段记忆和陈述，也是很好的证据，证明幼童在上学之前，并非一张白纸，而是自动或被动地从媒介环境中捕捉或习得许多知识与经验。从父亲的日记看，小家伙在上小学前就表现出了艺术家的气质，这并不是父亲的一厢情愿，而是他认真观察的结论。而父亲的观察结论，又反过来证明了主人公记忆的真确。

之所以这么说，是因为主人公这段童年记忆的陈述，存在明显的信息扰动，有些是当年的记忆，有些是采访时的感受和思想。历史学要求本专业学者懂得辨析"历史讲述的时代"（即过去）和"讲述历史的时代"（即讲述时，亦即现在），原因就在于此。主人公讲述过去的记忆时，难免把现在讲述时的感受与想法带入乃至代入其中，若要考据真确的记忆，必须在言语事实中筛选记忆事实，继而从记忆事实中筛选出生活事实，那是一件极其繁琐的专业性工作。把主人公的记忆和陈述当作他的心灵史的资料，问题就相对简单，历史讲述的时代和讲述历史的时代，已经融为一体，都成了主人公心理结构的组成部分。

本节陈述中，看电影的经验是主人公的主动经验，读诗的经验则是主人公的被动经验（父亲带孩子读诗，要求孩子背诵诗歌），而有关童话的记忆则既包含被动经验，又包含主动经验。在采访时我已注意到，主人公主动学习部分，记忆和讲述会更加生动；而被动习得部分的记忆和讲述，则不但相对滞涩，且更容易出错。有意思的是，读诗虽然是被动的，但其中李白的《将进酒》一首却是被动中的主动，因而背诵得更加准确而利索。

更有意思的是，在童话故事中，父亲为他讲述的西方童话如《白雪公主》《灰姑娘》等，他并不觉得有多好；而对《刑天》《夸父逐日》《愚公移山》等几个中国神话故事却非常喜欢。是因为作为中国人，天然偏好中国神话而排斥西方童话？还是因为中国神话比西方童话更容易接受？又或是主人公本能地排斥被动习得、追求主动学习？我们不得而知，但这一问题值得深究。

最让我惊奇的是，小家伙居然喜欢刑天的形象。他说是因为喜欢英雄带点残缺（这一想法和喜好也让人惊奇），但刑天的残缺太过惊人：他没有头颅——也就是没有大脑！而当时的主人公，正在寻找或建构自己的大脑（指精神自我）的重要阶段，莫非这一古怪喜好竟包含了深刻隐喻？我承认：我不知道。

10

妈妈下岗

陈：你妈妈下岗，[①] 对你有没有影响？

子：我妈当时下岗。我说下岗是干吗？说就是没工作，暂时没工作了。我妈那时候经常调动一些岗位，经常去不同的地方。有一个地方，她上班带我去，我就觉得有些难过，就看到我妈在那里记账，好像是个卖摩托车的地方，我就觉得我妈原来还是一个无产阶级的工人，突然变成了一个（底层人）——好像我从小路过那个地方，从来不想成为那样的人的地方，底层人的味道。看到我妈在那里记，我觉得不舒服。当时有恐惧，就恐惧我爸会不会下岗。虽然不知道下岗是怎么回事，但是感觉下岗是个很可怕的事。紧张。当时我妈就调到了蓝方公司，在公司啊，有一个像她弟弟一样的年轻人，就是跟她处得特别好的一个男孩，人特别好，每次带我去公司啊，这个男孩都陪我玩，还少有二十多岁的男生跟我玩这么好。南昌不是有个绳金塔嘛，第一次他就背着我一步一步地走进那个塔尖（顶），瞭望到了绳金塔上面（下面的景色）。特别好，特别喜欢他。公司还一

---

① 主人公妈妈下岗，是在 1993 年。

起组织到寺庙里面玩啦，带了很多煌上煌（酱鸭），当时这个二十多岁的小伙吧，陪我抓青蛙，哎呀，身手真好。抓到一只一只大青蛙，特别大。然后也不弄死它们，就放在地上跳，让它们跳回草丛，很开心。但是这个孩子后来失踪了，就没见过他了，在我的生命中失踪了。后来我问过她（我妈），他去哪儿了？我妈说他疯了，因为失恋，得了精神病。大概是三年级的时候，我们下课，手拉手出校门，杰（同学）跟我一起，我们排成一条长队，在我旁边站了一个胖、矮，又矮又黑，留一撮胡子的，一个胖子，戴着一顶帽子，我们都是短袖，夏天嘛，他穿得严严实实，突然走到我面前，拍拍我头。我说你是谁？他说我带你去过绳金塔。我一愣，我震惊，我没发觉眼前这个人，是带我去（绳金塔的）那个小伙。当时杰就谨记老师说的不要跟陌生人说话，拽我赶快跑："哎呀，陌生人你不要理！"我就被拽走了。我走的时候，我一步三回头看他。他没有看我，还是低着头，确实像神经不正常的人。那一刻心里非常难受。再接下来，我妈就要调动去检察院。调动去检察院哈，要找一个高级法院的法官帮忙，已经打好了招呼，那个人告诉我妈今晚打电话给这个法官。但是我妈打了两个电话过去啊，都被他老婆给挡住了。那个法官的老婆呀，不准任何女的跟那个法官打电话，哪怕是那个法官接的电话，她都要抢过来问"你是谁？"这时候我妈就问我，儿子，你能不能帮我一个忙？你能不能给这个法官打个电话？然后你再给我来接。[①]

陈：你爸不在吗？

子：我爸出差了，这个重任就给了我。我记得我当时心跳得就像打鼓，哎呀，我连电话都不敢打的人，这个重任交给我，紧张。但是我意识到我妈跟我说这个话的时候这个事情的重要性。我打了，先是一个男的的声音，我说我找何法官，他说，好，等一等。我说来了来了，赶快给我妈（电话），还正要给我妈的路上（时候），一个女声突然传来："你找谁呀？"我赶快说我找何法官，她愣了几分钟，说："嗯，等一会儿。"然后就一个年长者的声音出来了。（把电话）递给我妈。就帮她打了这个电话。后来，她就去了检察院嘛。

陈：以前你怕打电话？

子：肯定不爱跟陌生人打电话啊，平时不怎么说话的人。

陈：在你，这是一个壮举？

子：算壮举。当时我感觉心脏要出来了。感觉真的很紧张。后来嘛，我感觉就是说啊，尽管我们重复着以前，我依然成绩不好，依然重复着她的脸色，依然重复着她会打我，但是我感觉她有时候脾气呀，脸色，比从前好很多了。

---

① 打电话的时间，是 1998 年，其时主人公上小学三年级。

陈：因为工作稳定了？

子：对对。而且地位不一样了，检察院了。

　　大部分幼童对父母的工作不会太关心，因为那是他们视线之外的事，父母的工作也不是他们关心的焦点。我们的主人公对妈妈下岗事有清晰记忆，显得有些与众不同。根据主人公的陈述，他对妈妈下岗事之所以有记忆，大约不出以下三个原因，一是知道下岗就是没有工作之后，产生了莫名的恐惧，即害怕父亲下岗。此事关系到他的安全感，也关系到整个家庭，这种恐惧心理让主人公印象深刻。二是对妈妈脸色的记忆，妈妈有一段时间脸色不好，心情烦躁，自然会影响到主人公的生活与心理，但那时候他并不知道妈妈下岗了，即便知道，也不大可能会推理出：妈妈因为下岗，所以心情不好。但他却感知妈妈重新找到正式工作之后脸色变好了，从另一面把妈妈的脸色与工作联系起来。

　　之所以如此，可能还有第三个原因，那就是对母亲的关切。关切是爱的表现形式。无论小家伙对母亲的脸色有怎样的记忆，或是对母亲有怎样的厌烦乃至怨恨，都没有改变他对母亲的依恋、关切和爱——在此后的经历中会多次证明这一点——这应该是人类天性：母子连心。说主人公对妈妈下岗事因关切而记忆深刻，具体的证据是，他在妈妈找工作时也做出了一份贡献，即帮助妈妈打电话。

　　打电话事件，是主人公人生中的重要事件，应予特别注意和高度评价。主人公因为受宠过度，生性胆小，不敢更不愿与陌生人说话。基于对妈妈的关切和爱，主人公克服了紧张与恐惧，没有畏缩不前，也没有讨价还价，勇敢地对陌生人说出"找何法官"四个字。主人公确认，这是他生命中的一大壮举。这一壮举有两个意义，一是表现出他对母亲的关切，愿意帮助妈妈，克服内心恐惧。另一意义则是克服恐惧，完成一件任务本身，不仅有现实意义，且有启示价值。

　　主人公第一次以特定社会角色完成特定义务，是以哥哥的身份接表弟宇。而作为家庭成员帮妈妈打电话找工作，是主人公第二次以特定社会身份，完成该角色应该完成的义务。说这事有启示价值，除了前面曾讨论过的赋权与赋能效用之外，还有一个重要意义，那就是让幼童通过努力，克服困难，完成任务，从而感到自己是"有用"的，进而感到自己的生命是"有价值"的。有用感、有价值感，正是人生最重要的精神支柱。从幼童到老人，一旦被认为或自认为自己是无用的、无价值的，那将是其生命意志和个体尊严的毁灭性打击。

幼童当然并不懂得这些，但完成任务后的喜悦，即多巴胺的分泌会告诉他，这事值得一做。正是这份值得一做的成功喜悦，引领幼童健康成长。只可惜，在主人公的童年生活中，此类事太少。其社会角色应尽的义务，多数时候被好心的家长包办代替，很少家长明白，替代幼童完成其应尽义务，不仅剥夺了幼童的权力和义务，影响幼童的能力发挥，实际上也剥夺了幼童的生命有用性和价值感。

11

爸爸的同事

陈：你去过爸爸上班的地方吗？

子：我爸那个杂志社，其实对我的人生，是有一个很浓重影响的地方。小的时候在家里没人带嘛，幼儿园、小学，中午的时候不回家，就买一堆包子，跑到杂志社去吃，幼儿园的时候会有，一年级的时候也会有。在杂志社的时候呢，我长得比较可爱，大家也都挺喜欢我。首先是那里的环境，氛围，风气，其实对我小时候产生了一些奇妙的影响。就是我感觉到，杂志社的人穿得很时尚——我不懂时尚这个词——但是我感觉到他们穿得与众不同。比如说，有一个叫奇的人，他也留着大胡子，头发很长，穿一个蓝色的皮夹克，在那走，哦，觉得很帅！还有一个叫伟的人，很像花花公子，风流倜傥，他说的一些话呀，看一些美术书呀，我在画画的时候会看一看，好像对那个东西是有一些兴趣的。当时的社长叫宏，特别胖，穿（长）得像那个南极仙翁似的，西装革履，笔挺，头发早早秃了顶，但也算是长发，往边上偏，天门很高，年纪虽然很大吧，穿得还是特别特别风度翩翩，我感觉比我在幼儿园在小学的校长穿得都要来得格调好。我感觉大家在一起上班呢，工作好像没怎么做，在一起喝茶聊天，聊的事情吧，各种稀奇古怪的八卦。我每次会在楼上楼下窜嘛，我从一个走廊走过去，我感觉每一个办公室都死气沉沉，就杂志社，好像每一个办公室，都有人闲聊，有人在吵吵闹闹。我就觉得那种感觉还挺好。同时呢，我爸说我是马蜂性格，叮人叮得脱不了身，为什么呢？他们老逗我玩，其实是喜欢我，但我全把这些逗当成了对我的攻击，对我的挑衅。于是乎，我一开始很可爱，后来只要挑衅了我，我就克制不住地拽你头发，偷你的茶杯，把那个纸啊往你头上撒。然后他们对我的评价就有点变了，就觉得这小孩太调皮了，有一次把人家茶杯也搞倒了，纸也拿走了。有个叫国的，是办公室的，他拿个扫把对我说，你过来我就打你屁股。我看了他一眼，转身进了我爸的办公室，我抄了一把扫把，一脚踹开他们的门，对着国的头上就是扫把一打，然后国就打得夸张似的叫骂，旁边有一个人叫吉，那个吉也是搞艺术的，他看到特别好玩，居然还唱《义勇军进行曲》，好像在助长这种打架似的，我打得更有节奏。我个子矮嘛，就蹲下身来在那里看，看到杂志社的女孩呀，穿得都很漂亮，那时候都穿白底高跟鞋，最深刻的是我看到很多男性就穿双拖鞋，在别的国企单位不可能看到这种场景。当时我有个念想，以后也要穿着拖鞋去上课——我大学夏天永远穿着拖鞋，可能就来自于那个时期的影响。就觉得这样松散的状态特别好。杂志社好几个人都会画画，他们画画的那个样子啊，给人很酷的感觉，在小小的纸上抹一抹，旁边有墨水，我觉得像是一种舞蹈。

陈：还有呢？

子：那时候杂志社过年啦有那个联欢晚会，我会和我爸，还有一个叫军的小伙子，干吗呢，哦，去屯年货，那段场景我觉得在我的记忆中是一段诗意的场景。我就跟军说我帮你的忙，我们就在（把）那个水果大包的箱子（购物车），我矮嘛，个子小，推得跑，不停地把那个箱子一箱一箱地推出来，推上那个车。到他们搞联欢的时候，我看到一箱箱的水果，我摸着上面，感觉是我屯的，会有成就感。春晚给我的印象，[①] 第一个我爸实在是个文艺白痴，就觉得我爸太搞了，唱那个《沙家浜》，他在里面演一个日本人，穿一个日本军服，[②] 我在旁边看了半天，说，爸，你怎么没有台词呢？怎么都是别人在唱，你在旁边是摆造型的呀？而且摆的还老笑场，那时候我觉得我爸很可爱。后来，那些人玩得很 high，他们会蹦迪，他们会扭。还会喝多了，喝多了之后哇，哎呀，那一次我对峰的印象改变了很多，峰喝多了有两个特色，一个是发冷一个是发晕，但他在喝多前呀状态

① 此处所说春晚，不是指中央电视台的春晚，而是说爸爸单位举办的春节联欢晚会。据其父亲说，主人公记忆的此次春晚，时间应该是 1998 年春节。

② 主人公的爸爸说，其实是演《沙家浜》中的胡司令，即胡传魁。

特兴奋，他在舞厅里逮着女的就转，就转，他力气太大了，把女的都转出去了。我爸也转，但我爸不跟别的女的转，他就是瞎扭，扭得，说实话，比较拙劣，但敢扭，还真跟着那个节奏扭。整个舞厅的人都在扭。最后峰转转转，全都晕倒了，就坐在那个椅子上盖着那个（皮大衣）——那峰买了一件皮大衣，就盖在身上。我就看峰，喝多了，脸泛红。那个舞厅都在跳舞，我看没有人，就把峰的那个皮衣盖着他的脸，跟个尸体似的，然后很得意地就跑了。有这么一些文艺生活的记忆。杂志社的人也真是多才多艺，有唱美声的，还有唱崔健的歌的，唱得还挺好，不赖。杂志社会包场，我小时候，看过水平极高的《天鹅湖》。

陈：芭蕾舞？

子：芭蕾舞。

陈：南昌也有芭蕾舞演出？

子：有，而且我看过濮存昕演的《茶馆》。

陈：北京人艺的话剧？

子：对，都是名角，濮存昕在里面演。濮存昕有个电视剧叫《英雄无悔》嘛，那时候我知道濮存昕特别火，我爸妈都守着看《英雄无悔》，我这时候看那个他演的《茶馆》。《茶馆》我没看懂，远超过我的年龄，我其实有点睡过去了。但是看到《茶馆》结尾的时候，我会有一点点触动，就是一个茶馆，最让我，我会觉得难受，因为时间，一开始濮存昕演的那个角色，我都不知道他叫什么——他不是演王掌柜，他应该是演其中另外的那个人，不是那个掌柜。

陈：啊，常四爷？

子：对对。名字我记不得了。他来茶馆，经常来的那个人。不是演到后来头发斑白吗？说我们嗑着花生米呀，牙都嗑不动了，那一下就会有触动，人会老去。那一天我看到我爸看到峰，我就想他们有一天会老去。很深的感受，会有。《天鹅湖》没有那么深的感受，就是觉得跳得很 high。《茶馆》那个沧桑感，后来被我延续到了杂志社的人身上。杂志社后来留下了一个比较难受比较苍劲的回忆，是很多年后啊，回去看杂志社，我会听到一些消息。① 哦，还有个事，就是在北京出差旅游的时候，我妈带我来了，当时我在北京过过一个生日，② 好像是在我记忆中过得比较好的比较隆重的，但觉得不是我妈给我过的，是我爸的一个同事，叫红，给我买了一个蛋糕。那个红是个美女，号称杂志社的王祖贤，长得确

---

① 主人公听到的消息包括父亲的同事琳的自杀，后文很快会提及。此处保留主人公陈述的原貌。

② 主人公说在北京过生日，据其父亲说，应该是 1999 年的那个生日，是主人公 11 岁生日。

实很像，当时还有巍①——好像陈叔叔你也来过，你来过那个招待所——我过了一个生日，那天晚上我吃了蛋糕。还有一个很好吃的东西叫松鼠鳜鱼。还是很愉快。巍对我不错，那时候对他印象极好，第一个给我感觉，原来拍照片是很酷的一个人。端起相机的那个样子，毕竟是专业队的，很帅。那时候，对艺术家有了很深的印象，来自明，对摄影有了第一次觉得有点小酷啊，来自巍。当时我们住招待所吃饭的那一次，有一个我爸单位的，叫琳，打字的，后来跳楼自杀了，得抑郁症。当告诉我这个消息的时候我心里一惊，因为在我小的时候，就这个琳哪，跟红住在一起，红啊是一个，跟我什么荤笑话都开，抽烟，就属于特别时尚的那种女性，琳就是闷声不语，特别老实。感觉没有什么问题的人，就突然跳楼自杀了。那有很强的触动，啊，生命怎么会是这个样子？是我在社里面给我留下过记忆的人。其实在我人生中是个有点意思的地方。

采访人札记

　　这一节的内容，涉及主人公从幼童时期（上幼儿园之前）到小学四年级暑假（在北京过生日时）的经历。之所以放在《恐怖的幼儿园》这一章，固然是因为其中有一大部分经历属于这一时期，同时也希望能调节"恐怖"的片面印象。

　　从本节陈述中可以看出，主人公对爸爸的工作单位及其同事十分熟悉，且在爸爸单位与爸爸的同事一起度过了不少欢乐时光。与此同时，细心的读者也一定能看出，由于小家伙长得可爱，得到了家人及爸爸同事的娇宠，且娇宠多少有些过度。证据是，小家伙在爸爸单位里的小霸王行为，有恃宠而骄迹象。因为人人都宠爱他，他便抓人头发、拿人茶杯、把纸屑往人头上撒，其实并非恼怒，而是肆无忌惮地撒娇。把小家伙的行为与他在幼儿园中的不适联系起来，或许能看到主人公成长困境的部分真相。

　　这一节中最重要的事件，当是主人公主动参与爸爸单位的屯年货（帮助成人用购物车搬运、摆放年货）活动。时间是主人公小学三年级寒假中，地点是从商场到爸爸单位的联欢会场。在这一活动中，主人公扮演了一个新的社会角色——职工子弟／志愿者，并圆满完成任务。主人公称记忆中的场景是"诗意的场景"，可能有人难以理解，只不过是一次小小的义务劳动而已，何至于这么夸张？要理解主人公的内心喜悦，须能设身处地，当主人公小学三年级时，学习成绩不够好，

---

　　① 主人公的父亲当时正在编辑巍的摄影集。巍是摄影家。

势必常常会遭受家人或外人的白眼，让主人公感到自己"无用"，从而产生心理压力与危机忧虑。在这一心理背景下，通过这件事证明自己是有用的、有价值的，即会出现主人公所感受的"诗意"的窃喜。也可以反过来说，主人公居然为这点小事而如此喜悦，正说明他当时因"无用、无价值"而产生的心理压力有多大。

在家教和学校教育中，成年人常常感叹孩子不懂得成人的苦心。这一感慨模糊了教育的实质，问题的关键不在于孩子是否理解成人，而是成人家长和老师是否真正了解和理解学童。实际上，有太多证据表明，成人对孩子的无知，远远超过孩子对成人的了解。在主人公的成长故事中，这是他第三个难以忘怀的光荣经历，一是接表弟宇，二是帮妈妈打电话，三就是此次帮助爸爸和他的同事推购物车及摆放年货。这三件事的共同点，是主人公真正体验自己的社会角色，克服困难完成任务，从而感到自己有用、有价值，从而帮助主人公建立自我意识和自信心，其意义不可低估。正因主人公童年生活中此类事不多，才弥足珍贵。

主人公的爸爸的单位里，有许多艺术家，在嬉戏打闹的欢乐之余，在这里还可以找到诸多模仿对象。长期耳濡目染，于主人公的成长自然会有影响。觉得穿拖鞋上班很酷是一个例子，为琳的自杀而伤感是另一个例子，在这两个例子之间还有诸多记忆值得梳理和总结。主人公的艺术气质，或许就与此有关。

12

外公去世

陈：你是什么时候开始感到与父母之间有距离，甚至有恐惧？

子：我感觉跟父母之间有距离，就（是）有恐惧。为什么有恐惧？有两件事。第一件事是我外公的过世，①我不记得是在幼儿园还是在小学了，应该就是在幼儿园和小学之间吧。一个印象就是，我妈失踪了很长时间，天天不在，天天不在，天天不在，都只有我和我爸。突然有一天晚上，深夜，我妈回来了，那是我第一次见到我妈大哭，一脸的泪痕，从来没有见过这样的我妈，我当时意识到发生了什么，我紧张，然后我就问我爸，怎么了老爸？怎么了？我爸什么都不说，就扶着我妈进去休息了。然后过来，凑到我耳边说了一句话："外公过世了。"当时一听的时候啊——我对我外公是没有什么感情的，甚至（觉得他是）有点讨厌的疾病的老头子——但是那一刻，听完了之后哇，我一个人去了厕所，关上了厕所的门，我哭了一小会儿，就感觉到一种悲伤涌来。那时候虽然不知道，电视上虽然也看过人死了是回不来的，但是我不知道这个是不是幻觉，当时心中还想起了山口百惠演的那个电影的音乐，②很悲伤，然后我就流下两滴眼泪。

第二天我爸就把我送到我奶奶家去了，就要（我）在那里待一阵。（我爸）要处理后事呀。刚进门的时候，我特别兴奋地跟我奶奶说，我外公过世了！还跟我姑姑说，昨天我外公去世了！她们都觉得，哎呀，你外公过世了，你怎么还这么高兴啊？其实是我挺恐惧的，我不知道怎么表达，所以说我外公过世了。我在我奶奶家待了两天。有天晚上我爸来接我去了五村，③五村那个门道本来就黑，我那天觉得尤其黑，然后我在路上一句话也不说。我就走上去，我听到了哀乐的声音，我走进去，见到很多穿蓝衣服的人，那些穿蓝衣服的人都长得很像，我隐隐约约觉得他们是我外公的兄弟，有一个长得尤其像，我觉得就是我外公，一样的消瘦的脸庞，只是更强壮，像个军人。然后我看到了我外婆，我不知道这时候跟大人应该说什么，不知道怎么去说这个事情，也不知道怎么去分享我这几天发生的事情，就觉得有很多话跟我爸我妈我外婆说，不知道该怎么说。我感觉，那时候会突然想起一句教导，那事小孩子不要多问，你要噤声。我想跟我外婆说，我外公死了好可惜，而梗住了，没有说出口。

接下来不就葬礼了嘛，在小区的时候啊，④总是会看到披麻戴孝的人扛着那个灵柩走过，咚咚，那个乐器（响），（我在）旁边就像是看戏样的。这次终于轮到自己了，我第一反应是，我要披麻戴孝吗？不会吧？我有这个想法。然后我没有披麻戴孝。我外婆是革命者的风格，不披麻戴孝。在路上的时候，我印象特别

---

① 主人公的外公是 1995 年上半年去世的，其时主人公不到 7 周岁。

② 即前文中提及的山口百惠主演的电影《绝唱》的音乐。

③ 五村是主人公的外公、外婆当时居住的小区。

④ 意思是自己在自家小区生活的时候。

深，就是打鞭炮抬着灵柩出去那个时刻，^①走在路上的时候，所有人都没有哭，只有我外婆哭了，哭得特别难过，特别难过。当时我姑姑牵着我，我外婆在前面走，我外婆哭，因为我外婆特别的强硬，不会感觉到她是流眼泪的人，所以她哭的那一刻，我印象特别深。我就觉得很难过，非常难过。

然后就到了我外公的那个水晶棺嘛，遗体告别了，我就看到了我妈呀、我姨妈呀，在痛哭。我听到我妈在喊："爸爸、爸爸！"然后我看到了我哥哥，^②我哥哥也在流眼泪。那时候啊，我姑姑牵着我的手，我凑近了那个棺材，就是水晶玻璃（棺），我看到那个尸身的时候——每每想起那个画面我会想哭，非常悲伤——但是在那个时刻，我更多的是恐惧，我脚打抖，真的是脚在打抖，"嗦、嗦、嗦、嗦"。

然后到遗体告别了，看到每个人上去要鞠三个躬，我当时看到，我妈先上去，这样一个个排上去，接下来家属站在一边迎接人。看到我爸上去的时候啊，我突然发现一件事情，原来男人是不流泪的，成年的男人是不流泪的，但是泪是憋着的。每个男人都是那样的，你感觉他们都很难过，他们的眼睛是红着的。那一刻，我似乎明白了一个人生哲理，难怪我们家（先）死的都是男的。我爷爷不是也先死吗？我外公现在也比我外婆先死。因为男的都不会哭嘛，因为他们都不说呀，因为他们都说不出来呀。我甚至觉得男人就应该什么话都不要说，要隐忍，我当时还想过。所以我还模仿，我也不哭。我还告诫自己，千万不要哭，千万不要哭！然后我姑姑牵着我向遗体告别。我是脚打着抖走上去的。

结束了整个葬礼之后啊，我妈跟我说：你个没良心的，连你哥哥都哭，你都不哭。我心里跟她说，我那天晚上哭了。（葬礼这天）我没哭。下午的时候，我记得大家在灵柩前烧纸钱——就是家里面摆的那个灵位呀——是没有人的，上面放了纸钱。我一个人踮起脚啊，拿了一叠纸钱下来，我自己拿了一个打火机点着了，烧的时候啊，我心里又有一阵伤心涌上心头，想起我外公啊——他不是观音像前供了那个山楂片嘛，那个香蕉片，他给我吃，会想起那个时刻。又会想起自己还打过外公，就会觉得心里头会很难过。但是这种感觉说不出来，其实很难过。（哭）好像是我外公的哥哥，^③我印象中没有记错的话，就是我爸常说的三叔，我不知道他是个军人，^④特别高大，特别强壮，长得很像我外公。他走过来，他没

---

① 主人公的父亲说，不是灵柩，而是外公的遗像。

② 哥哥是指主人公姨妈的儿子，逝者也是哥哥的外公。

③ 应该是外公的弟弟，即后面所说的（妈妈的）"三叔"。

④ 主人公母亲的三叔曾经当过兵，但此时已不再是军人了。

有跟我说话，从我的手里面抽了一卷纸，我们两个一起在那里烧纸。经过了那么寂寞的十分钟，我外公的事就告一段落了嘛。

陈：你外公去世，让你觉得男人不应该哭，不与人交流？①

子：可能是无意识的，因为我总是记得我外公默默坐在那里，其实就是一种不跟人说话、不跟人交流的样子。其实我爸也经常出现这样的状态。我感觉家里人是不怎么交流的，潜移默化地影响到我。我就感觉到交流很恐怖。

回到学校之后啊，我应该是在小学还是在什么时候，②就是感觉有那么一段时间，我是跟别人不一样。我有这种感觉，我发生了一件与别人不一样的事情。感觉不好跟别人说，我好像明白了一些别人不太明白的事情，我甚至感觉我不应该显得太过高兴。大概沉默了很长一段时间，后来慢慢消退了这个感觉。

但是有一天，我妈带着我回家，在路上碰到一个熟人，这个熟人可能曾经是我外公的医生，或是朋友，他就问我妈："你爸爸怎么样了？"我妈说："我爸爸已经走了。"那个人就愣住了，眼睛也红了，说："哎呀，我都不知道，他是怎么走的呀？"我妈说他是吃一个馒头，那个馒头很硬，梗得胃出了血，止不住，后来就死了。之后呢，又有零星的两个记忆。

一个记忆就是我妈那天晚上回来流眼泪的晚上，我妈给各个（亲戚打电话），挨个给新疆（的亲戚）啊，还是什么上饶（的亲戚）哇，挨个打电话。那天她讲的话不多，只有一句，就是："我爸爸走了。""我爸爸刚走了。"她重复好多句，好多句，好多句，那晚好像没有睡着。就这句"走了"，留在心中很久。

还有一次，我外婆不知道是自言自语，还是跟对方去聊天，她又会说起来，说起当时我外公最后走之前的几分钟，还在打吊针，医生说他的血管已经扁了，针管已经进不去了。然后我外婆就凑到他的耳边说家里的花，她说："我家里的花呀，没有浇水了，干了，要不要浇水？"我外公没有回应。然后医生说，只怕是不行了。（外婆）好像是跟别人讲，我在旁边听。然后我想我外公死之前化妆那种安详的神态，其实和他生命中最后的那个时刻（不同）。多年之后，陈老师③跟我讲佛教有八苦，其中有病、死之苦，我会联想到我外公。小的时候我隐隐感觉到，人死之前连血管都扁了，一个馒头就梗出了血，这种荒诞的死法，应该是走之前并不舒服。我就强烈地感觉到，我外公死的时候并不舒服。臭名地就会想起曾经打过外公，曾经不理外公，内疚，总有内疚，有很长一段时间。

---

① 这一小段对话，采访时是在后面问答的，编纂时调整至此，特此说明。

② 父亲说，孩子那时候还在上幼儿园。

③ 此处的陈老师，是指主人公的大学老师、系主任。

另外一件事情，就是我大姨妈的离婚。^① 我前大姨夫，说实话我对他印象挺好的。他们家比较好的时候，还经常请我们到他们家去吃饭，去他们家玩。我哥哥也会带到我们去玩。有那么一段时间，我好像有很长时间再也没有见到我哥哥，我再也没有去过我哥哥的家里。突然有一天，我问我爸妈，大姨夫去哪里了？我妈说——（愣了）半天跟我说——他跟你大姨妈离婚了。我，不用知道离婚是怎么回事，我知道他们两个一定不会再见面了，路人了。那一刻，我觉得我好像脑子里被锤子敲了一闷瓜。离婚了？更大的震惊是，原来大人都是什么事都不告诉你的，会有这种感觉，（大人和孩子）都是不交流的。为什么出这么大的事情不告诉我？就是说，原来大人是跟你很有距离的，有事不说的。这个事情更大的一个难受啊，是生命中又少了一个玩伴，就是我哥哥。我跟我哥现在基本不说话，中间缺了太长时间不在一起成长，或者成长经历已经完全不一样了，所了解的东西完全不一样，像一个陌生人，跟我们没有共同语言。其实我哥对我有感情，我对他有感情，我感觉得到，但是（后来）确实没有共同语言了。那段时间觉得，生命中又少了一个玩伴。又有一段长时间的孤独感。甚至还有点怨怪父母，他们没有提前告诉我，让我突如其来地，没有准备地失去了一个玩伴。然后我就会翻我们家的相册，我在相册里面我看到我跟我哥哥在江大抓蚱蜢的那个画面。当时心里头就觉得很难过，非常难过。那个感觉不知道怎么说出来。后来每一次见到我哥，都觉得很难受，都觉得不是以前的样子。已经有很深的距离感。再见面，他突然说要去职业高中，后来他说要去参军了。再见到他的时候，我哥哥一口大黄牙，抽着烟，在军队里头学会了抽烟。就一次一次的变，就感觉很不一样。甚至我哥抽烟的那个样子啊，一脸惆怅，面黄肌瘦，我当时是用社会标准想，不良少年了。当后来我抽起烟来的那一刻，我理解了，他在当兵的地方，很孤独，抽起了烟，他不开心。但是我们家，没有理解他的人。我会有一点点内疚，尤其是后来我看到我哥给我姨妈寄过来一张照片，就是他在军队晚上站岗嘛，我也不知道他在哪里当兵，我也没有问过。站岗的照片，他手上叼了根烟。我妈，我外婆都说，兵兵学坏了，学会抽烟了。我哥小名叫兵兵嘛。但是很多年后，我再看那张照片，我哥为什么寄照片回家呀？太想家。他是被我姨妈带大的，他想妈妈，很久不见了。这个情绪啊，会让我难受很久。也会对我家里的人生出怨恨。会觉得家里面的人都是冷血动物。尤其是在五六年级的时候，会很强烈，不舒服。

我大姨也给过我温暖的回忆。在（她）离婚前后，有过两次，一次谈天，一

---

① 主人公大姨妈离婚的时间是 1994 年。

次问话。问话是："你这个学期得过几朵小红花啊？"——那时候不打分，有时候练字就是小红花——我说我数学得过两朵，语文得过三朵。她说，那就是五朵小红花，说着比了个造型，那时候我姨妈还比较年轻，那一刻我很温暖。为什么很温暖，是因为我妈从来没有因为我得过小红花而给我什么赞扬，更没有问过我。她在我三年级四年级得知我成绩不好，问我得了多少分，但是得小红花的时刻，没有被过问。我大姨妈问过我，会有很深的印象。第二件事情就是她离婚嘛，我跟她谈天，睡觉前，我们在五村的时候，她都睡觉了，我也不知道是她先问我还是我先问她，我说，我那时候都不敢叫那个大姨夫叫大姨夫，叫哎，那个人是跟了怎么样的女人，跑了？我那时候好像是这样问的，我大姨妈就笑，说那个女的好丑，长得还没有我好看呢。那他干吗要跟那个人跑哇？他傻呗，好像我大姨妈那天隐隐约约跟我说，她要找个比他更好的。那时候她好像还比较乐观。之后，当然就不太顺畅。那天我记得她跟我谈了那个事情，那是大人跟我谈一个很成人化的事情。很难得的一个体验，我感觉我得到了难得的一个平等的对待。那是我大姨妈给过我（的一个温暖的记忆）。

在采访时，并没有把外公去世作为专题。当时的想法是，外公去世时，主人公的年龄还小，不过六七岁而已，不懂得生离死别，所以就没有专门问及外公去世的话题。这段陈述，是主人公在采访过程中主动讲出的，是个意外收获。

我没想到，主人公对外公之死，有如此清晰的记忆。这份记忆，是儿童在亲人逝世时的感受与"思考"（疑似思考）的一份宝贵档案。

值得注意的是，得知外公去世的消息，他哭了。他说他对外公没有什么感情，甚至有些讨厌外公那种病恹恹的样子。那为什么哭？是因为看到妈妈哭了，情不自禁地受到感染，即所谓母子连心？还是主人公对外公的情感，超出了他的认知能力，即他对外公的感情比他以为的要深？应该是后者。证据是，在后来的陈述中，他说自己很内疚，想起外公曾给他山楂片、香蕉片吃，而他还曾打过外公。这种伤感和内疚，充分体现了主人公的天性，这也应该是多数儿童的天性。

进而，主人公说，他不知道怎么表达对外公的感情，也不知道怎样去说外公去世这件事，更不知道在这时候应该怎么跟外婆说话。为此，他注意家长的表现，他发现父亲和其他男性都没有哭，于是推测男人都不该哭，所以他在葬礼时不断提醒自己不要哭。没想到，努力不哭，却又被妈妈说是没良心。最有意思的是他的推理：男人不哭也不说，所以早死。爷爷是这样，外公也是这样。

在主人公的陈述中，我感受更深的，是主人公的恐惧，即本节开头所说的与父母产生距离的恐惧，说得透彻些，是成为生活局外人的恐惧。这一恐惧的起因，是妈妈不在家，主人公一连说了三次"天天不在"，妈妈去哪里了？没告诉他。于是就有与父母有距离、父母有事不跟他说的那种恐惧。恐惧的深层原因，首先是安全感，其次是因为父母与他缺少有效交流，让他成为局外人。证据就是他所说的第二件事，即大姨妈问及他在幼儿园得到几朵小红花。他说他妈妈从未问及小红花事，可能并不真实准确，从情理上说，爸爸妈妈肯定会问及幼儿园的情况，当然包括小红花。主人公对此没有记忆，不过是因为对父母有情绪偏见。进一步的证据是，大姨妈曾与他谈及大姨夫及其婚变，把他当成大人一样——这才是主人公所希望的，参与生活，不要成为生活的局外人——所以，大姨妈的话让主人公记忆深刻，而且感到温暖。妈妈可能没有这样与儿子谈话，使得主人公有与父母产生距离、缺乏沟通、成为局外人的恐惧感觉。

是不是所有幼童都有类似感受？我们不得而知。在现代家庭中，确实存在一个问题，即家长普遍认为儿童的主要任务就是学习功课，从而有意无意地将儿童排除在日常生活之外。不仅对儿童的日常所需包办代替，家里人的生活信息也不会跟儿童说，要么是认为这些与儿童无关，要么是认为儿童对这些不感兴趣。总之是不说与文化课学习无关的话，由此产生一个巨大误区，即儿童只需上学，而与生活无关。实际上，儿童参与生活并从实际生活中学习和成长，其实比上学更加重要。理由很简单，上学是短暂的，而生活却要持续终生。

懵懂的小学时光

我相信，

"教育的个人定制时代"即将到来，

因为每个孩子都不一样，

差异如个人指纹和 DNA。

13

稀里糊涂上小学

陈：你对上小学有期待吗？

子：我完全没有做好准备。

陈：为什么这么说？

子：上小学之前，我爸提到过，我晚一点上小学，这样心智成熟一点，这样上小学可能更好。所以很多人六岁上学，甚至有五岁的，我是七岁（才上学），在班上还算年纪大一岁。

陈：你是 1988 年出生，1995 年才上小学？

子：嗯。应该是，然后就去了嘛。

陈：你晚一年上学还是没有做好准备，是这样吗？

子：我都不知道去干吗，我不知道上小学是去做什么。我完全不明白我要去那里做什么，我将要面对什么，跟幼儿园有什么不同，我将要学什么。我只是，我也没有想到我要在那里干吗，我只是稀里糊涂地就去了。

陈：上小学之前，爸爸妈妈跟你谈过小学跟幼儿园有什么不一样？

子：谈过。而且告诉我，上小学的时候电视也不能看了，我也欣然地接受了这个建议。在那个环境里仍然是汒然，有一点不知所措。

陈：还记得小学入学测试的情形吗？

子：嗯，就是老师会对你进行一个测试，问你一下问题，写你的名字。我名字也没有写出来，测试我也不知道，问我认些字我也不认识。但是身边的孩子显然都做好了充分的准备。写名字啊，干吗的呀，都能。

陈：你不会写自己的名字吗？

子：学过，但那一刻因为紧张也忘了。

陈：测试没写出来？

子：我没参与过这样的测试。老师在你面前，这么严厉地一对一的，旁边都别的孩子，一个人拿着一张纸，那样严肃的氛围，在幼儿园不曾有过。

陈：所以非常紧张，是吧？

子：紧张。我记得我那天回家的时候我喝了很多水，坐在椅子上面半天不说话。像被深深抽了一个耳光那样的感觉。紧张加羞愧。

陈：你还记得你小学第一天吗？

子：嗯，我爸开（骑）车搭着我去的。人山人海，都是小朋友。勇跟我分到了一个班，勇比较牛逼，可能是全校少有的，一个人背着书包来上学的。

陈：家长没送他？

子：完全不来。第一天自己拿着表格来填，报到。相当牛。大多数都是家长陪着来。都在挤呀，都在买学校的道具呀，①什么学算术要用的一些东西。我就开始了我的小学呗。人山人海的，那一天我和勇手拉手合了几张影。喝水，口渴，我爸拍了张照片。

陈：然后呢？除了喝水拍照片，进课堂有记忆吗？

子：之后就见到班主任嘛。两个都是主课老师，语文和数学。那两个老师同管我们日常事务。当时讲话的是语文老师，叫缪老师。哎呀，缪老师一登场的样子啊，我着实有点失望。

陈：啊？

子：以前在幼儿园的课本上，小学讲台上的老师，不都是美丽的大姐吗？（现在却是）老太太在我面前。那个老太太其实精神挺好，典型的那种老师，穿得特别保守，看着比她实际年龄要老很多，很瘦、很高，很高兴。她说："同学们啦，以后进来了，就要好好学习。"很有演讲家的风采，讲得挺好的。但是我在下面还是蒙圈，我甚至不知道我来干吗。第一天，在我眼前晃过的几个学生脸，除了勇，我几个认识的以外，大概脸都是一个样子，我看不清。我从他们眼前是滑过的。我都没有看他们任何人。就是这种感觉。

陈：非常紧张？

子：对。而且必然在走神。

陈：说你第一天去，身上套了个大罩子，怎么会有那种感觉？

子：看人都看不清。我觉得我是个多余人。

---

① 不是道具，是说文具。

陈：第一次考试，你觉得自己考得100分，跟家里到处说，事实呢？

子：事实只考了70分。

陈：怎么回事？

子：我真觉得自己考了100分，想象和现实都分不清。其实当时的题目是啥意思我都没看，就一阵胡写。我自己觉得我能考100分，我真心这样觉得。

陈：分不清自己想象？

子：对，分不清。

陈：你后来连续考了几个70分？

子：对呀。考到第三个70分的时候，我彻底分清了想象和现实。因为那次我考得70分之后，老师觉得我成绩太差了，我妈来接我的时候，把我妈叫过来洽谈了一番。路上我妈很不高兴，阴沉着脸，脸上雾霾很重。

陈：然后呢？

子：那次我被留堂了，成绩又不好，出来的时候，我妈就一句话都不说，马上就开始扭我的耳朵，打。拿脚踢我，抽了我两三个耳刮子。就流眼泪了，痛，真打。

陈：谁流眼泪？

子：我，我，真打。哎呀，不舒服。我妈每次打我其实我很难受，我其实很难受。

陈：在家里打和在学校里打，是两回事吧？

子：我没有觉得有什么太大的区别，说实话。别人看可能有区别，但是在我看来，我妈打我的那个记忆啊，对我来说都是一样的，就是增加了我跟她的疏离感，我就很长时间我对我妈是有仇恨的。

陈：你不在意妈妈在同学面前打你吗？

子：我当时脑子里面只想（觉得）痛，然后我会无数次幻想这个画面，想怎么打她，就是怎么当着同学的面揍我妈一顿。我每次回忆起来的都是这种画面。我并没有觉得在同学面前被揍一顿有什么丢人，我并没有。我觉得很痛，真心觉得很痛。

采访人札记

这一段所说，是主人公对小学生活的第一印象，也可以说是他小学生涯的基本模式。这段陈述，对了解和理解主人公的心理特征具有十分重要的意义。

此时，主人公的表现，有几个奇特之处值得注意。

一是过分紧张。他已满 7 周岁，与同班同学相比，年龄要算是大的。但他在小学入学报到时，却无法写出自己的名字——不是他不会写，而是因为紧张，无法听清老师的要求，无法指挥自己的意识，从而无法书写出本来会写的名字。

紧张，是主人公幼儿园、小学时期的第一关键词。此后，紧张—蒙圈—走神—考试成绩不好—被妈妈打—想要当着同学面前揍妈妈一顿—没有且无法解决实际问题—更紧张—更蒙圈—更走神—学习成绩更不好……不断循环。

为什么会如此紧张？是天生胆怯？或是出自不安全感？难以判断。

另一点是分不清主观想象和客观事实，准确地说，是沉浸于自己的主观想象，往往忽略外部环境。证据之一，是他觉得自己应该能考 100 分，就认定自己考了 100 分，并且兴高采烈地告诉了家长，让家长欢喜了一阵子。只是一阵子，是因为他实际上只考了 70 分。需要为他分辩的是，主人公并不是故意说谎，而是真的觉得自己考了 100 分。证据之二，是他妈妈在学校当众打他，他非常生气，幻想着要报复妈妈，当众把妈妈打一顿。我曾反复问他，他生妈妈的气，是因为妈妈当众打他？还是因为打他这件事本身？之所以这样提问，是因为大部分孩子在不同场合挨打，感受差距很大。若在私密场合（例如在家里）挨打，只是痛苦，并不感到羞辱；若在公众场合挨打（尤其是当着自己的熟人），则羞辱超过挨打之痛。主人公的感受却与众不同，他肯定地回答说，是因为打他本身，他感到很痛，所以很生气，甚至由此产生仇恨情绪。当然，这一陈述的准确性，需要斟酌。不是说他说谎，而是说他对自己当时的确切感受（如不在乎在哪里挨打）未必有准确而清晰的认知。证据是，他说要报复妈妈，说的是"当着同学的面揍我一顿。"为什么要当着同学的面呢？那不是因为——或许在潜意识中认为——妈妈当着同学的面打他而倍感羞辱吗？当着同学的面打妈妈，才是"对等报复"啊。

精神分析学家雅克·拉康提出"镜像阶段"理论，认为婴儿在 6—18 个月期间，会经历两次错误认知，首先是把镜子中的自己当作他人，一段时间后才能认出镜子中的自己；进而，又会进入另一个误区，即把镜中幻象当成真实，即分不清真实与虚构、主体与客体，由此对自己的镜像产生终生迷恋。——这是一个具有启发性的理论，其科学性及准确率如何，当然需要科学研究与实际生活中验证。例如，7 岁的主人公，是否存在无法走出镜像误区的情况？就有待深入研究。

有一点是可以肯定的，那就是小家伙此时没有思维能力，无法思考并理解挨打的前因后果，只是简单的条件反射：妈妈打我，我（幻想）打妈妈。[1] 如果要为此时此刻找一个象征性标志，那就是：他写不出自己的名字。

---

[1] 主人公打妈妈，并非纯粹的幻想，后面我们会看到，主人公在 5 岁时就开始与妈妈对打。

14

天才班

陈：你上小学是跟勇一起玩，他找到了新玩伴。然后呢？

子：勇很快就融入环境，该跟谁玩就跟谁玩。我很长的时间都不跟班上的人玩。十分慢热。然后老师跟我爸讲，说我上课一句话都不讲。后来老师忍无可忍，把我们这些不说话的学生一起叫到办公室，问我们听了讲没有，我发现我没听讲，我什么也没听。

陈：是那个缪老师吗？

子：缪老师。我什么都没听。心完全不在这个上面。

陈：但你仍然老老实实坐着，是吧？

子：我坐得特别老实。要是看表象的话，我是全班最认真的。实际上我心就没在这上面。心不在上面。至于在什么上面啊，各种动画呀，武打片呀，漫画书呀，甚至是什么都没有，就是空心，空的，空空如也。

陈（问孩子的父亲）：缪老师说他什么？

父：就说他上课的时候不听讲，他看上去坐在那里，他的心就不知道到哪里去了。就给他这个评价。

陈：勇找别的同学玩的，你怎么办？

子：我就一个人在那待着呗，一个人待着。很多时候我是没有情绪的，看起来，我就是坐在那里，发呆。我现在回忆起来，我们那个班是个天才班。不知道是什么原因，可能也是阴差阳错吧，聚集了那么多优等生。身材高的也很多，但最重要的是智商高的也很多。导致我们那个班，不论是运动会，还是歌咏大赛，还是舞蹈比赛，还是什么校园辩论赛、知识赛，全都能，就从来没有拿过第二名。永远是第一名。我们那些同学，比较牛逼了，很多同学，就是在初中，没有再相遇，但是后来，我听说他们基本上大多数——我们那个班级的前二十五名——后来全都在南昌最好的高中、附中相会了，而且后来出了四个北大，两个清华，还有几个上海外国语，外经贸。

陈：都是你小学的同班同学？

子：对。其中有一个最聪明的，跑步也厉害，什么都厉害，就从上初中到高中就一直在附中，而且那个小子上初中就抽烟，上课就玩游戏，但是大学清华保送，研究生清华保送，一直保送到博士，后来出国，现在在国外生活了，是属于天才型，而且人极端有灵气。那个小鬼有一句话让我印象特别深，他叫旦嘛，你去打一场足球比赛，你输给了别的班，所有的人都会觉得输了就输了，他会说，我下课要练球，我下次一定要干掉对面那个班。然后考试，写作业，对他来说，太轻松了。就那种感觉，就永远第一个写完作业的人是他。

陈：一年级就是这样啊？

子：一直如此。从未变过。

陈：对你有什么样的影响呢？

子：我觉得他很厉害。最关键的一点是，这小孩没有所谓优等生身上的骄啊，和那种感觉。为什么对他印象深？就是（老师）有一次要我拿个试卷，说去找旦，让他帮你解这道题。那时候那个小鬼长得特别矮，他指着我过来，然后就特别友好地跟我讲了这道题目该怎么做。非常不错。所以有一个很好的印象。加上他确实是个天才，他到初中升高中的时候，就是保送的嘛，很多高中老师都不敢接手他，这个孩子是个烫手山芋，成绩又好得要命，但是又抽烟、喝酒、谈恋爱。

陈：你们的班长是谁？是那个旦吗？

子：不是。乔，女孩，那个女孩比较成熟，对人比较热情。

陈：你觉得她特别阳光？

子：就是她身上有一种能力，在一年级，刚上了一个月（课）的时候啊，她就可以在学校里面发表演说，演讲的那个条理性啊，流畅度啊，那个感情啊，十分不错。后来这个女孩也确实不错，就一路标红那一种。

陈：你钦佩同学，想过要追赶他们吗？

子：没有。我在自己的瞎幻想中越走越远。

陈：你对成绩好的同学，羡慕归羡慕？

子：哎，做还是一回事。我们班上的学生有点独特，不止我，还有几个独特的人。比如说，有个叫传的，这个孩子也是门门课都没有兴趣，门门作业也不做，但他心灵手巧，做风筝，会缝纫，喜欢抓昆虫，什么昆虫都能抓住，抓住了就做成标本，做得还特别好，在自然课中没有老师教做标本的情况下，他把什么苍蝇啦蝴蝶天牛啊，按照他自己的（喜好）做成标本，那时候我们都想有一辆遥控四驱车嘛，他不知道怎么捡到一个玩具废弃的车，他自己接线、通电，用那个垫片接电池的方式，让那个车能移动，走动起来了。就完全是自学。而且，上课的时候敢跟自然老师叫板，说你这个教错了，我看过《十万个为什么》，里头不是这么写的。而且倔到什么程度？跟老师生生叫了三十分钟。全班的人都说他傻逼，但那一天啊，我突然觉得，当又有一个同学问我，说你是不是觉得这个传是个傻子的时候，我跟他说我不这样觉得，他说你也是个傻子。

陈：你钦佩他的勇气，还是才智？

子：才智和勇气，我都钦佩。而且他下午的时候，他还拿着他的《十万个为什么》他划出的部分，去跟老师说。其实真是那个老师错了。但是这个老师把这件事情告诉了我们的班主任，缪老师把他骂得狗血淋头，让他罚站。

陈：骂谁？传？为什么？

子：嗯。说他不尊重老师啊。

陈：啊。还有呢？

子：还有一个同学叫梦。那个名字很怪。那个孩子是个克制不住的戏剧演员。他一说话啊，一做表情一做动作呀，大家全场会笑。他所有的动作都是在表演。老师让他罚站，他就做怪样，我至今回忆起来他做得真好，很有卓别林的感觉，然后全班都会笑。

陈：他并不把老师罚站当回事？

子：他完全不吊老师，完全喜剧的方式来演绎。而且，让他出去罚站的时候，走去的时候，那个动作一扭一扭，那种感觉啊，觉得特别潇洒，全班会笑。甚至那个老师自己都忍不住笑，让他滚。滚都是笑着说，你滚、你滚。就这种感觉。你很难在他面前不笑，他表情太过诙谐。让他演小品什么演的极好。后来我不知道他怎么样了。但他成绩也一直不好。

陈：他演过小品？

子：演过小品呢，每年都演。只要一演小品，大家一想都想到他，一演小品会演得很好，就是像黄渤那种感觉。很有喜感。

陈：但成绩也不好？

子：成绩也不好。也不写作业，什么都不干。每天也是在走神，而且他以做怪样为乐。每天在那里，各种，我就觉得他是个表情帝，每天在做各种稀奇古怪的表情，自己做得很开心。你感觉他，反正也是个怪人。

主人公说他上的是天才班，因为这个班后来有 25 个同学考上了南昌最好的高中，再后来又有多少个同学考上北大、清华、上海外国语大学、对外经贸大学。这些数据，可以说是重要证据。虽然考上好大学未必就是真正的天才，但至少表明，这些在现行教育体制之下的规定动作方面成绩不俗的同学，天赋肯定不差。

我感兴趣的是，主人公说天才班，有意识或无意识心理动机是什么？是纯粹的客观描述，即像普通人那样因与天才同班与有荣焉，还是说这是个天才班，同学中有太多天才，因而跟不上趟也很正常？或是说这个班上包括主人公自己所有人都是天才？如果是最后一种动机，那可就有意思了。

心理学史上有一个著名的实验：几个心理学家到一所学校去，假装去对学生进行智力测验，实际上却是随机地从花名册上勾出一些名字，赵、钱、孙、李、周、吴、郑、王，请老师特别关注这些孩子，说这些孩子智力超常。心理学家走后，老师有意无意地对这些被选的学生更欣赏也更关照，结果在多年之后，这些被选出的学生果然比那些没有入选的学生更出色。真相是，没有任何根据证明这些学生的天赋比他们的同学更好，他们之所以更出色，不过是因为老师对他们更看重也更欣赏，从而使他们以为自己真的与众不同，学习更用功。因为用功，所以成绩好；因为成绩好，所以更有兴趣，从而更用功，如是形成良性循环。这一实验表明：那些学习好的同学固然是天才，被老师忽视而学习不好的同学未必不是天才。还表明，按照任何一种判断标准去衡量学童，都未必靠谱。

我也认为这个班是天才班，证据是，主人公说的那几个成绩不怎么好的奇葩同学，也有过人的天赋品质。例如那个叫传的小家伙，一年级就读过《十万个为什么》，掌握了同龄人没有掌握的知识，这也许还不算什么，难得的是他小小年纪就有超强的动手能力，不仅自己制作标本，而且还能根据兴趣和需要自己修理玩具。最难得的是，他还有独立判断能力，且敢于质疑权威（老师）、知识、能力、勇气、活力齐备，这正是科学家所需素质，不是天才是什么？还有那个叫梦的同学，从主人公的描述看，不仅具备非常好的表演天赋，而且活力十足，勇气可嘉，敏感过人，如此才智品质，谁敢说他没有天赋？

关于天才，有两个尚待证实的假设。一是，几乎所有的婴儿都有天赋潜质——说几乎而不说所有，是考虑到极少数的遗传变异——也就是天才基因，这是人类进化的产物。二是，随着营养水平提升、媒介环境升级，这一代婴儿幼童的天赋潜质总体上肯定比前辈更好，也就是更有天才。假如某一天，人类真能做到因材施教，那么人类天才的数量和质量肯定会超出我们的预期和想象。

有相反的观点，认为人类才智总是呈正态分布，即每个班上成绩好的同学和成绩差的同学总是少数，中等的同学占比最多。这一说有无数班级的考试成绩为据。问题是，假如将成绩统计表分开，即便每门功课的成绩都呈正态分布，占据每门功课钟型曲线顶部的也都不会是同一批人吧？假如美术、音乐、体育、手工、自然、生活技能的考核，统计表和分布图会有怎样的变化？假如将每次考试的统计表搁在一起，分布的情况又会有怎样的变化？这些变化，相信能说明问题。更何况，考试的测量标准也未必是准确可靠的标准，更不可能是唯一正确的标准。如果按照这一标准，在中学时的爱因斯坦可能也是"差生"，因为他有明显的诵读困难。

我期待"教育的个人定制"时代早日到来。前人早就有因材施教一说，每个人的指纹不同，DNA 不同，家庭环境不同，心智特点必然有所不同，把学童送入学校流水线作同一规格的生产加工，对扫除文盲或许是高效方式，但对儿童的成长却很可能是利弊参半。理想的教育，当是家庭与学校联合的"个人定制"。

我们都知道人类必须经历社会化，但只有少数人知道人类在社会化之后还须经历个人化（或个性化）阶段。西方的现代化，船坚炮利、技术优胜、文化发达的背后，真正的秘密是个人解放。文艺复兴—宗教改革—启蒙运动的实质，正是要争得个人权利，让群体社会变成个人社会，即把个人当作个人，让个人成为个人。而工业革命—市场经济—民主政治等，不过是个人化的必然产物。鲁迅先生最早明白这一点，所以在《热风·随感录·三十八》中发出感慨。西方的家庭的个体化教育早已蔚然成风，只不过学校教育似也未达到"个人定制"的水准，原因可能是技术条件所限。而今进入人工智能时代，个人数据不难采集发掘和分析，是否有人在认真考虑教育个人定制这一议题？我不得而知。

我想知道的是，那个叫传的同学，和那个叫梦的同学，后来怎样了？有没有人去对他们的后来做追踪研究？有没有人去将他们与那些考上名牌大学的同学做比较研究？如今他们都已 30 岁了，他们的现状如何？

15

课堂神游

陈：你在这个班上，为什么没有跟上呢？

子：我完全没有兴趣，这是真的，我完全没有兴趣。我对所有学习的东西，一点生不起兴趣。没有任何兴趣，兴趣没有的话，无论如何去努力啊，我就感觉会走神。没有兴趣，实在太难以提起兴趣来了。我无法告诉别人，那个东西有多难受。我没有兴趣。

陈：二三年级的时候你帮他预习，仍然没效果，你的反应是什么？

父：反应就是觉得他，一个就是偷懒，心不在焉；再一个他就是反应慢，那时候也有点（责）怪，是不是他就是像他妈妈，反应慢，我爱人做事都很慢。他就是反应慢，特别是对他这些不感兴趣的数学呀，就很慢，就很吃力。

陈：没有发现他对任何功课都不感兴趣？

父：有一点。就觉得他，他只对电视感兴趣。

陈：对策是什么呢？

父：对策就是我们就不太看电视。

陈：目的是不让他看？

父：也看，但是要写完作业再看。有时候他作业没有写完也看，就骂啰。有一次我一怒之下，差一点把电视从窗子里丢下去。就很生气，那个遥控器被我砸坏过好几次。我那时候不是说他，他连广告都看得眼睛都不眨，不要讲看别的东西，就特别入迷。

陈：他看连环画书，你为什么也要撕他的书？

父：看书，倒不是看画书，是看武侠，我撕了他好几本武侠书。画书（名著连环画）我没有撕，那是我买的呀。①

陈：你发现他看武侠是什么时候？

---

① 父亲后来补充说，漫画书也撕过很多。

父：看武侠也是小学，大概。小学到中学，快到中学的那段时间。就是入迷嘛。撕掉过好几次。

陈：具体场景是什么？

父：书是黄易的吧？什么名字我记不清了。

陈：《大唐双龙传》？

父：《大唐双龙传》。当时也是成绩很不好，我回到家，一进门，看到他不搞功课，看武侠书，嚓、嚓、嚓、嚓就撕掉了，看到他抽屉里面也是武侠书，也撕掉了。控制不住。就很生气。很生气。其实自己还在偷偷看武侠书。

陈：以为他学习不好的原因是看武侠？

父：就是看武侠造成的。

陈：你撕他书的时候，他的反应是什么？

父：他的反应？基本上没有反应。他那时候就很无奈啰，也没有哭，也没有干什么。过不久，他又有了那些书，就是。

陈：他没有反抗过？

父：没有。

陈：但他该怎么干还怎么干，是吧？

父：对。后来，他蛮大的年纪了，初中了，后来我就不撕了，我就觉得（撕）恐怕没用。

陈：你对缪老师印象那么好，为什么她的课你也没兴趣呢？

子：课文都没有意思，我实打实地说课文没有意思。当时就是这种感觉，没有意思。我实在是对那个课文哪，生不出任何兴趣来。味同嚼蜡。上课我都在各种走神。

陈：算术课也是如此？

子：数学更讨厌，从来都没有对数学有兴趣。

陈：有一段数学还学的挺好，那是后面，是吧？

子：只能说，偶尔小爆发，绝对不能说明有兴趣。我没有兴趣。

陈：数学老师对你严格，经常会让同学留下来，你留的次数多吗？

子：非常多。第一次是在上小学的第四天，我就被留下来了。那天，其实那天我可以完成作业，那个可能是我成绩的一个分水岭，就是从那之后，我对那个老师非常恐惧。我甚至会，就是我有一个问题想问，那天老师布置了十道算术题，教你零加几等于几，其实很简单。那十道题原来是要在上课抄完写完。不知道为什么我听走样了，我听成了回家写。我把这十道题抄在了作业本上，然后就没有写，我把等号写好了。我就坐那。这时候那个老师拿起本子一看，特别凶地对我说，你今天给我留下来。喔，那一下对我来说等于天崩地裂。留下来，太丢人了。尤其是看到我爸特别兴奋地在门口接我的画面，我都不好意思见他。然后我跟我爸说，老师叫我留下来，你问问那个老师为啥。我都不晓得为啥。我只是因为没有听清她那个话而已。然后我爸去见那个老师的时候啊，那个学校后面有个小竹林，我躲进那个竹林之中钻进去了，我感觉不想让人见到我。后来我透过那个竹林的树叶，看到我爸在校园里找我，我就出来了，我爸就把我领回去了。然后我把那个题目写完，其实也就写了五六分钟。可那一刻，觉得无比难受。就觉得无比难受。而且那一刻我就乱做，我就写零加二也等于零，零加十也等于零。我脑子在走（神），恐惧啊。

陈：留下来做作业还乱写吗？

子：紧张，我就脑子不想，我觉得很害怕。

陈：你说这是你的一个分水岭？

子：之后我就被那个老师给盯上了。她总让我上去演板，①讲我跟不上，还经常在上课的时候喊我，说我是个没有用的。

陈：所以以后你对数学就不那个（有兴趣）了？

子：本来也没兴趣，说句实话，没有这个老师也没有兴趣。这是真的。

陈：那你为什么用分水岭这个词呢？

子：就更加没兴趣了，不但没兴趣，我上课在一年级的整个半个学期我都在想怎么把这个老师给杀掉。

父亲日记

1995 年 9 月 26 日　星期二

今天数学老师讲孩子留下来，并让我当面看一看儿子的作业，结果暴露孩子的两大弱点。不用心，作业非常简单，但常常出错，减号当成加号，或漏掉等号。其二是心不在焉，老师说的话没有听进去，老师让做的作业，他没做竟交了上去。

陈：你不喜欢这个老师，不会有那种怨气吗？

子：没有。我对那个老师也没有那么大的怨气。只不过那个老师说我是个没有用的，有时候凶我，甚至我有一次手上痒，破了皮，就抠抠手，她冲过来拿把尺子说我这个手上在玩什么东西，我摊开手来。有那么一个学期，我曾经想到怎

---

① 演板，即到黑板上去做题，当众演示。

么把这个老师给杀掉，怎么跟这个老师战斗。每天上课在琢磨这个事。学习就（摇头）。客观说啊，前四天她上课我也没兴趣。完全没兴趣。

陈：下课家长出现在窗口，为什么记得这个场景？

子：觉得丢人嘛，丢人，就觉得很丢人。尤其是看到自己的爸爸特别高兴，特别兴奋地在接你，结果被留下来了。你觉得这个事情是个很耻辱的事情。

陈：后来缪老师也盯上你了，那是因为什么？

子：我成绩就是不太好哇，成绩不太好。

陈：她是觉得你上课没发言，那是指的什么？

子：客观说，从今天的角度看啊，实际是这样，她们觉得我这个孩子的根性还挺好，所以很想带我一把，让我变成一个……好学生。或者起码是个正常的学生。可是实际上发现我这个人很怪异，不知道我在干什么。我有一次上课，老师叫我起来罚站，那个谷老师——数学老师——那个老师问我，你在干吗？哎呀，那一刻我陷入了没法解释的境地。是什么境地啊？前面两个同学告诉那个老师，我在讲话，但其实我没有跟任何人讲话，我在自言自语，我在走神，我只在嘴巴里嘟嘟嘟着，但是我没有和任何人说话。于是我跟老师说，我在自己说自己的，我没跟别人说话。我说的是实话，我没有跟别人说话。但我无法描述那种心（情），那种感觉。我的确也在走神，这也是没错的。可是，我也想告诉她，我其实想听讲，也想把自己的成绩（搞好）吧，虽然没兴趣，也想自己的成绩好。可是上课那个东西实在是枯燥无味，我过一下就走神了，就跑偏了。

陈：走神了，你还自言自语，那是因为什么？

子：编剧呀。然后就想着很多事情，想着游戏呀，想着很多，武侠小说呀，讲出台词来。

陈：自己讲台词？

子：我小学、初中都因为这种事情，罚站过。

陈：你语文课从来不发言，有一次又举手发言，是什么情况？

子：是老师鼓励了我一下，说今天听讲比平时听得多了鼓励后。举手发了一下言。

陈：那就是说如果老师经常鼓励你，举手发言就会多一点？

子：应该可以这么说。但是心里面又不好告诉他们。即便有那么一些时刻啊，在老师的鼓励下，我是在被鼓励着发言，我也感觉到那个学习的热情，从那个内心深处来讲啊，我真的是一点兴趣都没有。就是实在是不喜欢这些东西。就是一旦看到那个什么漫画呀那个各种各样的东西啊，那个心中涌起的那股热情啊，实在是太过强烈。我觉得，我靠，我太喜欢那个东西了。我上课的时候，曾经别人举报过我，不自习，在手舞足蹈，我还跟别人讲，我这节课不自习了。我在干吗？我在编剧呢，幻想自己变成了《灌篮高手》里面的一个人，我在打球呢，一打打了四十五分钟。脑子里头飞沙走石，我觉得实在是乐在其中。

陈：自习课你不自习？

子：我跟别人讲，我这节课不自习，我要幻想。老师不是讲了，自习课你想干吗干吗吗？那我就幻想啊。为啥要写作业？我当时是这么觉得的。我觉得作业我回家能写完。这节课我想享受一下幻想，于是我就开始幻想，我还乐此不疲地幻想了一节课。

陈：你说你找不着规律，那是什么意思？

子：就是那节课我真没听懂，于是我写作业就写得个牛头不对马嘴，我知道自己写错啦，肯定写错了，有时候是能意识到的，有时候意识不到，有时候以为自己真的做的那个就是对的，有过那样的时刻。但是有时候我是知道自己没有明白，没能明白要做什么。比如画个对角线啦，我就不明白，我就让我爸回家教我一下，我预测到我第二天会被留堂，这样留堂了之后，我好应对过关啦。

陈：你怎么会预测到自己会留堂？

子：老师的习惯就是你写作业不合格就留堂嘛。

陈：于是你头天晚上叫你爸爸教你？

子：对，就补正确。

陈：你想把功课学好，为什么不叫你爸爸教你，提前预习呢？

子：完全不想学。当时真的就是不想学。

陈：你不是说想学好吗？

子：对。想学好是为了不被骂。

陈：这个意识为什么没有固定？

子：就太不想学了。真不想学。我每次都坦诚地告诉别人，真不想学。

陈：你不想学，又怕被留堂，又不好意思，甚至想杀老师，为什么不想办法把这个事情做好？

子：从来没有想过。

陈：没有想过？

子：没有想过，在小学期间肯定是没有想过。

陈：所以也没有跟爸爸或妈妈谈过？

子：那时候关系已经比较紧张了。

陈：跟谁？

子：跟我爸妈的关系。更没法讲。

陈：小学一年级跟爸爸妈妈的关系就紧张了？

子：比较紧张了。紧张，越来越紧张。

陈：紧张的原因你觉得是什么？

子：成绩不好，家里人开始着急了。

陈：你上小学，中午家里都有人来接，是吧？

子：会有人来接。后来住得近了，我自己可以回去了。

陈：你回家可以睡午觉，怎么能发现别的同学不睡午觉？

子：感觉。其实是这样，我很想跟大家同一个步调，就是不睡觉的时候，那些同学中午会在学校里面玩啦，踢球呀，打牌呀。

陈：你很羡慕在学校的那些（同学）？

子：其实在小学和幼儿园，中午睡觉是个折磨。我完全没有睡觉的必要，我有很多剩余精力没有得到释放，我完全可以借那个时间走一走哇，逛一逛啊。也有蚱蜢抓呀，我也还想抓蚱蜢啊。有的时候也可以跟水平不怎么样的同学打打乒乓球啊，有时候也可以加入进去，也不是不可以，有些时候你自己在校园里面发发呆，走一走也是可以的。老是在床上躺着，也没睡着，觉得很无聊。

父亲日记

1995 年 12 月 14 日　星期四

儿子中午硬是不肯睡觉休息，吃完饭便在房间里走来走去，口中不停，一时对话，一时又拳打脚踢，碰翻一张凳子，时而弄得"乒乓"响。孩子的精力真是充沛，也许他大脑的自由漫游也是一种休息也说不定，且随他去吧！

陈：你为什么不跟爸爸妈妈提出，在学校里吃饭？

子：那不可能。在我爸我妈的观念里，他们一定会说那句话，外面的饭哪里有家里的好吃呢？

陈：但你也没有提出来，是吧？

子：不用提。就是当你提出类似的事情的时候，已经被无数次的否定了。不会再去提这些要求了。我提过想买漫画书，不可能。提出想吃外面的那个油炸串，不行。后来有些要求就想都不要想了，就不提了。

陈：就不提了？

子：不会答应啦。其实我提出的大多数要求我爸妈是不会答应的。其实当我长大了之后回忆啊，他们花钱的一些要求，他们自己都不答应自己，某些层面也是节俭。

陈：幻想武侠幻想动画片是另外一回事，这两个是分离的，是吧？

子：对。而且我隐隐约约哈，我是真有这种感觉，倒不是吹牛皮，我隐隐约约觉得我会成为文艺工作者。我爸有一次骂我，你现在写小说，看看谁他妈会要。就说明感觉到我那时候幻想过度了，有一点。

陈：那是在几年级？

子：二三年级。

采访人札记

这段故事，说到了主人公学习和成长过程的一个关键。

看起来似乎很简单：主人公对学习不感兴趣，在课堂上总是走神，心不在焉，听不到老师在讲什么，也没兴趣听老师讲什么，于是乎成了"差生"。

果然如此吗？显然没那么简单。主人公一再说，自己对学习没兴趣，实在没兴趣，其实这都不过是所谓后见之明，更是一种似是而非的刻板印象。证据是，语文老师鼓励一下，他也曾有踊跃举手回答问题的异常壮举。

主人公说，上小学的第四天就被数学老师留下来，这是他学习生涯的一个分水岭，这话有道理。只不过，主人公未必知道这个分水岭形成的真正原因，甚至也未必知道这个分水岭的真正意义是什么。实际上，主人公并不了解自己的感兴趣、不感兴趣的原因是什么？在很大程度上，主人公是倒果为因。

美国行为主义心理学创始人约翰·华生曾提出过一个看似荒唐的设想：选出 10 个婴儿，通过不同的训练设计，可以按照意愿把这 10 个孩子培养成优秀学者、杰出艺术家或超级罪犯。这一设想无法进行实验，当然没有结果。匈牙利心理学家拉斯洛·波尔加，在华生猜想的启发下，要进行一个大胆实验，公开招募实验伙伴当他的妻子，要把自己的孩子培养成天才。结婚后，选择了国际象棋项目，即要把自己的孩子培养成国际象棋的天才——他完全不知道自己的孩子是否有国际象棋的天赋，当然也不知道孩子们是否会对国际象棋感兴趣——结果他成功了，三个女儿即苏珊·波尔加、索菲亚·波尔加、朱迪特·波尔加都成了国际象棋男子国际特级大师，朱迪特·波尔加连续 26 年排名女子世界第一。

这一实验表明，孩子的兴趣未必是天生的，很可能是可以后天培养的。依据是，在理论上说，每个幼童都有好奇心，好奇心本无定向，亦无定形，幼童对世界上的万事万物都应该有兴趣。实际生活中的幼童对某些事物感兴趣，对另一些不感兴趣，不过是由于某种机缘让其中的某个兴趣被点燃了，而其他兴趣则没有机会被点燃，没有机会被触发，抑或是被某些人为的原因所熄灭。

回到主人公的话题上来，主人公对课堂学习的兴趣，可能就是在他上小学的第四天被他的老师熄灭了。原因是他的自尊情绪遭受了十分严重的挫伤：他被老师留堂，感到无颜见自己的父亲母亲。成年人可能难以理解这一挫伤的严重性，更无法预料这一挫伤的严重后果。为逃避挫伤与羞辱，他选择了对课堂学习"不感兴趣"这一应对策略。也就是说，不感兴趣其实是一种托词，逃避挫伤和羞辱才是真正的原始动机，即以为只要自己避开（即所谓不感兴趣）就不会有挫伤和羞辱，孩子当然不可能懂得，他的这一基于"原始心智"及幼稚想法的临时应急决策，会给他和他的家人带来怎样的灾难。

这一关键事件的起因，是孩子没有听清或没有听懂老师的话，不知道老师要求当堂完成作业。刚入小学之门的学童，或因为紧张，或因为还没有学会专心听老师讲话，或因为习惯性的注意力不集中，或因为习惯性的自我中心并选择性地屏蔽外界信息，或因为理解困难即还没有培养出有效的信息处理能力……都有可能听不到、听不清、听不懂老师的话。此类现象，在不少的小学生刚入校门时发生过，有些学生比较幸运，被老师所理解并善意对待。而我们的主人公却没有那么幸运，老师惩罚了他，制造了他学习与人生的分水岭。老师当然并非恶意，甚至可以说惩罚是出于善意，只是对幼童缺乏了解而已。

主人公的父亲也是如此。在这段故事中，父亲撕了儿子的武侠小说（后来承认也包括其他图画书），实际上是做了熄灭儿子学习兴趣的无意识"帮凶"。说起来倒也不难理解：儿子学习成绩不好，不好好学习（课堂知识），偏偏爱看课外书，偏偏还是毫无营养价值可言的垃圾书即武侠小说，可不是撕书没商量？如果组织一场"父母联谊会"投票，估计有不少父母都会投票赞成这位父亲的行为。

但这种行为与秦始皇、希特勒焚书的行为的性质相同，不仅行为本身粗暴愚蠢，行为背后的理由也同样蒙昧荒唐。如果换个角度提问：学童记住那些句子成分、段落大意、中心思想等考试要点重要，还是阅读本身重要？估计投票结果就会大大不同。有些家长会考虑那些语文知识对小学生而言，不仅枯燥，而且无用，而且容易打击孩子自信心，进而讨厌语文课，进而影响学童阅读兴趣，估计会对孩子主动看书的行为感到窃喜——即便是黄易的武侠小说，也同样开卷有益。

多年后，主人公的"差生综合征"所以能够自愈，重要原因之一，正是他喜欢读书。多年后，父亲为自己的撕书行为向儿子道歉了，但他还欠黄易一个道歉。

16

挨妈妈打

陈：有一次你妈妈发脾气，把你的眼睛打肿了，那是怎么回事？

子：那一次就很有意思了。那次是我想打电话给我爸——我爸出差了——但我晓得他宾馆的电话，想来打，我妈就一边跟对面瑄的妈妈聊天，一边揍我。那是在小区的时候，一边聊天一边揍我。我还很倔，她揍完我，我就又去打电话，她又拉回来又揍。然后揍到第三次的时候，她打了一巴掌重的，就连着对我眼睛抽三下，那次是我印象中她打我打得最重的一次。我感觉到我的那个眼睛啦，动一下很多星星在眼前冒，我感觉那个眼睛被打进去了，就是我睁不开眼睛了，后来我照镜子，肿了，那个眼睛小了，（眼球）变在里面了。

陈：你为什么偏要给你爸打电话呢？

子：我有这个习惯，就是我爸一不在，过一段时间会跟他打电话。我爸先给我打，告诉我们宾馆的电话，我就会给他打。

陈：那你妈为什么不让你打呢？

子：她那天不知道为什么就是不让我打。就说："一天到晚打电话！"可能是我学习没学习好，她心情不好，觉得我怎么着怎么着，她说我（不该）打电话。我妈有时候很奇怪，她有时候情绪莫名其妙，来例假了她会打人，都有可能。其中有一次，我印象比较深的是，她给我脸色看，最后她告诉我，我爸对她不好。她说："晚上做梦，梦见你爸把我抛弃了。"于是她把脸色给了我。还有一次坐电梯，我的手碰到那个键上，她觉得很脏，（教育）方式是给我一拳，我跟她在电梯里扭打起来了。她经常心情不好的时候，她会拿我撒气。

陈：你说她一边聊天一边打你？

子：一边聊天，聊的也是我的事。说我不懂事，一天到晚就想打电话，不学习不听话。一边说，一边打。然后瑄他妈也是用赞扬的语气说，她也是这样打瑄的。用皮带打，还跟我描述怎么打得瑄一瘸一拐去练钢琴的。

陈：打他去练琴？

子：恐怖式学习。被恐吓的，就听她怎么虐待瑄的，皮带。我妈就是学了瑄（他妈）的，有段时间也用皮带打我。

陈：瑄成了你的榜样了？

子：因为他成绩好哇。瑄成绩好哇，又会钢琴啦，感觉见面也会叫人啦。瑄很优秀啊。然后（妈妈之间）分享这个学习经验，他妈说主要是我皮带的功劳。她亲切地描述把瑄打得一瘸一拐，满面的（泪痕）走进这个（琴房）去练琴。

陈：你妈打你，你威胁她说要自杀，是什么情况？

子：就是觉得被打得很难受，觉得得不到注意。也是在我爸去出差的时候，我不写作业嘛，很难管，有时候还不回家。有一段时间是她在下岗，（心情）不好，一点点小事啊，比如说我鞋有点脏，她就会大发雷霆，然后就会打我。我就会说，你这样我就去死给你看，我要去自杀。然后她说你去自杀，你去死给我看，你去。没去。是有这个（念头）。

陈：你说要自杀，她说让你去？

子：说让你去，让你去。她这么说的。后来我外婆发现我比较难管，就给我妈支招，说半夜趁我熟睡，拉起来痛打，给我留下终生难忘的回忆。她们两个都当着我的面在议论，很认真。

陈：你在现场？

子：我在现场。（那天）晚上我就一直睁着眼，看着天花板，想今天晚上死逼了，我一合眼就会被打死，噩梦啊！

陈：你爸爸不在家？

子：不在家。我爸在，不可能允许她们干这个事情。这个太——就讲出来都是荒唐嘛。

陈：你妈妈其实也没这么做，是吧？

子：我看她们两个晚上睡得比我还熟，你要起来打我，实在还需要毅力。是这样，她们俩一直睡着，我是一直睁着眼。后来她们睡着，听到我妈的呼声，应该睡着了吧，后来我熬不住就睡过去了。

陈：你防范了很长时间？

子：防范了很长时间。有那么四五天，一个礼拜，我怕呀！想象中在睡觉中被打醒，那样的感觉，想到都是一种惊悚。

陈：你是外婆带大的，她怎么会出这种损招？

子：她不觉得是损招。

陈：她觉得你太难管了，是吧？

子：我妈就这样打呀，我大姨也这样打，她都这样干过。[1] 我妈跟我明确讲过，她小的时候在睡梦中被外婆一阵打，打醒，哭，跪，再去睡觉，之后就老实了。

陈：她打女儿就是这么干的？

子：就是因为在她女儿身上有非常优良的传统，所以要延续下去。

母：我也不知道我犯了什么错误，我记得有一次，是在睡觉的时候，睡着了，我妈把我拉起来，拉起来打的，打得我就缩得站在床边上，但是我不知道是犯了什么错误。

采访人札记

这一节，是中国式"挨打文化"的一份重要证词。不仅有现场情景，还有母亲间的经验交流，更有历史传承的真实记录。在采访时，我担心小家伙夸大其词，所以就此专门向他的妈妈求证，本节最后是妈妈的证词，说明母亲半夜打孩子的说法确有其事。这让我惊诧。更让我惊诧的是，主人公说，以他的见闻，家长打孩子现象在南昌十分普遍。这一点也得到了孩子父母的印证。

本节内容已经提供证明，主人公的玩伴瑄居然也挨打。瑄的学习成绩好，还会弹钢琴，挨打的原因是有时候他不愿意弹琴，被妈妈用皮带抽。瑄的妈妈还与主人公的妈妈交流经验，可见打孩子是一种普遍风气，至少是家长不以为非。

中国确有"棍棒头上出孝子"的传统，这一传统还有一个理论基础，即"打是亲，骂是爱"。此说倒也不是完全无稽，至少父母及其他家长以为自己的主观愿望是为自己的孩子好。具体说，主人公的妈妈当然爱他的儿子，甚至还曾因为宠溺儿子被她父亲即主人公的外公批评；而主人公是外婆带大的，喂他吃饭，帮他穿衣，扶他走路，外婆对孩子的爱，同样毋庸置疑。

难道说"棍棒头上出孝子"当真有理？这一经验世代传承，究竟是什么道理？这涉及传统经验的奥秘。首先，是简单归因，即一个有出息的孩子是怎样造成的？先辈简单归因，说是打出来的，因为孩子究竟是如何成器或懂事的，父母根本说不出别的原因或理由。其次，是选择性统计和宣传，例如一对父母有 5 个孩子，这些孩子都曾受到过棍棒教育，长大后有一个或两个孩子成器，其余的几个孩子不成器，父母仍然会坚持说，成器的孩子是棍棒教育有效的证明，而另外

---

[1] 这句话的意思是说，妈妈和大姨小时候，在熟睡时，曾经被外婆打过。

几个被棍棒摧残而不懂事或反叛或精神崩溃的孩子，则忽略不计。进而，如果一个琴童成了著名音乐家，而这个琴童小时候因不愿练琴而挨过打（例如瑄），那么人们就会认为所有琴童成为天才音乐家都是被打出来的，至于其余99%因挨打而仍然无法成为音乐家，甚至因为挨打而导致心理逆反或行为乖张的孩子，则无人提及。

"打是亲，骂是爱"是真的吗？同样有质疑的余地。家长爱孩子是一回事，打孩子是否全都出于对孩子的爱？实际上是另一回事。证据一，主人公的妈妈梦到丈夫对她不好，从而迁怒于孩子，这就与爱孩子无关。证据二，主人公在幼儿园至小学三年级这一阶段，妈妈因为下岗而心情不佳、情绪暴躁，于是迁怒于孩子，这显然与爱孩子无关。任何权力，若无明确限制及有效监督，都有被滥用的危险。即便打孩子是"天赋父权"或"天赋母权"，这一权力同样有被父母滥用的危险。假如孩子发现父母是因为自己心情不好而遭受池鱼之殃，怎么可能懂得并认同父母"打是亲，骂是爱"？如果成立子女协会（这只是一个纯粹的假设），让孩子们就"打是亲、骂是爱"投票，猜猜看，投票结果会如何？

值得注意的是，主人公在陈述这段挨打经历时，似乎没有多少被伤害的感觉。为什么会这样？是因为他发现人人都挨打，所以对自己挨打习以为常，从而不觉得有伤害？或是因为他从小就与妈妈对打（后面会看到）而感觉挨打是生活的正常组成部分？又或是真的认同"打是亲，骂是爱"这一悠久传统？还是因为他成年之后，懂得了人性的局限，从而谅解了父母的粗暴行为？

挨打现象是家暴文化的重要组成部分。家暴的成因与爱无关——实际上与爱截然对立——多半是由于施暴者无知、无能和无助。如何爱孩子？什么是对孩子的爱？是很多家长（包括我本人）需要学习的课题。弗洛姆总结爱的要素，包括给予、关照、负责、相知（理解）、尊重，其中理解、尊重两项，许多父母可能闻所未闻。对孩子的爱，不仅是纯粹的情感，同时也需要心智。父母打骂孩子，有可能是因为不了解孩子的真实困境而恼怒无助，也可能是因为不懂得打骂孩子会伤害甚至摧残孩子的自尊，总之是不懂得什么是真正的爱。

17

和妈妈对抗

陈：你爸爸一出差，你妈妈就跟你爸爸吵架？

子：跟我。

陈：你妈妈跟你吵架？经常吗？

子：哎呀，概率极高。三四年级我跟我爸说过，只要你一出差，我跟我妈必吵架，必打架。

陈：啊，说说吵架的场景。

子：有时候我在玩小汽车，玩得耽误了吃饭，她就过来一脚把我的小汽车踢掉了，我就起来跟她对打。还有的时候是，我养了蚕，我想找个鞋盒子放蚕，弄乱了她的东西，她又打我，我们两个就对打。

陈：是不是也有不反抗的时候？

子：也有不反抗的。

陈：什么样的情况不反抗？

子：有的时候感觉自己做错了事就不反抗呗。比如说我有时候在偷玩玩具，没有写作业，就啪、啪、啪（被打），就不反抗。有的时候比如说我看了一个电视，写作业写不出来，她就扭我："好看不？好看不？"我就突然起来跟她对打了。她说的话太难听，我受不了，我就起来跟她对打。

陈：问你电视好看不，这话也受不了？

子：语气，还是语气。

陈：没写作业，是你不对啊？怎么也跟她对打？

子：看那段时间，情绪积攒得到不到（爆点），如果是还行，能控制住。

陈：你是说爆点？

子：有的时候，一到爆点我就会失控啊。

陈：你说想把妈妈杀死，是什么情况？

子：我爸不在家，她有时候会凶我，给我脸色，有时候就会有一种冲动，从厨房拿把刀哇，"嚓"把我妈干掉。

陈：吵架后还记恨吗？

子：（愤懑）会在心中不停地出现。我会这样，它那种负面的情绪它总会在我心中泛出来。我的脑子里会有各种凶杀的幻觉，我脑子里杀过很多人，我脑子里杀过无数人，从我幼儿园老师杀到小学老师，杀到初中老师。

陈：还想杀亲妈？

子：对呀。

陈：你的情绪没有"下水道"，是吧？

子：我知道那个东西只是一个情绪嘛。你没有办法避免它。你就让它去吧。或者顺其自然，过一阵子就会好。在小的时候，出现这种事情让人不舒服，会难受。会觉得这种状态不好，会难受的。而且也没有办法跟别人去交流。这种交流是不可能的，只会给（被）他们冠上道德方面的批评。很难去交流，我知道他们不会理解的。但是真的是这种感觉，非常难受，而且也伴随着我的每一天，任何街上的负面情绪，任何学校老师言语上对我的那个，任何拿掉我的毯子，拿针扎我一下，挨了板，回去我妈在旁边冷眼，我会不舒服很久，在我心里有不快情绪的时候冒出来。在我脑子里会自觉地想变为一个暴徒，去打击脑子里的幻觉，去把它们都砸死。

陈：把什么砸死？把幻觉砸死？

子：脑子里出现的人，那些凶我的人，全部打死。然后这个情绪，时常让我的脸色很凶，眼泛凶光。我突然不知道怎么极端不高兴。我很难跟别人去解释这个东西。它也没有征兆，它有时候就会出来。在青春期的时候是最难受的，这些情绪让我彻夜不眠。

陈：你说你生活在一个神经紧张的家庭中？

子：我感觉我全家人（好像都是这样），比如说我爸在我写字的时候他会突然发作啊，我的一个感觉。

陈：是说你爸爸也会突然发躁？

子：这还有因果关系咯，更多的是生活在那种生活环境当中，就跟我无关的，他们之间的对话（也是如此）。

陈：爸爸妈妈讲话像吵架？还是真吵架？

子：有一天，好像是请我奶奶，就是叫我奶奶到家里来坐一下。我爸是先跟我聊这个事情，这之后两三天啦，我发现我妈一直都沉默不语，也不发脾气，沉默不语。我爸问她，你要不要吃饭啦？"我自己会吃。"要不要吃水果呀？"我自己会吃，不要你管。"连续两三天，到周六，好像我奶奶要来的时候，我爸就跟她说，你是不是因为我叫我妈过来你不高兴啦？然后我妈就连哭带喊，就大发雷霆，说："你把我当成什么人？我是家里的什么人？你干什么事情都不商量，你就不尊重我！"我爸就说，我怎么不尊重你了，我叫我妈过来还要跟你汇报哇？那你妈来跟我汇报过吗？（妈妈说）"那我妈来是要拖地的，你妈来是要做什么？"（爸爸说）我妈不拖地就不是我妈了？然后两个人就开始吵。我记得我在我爸书房里面端着一本希腊神话的漫画在看，当时我就觉得很痛苦。就我妈说的那一句"我妈来是要拖地的，你妈来是不做事的"，让我心里其实很受伤。

陈：为什么？

子：奶奶还是奶奶呀，就这种感觉。你不能说人家不拖地她就不是奶奶、不是你的妈妈。就因为你不喜欢，你就发这么大的脾气，我心里很受伤。那次之后，又过了那么两天，也是那段事情的后续吧，我奶奶好像对我妈又很有意见，也不知道我奶奶怎么得知，好像她听到了我妈说的那些话一样。（奶奶）好像那段时间对我妈很有意见，所以我奶奶当时会说出一些（责怪的话）。我当时觉得她是说谎，篡改记忆，就是对我妈的不满篡改成了另外一种记忆。我当时不理解。当时觉得她是谎话，是坏蛋。我妈也是坏蛋，我奶奶也是坏蛋，两个人都不是好东西。我奶奶说过这么一句话："小的时候哇，你身体本来不会这么不好的。"我说为什么呀？"如果有我照顾你，你的身体绝对是顶顶呱呱。"我说，你为什么不照顾我呀？"你妈不让我照顾，她把我赶走了。"她这么说。我当时一听，啊，还有这个事呀。我当时并不知道她们是什么情况啊，然后我还傻不愣登地在饭桌上去问，哎，当年哪，你——就指到我妈——为什么不让奶奶带我呀？我妈就发脾气了："你奶奶照顾你？你奶奶就来了一天，早上就把你的奶瓶打了个粉碎。"然后我爸也不高兴，又说出一个版本来，当时我感觉我都精神分裂了。我爸是这样说的：我（妈）打掉一个奶瓶，你进门一点好脸色都没有，然后我妈做了一个菜给你吃，①你说我们家从来不吃这种菜，还用南昌话说，你说人家生气不？他们两个又开始吵架。我在旁边，我想，我随便问一句，又引发了一场争吵。当时我就觉得，家庭关系怎么这么差呀。我奶奶又讨厌我妈，我妈又讨厌我奶奶，我爸呢也不是很喜欢我奶奶，也不怎么喜欢我妈，这简直就是一个四分五

---

① 据主人公母亲回忆，他奶奶在他五个月左右来家带过一天，上班前孩子妈把牛奶热好放到奶瓶里，然后放在被窝里，叫他奶奶到时候喂一下。结果中午下班回家，奶奶说奶瓶打碎了，只喂了一点糖水。大约主人公两岁左右，他父亲要出差学习，奶奶来帮照看几天，下午下班回家，奶奶把中午的冷饭冷菜喂给孩子吃饱了，孩子妈说不能给小孩吃冷饭菜，食物过4小时也会有细菌。奶奶说我们都是这样吃的，就你懂，有知识。接着拿起包就回家了，孩子妈也气得哭，孩子爸下班听后也没说什么。后来自己请假带了几天，奶奶再也没有来过，当时是夏天。

裂的家庭，快完蛋了。

陈（问主人公母亲）：你还记得吵架的事吗？

母：我觉得，在我的印象中，从来没有为我们小家庭的事吵架过，都是因为他们家里的事，牵涉到他们家里的人，然后才吵架的。就是我每每吵架，每每什么事情都是因为跟他们家有牵连，才吵这个架，从来没有为我们小家庭的事情吵架。怎么吵，怎么吵。有一天晚上回来，他就跟我吵架，就同时把这两件事兜出来。

陈：哪两件事？

母：一件是说他没有钱，我心想你确实是没有钱。

陈：是说你嫌他没有钱？

母：哎，确实也是没有钱嘛。就是工资，是吧？全是靠自己努力的嘛。是吧？至于我后来，我都不希望他拿东西回去。我确实不希望。

陈：不希望拿东西去哪？

母：拿到他家里去。

陈：拿到他父母那里去？

母：哎，为什么哩，我觉得我都没有得到一分钱，还要倒出去，我觉得。而且你们家里条件也不差，是吧？以至于后来，他是这样的，出差呀，到香港去给他妈妈买了个金项链，不告诉我，戴到脖子上我还看不出来呀？

陈：也可能是他姑姑给她买的呢？

母：那不一样，那我东西我认得的啦。那金项链就是他带的啦，不带，她哪有呢？

陈：既然给你过目，那不就告诉你了吗？

母：不是，他等于买了好多呀，好几根啦，给我也买了一根同样的东西，你跟你妈妈买了，你给我说一声也可以。

父（插话）：从结婚开始，我所有工资就是给我爱人。我还有一些奖金啦，出差补助哇，稿费呀，那是我自己主宰的。①

陈：你太太也不让你上交？

父：让我交哇，但是我不交哇。因为我们家有些人情世故啊，大家观念上不太一致。你像我出差，我会买一点东西给我母亲啦，会买一点东西给我弟弟呀，

---

① 这里主人公母亲回忆，爱人工资是交给她的，至于其他还有什么钱他不说，她也不清楚，感觉他有钱没给她。有一次他从香港回来带了几根金项链，去他家发现他母亲脖子上戴了一根。心里就不舒服，又生闷气。类似这种事丈夫从来都不跟她说，我行我素。

她知道就会很生气。她生气也有她的理由，她说你为什么不跟我商量？她说你跟我商量我肯定会答应，但其实她是希望我按她家的方式做事。她家的方式，是跟她母亲买东西，一分钱都要算得清清楚楚，跟她姐姐买东西也要清清楚楚，这是她家的习惯。也不是说这种习惯不好，我尊重。我从来没有说过你这种不好，没有讲过，但是她希望我也要按她家的方式，什么钱都要跟家里算清楚。

陈：什么意思？我没有明白。

父：比如我出差，我妈说你帮我买双皮鞋嘛，北京皮鞋好。

陈：叫你妈妈付钱给你？

父：对。她家就是这样的。我们家不可能这样。甚至她不叫我买，我也会给她买，我觉得她什么东西缺了，我就会给她买。包括有一次我到香港，买了根项链，就两百多块钱，给我妈妈，有一次我爱人发现了之后，回来就大发脾气，大骂我：为什么不告诉我？你瞒着我干这些事情，你告诉我我肯定会同意的。我说你既然同意，发这么大的火干什么？反正就是为这些小事啦，家庭，就是那种。但是我们那时候，在结婚前虽然（年龄）很大了，在社会上也混了这么多年，对家庭的人和人的这种相处，并没有什么很多知识，建立了小家庭之后，其实基本上不沟通，就是我按我的，仍然是按我在我们家的那个概念那种大家庭的生活概念生活，我行我素，想怎么样怎么样，也不考虑对方，对妻子也关心不够，对她心里想的也关心不够，她可能离开了她的环境，她有什么心理上不适应的，身体上不适应的，我们也，只看得（到）她不高兴。她不高兴，我对她反而更不高兴，我心里想，对我们家这个样子。关系反而就不怎么好嘛。不是太和谐。

陈：都希望对方改？

父：都希望对方改。

陈：谁都没改？

父：谁都不改。

陈：而且不交流？

父：不交流。有时候生闷气，就是冷战。经常就气得几天不说话。

陈：儿子出生后也是这样？

父：出生以后也是这样。出生前、出生后都这样。基本上。

陈：形成一个家庭氛围？

父：对。长期气候，或者是互相指责。一旦爆发有什么事情，就你骂我，我骂你。

陈：没有考虑小孩在这？

父：没有。一点都没有。没有什么注意回避他呀，干什么呀，从来没有。基本上。所以从小可能对他造成不小的伤害嘛。我们这方面确实是很值得反思。

陈：容易造成孩子的不安全感。

父：嗯，不安全感。经常会。经常吵，还有经常不吵，你不理我，我不理你。

陈："低气压"更难受。

子：他们讲话像吵架。就跟我无关的，他们之间的对话，我感觉像吵架。并非真吵架。讲一件事，他们讲得过度较真，让人觉得有一种吵架的感觉。

陈：你会有紧张感？

子：会有，而且我姑姑跟我爸讲话也是这样，我叔叔讲话也是这样，我奶奶姑姑讲话有时候无意识地就会露出来。

陈：你姑姑跟你爸讲话也像吵架？

子：当然。

陈：他们不会轻声细语地说话吗？

子：不会。而且谁也不听对方说话，都在打断对方说话。在这个环境中，我的感觉就是，没有人可以把话说完就会被打断。都没有耐心听对方说话。

陈：所以你有紧张感，是吧？

子：有。

陈：你非常敏感，比别的孩子敏感很多，是吧？

子：我不敢说我比别的孩子敏感，只能说家人之间的这种互动让我有点受伤。

陈：是紧张，还是受伤？

子：受伤，也紧张，我真的会有受伤的感觉。就是我觉得我的家人不和睦。

陈：你觉得他们不太和睦？

子：不和睦。我觉得很受伤，我那时候有个想法，我总是觉得，就把话说完啦。把话说完，但是都逮不着这样的时刻，大家都会把对方的话抢掉。

陈：只能说半句？

子：嗯。对，都说半句。

采访人札记

这一节如果以《想杀了妈妈》作为标题，肯定更吸引眼球。但我不能这么做。理由很简单，那不是主人公的真实意愿，只不过是一种"愤怒幻想"而已。

小家伙有这类愤怒幻想，可以说是因为受到了电视、漫画、游戏的影响，因为现代大众传媒中凶杀内容实在太多，几乎随时随地都能看到。换个角度看，这也说明主人公的心智水平还处在原始阶段，因为愤懑难平，动辄产生极端想象，即在想象中以简单的极端方式——虚拟地——解决问题。

在采访时，听到主人公说想杀了这个，想杀了那个——从幼儿园老师、小学老师、中学老师，到自己的妈妈都想杀掉——确实很不习惯。听得多了，才慢慢理解，与其说是一种虚拟式解决问题的方式，不如说是主人公的一种独特的情绪表达方式。真相是，正因为他无法解决自己面临的问题，同时又无法宣泄且无法控制自己的情绪，就只能采取这种虚拟方式来疏解愤怒情绪。

弗洛伊德有"俄狄浦斯情结"之说，说每个男孩都有杀父娶母的原始本能，此说是否当真靠谱？这里不去讨论。这里要讨论的是，为什么主人公的行为与弗洛伊德性学说相反，即要杀自己的妈妈，而从未说要杀父亲？其中原因，可能是因为他敏感到爸爸似弱实强、妈妈似强实弱，可以反抗，甚至对打。也可能是觉得爸爸相对比较讲道理，而妈妈比较不讲道理，经常将他逼得怒气冲天、忍无可忍。还有一种可能，是他在内心深处与妈妈更亲——人们总是更容易去伤害与自己亲近的人——愤怒与反抗其实也是亲近关系的一种"定义"方式（当然是一种原始心智的定义方式）。也就是说，主人公渴望与妈妈建立更亲近更紧密的关系，希望妈妈是自己希望和想象的那种理想妈妈。实际生活中的妈妈不是他希望和想象的那样完美，他就会失望乃至愤怒，不仅反抗对打，甚至幻想要杀妈妈。在妈妈面前百无禁忌，甚而为所欲为，正是与妈妈更亲密的行为表现。

妈妈对儿子动辄发火，原因也能以此类推。即：妈妈希望儿子如自己想象的那么完美，若儿子的表现没有那么完美，妈妈会加倍搓火。如此就产生了母子对抗的情形：儿子和妈妈都不是对方希望和想象的那么完美，两个人同样恼火，于是就只要爸爸一出差，儿子和妈妈就会闹别扭。儿子和妈妈都希望对方完美，都希望对方做得更好，都没有想到自己去努力做得更好。

这样说的依据是，在采访主人公的父亲时，父亲说，他和妻子都希望对方改变从而适应自己，却没想到自己主动改变去适应对方。父亲还说，虽然他和妻子结婚时年龄已经不小，且都已经有一定的社会经历，但实际生活经验却不多。重点是，他们都没有想过，夫妻频繁地当着儿子吵架会影响儿子的情绪。

本节内容，从母子关系说到夫妻关系，再说到这个小家庭与夫妻原生大家庭之间的关系，真实生活中的家庭关系的复杂性超出了幼童的理解能力。这个幼童偏偏十分敏感，以为自己的家庭不和睦，从而心里不安，以至于紧张且伤心。在这一事实的背后，还有两点，一是主人公不知道自己还不具备理解真实家庭生活的能力，也就不知道自己的危机感其实是瞎操心。另一点是，主人公同样没有能力分辨，自己内心的危机感和愤懑情绪未必是来自家庭氛围，很可能是因为自己无法解决自己的问题，又无法控制自己的愤懑情绪，于是作出错误归因。

18

小卡夫卡？

陈：你爸爸说，你小学二三年级就写小说？

子：对。

陈：你向爸爸表示过要写小说吗？

子：我不记得我表示过，但是他那样说我是有的。

陈：你记得原话就是，你现在写小说看看谁要？

子：对。

母：我记得小时候他武侠书喜欢看，小学的时候写武侠小说，我记得还写了好几页呢，哎，我觉得还是有那么回事呢。写了，然后，当时我是没有撕掉的，我是留到的，因为我觉得要留到。后来搬家的时候不知道塞到哪里去了，我确实是藏起来，因为我不让他去看这些书哇，写这些东西，因为那时候的精力主要是在学习上，我说你这样沉迷武侠的话，你的学习——他学习本来就不好嘛——上不去。

父亲日记

1996 年 7 月 26 日　星期五

看了儿子暑假的日记作业两篇，严格地说不是日记，而是他虚构的故事，

第三章　懵懂的小学时光

101

都来自森林，来自动物世界。故事是编得很有趣，充满童年的奇想，语句也通顺。

1996 年 8 月 2 日　星期五

儿子在家放羊，作业虽然做了。没有让他学其他的，主要是南昌天气太热，放假还是让他多休息，把身体养好，再就是最好能培养他良好的学习习惯。对学习，孩子仍然缺乏主动，缺乏浓厚兴趣。他喜欢沉思，喜欢交谈，谈自己的奇思怪想，谈从电视和图书中产生的各种新故事新念头，谈到兴处，忘记一切，滔滔不绝。

陈：你那时候认定自己会成为文艺工作者？

子：我没有认定。而是说，所有的课程哪，我都没兴趣。可是一谈这个武侠啊，动画片啦，我就开始滔滔不绝了，我的好的记忆力就开始显现出来了。

陈：老师表扬，羡慕班长，努力学习的情绪像云彩一样飘过？

子：溪水一样飘过。

陈：没有像一棵树？

子：没有，没有长起来。

父亲日记

1998 年 6 月 22 日　星期一

儿子已经 10 岁了，是很可爱的，但他与众不同，学习上一直兴趣不大，成绩不好，胆子小，似乎心理压力、情绪压力都是挺大的。是我对他期望过高？我并没有太多太大的要求，连兴趣班也没有逼他去上，他不愿去就算了。但他的学习一直是个问题，总读不进去，没有彻底弄懂，遇做题便紧张。你不坐在他身边，他就开小差读图画书去了，很难说清是怎么回事，有时候遇到他连很简单的题都想不出来时，真是气愤，恨不得揍他一顿，没见哪家孩子这样的，学点东西这么吃力。但孩子对自己感兴趣的东西却入迷，玩起来也是疯得很。他就是跟别人不一样，不知道是因为外貌太娇美之故，还是遗传方面有什么弱点，或是由于在成长的关键时期被扭曲伤害过，或天才小时候就是这么怪，这么笨的。作为父亲的我该怎么办呢？

陈：你有一个姓黄的同学，不学习？

子：哦，这个小孩成绩非常不好，他也不写作业，喜欢打游戏。我为什么对印象特别深呢？是因为有一次上课不写作业，那个班长，那一刻我对她的印象"咔"的急转直下。我甚至都不想搭理她。什么原因呢，他不写作业，她把人家文具盒缴掉，缴掉之后说，你写不写？不写我就把你的笔丢了，她就真把别人的笔一根一根往外面丢。我就看到那个同学哭了，之后把这个事告诉了老师，老师反倒把他给骂了一顿。那一刻，我心中有震怒，我有很强的怒气，我觉得老师是不对的，班长也是不对的，你不能把人家的笔给丢出去。这种方式无论如何是不对的。过了不久我还做了个梦，我梦见所有学校的老师都变成了鸭子，我把这些鸭子，一只一只地给绑起来，丢在水坑里，冲她们吼，你们别想压制我，别想压制我。

陈：等会儿。这个梦是真正的梦，还是构思小说？

子：真正的梦。当时真正的梦。

陈：梦里老师变成了鸭子？

子：当时的梦，在我青春期郁闷的时候，我还跟我爸讲过这个梦。

陈：我问的是，这个梦是在小学一二年级做出的？

子：一定是的，很真切。真实的一个梦。

陈：你爸没说你是个小卡夫卡？

子：我那时候没有跟他讲，是到了初一、初二的时候，我跟他提过。我梦见过，就是全部都变成了鹅。然后我冲她们喊，你们别想压制我。我把那些鹅全部放在水子沟里头，一个一个地拿水浸。

陈：鸭子怎么又变成鹅了？到底是鸭子还是鹅？

子：近似鸭子和鹅，就是大水禽。而且啊，梦里这水禽脖梗上没毛，没什么毛，像一个剥光了的鸭子或者鹅，剥光了毛。

陈：是因为班长欺负同学，是吧？

子：对呀，当时我有那种强烈的（愤怒），那个梦我印象很深。因为那个梦啊，我喊的那个，你们不要压制我，你们不要压制我。当时我感觉我是喊醒的。

陈：说说你的梦。

子：第一个梦，我坠楼。我从——我蒙太奇组接——我坠了两个地方，从高楼大厦坠到了摩天轮上，摩天轮再坠，坠到地上就醒了。这个梦我还跟我爸讲了，他告诉我，这个坠楼的梦，（说明）你在长高。这是一个梦。

陈：是什么时候的梦？

子：小学。一二年级左右，我梦并不是很多。会有那么一段，小学到初中，会零星有梦。都是梦到玩游戏和武侠片，因为有恐惧感，因为晚上那个坠地的时候啊我有那个心脏"腾"的惊起的感觉。这是一个梦。

第二个梦是，不能说是枪战吧，应该是我们一家三口被一伙打枪的人围攻了。我们三个和对方打仗。对方是全副武装，就是这个机关枪啊，冲锋枪啊，"哒哒哒哒"，看到那个子弹，对面就是四楼这个地方，就跟电影火星四溅的声音。我们三个人拿的是三把玩具枪，我爸拿的是我小时候喜欢玩的那个玩具子弹枪，打的是塑料弹，我拿的是一把塑料枪。这个梦比较好玩的就是，打到一半的时候我妈跑了，而且我妈跑的时候，她也拿了一把枪。她拿了一把水枪，她一边跑一边朝我们两个洒水，还唱歌。但是几秒钟之后啊，我爸就被乱枪打死了。打死了之后呢，我妈又出现了。这时我妈换了一身衣服，水枪也不见了。哭，我爸就挂了。然后就醒过来了，醒过来之后我感觉我爸我妈还在，只是个梦。我当时我晚上还流了眼泪，当时情形很真实，就是我爸被干掉了。这是第二个梦。

还有第三个梦，第三个梦是我梦见我妈出轨了。我妈在一个大排档，当着我的面，和四到五个不认识的男人调笑，且放浪形骸，我完全被忽视了，在旁边。这是第三个梦。一共三个梦。

陈：做第三个梦时有多大？

子：一年级——也是一二年级。

陈：你是不是特别害怕爸爸妈妈分开呀？

子：有这么一个事件，就是有一天早上起来——记不清是幼儿园还是小学，这个记不清了——刚起来，我爸和我妈吵架，吵得应该是非常凶猛。我比较奇怪啊，这个我比较小的时候吵架啊，我记不得他们吵架的内容，我就记得他们两个在对吼，记得他们的情绪和声音，内容我记不清。但我记得我妈吵完之后，我爸不见了。好像是离开了，或者是上班了，或者是怎么着了。但是我妈那天早上非常不高兴，我记得她在晒衣服，拿了一把叉子，她就来问我，说她明天要跟别的人出去玩，你要跟谁？我当时不知道怎么回答，我说让我想一想。然后过了一会，她又问我。我又只好这样回答。然后她连问了我两次，到中午我爸就回来了。大家打了一两天冷战，然后这个事就好了。当时我妈，我妈每一次吵架，都说她要去找一个更好的。

陈：跟你说吗？

子：跟我爸。要去找一个更好的。她吃亏了，她嫁了是倒霉了。有时候说得很难听，说我爸到阴间去。会说这样的话，但总体是她嫁了我爸她亏了，她要找一个更好的。但那一次是她比较明确地问我，你到底要跟谁，我要出去玩。意思就是你选一边站，那天是有恐惧的。相当强烈的恐惧。

陈：你爸爸或你妈妈跟异性说话，你会担忧吗？

子：会，会呀。尤其是发生了我妈要我去选谁的时候。然后就持续了很长时间的担忧。就有过我妈跟人打电话——其实就是跟领导打电话或跟同事打电话——我会去拔我妈的电话线。而且家里来了（妈妈的）男同事啊，我会盯着她，还会告诫她，你们不可太亲密。

陈：直接说出来？

子：直接说。还是有强烈的担忧。

陈：当时有没有想到你们两吵架会对孩子造成紧张压力？

父：想得到。知道，这个知识都知道，就是控制不住。

陈：有这个知识，但是控制不住？

父：失控嘛。有时候会突然一下，她嘀嘀咕咕、嘀嘀咕咕，我会忍很久很久，突然忍不住了，抓到一个东西"啪"就砸在地上去了。

子：跟我一模一样。

父：电视机的遥控器被我砸过好几次。一砸，啪，粉碎。我内心也有那种突然一下失控的强烈的那个（冲动）。冲动的时候控制不住。

陈：冲动之后，会想到对孩子有影响？

父：想得到，想得到。

陈：有没有想如何避免吵架？

父：这个没有。

陈：没有想到？那不是再循环吗？

母：是啊。所以这么多年，就是这样的嘛。

父：一直到他出了问题了，才彻底（改变）。到他出了问题了，才彻底的反思啊，调整啊。

陈：什么时候开始反思？从他初三回家开始吗？

父：回到家。回到家，他发病之后。

采访人札记

奥地利作家弗兰兹·卡夫卡有一篇小说，叫《变形记》，写一个公司推销员有一天变成了甲虫。我们的主人公在自己的梦里，让他不喜欢的老师变成了鸭子——后来又说变成了鹅——总之是变成了家禽。所以，这一节的就以《小卡夫卡？》为标题，标题中的那个问号，是不确定这个故事是否应该如此理解。

首先，主人公陈述的内容，到底是他的梦境，还是他的幻想？我就无法确定。主人公坚持说是他的梦境，但也保不齐是他的幻想，因为梦中"不要压制我"的主题寓言性太过明显，更像是他的心思与想象，而不像是梦。问题是，自古就有日有所思夜有所梦之说，是耶非耶？以我的经验和知识，无法证实或证伪。

进而，主人公此时的心智水平到底是超前，还是滞后？我同样无法确定。从他这么小的年纪就开始写武侠小说（此事被他妈妈所证实）来看，他的心智水平明显有超前迹象，因为有很多同龄的孩子甚至都还不知道"小说"是什么东西，而这个小家伙竟然写了好几页纸的传奇故事。非但如此，他在二年级时写的暑假作业，也被爸爸鉴定为"编得很有趣，充满童年的奇想，语句也通顺"。这个老爸大学中文系毕业，从事编辑工作已有十五六年，过眼的文章不知凡几，小家伙的作文得到这样的评价，必然是有其了不起之处。可是另一面，这个小家伙在课堂上却又是另一种状态，理解能力似乎很成问题，明显滞后于同龄人。

恰当的方式也许是提升认知复杂度，对小家伙的心智水平不予单一评说。假如把这一节的内容看作一份心理档案，只研究问题，不予任何评价，读起来或许就相对容易理解了。小家伙确实有想象力，只不过，这种想象多半是心理压力和情绪焦虑的产物。第一个梦的主题就很明显，"不要压制我"，就是心理压力的证明；让老师在梦幻里变成鸭子或鹅，明显是情绪焦虑的应急处理形式。第二个梦是自己坠楼，他老爸说是因为长高，我怀疑也是心理压力和情绪焦虑的产物。第三个梦是爸爸挂了、妈妈开溜，第四个梦是妈妈出轨，这些显然都与真实生活密切相关。说明小家伙不仅具有想象力，而且对实际生活十分敏感，且压力山大，焦虑入梦。在他的陈述中已经提供了具体原因，不必细说。

一共四个梦，前两个梦与自己的困境有关，后两个梦则是担心父母分离。作者究竟是担心因为自己的困境会导致父母分离（父母在受访时证实，他们确曾经常当着孩子发生争吵）？还是因为对家庭危机的担忧导致或加重了他的困境？或者这四个梦之间其实没有什么关联性？对此，我没有能力作出分析判断。

有一点大概可以肯定，即小家伙的心理已经出现一些问题了。问题的症结，是他无法理解自己的困境，更不能理解父母的争吵（属于正常现象），因为他还是个孩子，而且还是个敏感且想象力发达的孩子。

19

"断电"与胡子

陈：你爸不让你早睡，那是什么时候的事？

子：是四年级左右吧。

陈：平常习惯什么时候睡？

子：最少是九点半十点钟吧。

陈：不让你早睡是为什么呢？

子：就是我爸给我下了命令，以后你的作业没有完成，你就晚睡，你把事情弄好。陈叔叔你讲，我提前预习，我写作业到九点半、十点都吃力到没有写完，就是很吃力。有很多题目，尤其是数学的应用题我老是掌握不了。后来又增加了英语课呀什么的，就更吃力了。

陈：你写字姿态不对，写字吃力，学校老师没有纠正过你吗？

子：纠正过。我到了小学的时候，才彻底明白我写字姿势有问题。之前我爸讲的那些所谓我姿势不对呀，因为这个烦恼打我，叫我罚站，我都没有印象。我只记得我罚站，我完全意识不到是我写字的姿势（不对）。到了小学，我意识到了我写字的姿势（有问题）。但是，我改过来的话，感觉比我那个不对的姿势还慢，我又变回去了，我已经养成了那个憋屈的习惯。

陈：老师纠正过你吗？

子：我自己纠正过一段。

陈：老师没有说过你？

子：从来没有说过。我自己尝试着纠正过。

陈：纠正后效率不高？

子：效率不高，经常本来是属于临下课一分钟能写完，改了姿势变为下了课两三分钟、五六分钟还没写完，干脆改路子了。

陈：你每天上课，你妈妈都会交代你盯着老师、听进去？

子：从三年级开始越来越多。每天走之前说：你要（上课盯着老师），因为我经常出现这种情况，就是上课断电。老师叫我发言，我一片茫然，都听不到老师在叫我，大家一起回头从我看，我还说你们看我干吗呀？

陈：你是一种大脑断电状态？

子：对，断电。一点都听不到，出现过好多次。一年级也有，二年级也有，三年级也有，初中也有。

陈：这种情况没有跟家里人说过？

子：跟我外婆说过。

陈：外婆怎么回应？

子：外婆回应说，她没有办法解释这种现象。她只是告诉我说，如果老师叫你，你起来一片茫然，说明你没有听讲。她只是给我说了这种现象，你要站起来说你都明白，那就说明你在听讲。她只能跟我说到这个层面。她没有正面回答我这个问题。我就是断了电，断了电。而且尤其是有一次断电的早晨，三年级的时候，我立下决心，说马上要期中考试了，我一定要听讲，我一定要听讲。从上课的头五分钟我就在断电，断到下午，老师叫我，我也没有听讲。那个缪老师当时还说了一句话，让我还挺受伤的："你跟我注意一点，早上我就盯着你了，不听讲！"就罚了我一节课站嘛。其实有点委屈，我是早上就下定决心，要听讲，想去冲一冲，但是控制不住，过一阵子又走神了，控制不住又走神了。另外那个课程啊，可能我觉得有点枯燥，就听了一阵子没有兴趣，我又走神了。

陈：缪老师让你罚站了？

子：罚站了。

陈：你觉得委屈指的是什么？

子：就觉得我明明——其实，我没有怪缪老师啦，只是觉得明明自己，就是不是很理解。这个话也不是冲她，也是冲我爸妈，说我懒嘛，说我不用功嘛。

陈：你其实是想学好？

子：我有过想要（学好）。

陈：而缪老师不明白你断电的情况？

子：对呀，我是真的有好的动机，但是真的是没有那个（效果）。尤其到了四年级、五年级——三年级下学期吧——开始有这种强烈的梦想。也有个燃起来那么一两次的时候。

陈：你盼望生病、盼望打针，可以不上课，那是在什么时候？

子：那就是三年级开始。学习压力越来越大，跟宇之间的落差也开始出现。另外，也感觉到父母对我的关心也越来越少，其实也是因为成绩不怎么好，对我越来越严厉，我感觉只有生病的时候才能得到关心。

陈：你盼望生病，到初中真生病了，有没有关系？

子：有关系——嗯，也没有想过。现在，我当时甚至没有想过我盼望生病是我渴望被关注。当时是想不到这个层面的，我今天讲的时候，我明白了。我希求被关注，是这个原因。当时我的想法是，哎呀，赶快生病吧！生病了就可以有肉饼汤吃了，就可以怎么着了。

陈：你盼望生病的时候，其实没生病是吧？

子：生，该生还是生。发烧。发烧有时候是人的正常生理调节嘛，我的确是经常拉肚子啊什么的。生病了，哎我妈也对我和颜悦色，我爸也对我挺好了，感觉生病真好。

陈：你寒暑假作业总是要快开学时才完成，是什么缘故？

子：写得慢。就是磨叽，总在偷看电视。到了暑假寒假呀，其实我爸有段时候容许我下去玩。勇他们来叫我，我都说我爸妈不让我下去玩，我在家学习。其实我在家啥也没学，天天在看电视。比如说郑少秋演的《楚留香传奇》，循环播放，当时我天天看，看得废寝忘食。后来又看《济公传》，又看黄日华演的《天龙八部》，还看《水浒传》《还珠格格》。那些片子啊，其实在我上学的时候都已经放过了，但是我爸妈不让我看，但是我那些同学啊，都看，看了之后他们都会聊，我就加入不了他们的聊天，这对我是个困扰。很想跟他们聊这个话题。人家到了暑假寒假，各种补习班，我开始电视大补课了。电视台循环播放嘛，我就疯狂地看。当时也得出过一个很奇怪的印象啊——这不知道算不算故事，但是影响了我今天的审美观——留胡子，我那时候觉得留胡子实在是太帅了。有几个细节，第一个，我看了鲁智深，拔垂杨柳，看到鲁智深一脸胡子啊，我戳，此乃真男人是也！那时候家里放了四大名著，因为这个电视剧，我居然看《水浒传》原著去了。算是我比较早的接触纯文学吧，我就到处翻，鲁智深在哪呀，然后看鲁智深，有一段，背着禅杖，走到庄户里面，问有没有吃的东西，推开门，一阵打，把人推开，揭开锅，没有菜，只有锅里蒸着棒糁粥，就看到鲁智深捧起了棒糁粥，往嘴里面弄。我就想象了一个画面，他有胡子，鲁智深舀粥往嘴里肯定是那个粥往胡子上淌嘛，当时我觉得，我戳，吃棒糁，然后流在胡子上。当时觉得留胡子太帅了，英雄应该这个样子。我看到后来鲁智深圆寂，他听到那个水在上涌，他说师父告诉他，你要圆寂了，他就这么走了。一百零八将命运都不好，鲁智深圆寂了，我还问过我爸，我说圆寂是干吗呀？他说，就是高僧得道了，得道了就说明他从佛学院毕业了，圆寂。吃着酒喝着肉，不修，他居然能得道，我还问过我爸，唐玄奘是不是圆寂的，我爸说是。我就觉得鲁智深和唐三藏是一个级别的，说明吃酒喝肉乱打乱杀也可以成高僧啊。那时候过得挺愉快。但是晚上就是灾难了，我爸看到我的作业，我戳，纹丝不动。这也没有写，那也没有写。开始挨骂，然后继续写。但是，继续也没有用了，我脑子里全是《水浒传》，全是鲁智深。然后《天龙八部》又开始了，我看到乔峰又留着胡子，我靠，留胡子的人怎么都这么帅？后来我爸爸妈妈告诉我，小学还是什么时候，说我脸上可能有胡子根了，说以后可能是连边胡子，我一听心里特别高兴，我想我可以长成连边胡子，不是可以跟乔峰、鲁智深他们一样了，那不是太好了？！我心里一直盼望着有胡子的那一天。

陈：你看成龙的《我是谁》，也是这段时间吗？

子：其实《我是谁》影响我最大的是，我爸说，今天晚上电影院又包场了，如果你不写完作业，你不能去。这句话又让我那天下午脑神经通达了，又进入了那个98分时刻。那天，数学课作业特别多，三个课时的作业，有应用题，有乘法，有除法，老师用离下课15分钟开始写作业，我居然用15分钟加下课的5分钟写完了所有作业。我回家的时候，乔问我作业写到哪了，我说全写完了，乔（觉得）不可思议，说，你居然写完了？小组长检查课程，检查作业，对答案，我居然百分之八九十都对。我又进入那种神经接通电源状态。在我妈来接我之前完成了所有的作业，那一刻我异常有成就感。然后看《我是谁》，自然觉得《我是谁》真好看。但是它是不是那么好看其实没有那么重要，关键是我一直沉浸在那个作业写完的那个（兴奋），我从来没有写得那么通畅，我不是每天到九点钟都写不完吗？但那一刻神经突然通电了。就是可以说明一件事啊，现在回忆起来，我那时候数学有时候也考到90分，有考过60分的时候，但大多数时候都是85分到90分徘徊，说明题目我并不是全部不会，只是有一两个环节，比如应用题我稍微弱一点点，因为我对学习不感兴趣，差距越拉越大，导致成绩开始滞后。可能很多作业题呀我并不是不会，写得也并不是真的很慢，其实，只是说，我脑子没有集中精神，我在走神，我没有兴趣，所以写的时候总在磨洋工，所以他们总觉得我写得很慢，其实未必。我只要把精神调动起来，不会的自然不会，只要集中精神，我也会很快写完。

陈：你最感兴趣的电影是什么？

子：《黄河大侠》。于承惠的《黄河大侠》。

陈：为什么对这部电影特别感兴趣呢？

子：那个电影太好看了。主角也是大胡子。这是一个共同点，我喜欢的武侠片大多数主角必然是一个胡子男，像虬髯客。首先是那个演员的形象了，于承惠，一米八的个子，背一把长剑，然后戴一顶斗笠，后来不是就瞎了吗？我印象很深的一个情节就是，结尾的时候，他把坏蛋王爷给干掉了，想出家，请师父指点迷津。师父跟他讲了一番话，那个话一句都记不得，但是看到那个黄河大侠把剑一背，走向远处，我突然觉得，英雄都有背上剑去行走江湖，去寻找理想的那一天。我对外面世界的恐惧好像有一点点减少。我还突然想到，一个人哪——那个时候开始已经明白死亡——在片子一开场他妻子女儿就全被杀死了，这样命运的人，眼睛还瞎，他最后眼睛好了之后干掉了仇人，干掉仇人之后，他的心情，他的愁闷，他的仇恨，你感觉完全没有得到疏解，你感觉他还面对着无穷无尽的责任和担当。我突然就会有一种感想，就是，乔峰最后不是死了吗，鲁智深最后不是也圆寂了吗，我就感觉到英雄啊，要当一个英雄，就是无穷无尽的担当无穷无尽的担当。当时真的是有这样一个想法，无穷无尽的担当。着实幻想了一下，然后看完了电影啊，又回到了青少年状态了。那几次是有过这么立志的，想一想。

陈：你在学校里参加运动会，是什么情况？

子：偶尔。偶尔报了个 800 米，跑了个第四名。

陈：那不是挺好吗？

子：挺好哇，这是个好的记忆，这是一段比较美好的回忆。

陈：你报 800 米是根据什么？

子：我毫无特长。只是那天心血来潮，是在四五年级的时候。在一年级时候，其实就是参加运动会的时候呀，一个就是觉得自己没有别人跑得快，第二觉自己跑出来丢人，在一年级的时候运动会跟我无关。我可以在底下——我印象比较深啦——我一年级二年级的运动会，所有人都在前面叫："加油啊！跑步哇！谁谁谁！"勇能报四项，特别强。我会在下面很愉快地吹泡泡，我当时有那个一毛钱两毛钱一个，吹那个小色素样的东西，我就在下面特别兴致盎然地吹泡泡，运动会我就这么连吹了三天，一点都没有觉得这个世界跟我有什么关系。我当时是这么个状态。然后到了四年级的时候，我觉得，哎，心血来潮，好像是对体育有了那么一点点兴趣。之后我就又没怎么参加运动会了，好像又断电了。

陈：你爸不让你看电视剧，你梦中出现《天龙八部》，那是什么时候？

子：四五年级呀。因为四年级《天龙八部》才登场嘛。

陈：看电视减少了，你可以在梦里看？

子：我在小学一年级的时候，我爸已经不太让我看电视了。我上学的第一天就跟我说，上学了你不能再看动画片了。但是零零星星的偶尔（看）。《天龙八部》啊，在深圳旅游的时候看到过。暑假的时候，有的时候稍微放开一点，让我看一看，在这个时间点就看了一些电视剧。就在四五年级的时候啊，对这个电视就瘾特别大，有的时候，你就是不让我看，我也会强行地看。后来就出现（我爸）要砸电视、割电视线事件。有一天晚上，我爸跟我说的，说我昨天晚上做梦，梦里在喊乔峰。我也记得我梦里的确梦见了乔峰和慕容复在对劈啊，然后我爸就很感叹地说，你看电视的瘾太大。我爸就是这么说的，就是觉得我入魔太深呗。我还梦见过很多动画片。白天实在是想得比较多，基本上就没怎么上课，都在想象着动画片。

采访人札记

这一节出现了一个新词：断电。所谓断电，就是电路故障而输电中断，导致一片模糊或黑暗。大脑断电，应该是这个意思。走神、没兴趣、断电三个词一同出现，三者之间有没有关系？是什么关系？值得探索。走神是注意力不集中，或注意力难以集中；没兴趣是缺乏兴奋点，也可以说是因为听不懂老师的讲述而兴味索然；断电则是能量供应不足，使得意识模糊或黑暗。从表面看，三者的联系是，因为注意力不集中，所以听不懂；因为听不懂，所以没兴趣；因为没兴趣，所以经常断电；因为断电被老师批评，从而走神、没兴趣的情况出现得更多。

小家伙提供了另一条线索，那就是他无法按时完成作业，爸爸不许他早睡，因为晚睡，即睡眠不足，所以出现断电情况。他的断电，是不是由于睡眠不足引起的？进一步说，他的断电情况，是不是由于身体的原因即身体能量供应不足引起的？并不是没有这个可能。我对人体能量系统懂得很少，孩子的父母及老师恐怕也和我差不多，如果孩子果然是因为某种原因——比如说因为睡眠时间不足、生物钟紊乱而导致内分泌失调的原因——引起能量供应不足，从而无法集中注意力，而成年人却责怪孩子懒惰、不学好，那可就真是冤枉孩子了。

在课堂上，孩子的断电现象伴随着走神、没兴趣等现象出现，可能还有其他更隐秘且更复杂的原因，例如习惯与舒适区的形成。学习上路的孩子与学习不上路的孩子，并不一定是智力差异，很可能是习惯养成的差异。养成一种习惯，即形成一个舒适区，习惯自然就容易保持。学童受好奇心、荣誉感等因素的影响，打破舒适区、建立新习惯的能力超过成人；但由于理性尚未形成，假如理解受挫，情绪低落，兴趣降低，就很容易逃回原有的舒适区，继续走神，继续幻想，由于对功课缺乏兴趣，即没有兴奋点，则可能造成严重的不舒适，以至于经常断电。

也有另一种情况，那就是为了不耽误看《我是谁》，小家伙不得不快速完成作业。彼时高度兴奋，好像所有的电路都接通了，只可惜，这是一个孤例，小家伙和家长也没有抓住这一契机，让他形成新的习惯。另一例子是，曾在学校的运动会中参与 800 米跑，并且获得名次。此前，他是运动会的局外人；这一次却主动报名参加，他的兴奋情绪应该能够发电，可惜的是，这仍是孤例，没有习惯。

本节的另一部分是有关看电视的，主题是男人的胡子。这是主人公的一大"发现"，即英雄都要有胡子。他认为，有胡子的男人才有英雄气概，鲁智深有胡子、萧峰有胡子，黄河大侠也有胡子。主人公把自己的兴奋点投射到这些有胡子的男人身上，电力十足，真正的原因是渴望快点长大成人，从而不受老师、家长的强迫压制、欺负和冤枉——小家伙显然把老师的要求和家长的期待都当成了讨厌的东西，让他感到极不舒服，从而产生幻想，希望自己是鲁智深、萧峰和黄河大侠。

有意思的是，主人公长大之后，果然模仿童年的偶像，留起了大胡子，且留了一头长发。他觉得这样才有男人气质，才有美感，也可以说是童梦留痕。

20

父母的分歧

陈：你三年级时，宇考了 100 分，你很有感触？

子：我三年级的时候，第一次看到宇一张自然课的考卷，是 100 分。他拿给我爸、我妈、我叔叔他们看。那一刻（是）我从来没有享受到的事情，从来没有考过 100 分嘛。小学的时候，当时我那个 98 分没有想过去秀一秀，就丢一边了。其实是可以秀一下的，但没有秀。好像我姑姑啊我姑父啊，好像很注意你考了一百分要在家里秀一下，得到大家的表扬。

我奶奶之前好像对我的学习没有怎么关注过，但是一旦出现两个兄弟成绩有落差了，她会开始关注。她会打电话，跟我妈说："暑假作业，下次聚会的时候带给我看。"会让我很紧张。因为我很多没做，也很多没做好，这是第一；第二呢，我就是，周天啦偶尔聚个会，她就会说，这次谁考得好谁就有奖励。啊，意思就是我这个成绩不好的人，你要努力啦，加油啦。就这意思。

陈：这对你的作用是正面的还是负面的？

子：显然是很有压力啊，很有压力啊。作为一个哥哥，还被弟弟成绩超得这样子。就觉得好有压力啊。就这种感觉。然后我的成绩就直线下坡。宇是直线飙升。

陈：在压力之下，有没有想点办法提升学习成绩？有这种想法吗？

子：（摇手）会内疚，会觉得对不起爸爸妈妈，这些想法都会有，但独独不会想到我会去努力学习。

陈：想不到？

子：对呀。我好像总是处在神经断路状态。但是我有那么几个——在我的记忆啊——我的神经有突然搭对路的时刻啊，不是没有。比如有一个周五晚上，我在写作业。我突然干了一件从来没有干过的事，我跟我爸说，我今晚晚睡一个小时，我要把新学的作业做完，然后星期天我来复（预）习下个礼拜的课。那一刻我爸难得地表扬了我，因为这种时刻在我的学习生涯中实在是比较少见。那天我又是不知道怎么回事，脑子哪个点……搭对了。

陈：后来呢？又断线了？

子：对，又断了。又出现走神啦，空心人啦，状态啊。另外还有一个事，就是我突然搭对线，周天我开始复习的时候，我爸当时给我看恐龙的图集，让我根据这个编故事。哎呀，我编故事编起了瘾，编了好几个故事，觉得特别愉快，我不知道那算不算一个学习进门的东西。突然一下我妈晒衣服打开门，用很冷漠的语气冷着脸跟我说："学了一天不晓得在学什么东西！""嘣"地把门关上了。那一刻觉得打击还蛮大的。我也不知道她为什么会这样，反正她觉得我这样的学习，可能是在浪费时间吧。她自己意识不到她的脸色有那么难看，她自己是完全无意识的，她脸色有时候真是相当难看，当然她不只是冲我啊，她就是在家庭聚会上面，都是脸色会不好看的。

陈（问主人公母亲）：当时有没有想过，大人脸色不太好的话，对小孩会有很大影响？没有这个意识？

母：那我没有这个意识。一点意识都没有。

陈：妈妈的脸色表情，对他来说是非常严重的事情……

母：是呀，这个一点都没有考虑。我不会想到会对他不好，这个我一点意识都没有，只是自己气，而且气得也很难受，老是自己生闷气。

陈：你妈妈的脸色，让你有挫折感？

子：有挫折感，很大很大。甚至很多时候在回忆我妈那个脸的时候觉得特别难受。明明是在认真学习，真的是在认真学习，我很难得（有）搭对线的时候。实在太少了，这样的时刻，实在太少了。我有那么两次印象很深的搭对线的时刻。一次是 98 分，还有一次是四年级的，有那么一两个月，我又不知道为什么搭对了线，不知道怎么回事，那一两个月，我得到了语文老师大力的认可，那个期末考试我考得还可以。

陈（问主人公母亲）：你们两人有没有商量过如何帮助儿子？

母：我们没有这种，都没有过，为什么呢，我们好像是各做一摊，比如我下班回来，多半是要做饭洗衣服，他的学习我基本是不管。

陈：就生活上归你管，然后学习归他？

母：哎。一直是这样的。然后他倒好呢，他倒一直忙工作，哎，一边一个桌子，一个做作业，一个一直不管。所以我说他，人家都是家长陪到，他从来不陪。我也说过好多次，到后来慢慢子实在不行就在陪吧，陪了以后好像也不行，就是这样的。

陈：觉得实在不行就陪，是在几年级的时候？

母：应该是快初中了。

陈：此前是爸爸做爸爸的事，儿子做儿子的事？

母：是哟，对嘛。

父：对。但我没出差她也管学习，有时候我也做家务，但是两个人在学习上有分歧。

陈：哦？分歧是什么？

父：分歧就是，我呢，基本上是放羊式，也稍微问一问他，就不会去天天盯啦。她呢，就是听到一个经验，邻居家一个什么好的学习经验，比如说要上补习班哪，要守着啊，听到一个经验马上就要实行，她就很认真就要去做，而且也自己亲身亲为，就是盯着他，学，就这样的。我呢，不出差，回到家，基本上时间也是在小孩身上，也是管他的那个（学习）。

陈：两个人的教育方式有冲突。你认为你的管教方式没有得到她的理解。是这样的意思吗？

父：双方都不理解。

陈（问主人公的母亲）：你认同他的说法吗？

母：他可能是这样想，我认为他不管，他在那边写字，他在那边做作业。没有看着他。别人都是陪的。

陈：两个人没有沟通过吗？

母：没有沟通过。没有，哎，没有。

子：他俩沟通过。

父：就是吵架，有时候会吵架。

母：各占各的（理）嘛。反正就是吵架嘛。所以我也是一直怪他，我就是一直怪他没管得嘛。

陈：吵架其实不是沟通啊？

母：各占各的理由。小的时候我都很注意，不在他身边（吵），都他睡觉了（再吵），后来会（失控）

父：学习出现问题了，中学开始学习出现问题了。

母：哎，以前我们都不那个（吵），我们还蛮注意的。

陈：不当着孩子吵，但也不相互沟通？

母：我认为他也没有跟我讲啊，放羊什么，他也（没说过）。

父：对，就没沟通。

母：不讲。没沟通啊。他做他的，一个人坐一边。我做家务，三个人（各做各的）。我觉得，还是他没有管哪，你做你的，你晓得他在房间里干什么呀？他又那么小，是吧？我就是这么认为的。

父：她最后就是放手让我管。

陈：你觉得这是一个转变？

父：对。后来不光是学习了，就成长（也归我管）。

陈：她把权力交出来了？

父：对。

陈：过去你没有全权吗？

父：她要说我嘛，你这个不对。

母：不是。过去我是认为他不管，所以我老怪他，这小子就是他没有教好。我是一直在管的。

子：其实是你不认可他那种方法？

母：是，我不认可。我认为他不管嘛。所以他讲，他的那一套，觉得冠冕堂皇嘛，我哪知道他是要那样呢，我就认为他是不管嘛。你又没有跟我说，是吧？就存在沟通问题。如果当时你说出来，我也会提出我的建议呀。所以也没有说啊，所以我认为他不管哪。

陈：所以某一天你们讨论，孩子成长的事情都全归父亲管，你就只管生活？

母：后来也没说商量，就是说我自己放的，他全管，我管不了。

陈：你们俩没有商量？

母：不是商量，不是商量的。

父：它有个过程，其实是打混仗。就是我在家的时候，就基本上我管得多一点，因为他那时候学习已经成了问题嘛，成了问题也尝试过各种办法，比如找家教哇，但家教往往教不了他，就推他推不动，那个家教老师都气得哭，就教不了他。教不了，后来我自己也尝试自学，想自学数理化，他主要数理化差嘛。但是我们那一点数理化的底子，跟他们现在差得远了，自己也搞不懂。连地理这些都很难弄，它有很多计算哪，很吃力。成效也不行。但是我倒是也守过他，我那时候就是工作比较忙，不可能长期在家里，过一会又出去（差）了，就不可能（一直管）。

陈：你出差就由他妈妈管？

母：我多半是做家务，管他的学习，还是他自己在做作业。

父：她也就是守嘛。就盯着他嘛。跟他坐着一起啰，陪着他。就这种方式。但效果也不是太好。就是到真正有具体分工，其实是他出了问题之后，发了病之后。发了病之后就做了各种检查啰，就把医生请到家里来，请他来看，到家里来跟他聊天嘛，聊了天之后，聊完了，当时他就是在他房间里头，医生聊了一两个小时就出来跟我们谈，就问了我们夫妻教孩子的方式，我也讲了，我们两个经常意见不统一。他说这个是对孩子最不好的，希望你们要有所分工，建议你们就是要一致，要商量，有什么事要商量。这时候开始我们两个人比较有意识地，我基本上管孩子多，她就管生活。

陈：你管成长，她管后勤。

父：对。她管生活，就主要从这时候。

陈：听了大夫的提示以后？

父：那时候我们就很认真地对待这个事了。

子：我在想一件事，他们当年这个教育问题，也沟通过呀。但是在当时那个情境之下，比如我爸做的事啊，我妈就很难理解；我妈做的事呀，我爸又很难理解。就是讨而论之，很难，就是说（很难）达成一致啦。[对在场的父母说]他们两个记不记得我不知道啊，但我晚上上厕所的时候，可是听到你们两个谈我的事情，还是有一些的。

父：那经常谈。

子：还是有一些沟通的。但是每每谈到两件事谈不拢。第一件是我奶奶和我姑姑的矛盾，你两个是谈不拢的，这是肯定的。第二个就是我的教育啊，你俩谈不拢。现在回忆起来，你说谁对谁错，也没有。就是认识上很难达成一致。我妈说的（我爸）不管，其实我爸也没有不管，确实，我能回忆起来的，我爸就不仅是坐在我身边陪我这个记忆啊，还有很多其实算是良师益友的记忆。打个比方说，小学期间有一回，周六周天的时候，我爸就陪我到江大里面去，捡树籽，那时候上自然课，自然课并不是学校的主课嘛，你看了这个（教科书）之后很难去深化记忆。我爸看我上了这个课，我问他什么叫种子，我爸就带我到江大，比如说那个地上去，比如说有松果呀什么的，就告诉我。我们还用小瓶子捡了一些同样的东西回来。包括什么叫青蛙，也先是课本上看，但是真正（学）进去，是我爸带我到江大那个池塘里头去看那个东西。这就是指的是学习之外的一些东西，但是在我学习的考量上，其实我爸远比很多家长抓得更紧。我印象中因为写字写不好，被我爸打了好几次，实在是不在少数。很多年后，我跟身边的同学——所谓我们的优等生——瑄、泉、勇他们沟通，其实他们的父母远远不像我爸这样抓得这么紧。我爸当时紧到什么程度啊——老妈你还帮我打过圆场，不知道你还记不记得？就是我爸（认为我）写不好哇，对我太狠了，你过来让我去休息。你说没管嘛，确实是还有管啦，而且管得其实还不少。包括我妈说她只管我生活呀，其实我妈管我也很多，包括模仿对面邻居揍我，这是一种方法。有那么一些时刻，就是各自都有对我学习的陪伴，而且着实不在少数，我可以数出 N 件。但是确实是不开心。一方面是我学不好，还有一个不开心就是他俩总是为了我（学习）这个东西（争吵），就好像是只要我爸一按他那个方法一上啊，我妈那个脸色就来了。其实我妈看上去我爸在这边教我读书，我妈在，好像在旁边什么事都没管，其实她一直在管，一直在关心，眼睛一直在往这边瞟。她觉得不按她的心意走，或者达不到她的要求的时候，她会着急呀，那个时刻也是很多的。其实你们两个都管了，都没有不管，管了很多。

陈（问主人公母亲）：你认可儿子说的吗？

母：他说的这些，他爸爸也是有管的，我也认同。带他去，确实有。我主要还是（觉得）他没有陪他，人家都是陪他监到他作业。

子：也陪了。

母：但是监得少。陪得少，后来才监的。后来成绩不好才来监。

子：我对天发誓，陪得很多。我跟你说一个例子。我看电视成迷，成瘾嘛，也都是一二年级，喜欢看电视。"暑假你要看电视？可以啊，你得把多少字多少字写完。"那个作业不属于老师布置给我的，是我爸单布置给我的。我还偷工减料，最后我爸罚我，就不能看电视。为了看电视，我乖乖把我爸的几页纸给补好。这个，老妈你当时还在旁边，其实你应该有记忆。

陈（问主人公母亲）：有记忆吗？

母：这个是有哦。

子：我还有例子。关于教育啊，有一个特别重要的例子，就是写作文。宇应该比我是小两年级吧，我上三年级的时候，他上一年级。有一年，我印象特别深，就是我们看暑假作业，当时宇有一篇文章，那篇文章就叫写你生命中印象最深的一个人，宇就写了一个一听就是很假的一个好人好事。我当时为什么印象很深？我当时说宇这篇文章写得一点都不好，还给了优，而当时宇成绩比我好很多。那为什么我说这个话呀？有一个很重要的原因，就是因为两年前，我同样接到了这个题目，同样是那样一个课题，我写是时候，我那天晚上都写到了九点钟，我是不善于熬夜的人，小学写到九点就很晚了，我爸不准我睡觉，说我这个文章一看就是假得要死，哪有人去打补丁干啥的？你给我重写。就是专业编辑要求，有细节有那个，给我重写。他说写不完，你以后不用心就不能那么早睡。这是一个例证。

陈（问主人公母亲）：这个你记得吗？

母：作文这个写作我倒是不记得。但是我记得他有一篇写你最亲的人，但是那是在远中——那是初中了——写了我的父亲，也写得特别好。这个倒是有，好像他的老师还在班上念了。

陈：这就是说，你说他父亲不管，是有误差的。

子（对母亲说）：你说你只管生活，也有误差。还有一个事，跟我爸没有关系，就我印象中啊，就初中英语你应该有印象，就很多时候我背英语啊，我爸老出差嘛，是我妈拿着书，因为她英语比我爸还糟糕，但是她还得看得我那个英语书听我背。背书，你有印象吧？

母：这个我有印象。我拿到书他背。他念到哪里，我（看到哪里）。我还认得个把子单词。不是一点也不认得，我也学了英语。

陈：你们三个人其实都很了不起，一起走过一段艰难历程。

父：对！

陈：父母亲也做了努力，不像我想象的那么不好。

子：对呀。我的证词。

陈：只是不了解问题的症结在哪里。

　　本节内容比较多，看起来也比较复杂，其实有一个共同主题，即家庭教育的压力与困境。起因是表弟宇考了100分——表弟宇小学时成绩特别好，经常考100分。表弟宇是主人公姑姑的儿子，姑父是中学物理老师，对孩子的学习向来要求很严。那时姑姑、姑父和宇和主人公的奶奶一起住，主人公的父母每周都要带他去看奶奶，每周都要面对两个学童成绩优劣比较，因为差距明显，奶奶还故意拿宇成绩好一事刺激主人公，主人公当然窘迫，主人公的父母同样没面子。

　　中国的父母和老师，大多不注重孩子的个性与独特性，习惯于用同一把尺子测量孩子，用同一种模子评价孩子，尺子和模子就是考试成绩。孩子成绩好，家长就有面子；成绩不好，家长就脸上无光。家长无光的脸色，往往会成为"差生"们的噩梦之源。与此同时，家长还都喜欢用"别人家的孩子"来教育或刺激自家孩子，于是"别人家的孩子"即成学童的另一个噩梦之源。表弟宇既是别人家的孩子，又是自家兄弟，主人公的噩梦就更是无止无休。父母、奶奶肯定没有伤害主人公的主观故意，事实却是，主人公实实在在被严重伤害了。

　　本节主要内容，是主人公的父母的分歧和争吵。我注意的重点是，这对夫妻——主人公的父母——似乎没有相互沟通的习惯，甚至没有沟通的意愿，从而也就无法锻炼其有效沟通的能力。沟通交流的必要条件是彼此尊重；充分条件是双方都有感受对方、理解对方，以及摆事实、讲道理从而协商解决问题的能力。这对夫妻不能且不习惯相互沟通，是因为缺乏彼此尊重还是缺乏感受对方的感受、理解对方的理解的能力，我不得而知，这也不是我关注的重点。我关注的重点是这样的家庭传播环境，对幼童主人公有怎样的影响？

　　父母的争吵影响孩子的情绪和心理，这只是表层。父母教育理念和教育方式的分歧，让孩子无所适从，才是影响孩子成长的重要因素。爸爸要让孩子自由生长，妈妈要爸爸盯着孩子学习，也许都没有错，因为两人都爱孩子——实际上两人都宠溺孩子。而当孩子学习成绩不好时，好爸爸变成恶爸爸，撕书，责骂，孩子的苦痛和委屈更加无处诉说，这就成问题了。

　　孩子学习成绩不好，是一个问题。问题的原因，显然并非天资不足，而是对所学知识与信息缺乏理解。走神也好，没兴趣也好，甚至断电也好，原因是学童无法真正理解学业要求，非但不能获得快感，反而不断被挫伤。被挫伤了的童心，理性能力愈发不足，理性愈发得不到有效培养。理解能力从何而来？理性水平如何提升？才是这对父母要面对的大问题，既然在学校里没有得到有效帮助，那就只能由父母帮助他。帮助孩子培养理解能力的重要方法之一，就是讨论问题。

孔子上课，为何总是让学生提问？苏格拉底上课，为何同样是与学生讨论？原因正是，讨论不仅能让学童思考，更能促进学童理解——理解语言、理解语言背后的事物、理解他人的表述、理解他人的观点和思路——在彼此讨论协商的过程中，不仅明白事理，更重要的是让学童在高度专注和兴奋中为自己神经通路"布线"。假如老师和家长善于倾听孩子的表述，减少自以为是的说教，与学童多做沟通交流及讨论训练，让孩子理解能力得到培养和发挥，问题就有可能解决。遗憾的是，生活无法假设。主人公的家庭传播环境，是没有讨论问题的习惯与空间。

本节最后部分，是主人公对父母家教过程的一些重要事实的修订，这很有趣。在前文中，主人公说感到父母越来越不关心自己，那是当年的感受；在这里，主人公说父母其实有关心，而且相互间也曾协商（只是协商未取得结果），则是如今的认知，即如今的理智青年对父母有了同情的理解，并为当年的父母辩护。这也许就是米德所说"后喻文化"的生动体现，父母肯定因此而欣慰。

21

受伤与生病

陈：你对绘画感兴趣，到学校后彻底没了，是怎么回事？

子：因为到学校绘画老师说我画画太差了，还把我画得很差的画给全班看，然后，那一下，对绘画再没兴趣了。

父亲日记

1990 年 3 月 13 日　星期二

　　你（按：指儿子）对色彩、形体有着神奇的感受能力，你到张叔叔（同事）家玩，便拿着他的笔在他床单上构画作图，张叔叔拿一把笔让你选，你便会选择颜色鲜艳的，你握笔、运笔的姿态非常熟练，你画出的线条还相当流畅，你似乎对执笔作画有着天才的悟性。

　　陈：学校美术老师拿你的画，说你的画画得不好？

　　子：嗯。很难受。

　　陈：是一个打击，以后兴趣就没了？

　　子：两到三次打击。被说，被很多同学拿着我的画看，然后大家都围着这个画笑，我觉得很丢人，就不想画了。

　　陈：我要求证一下，一种情况是你乱画，一种是你按照老师布置的要求去画，只是没有画得完美，是哪一种情况？

　　子：第二种。从小学开始，我基本是老师说什么我就按他说的做。其实在幼儿园的时候已经开始，不时画个气球啊，也开始逐渐模仿老师的，开始明白要听老师讲，然后跟着摹，但有的时候确实画得不怎么样。

　　陈：这个老师……

　　子：这个老师，两次批评是谷老师，还有一次是另外一个美术老师。

　　陈：谷老师不是你的数学老师吗？

　　子：数学老师当时在一年级二年级也教我们画画。然后到了三年级，才换了一个专业的美术老师，教我们美术。

　　陈：难怪你要好几次要杀谷老师，这也是她的"罪状"吧？

　　子：而且画的什么画，因为什么画被骂我都记得。第三次，三年级的时候被说，打不及格，不是画画，是做手工，做两条热带鱼，我做得更像食人鱼。这当然是幽默的说法了，就是做得不到位，那边缺个口，这边尾巴剪得不对，就是剪不好，就是拿着那个彩色纸剪嘛，这是一次。

　　陈：剪不好的结果是什么？

　　子：不及格。

　　陈：他并没有当众批评你？

　　子：当众说不及格，不认真。就是声音比较大，全班都能听见。在全班没有声音的情况下讲的。对画画彻底没兴趣，始于那次。还有两次都是跟谷老师有关。一次是画萝卜，有画得好的，就是我画得不符合她的要求嘛，她就拿着我那个（画的）萝卜，在全班，那样（扬手）："看这画的什么？这画的什么东西？我是怎么讲的？"全班下了课都拿着我画的那个萝卜看，有人会笑，然后传阅。第二次画的是飞机，我又没有画好，这次没被传阅，只是那个老师把那个——又是在安静的情况下——给班上看，她有个习惯就是给班上看。看完之后就放在我面前，说："你又画得一塌糊涂。"两次。

陈：小时候游泳差一点呛水淹死，有记忆吗？

子：我不知道是哪一次啊，我小学的时候是栽进过河里，被我大姨妈拽上来的。那是有一回。

陈：自己栽进去的？

子：在河边洗手，滑了一跤就栽到河里去了。我大姨妈在我后面，她也想洗手，就给我拉起来了。不然就死定了，（旁边）没有一个人会游泳。

陈：这对你有影响吗？

子：我感觉我下水没有任何阴影。但是我在水里的时候，我清晰地记得我的脚在动，喝了三口水。上来的时候，我应该吓坏了。我看到一个女的，一个年轻的女性看得我笑，于是我也笑，我不是对她笑，对我爸妈笑——不是，我爸不在，我对我妈笑，显出我不怕。其实我怕，每每回忆起来，靠，都不会游泳，差点我就魂归了。

陈：你在卡车油箱里用汽油点火，划伤了下巴，那是怎么回事？

子：我有过两次缝针的经历。一个伤疤在这里（头上），一个伤疤在这里（下巴）。两次都是缝了两针。什么情况呢？就是我们这里有个废弃的空地，我们爬到那个空地去玩，有一回我一个人爬到那个空地去玩，那空地有很多被丢弃的河蚌（壳）。那里有工人嘛，可能做饭，河蚌又便宜，量又大，我就捡了一个河蚌壳玩，捡的时候我就杵了一下，我感觉不到痛，但我感觉什么黏黏的东西开始往下流，一碰，一手的血，当时就吓疯了，就往我爸那边跑，那就哭啊。然后就是，我就缝针了嘛，缝了两针，嘴巴不能说话，整个嘴巴一动就会抽线，疼痛，恐惧。

陈：挨骂了吗？

子：没挨骂。

陈：这是一次。另一次呢？

子：头上，就是捞汽油，我爬到那个汽车上面，伸一个瓶子进去想捞汽油，滑了一跤，头朝下栽在地上，我爬起来一摸头，血。我也没有觉得有多痛，还到一个朋友家搽了点红药水，又去玩。后来我爸来了，看到我老摸头，问是怎么回事，摔到头了，还出血了，又去缝了两针，打了破伤风针。

陈：也没挨骂？

子：没有挨骂。

陈：听说有一次你晚上跑出去淋雨，那是怎么回事？

子：是这样，我想出去玩，我爸不让我出去玩。我趁他在吃饭，就自己打开门自作主张跑出去玩了，从七点钟玩到了晚上十点钟。十点钟的时候呢，我就有一点点想回家了，天气又冷，我爸又不来找我。在这个时候呢，天上突然打雷下雨了，我就想，哎，我这时候淋病，我爸不仅不会说我，我明天还不用上课，一举多得。

陈：哈哈，一举多得？

子：于是就奔向雨中啊，淋啊、淋啊，淋了个落汤鸡。那天很热，我淋落汤鸡后，雨又停了。

陈：你刚才说天很冷，现在又说天很热，到底是什么情况？

子：我感觉天应该偏冷，但是很奇怪，那个雨干得很快，衣服居然都干了。后来我淋完回来呀，等、等，静等我感冒嘛，头发什么都湿了，但是我印象中等到我头发都干了，我爸也还没有来，我也还没有感冒，时间好像都（凌晨）一点钟了，那个巡逻的老大爷还问我是不是社里的，（说）还不赶快回家？

陈：是在院子里面吗？

子：在院子里面。

陈：你爸没找你？

子：没找我。最后我自己按门铃回去的，被我爸骂了一顿。我躺在床上，心里想，我明天感冒了，你们该对我好了吧？结果起来啥事没有，身体出人意料的抵抗力坚强。

父亲日记

1999 年 1 月 22 日　星期五

儿子为一点小事就生气跑出去了，人不大，气倒挺大，典型被宠坏的孩子，动不动就以出逃威胁自己的亲人。这样下去是不行的，不彻底治他一次，将来在人生的道路上会吃大亏。如此任性到头来将不可收拾，太没有规矩了，这孩子，怎么会变得这个样子。在原则问题上我一贯是严格的，在细小事情上，倒是很宽容的。今天，他不但厌学，贪玩，生起气来，动不动就说活腻了，不想活了，这真不知道是怎么回事。今天的孩子，连老子也无法理解。宠爱、溺爱往往让孩子对客观产生错觉，对自己的位置产生错觉，对自己的存在过分地看重，甚至到了极端自私的境地。因此，一定要让孩子正确认识自己的所作所为而产生的后果，培养正确的判断力，责任心自然会养成。已经过了十二点半（晚上），这孩子还未承认错误，一直未能回家，我真不知道该去找他回来，还是让他自己回来，他自己跑出去，已经好几次以这种方法来威胁大人，发泄他因我们管教他而起的怒气，我担心他承受不了。（敲门声）他终于自己回来了，但愿经过这次教训，他能正确对待自己，开始懂事。

陈：你小学得了一场大病，送到医院，那是什么情况？

子：哎。应该是自然生病，险些伤及胰腺，是一场大病。原因是这样，我不是一直肠胃有问题吗？胃不好是老毛病。那天就胃痛，是吃坏了东西，拉肚子，呕，痛嘛，我妈当时就要（我）吃止痛片，① 这止痛片每次一次两粒啊，就不痛了。但过一会又痛，又给我吃。这一下啊，把一个人一天的计量都吃到我肚子里了。结果后来医生跟我们说，胃痛的时候尽量少吃止痛片，会产生一种链球菌，实际上我最后变成了链球菌感染，从一个胃病升级为链球菌感染。当时在夜晚的时候我疼痛难忍，我妈没办法，要我起来看电视，我还忍痛坚持着把《佐罗》看完了。

陈：什么？

子：《佐罗》，在胃痛的时候看阿兰·德龙演的《佐罗》。边忍痛边看佐罗把那个 boss 干掉。看完了之后，实在受不了了，手没法握了，肿起来了，呕黄水，呕胆（汁）。那天晚上我再也呕不出任何东西出来了。把胆汁吐出来了，我能感觉那是胆汁，绿色的，把胆汁吐一地。我妈就（感觉）真是不行了，就打电话，叫我姑父和我姑姑来了。那是我姑父把我搀扶到医院，那天晚上啊，我有到急救室的那种感觉，被（车子）推进去，我不记得我的屁股被打了多少针，手不知道被扎了多少针，我感觉一次次地被插进去又拔出来，应该是很厉害。后来我爸说伤及胰腺嘛。第二天开始更加难受了，胃，除了拉稀，除了呕吐之外，我全身瘙痒，痒得一抠啊，起巨大的疹子，之后，我又实在痒得受不了，谁也没有办法解决，只好我妈呀，我姑姑啊，后来我爸也来了，我爸过两天就来了，② 他们用巴掌打我一样拍我的身体，打打，为我止痒，太痒了。又过了一段时间，我的手哇，整个脱皮，一片一片的皮往下脱。就这么住了可能都有一个月，在医院里。

① 据主人公母亲回忆，小学时他得了一场大病，胃痛得厉害。那天他爸出差了，已经晚上九点了，就叫他姑姑姑父陪着去了省儿童医院去看，开了药，回来吃了药。后来十一点了，儿子说胃痛受不了，就给他吃止痛片。还是不管用，到凌晨一点左右，儿子说痛得撑不住了。就再打电话给他姑姑姑父，他们连夜一起把孩子送到省儿童医院急诊住院。当时他妈自己急得眼睛发红，强忍眼泪，第二天儿子就全身发痒难受至极。听医生说是链球菌感染，大人不停地在他身上到处拍打，分散痒的注意力。过两天他爸也赶回来了，一起照顾儿子。

② 主人公生病时，爸爸出差在外地，两天后才回来。

陈：生病的好处是不用参加期末考试？

子：真正的好处是我爸每天晚上陪住院的时候，给我讲《鹿鼎记》。每晚给我讲一节《鹿鼎记》。

陈：看着书讲？

子：没有，凭着记忆讲。

陈：你爸也是奇葩，跟你讲《鹿鼎记》？怎么会选《鹿鼎记》呢？

子：不知道，反正是他讲《鹿鼎记》，并不是我有意要求怎么着。

陈：你对韦小宝也感兴趣，是吧？

子：感兴趣呀。感兴趣的最大一点，是里面有个大人物叫陈近南。"江湖不识陈近南，就是英雄也枉然"，①哎呀，好像很牛逼的样子啊，就觉得那个大英雄一般的感觉啊，会有很深的印象。而且我生了病回去之后啊，坐在院子里头，开始讲《鹿鼎记》，先从勇、毅（开始）——是这样的，一把椅子，我坐在那个椅子上面，他们一起在底下蹲着，（我）跟老大似的，讲，《鹿鼎记》是这么回事，然后大家排成一排（听我讲），最后还来了两个高中生。我讲到阿珂和郑克塽的时候，我也讲不下去，我没有看过呀。他们说你怎么不讲了啊？就听我讲，听我讲了一下午。当时我生病回来，我印象中我手还脱了皮。然后我在那里就特别得意，讲那个韦小宝的故事。

陈：你发明一个游戏，类似石头剪刀布，指的是什么？

子：也是一种角色扮演性的游戏，其实就是叫什么来着的啊？你可以做一个手势，比如说你可以叫吸血，你吸了一滴血就放一把枪，吸了两滴血放一把弓箭，你要吸血的话别人拿枪打你，你吸血无攻击力，就会被他干掉。

陈：角色扮演？

子：对呀，这是我发明出来的。我先跟毅玩，接下来呢，翔看到了也来玩，勇也来玩，大概集起了院子里面平时不交往的八九个孩子吧，我们围成了一个圈，不停地吸不停地吸，就整到晚上十点钟才回去。玩得异常亢奋。没有想到引来那么多人玩。后来这个游戏在我们那个院子里面流传了一两个月吧。我见到很多小朋友在玩。

陈：你考试得了优，你爸爸给你买了几本黄玉郎的漫画，是什么情况？

子：其实成绩也没考太好，就是五年级的结业考试，老师也不要求那么高了，那时候也不打具体的分了。只有优良，你只要考到了86分以上，就能得到优，以下就是良，60以下就得到中。我当时应该每门都考到了85分以上，86分

---

① 书中说的是：平生不识陈近南，便称英雄也枉然。

以上嘛，然后我就得到了两个优嘛。

陈：你说你到五年级成绩下跌，这不还是很好吗？

子：不不不。在小学，我们那个班的平均成绩可能太好了，在我们班得80多分并不算太好，因为我们班有太多得90多分的了。甚至95，我不是说有那么多个清华北大吗？就是成绩普遍非常好，所以在这个班也是很有压力的。就得190多分的好几个，勇的成绩也非常好。

子：在那个班不会觉得你有很好。不会的，包括自己也这么觉得。你要得到93分以上，至少，你才觉得自己很好。

陈：啊，我还以为你小学成绩一塌糊涂呢，其实也还不错啊？

子：其实真没有那么差，只是大家要求太高，并没有那么差。只是说我啊，学习是下意识的学习，我并非形成了主动学习能力呀，我都是好像听懂了，又好像没有听懂，做的时候稀里糊涂、撞山似的。

陈：四年级、五年级比以前明白吧？

陈：你85分以上也是很好的成绩呀？

子：一二三四五（年级）一直是在这个成绩段徘徊。只是偶尔有那么一两次得过60分。但是我的语文很少下过87分以下，基本是在九十一二，有时候考得好得个96分，这个我是有清晰的记忆的。只是说相比于那些成绩好的学生来讲，我并不像一个成绩好的学生，甚至不像一个中等成绩的学生。我总是显得不求上进，我作业总是写得很慢，我总是很多东西不懂，我被留堂很多。也可能我就是被反复留堂，听懂了，成绩反而还可以，那是有可能的。反正我就是显得没有兴趣嘛。

还有一个事情值得说一下，其实这是所有人的一个固化的印象，成绩好的学生应该是摒弃所有的爱好，排除万物的干扰，专心在学习中的人，这才叫好学生，这是大多数老师、家长，包括我爸爸妈妈当时都是这样想的。于是乎我那个多元的学习爱好，过多的兴趣呀，旁枝的干扰啊，就显得上进心不足。加上我谈论的，喜欢的事情，又实在是跟别人不太一样。老师上课曾经缴掉过我的一个东西——我想起来了——就是我在画地图，把自己扮演成那个游戏中的人物，那个漫画中的人物。我上课也被缴掉过东西，就是我写的一些幻想角色。比如说，我把自己想象成乔峰啊，把自己想象成李逍遥了，我在上面涂涂、勾勾、画，有的时候老师看到会缴掉。

陈：在什么上面涂涂勾勾？

子：拿个草稿纸，涂哇，会有。

陈：画图像吗？还是写文字？

子：写文字，会幻想一下。幻想是我小学的一个很大的快乐，之后随着年纪

（长大），（幻想）越来越少，纯粹走神似的幻想，基本就没有了。

陈：哦？

子：但在小学，是个顶端。也有可能是天赋力波动最好的时候。有可能。

采访人札记

这一节的内容，都与主人公受伤、生病有关。是在不同的采访时段分别提出的，编纂时将这些内容放在一起，是想集中观察真实的儿童心理。本节采访陈述有不同的主题，包括心理受挫、身体受伤、渴望生病和实际生病住院等。

第一段是心理受挫的经历，即美术老师将他画得不像的画作向全班展示，让主人公感到受挫或受辱，从此对绘画失去兴趣。主人公有没有绘画天赋，他的绘画天赋如何，我们不得而知。所知的是，他从小就对绘画有兴趣——是不是所有小孩都对绘画有兴趣？我不知道——只是因为有几次画作或手工做得不够好，被老师公开展示，就从此失去兴趣了。我感兴趣的也是这一点：小家伙经常说对学习没有兴趣，对这门课没有兴趣，对那门课没有兴趣，是真的没有兴趣？还是因为受挫，为避免那种不快感而放弃或逃避，只是以"没有兴趣"作为托词？

接下来是两次受伤的经历，这比较简单，从主人公的陈述看，这两次受伤似乎并没有留下身体或心理的后遗症，他的父母也没有责怪他淘气。在生活中，有许多父母在孩子遭受伤痛时，会责怪孩子顽皮，从而让孩子身伤又心伤。我多次问他是否因此而挨骂，他都说肯定没有，这证明孩子的父母明智的一面。两次受伤（尤其是）对主人公的身心发育是否有影响？我不知道。且记录在案。

接下来的故事就有意思了，主人公主动淋雨，渴望生病。这并不难理解，因为在孩子生病的时候，父母会倍加呵护，只会温柔体贴，而不会追究其学习方面做得好与不好。幼童渴望生病，有两个明显的动机，一是渴望呵护，二是渴望父母停止追责。从主人公的处境看，渴望停止追责是第一动机。因为在生活中，他并不缺少父母的呵护和体贴。我说这段故事有意思，是关于出走的动机，父子俩的说法不一：孩子说，只是想出去玩，于是就乘老爸不注意的时候溜出去了；而父亲当年的日记却说，孩子经常威胁大人说要离家出走，即此次出去不是为了玩，而是离家出走，以至于老爸说儿子是"典型被宠坏的孩子"。

应该相信谁？这回似应该相信他老爸，因为父亲的证词是日记，儿子的证词是记忆；而且，父亲日记的内容，也能为儿子当日的经历提供合理解释。即：孩子是威胁要出走，并且真的出走了，但真的出走后却又后怕了，如何回家？孩子的想法是：若能淋雨生病，就能转移父母的注意力，从而不至于受罚。可是，父亲也没有真正理解孩子，孩子威胁说要离家出走，甚至说自己不想活了，这些典型的孩子气的话，首先是表达一种情绪，即活得不爽、不舒适、很难受；其次才是试探自由的边界，即试图改变父母的态度（不要拿学习的事烦他或羞辱他）。也就是说，孩子并非真的要离家出走，更不是真的不想活，甚至不见得是要以此威胁父母，而只是以孩子气的方式发出求救的信号。老爸日记中说"今天的孩子，连老子也无法理解"，这才是问题的实质——父亲确实不理解自己的孩子。

至于真的生病住院，老爸给他讲金庸小说《鹿鼎记》，让孩子在同伴面前大大的显摆了一把，从而留下了欢乐的记忆。老爸的这一奇葩行为，或许给孩子带来了自信心，又或许让孩子形成一种错误信念：只有生病，老爸才会对他好。父亲的类似行为究竟给孩子带来了怎样的影响，我不敢主观臆断。

把孩子发明游戏等内容也编入这一节，是因为主人公的陈述中有这样的联想。或许是由给同伴讲述《鹿鼎记》的兴奋带来了另一个高光时刻，即发明了一种新游戏，且想说明自己在小学时的成绩不是采访人想象的那么差。这样也好，人的记忆本来就是如此，而孩子的生活可能也是如此，既有阴霾，也有阳光，不能简单概括，更不能有任何刻板印象。究竟如何？且听他下回分解。

22

音乐与理想

陈：你喜欢哪些动画？

子：《七龙珠》《机器猫》那时候在小学是比较风靡了，还有《灌篮高手》,《神龙斗士》。小学一二年级是《神龙斗士》的时代，之后是《机器猫》《灌篮高手》

和《宇宙骑士》。《宇宙骑士》是反复重播的经典动画片。

陈：有特别喜欢的吗？

子：有两个动画，都跟球有关。一个叫《灌篮高手》，一个叫《足球小将》，这都是当时比较流行的动画，都是日本的。那个时期日本动画风靡整个校园，你在街头——我当时印象特别深——穿过一个地道，旁边是附中，边上排满了小商贩，他们卖很多的画片、卡片、游戏棋，那上面印的张贴画呀，多半都是《灌篮高手》《七龙珠》《机器猫》。我每次走过都会爱不释手地反复看、反复看。

陈：你买那些画片吗？

子：没买过太多。我零花钱有限。

陈：你对动画片感兴趣，是迷故事还是迷画？

子：音乐。其实很多人不知道，我对音乐有了很强烈的兴趣。我有一个例证，就是小学三年级的时候，有一回老师上课，那个老师特别凶，但我觉得是整个学校最英俊的老师，是个音乐学院毕业的，气质非常好，小白脸，戴一副眼镜，很像中央音乐厅里面弹钢琴的那种翩翩公子。关于这个老师有很多传闻，其中有一个传闻就是他跟五二班的一个女生，他俩是情人，我们班都会传，其中传得最凶猛的是勇，讲得绘声绘色，哎呀我昨天又看到那个音乐老师，他牵了她的手，讲得一脸亢奋。我们就在旁边听：哎呀，真的啊，真的？那老师就给我们上音乐课。我很怕他，他很凶，要求也特别严厉，从来也不苟言笑，觉得挺恐怖的。但是，有一件事情，他做得跟别的音乐老师不一样的地方——其实缪老师在一二年级的时候她是我们的音乐老师，语文老师是我们的音乐老师。缪老师教音乐啊，唱什么《草原英雄小姐妹》，什么《让我们荡起双桨》，什么"小小竹排两边开"①什么的，潘冬子的歌，都是那样的。——那个音乐老师啊比较年轻，他每次上课之前，他进来的时候我觉得特别酷，提一个大录音机，他会放磁带，有时候会放一些流行乐。有一回啊，他放了一个欧美的流行乐，节奏感特别好，我当时就控制不住全身抽动起来了。全班只有我一个人在动，然后等我动完了之后，我发现全班人都在看着我，我真的是迷醉在那个音乐当中。我控制不住地抽动。那个老师看到我抽动很不高兴，但没有点名直接批评我，他说的是，下面太热闹了，大家安静。这么说的，比较严肃地跟我们说的。但是当时跟我（有过）打架的那个小子，叫敏，他冲我递大拇指，说，你太帅了！那一刻，我觉得音乐让我不由自主地抽动。

陈：跟着音乐起舞？

---

① 电影《闪闪的红星》插曲《小小竹排》，第一句歌词是"小小竹排江中游"。

子：对。为什么我喜欢《灌篮高手》？其实那个情节我啥也没有看懂，真的没有看懂，但是那个片头曲啊，哎呀，太热血。那里面的每一个画面啊，配上那个音乐，太美了！一个篮球的高中生，一头红发，个子十分高大，那里面所有的图画啊，都是日本真实的那个高中，神奈川的高中，神奈川的铁道，神奈川的海，都是现场临摹的。当时就是觉得那个画面画得特别传神，高中生，朝气蓬勃，早上起来去打篮球，特别酷，把衣服很帅地背在后面，手上提一个包，去打篮球。然后那个音乐节奏，就咚咚咚！是摇滚乐，那个音乐会在我心中反复回荡，反复在我心中回荡。那个《灌篮高手》里面，有四到五首经典歌曲，我当时就记得，天天听着哼，不停地哼不停地哼。

陈：你看动画片其实是喜欢音乐？

子：啊，对呀！就为了那个音乐。而且那么几个时刻，其实就是音乐感染你。然后《足球小将》，《机器猫》啊，我觉得那个音乐都特别好。还有的时候，我们路过附中，走过回家的路上，会有一些画廊，吉他店，那个吉他店门口啊，有时候会有一些长发的青年，在弹一些音乐，我会驻足去听，《乡村小路带我回家》，[①] 听到唐朝乐队的一些经典歌曲，当时我也不确定。印象最深的一次是 Beyond 乐队，那个年代流行在电视上面点歌，电视台总会在下午或者晚上的时候点歌，大多数点的歌啊都是那个年代流行的：姜育恒，童安格《把根留住》，郑智化《星星点灯》……但那些歌没有太打动我，有一首歌就是听 Beyond 乐队的，那个 Beyond 乐队主唱刚死不久，可能有人点歌去怀念这个主唱，叫黄家驹，就点了首《岁月无声》，那是我第一次听到粤语歌曲，我完全听不懂他唱什么东西。那是我第一次看到华语乐坛我们中国人穿着像猫王那样的摇滚服装在台上去唱歌，他那个声音一出的时候，我感觉这是我从来没有听过的一种音乐，从来没有听过用这样的声音来唱歌，他，他太自由了！那个鼓点"咚咚咚咚"，然后黄家驹的头就会一甩一甩，甩甩甩，那个时候我突然会有一个想法，我想留长发，在三年级时候会有这样的想法，我想留一头长发，跟着音乐可以甩起来。

陈：你爱音乐，没想学音乐，只想听音乐？

子：好像从小我的梦想是当评论家，有过这个梦想。

陈：为什么？

子：我不知道，我只是觉得，我（后来）走上编导之路完全是阴差阳错，我最早的梦想就是当个影评家。真正有当影评家的意识时候，是我初一的时候写过一个影评的作文，我未来要当个影评家。但是最早这个念头，我在四年级的时候

---

① 应是《乡村路带我回家》，即 *Take Me Home，Country Roads.*

就有，很想当个影评家。

　　陈：影评家？为什么会有这个念头呢？

　　子：我就觉得看了那一些东西的时候，会有一些感想。那个感想，我甚至都不知道这世界上有一种门类叫乐评家，叫影评家，可是我就在作文中这样写，我想当个影评人。

　　陈：四年级的作文？

　　子：作文是初一写的。初一终于逮到了一个机会，（作文题目）叫《你的梦想是什么？》我就写了这一篇。班上有五十个学生，四十五个写的是我要当科学家，两到三个是写的是当人民教师，偶尔一个写我要镇守边疆，大家写的都比较主旋律，终于蹦出了一个（要当影评人），我那个作文难得的评了优秀。

　　陈：梦想要当影评家的作文？

　　子：就是。只有我要当影评人。但是四年级的时候就有这个想法。就是看到那些电影，甚至包括听到音乐。因为我很清晰地记得，在我影评的那个作文中啊，我曾经描述过这样一个东西，就是说，我要去写啊，当影评人并不是个很容易的事情，你要去评它这个镜头好不好看，你还要找出音乐有什么特点，有时候这个音乐啊，可以给人万马奔腾的感觉，有时候这个音乐能让人潜然泪下，音乐是让电影有感觉的这么一个东西，我写过。应该从这个细节可以看出我对音乐有兴趣。

　　陈：你要当影评家，还是乐评家？

　　子：嗯，音乐和电影。

　　陈：你不是也曾想当科学家吗？

　　子：那纯属模仿。因为在小学的时候——我不知道什么原因啊——有几个起因，第一个起因是我爸不希望我学艺术或学文。他在我二年级的时候，有意识地给我买了一批科幻文学，① 《十万个为什么》，数学的一些东西，他跟我说过，当艺术家呀，学艺术，很苦。不知道他是不是发现我有搞艺术的先兆还是什么，还是他真的觉得当艺术家特别惨，也许他见到明他们生活很不容易嘛，觉得我不应该学文，不应该学艺术。他跟我讲过，希望我对科学，希望我对理科数理化这些东西产生兴趣。希望我有这种意识。那些东西我如看天书，没有兴趣，全都是浪费在家里头。没有任何（兴趣）。第二个（原因）就是，学校的老师啊什么的，那时候好像老师表扬谁谁谁，表扬最多的就是科学家。什么钱学森啊，杨振宁啊，好像都是科学家，哎呀都是啊，科学家一定是一个至高无上的荣耀，科学家一定

――――――――――

　　① 应该是指科普作品。

很牛逼。然后，勇呢，包括乔啊，大家不是说嘛，你的理想是什么？啊，我的理想是当科学家，都是这么说的。这是一种社会风气啊，那我总不能跟老师说我的理想是当拳皇，我的理想是当顶级高手，灌篮高手里的樱木花道。有这一段。但是当时真的想科学家是不是很牛逼呀，其实科学家是什么东西我都不知道，我对自然课所有东西都不感兴趣。

父亲日记

1995 年 11 月 24 日　星期五

儿子对文学很感兴趣，在任何时候脑子里演绎着故事，而且急于表达出来，找人诉说。他一直胆子小，只找自己最亲近的人，我便成了他最大的听众，常常听他说了半天，我自己却走了神，嘴上说精彩好听，心里却想自己的事，他却是神采飞扬，乐此不疲。孩子是该注意定向培养，他这方面是有浓厚的兴趣，但我却不希望他向文科方面发展，希望他从事自然科学方面的研究，或掌握某门实在的技术，安身立命，造福社会。主要原因是中国几千年来文人的命运往往极其悲惨，不但不能造福社会，往往连自身的生存也受到威胁。眼光、个性这些文人必须具备的东西，也是一生苦闷、不平，直至惹祸上身的根源。这孩子生性敏感，走上文人之路是很危险的。所以还是引导他向自然科学的路子走。

采访人札记

主人公成长的一个重要节点，是音乐走进了他的心灵。在小学三年级课堂上听到一段音乐而不由自主地全身抖动或全身扭动，并不是小家伙故意调皮搞怪，而是真正的情不自禁。成人可能会假装，即不懂音乐或不喜欢音乐，可能会假装喜欢或懂得，以便让别人以为自己有修养。但孩子却不会假装，这个孩子更不会，因为他纯真——虽然为此吃尽了苦头，却还是奇迹般保持了纯真。也只有纯真的心灵，音乐才能走进他的心灵，连接他的神经通路，开启他的灵性之门。

美国学者乔治·列奥纳德（Gorge B.Leonard）在《教育与狂喜》中，认为上学校与受教育不是一回事，新知带来狂喜，那纯粹是个人的事，而狂喜的经验在一个人的成长中极其重要。此人甚至主张放弃学校。这里不讨论是否应该放弃学校，只讨论狂喜经验。主人公听到音乐时会抖动和扭动，是典型的狂喜表现。好在那个音乐老师有仁慈之心，没有公开批评或羞辱这个孩子，否则这个孩子会因受辱而关闭人生中最重要的音乐信息通道，他的人生成长就可能完全是另一种路子。

音乐是世界上最神奇的语言，不仅能捕捉天籁地籁，且能贯通人类身体和心灵——小家伙情不自禁地抖动身体就是最直接的证明。任何新知带来的狂喜，都不仅是获得知识，更重要的是促进神经元的连接，刺激多巴胺分泌。孔子将音乐列为君子必修的"六艺"之次，必有其经验、直觉和道理。

音乐也是世界上最神秘的语言，有些人喜欢这种音乐，有些人喜欢那种音乐，一些人的仙乐可能是另一些人的噪音——这里说的不是音乐学意义上的噪音，而是说传播学上的噪音——主人公从小就听音乐，小学音乐课也上了好几年，只有在这个很酷的老师课堂上听到这段音乐时才产生狂喜；而在小家伙产生狂喜的时候，其他小朋友却似乎听而不闻，只顾去看主人公的抖动。

音乐对人的身心究竟有怎样的作用？为什么一些人的美妙乐音会被另一些人当作（传播学意义上的）噪音？属于音乐心理学、音乐教育学、音乐社会学和音乐人类学研究的课题。专业问题还是留给专业人士去探讨，就此打住。

本节的另一重点，是小家伙说他在音乐狂喜之后，终于产生了自己的人生理想。产生或找到真正的人生理想，当然是成长与人生的大事件。看上去，主人公的这段陈述似有不少疑点，例如，他到底是要当影评家，还是要当乐评家？若说在音乐狂喜之后想要当影评家，那好像不符合逻辑。又如，他到底是在小学三年级时产生朦胧的理想，还是到初中一年级的时候才产生？又如，他在这里说在初一时的作文题目是《你的理想》，而在后面的陈述中又说是一篇影评作文。[1] 主人公的陈述前后不一、自相矛盾，叫人如何能信？

这些矛盾和疑问，应该不难理解。这是典型的儿童心理，真正的意思是说，他在这时候捕捉到了一些理想的影子，产生了一种朦胧的冲动，影子与冲动的成形，则要经历一段漫长的发育及认知过程。同时还要考虑，这是口述历史，人的记忆和表述常常会模糊具体时间和空间。在我看来，这段陈述中，真正重要的不是具体的理想，而是主人公窥见了模糊朦胧的"自我"的影子——无论是想当乐评家还是想当影评家，都是"我"的理想或情绪冲动——只不过，主人公此时对精神主体的自我没有知识，不仅说不出所以然，且还自相矛盾。

实际上，主人公的自我发育和成长，还有一段漫长艰险且曲折的历程。

---

① 参见第三章《语文林老师》一节。

23

厌学

陈：你三四年级的时候厌学，无论如何不愿去上课？

子：有这么一天。

陈：然后你爸把你赶出去？

子：对。

陈：但是你却没有到学校去？

子：对。

陈：是什么个情况，为什么？

子：（脑子里）出现了严重堵塞。那天怎么着？就是我怎么着都不想写作业，怎么着都不愿去上课。那天我躺在床上，我就是不去上课，我就是不想去上课。终于快到八点的时候，我爸把我的被子一掀，滚，赶快去上课，就忍不住了。我又没有吃早点，我就蹬着我那个自行车去上课。那时候我有一辆小自行车，去上课。骑到路上我的自行车就掉了链条，我还没骑出院子，我就把车停到院子里，我就往（学校）那里走。这一走，时间可不就耽误了吗？走到校门口，发现那个大门紧闭，我想到，我最怕的一件事就是叫报告，进门的时候，所有的人看着我，我怎么着都不愿意，不敢进教室。这时候过来一个大妈，路过我的身边说，哎，小朋友，你怎么不去上课呀？我就不理她。我就一个人静静地往大学的边上走去。那时候想过，不回家了，一个人流浪去。

陈：是一上午流浪，还是……？

子：有那么一个瞬间瞎幻想。就是瞎幻想，哎家也不回了，哪也不去了。

陈：从此去流浪？

子：哎，就流浪去。我那时候包里呀，有一个同学借给我的可以拆装的小机器人，我一个人在大学的松树林里，蹲在那个地方，松树林比较隐蔽，应该不会有人发现我，玩了一会机器人。然后我又捡到一个别人丢掉的棒棒冰袋子，我把那个塑料的袋子咬破，在那里装沙装水玩。中间还有一段时间呢，有两男一女踢足球，都是大学生，他们还招呼我，小孩子要不要一块来踢，我还跟他们踢了一会，踢了一会我就走了。就这么一走，转眼就到了（中午），大学上面有个大钟，一看时间，我发现快一点了，整个学校操场空无一人。这个时候，我路过学校那里有一个湖，那个湖经常有学生淹死，我想要不我就跳湖吧，要不老子就跳湖吧，让他们找不着我。我靠，省得回去挨揍。当然说归说，实在没有跳湖的勇气。探了一眼，然后该干吗干吗了。那时候，我去哪呢？回家不敢，回学校挨揍（批），我就在大学到回我们家的路中间，我在那里左右徘徊，回也不是，走也不是，留也不是，那时候又看到一个工地，我又在那里静静地玩沙。这时候我爸就骑车找到了我，把我接回家了。

陈：回家也没挨打？

子：没挨打。没挨骂。也没有交流。

陈：也没问你去干吗？

子：对。

陈：你说有好几次类似的情况？

子：还有一次就是我怎么着都不想写作业。那天很奇怪，我爸妈，尤其是我妈，难得显得通情达理，下来陪我散步。我爸在上面比较失落。①

陈：你爸比较失落？

子：比较失落。跟我妈说，让他好好地想一想。有过这么一个事。第二天我作业也没有写嘛，然后我跟老师说，我生病了。就这样。我老师说了我两句，也没有太计较。因为我是个老病号，她也没觉得奇怪。反正有那么两次，我强烈地厌学，不想写作业，不想上课。

陈：后面一两个月就突然好了？

子：大多数时候，都是不想学的。有那么一两个月呀，那样一两个瞬间，信息搭对路的，有那么（样的时刻）。

采访人札记

厌学是不少学童的痛苦经验，更是主人公从幼儿园到初中辍学全过程中不断出现的常见现象。本节陈述的几个片段，只是主人公成长景观的几个碎片。

学童厌学，是儿童心理学家和教育学家经常要面对的重大课题。许多家长认

---

① "在上面"，应该是指在楼上。主人公家住楼上。

为，厌学是孩子的问题，固然不无道理；既有教育理念和教育方式恐怕也难辞其咎。且不去说那些老生常谈的话题，只说有趣无趣，我们的教育常常是无趣的，这一事实可能是孩子厌学的根本原因。家教也好（我本人也是如此），学校教育也罢，无趣的教育怎能不让孩子厌烦？哈佛大学教授威拉德·奎因（Willard V.Quine）有句名言：To Learn is to Learn to Have Fun。即学习即是学会享受乐趣。听起来似乎荒谬不经，却如前述乔治·列奥纳德所说"教育与狂喜"一样，说出了学童成长中最重要的部分真相和真理。无趣的教育，不能吸引学童，自然会因枯燥沉闷而产生厌学情绪。强迫规训，与儿童心理相悖，不但事倍功半，且还可能让学童心理扭曲受伤，有些学童的心理伤病甚至终生不能自愈。

厌学有不同症候，一种是显性，一种为隐性。显性厌学很容易分辨，本节主人公所述即是，不想做作业，不想去学校，让家长无可奈何。隐性厌学往往难以分辨，是因为学童内心厌学，但却没有表现出来，看起来成绩很好，不仅能顺利通过中考，且能顺利考上大学，甚至顺利地考上硕士或博士研究生，家长和学校都为这类学童感到自豪。成绩好、顺利考上大学的孩子，大部分当然是天资聪颖、好奇心强、充满活力的学童。但其中也不乏隐性厌学者，多年以后，一些自豪的家长和学校，可能要收获庸人，甚至是诸多抑郁症、巨婴症患者。

在实际生活中，我曾遇到过不止一个两个这样的隐性厌学者。他们在学校时成绩好，多半是在家长或老师的压力下不得不迫使自己用心听课、用心做作业，保证都能以不错的成绩通过各种考试，但也仅此而已。这类人都是听话的孩子，觉得自己上学是在为家长学习，而不是为自己。他们往往并没有自己的兴趣、爱好和梦想，其精神自我被长久压抑在混沌沼泽中。由于早早就失去对未知的好奇心，这类人的厌学症终生难以治愈。由于是"要我学"，而不是"我要学"，这类学童的学习范围绝不超过教科书，学习行为仅止于完成作业，他们感兴趣的是学位，而不是学问；是重点高中或重点大学的荣誉，而不是让自己有真知灼见。其中有一部分人心智成长停滞于小学阶段，高中毕业时的心智水平相当于小学12年级，大学毕业时不过是小学16年级，博士毕业时亦不过是小学22年级而已。更大的问题是，在真正的职业竞争中，由于没有真知灼见，且没有自学能力和自学习惯，随时会暴露其无知与无能的底色，在超过心理负荷的精神压力下，很可能会躲进自己的洞穴，不敢见人，心理抑郁，甚至心理崩溃。

厌学还有不同性质，一种是急性厌学，一种是慢性厌学，前者常常是假性厌学，后者才是真正的厌学。我们这位主人公厌学，实际上是属于急性厌学和假性厌学，他厌烦枯燥无味的东西，厌烦自己搞不懂的东西，甚至常常因为某个老师的批评而厌学（用他的话说就是失去兴趣，或没有兴趣）。而实际上，主人公对

24

"电路"暂通

陈：有一年六一儿童节，你和勇、毅一块去游戏厅玩，是怎样的经历？

子：就是儿童节嘛，那也到四年级左右了。那一次难得的是勇说要去，那时候我们那里有个巨大的游戏室，叫京东，京东游戏厅。勇平时好去打那个（游戏），这次六一节，要我们拿着钱一起去打那个（游戏）。我从来没有过这样的经历，勇一提，哎，我还没有过这样的经历呀，我跟我爸爸妈妈提，六一儿童节能不能给我一两块钱，打个游戏机啥的？就提了，难得的就是同意了。同意了我就拿着一两块钱去打游戏机嘛。毅他妈还陪同我们一块去。然后我们就打游戏机，打的时候呢，毅就先走了，我和勇就遇到了小流氓来抢我们的钱，勇喊了一声警察叔叔，那几个人一回头，勇就拽着我，我们两个就跑了。然后还边跑边笑，是一段比较愉快的经历。难忘的六一儿童节。

陈：你说你提要求，爸爸妈妈都不会答应，这次不是答应了吗？

子：哎，大了一些之后，有些要求就慢慢可以同意了。应该跟我大了有关系。还有一个细节，我爸大概在（我）五年级到初中之间，就发现我说话语气越来越冲。他可能感觉到了什么东西。有这么一个细节。

陈：然后呢？

子：会慢慢地跟我有一些沟通。有一些沟通，有一些鼓励机制的，等等等等。

陈：比如说？

子：考试考好了，给你五块钱。坚持几点钟写完作业，给你什么什么。当然我坚持没有成功，钱也没到手。

陈：也有成功过的时候吧？

子：有有有。

陈：交流或沟通，具体是指什么？

子：哎，还有一些人生事情上的沟通，比如以后要做什么，关于以后你有什么样的理想。

陈：具体场景是什么？

子：具体场景？比如说，一次成绩考砸了，他会跟我谈谈心，（说）有一次失败呀，也没什么，以后努力也是可以变好的，但是，要努力。说什么呀，爱因斯坦四岁还不会说话呢，①说明现在落后以后并不一定就会落后。这是比较良好的情况，是有的。在四五年级，包括初一。包括转学前，中间若干个时期，我有印象的有那么几次。

陈：这是一个温暖的回忆，是吧？

子：既是温暖的回忆，同时也让我比较难受，那就是说我会自责，怎么我成绩老是不好？开始会有这样的想法。但那个时候，有那么一个月两个月，我脑子，脑神经又通路了，有那么一两个月我印象很深，我脑神经打通了，我像一个正常的有学习能力的孩子去做事了。

陈：哦？

子·时有呗，成绩其实没有这么好。我爸是现在回忆，相对初中那个一落千丈的成绩，（小学时）成绩是个中不溜。只不过他当时对我要求很高，希望考个100分啦。其实我的语文啊，我的语文成绩还是不错的，就是能考到95分，这样的试卷不少，100分的总分，这个也还可以吧？我印象最差的，也考到八十六七分。或九十四五分。数学确实比较糟糕。零星有那么一两次就考到60分。还有考到30分，不及格。但是也有考得特别好的时候，我不知道是我的脑子通路了。基本上这两次通路，都发生在四年级，突然，那几天脑子，不知道怎么接对了

---

① 爱因斯坦学说话比一般孩子所花的时间要长得多，据说三岁都不会说话。主人公的父亲当时是不是说爱因斯坦四岁都不会说话，他也记不真切了。

线。过了一个暑假或者寒假又回了头。

　　陈：脑子通了是什么情况？

　　子：这就是我说的通路的，打通的偶尔的时候，那次考试啊，拿到试卷，那次全班，就连乔啊普遍都只考到九十一二分，班上只有两个 98 分，我就是一个。最高分，98 分。我是一个从来都没有享受过 98 分的人，发试卷的时候我惊讶地发现我只错了一道选择题。我戳，人间奇迹呀！在写卷子的时候啊，是这样的，我进入到一种状态，我觉得我不看这个题目我就知道我会，不知道为什么我就知道答案一定是这个。就这么写出来了，而且还很快就写完了。老师下午就会改卷子嘛，我一个下午都在玩学校的滑梯。因为提前考完了试，我有了两个小时在外面溜达玩的时间。然后谷老师出来冲我笑，说："你今天考得特别好！"我听错了，因为老师出来说的永远是你这次考得特别差。谷老师尤其是这么说。她虽然是笑着冲我说的，但（我以为）说的一定是特别差。我要是回去跟我爸说，老爸我这次考试又完了，晚上我爸就会把电视线给拔了，叫我剪头发去，然后干活，复习，那很郁闷了，就想到明天发试卷又是一个七十分六十分。一拿到试卷，98（分），全班来了个哗然。

　　陈：你考 98 分，还认为自己很差，为什么会这样？

　　子：我不知道。我完全不知道。等我拿到那个试卷，我细细地一看，那个试卷啊，我居然大部分都会。写的时候真是进入了那种，进入了那种——

　　陈：通神的状态？

　　子：我感觉真的是那种。完全没有想我去考几分，我也完全没有想这个题目该怎么做，但在我面前就是这个答案，我就迎刃而解，而且一般情况下不是有那个推演演算的过程嘛，我都不打草稿，就 ABCD，"咔咔"就直接写出来了。关键 ABCD 猜对了也就算了，那个应用题，我平时经常不会的应用题，也都写对了。我自己就觉得很神奇。

　　陈：你做的手工即使差劲，你爸爸都会觉得挺好？

　　子：嗯。就晚上回家会做手工，学校里也你自己也会想嘛，比如说画个山，剪一下，拿纸画个人，弄一下，其实手工做得都是极差，毫无创造力可言，也是粗制滥造。给我妈看没有感觉，给我爸看，我爸会说特别好玩，其实都是配合我，演一演，我能感觉到——后来我想是这样，但是给了我挺多鼓励。

　　陈：让你有积极情绪，是吧？

　　子：对呀。

　　陈：小学第一个兴趣班是英语班，是主动要去？

　　子：对。我是主动要去上英语班，我选的。难得的主动选择。

陈：为什么主动选择学英语？

子：从现在的解释，就是我觉得我爸他们想让我当外交官，他们高兴，所以我选了英语班。但是当时我没有反应，好像就选了英语班，当时有多个班，我本能反应学英语。就是一动念，学英语。

陈：你爸爸妈妈想让你当外交官，到了你的潜意识里？

子：也许，只能说是也许，我当时真的就是一动念。英语班。

陈：英语班的经历是什么？

子：完全不感兴趣。也就没认真听。当时上课处在这样的状态，就是无法集中精神。就走神，英语班也一样。比如，老师讲 abcdefg，在进入 a 的时候我就已经走神了，cdef 我自然就听不进了，就不知道走到哪里去了。

陈：这是你自己选的，也会走神？

子：也会。一样。我的走神是很出神入化的。

陈：有没有想办法控制自己？

子：我从来没有，我很少主动想办法，多数时刻我都是顺着感觉走了。该走神就走神，继续走。尤其是当走神走得特别愉快的时候，收不住了。

陈：你在学校也受过表扬，那是什么情况？

子：我印象很深，初中我曾经偷偷回去见过缪老师，我很想问她一个问题，但我没有问。我对她感情比较复杂，一方面她说得我一无是处之后，我想宰了她，很长时间都不想搭理她；但是确实有那么一个时刻，我感觉她用了一种我不知道是她刻意的还是失误造成的情况——但我宁可觉得她这是刻意的——她用一种方式让我搭对了线，或者说她让我搭对线的状态延续了那么一两个月。是这样，我偶尔举手发言，就是偶尔碰上自己会的东西，偶尔举那么一两次手，举手答对了。考试越来越频繁，一个月考两次都有，考完之后哇，我看这两张试卷我怎么都得了 95 分啦？虽然我语文还可以，也没有这么好啊，然后老师一讲题目，对呀、错呀的时候，我突然发现一件事，有那么个题目我做错了，（老师）还是打了我对。造句，明明我做错了，我把那个做错的题一去，顶多得个 85 分，断断得不到 95 分这个成绩。但是因为这么几下答对之后，我突然搭对了线，让我的状态持续了一两个月之久。

陈：你当时就发现你的成绩不符合实际？

子：嗯。那一次我很想去跟缪老师去讲啊，你给我打错分了，我不是这个分，我想去跟她讲。但后来我突然一想啊，也许是我不想承认这个分，高分拿回去好受欢迎。但实际的记忆中是这样的，我那几张试卷我都没有给我爸妈看。我也不知道为什么，我没有给我爸妈看。但我心里隐隐约约觉得，这是老师暗暗地在用一种方式在鼓励我。我有这样的想法或者是想象。

陈：你的学习状态确实好了？

子：确实是燃烧了那么两个月。持续了一个月之后，老师发现你鸡血了，[①]天天上课都举手，她就表扬了我，这就燃烧得更久了嘛。甚至发生了我几年都没有干过的事情。那次有一个题目，就是根据无数的词汇，搭配成一个句子，那个答案有无数个，你可以这样搭也可以那样搭，每个同学都相信第五个答案，我举手说我相信第六个答案，结果我的答案是对的。还发生过这个事。那是四年级的时候，我确信，我突然神经就搭对了。

陈：后来呢？

子：期末考试了。考得也还可以。起码语文考得还可以。

陈：假期过后，又变回去了？

子：是，又回头了。那个时候五年级了，马上要离开这个学校了。

陈：为什么没有延续？仅仅因为假期吗？还是有别的原因？

子：不知道，反正状态就（没有延续）。显然暑假我闪了两个月之后我又回头了。

陈：爸爸妈妈知道你电路通了吗？

子：不知道。

陈：你那个95分的卷子没给他们看？

子：没给他们看。

陈：为什么不给他们看呢？

子：不知道。反正当时就一点都没有给他们看的想法。没有，完全没有。那卷子就放在书包里，烂了。

陈：这很奇怪。你说电路通了只有两个月时间？

子：嗯。对对，两个来月吧，没那么长。

陈：心理学家说，一个新习惯只要能持续三个月，就能长期地保持。

子：我还是容易被兴趣爱好牵引，兴趣爱好容易让我的心彻底拜拜。我确实容易被兴趣爱好（牵着走）。

---

① "鸡血了"，意思是"打了鸡血"那样亢奋。20世纪80年代流行一种想当然的保健疗法，将一年生的鸡血注射入人体，以为这样可以增强人类体质。实际上只是一种伪科学，流行时间不长。

　　这一节是主人公整个小学时光中的"高光时刻",原因是"电路"通了——其实只是暂通——他的学习热情突然高涨,语文学习成绩大幅度提升。主人公的解释看似有些搞笑:因为语文老师判错了试卷,少扣了一道错题的分数,他得到了95分!于是他就像打了鸡血,上课常常主动举手答题,而考试成绩也确实有明显提升。这种现象,包括主人公的解释,确实是这个小家伙的心理特点,遇到表扬会产生强烈的主动学习意愿,遇到批评则会失去(对某门功课的)学习热情。这是典型的儿童心理,如高级条件反射。

　　主人公的这段高光时刻,原因当然不是那么简单。细心的读者肯定已经发现,小家伙这段"通电"时光,不仅来自语文老师的一次试卷错判,而是有多种原因。首先是小家伙自身的成长,虽然总体上仍然没有真正开窍,但心智的灵光时不时地从某些缝隙中透出。另一原因可能是家长对他的态度有所变化,诸如六一儿童节出乎他意料地给钱让他去游戏厅;诸如家里订立了鼓励措施,如果考得好便奖励多少钱(很多家长都这么干);诸如考砸了的时候非但没有责骂,反而和颜悦色地告诉他说一两次失败算不了什么,只要努力就可以改变;诸如孩子做的手工明明不怎么样,老爸非但不讽刺挖苦,而是积极鼓励,等等等等。

　　其中最重要的原因,我以为是:老爸问孩子:你将来想做什么?那一刻,肯定深深地触动了孩子的心灵。那一刻,孩子真真切切地感受到了父亲的关怀——他平常的感觉是父母亲不怎么关心他(那当然并非事实,只是孩子的主观感觉而已)——父亲的关怀被孩子感受到,意义重大,自不待言。进而,父亲的关怀被孩子真切地感受到,那一定是因为父亲态度温暖,平等相待,孩子不仅感到关怀,同时还感到被尊重。被尊重的感觉,意义一定更大。进而,更关键的是父亲问及儿子将来想做什么,触发了孩子的精神自我——将来要干什么,是需要他的"自我"来思考并回答的。重要的不是孩子的回答,而是孩子的"自我"被触动。

　　遗憾的是好景不长。几个月后,小家伙又回到固有的习惯中。他自己对此也无法作出解释,这很正常,因为他确实不知道是什么原因,只知道一个假期过后,再次"断电"。他的自我一度被老爸触及,却没有真正唤醒,而新的学期又有新的问题需要应对,难免会故态复萌。老爸与儿子间的平等对话,很可能也只是偶发行为,并没有真正意识到孩子是一个生命主体,其自我需要唤醒,其人格需要尊重。要想了解孩子、理解孩子,必须耐心倾听孩子的心声,前提是要与

143

孩子建立并保持良好的沟通习惯。没有沟通习惯，老爸就不可能真正了解和理解孩子。

这对父子的身体相距不远，心灵却总是难以相遇，如京剧《三岔口》中的两位主人公，一直在黑暗中相互摸索，甚至相互攻击。

25

性幻想

陈：你怎么知道慰安妇这个概念？

子：勇告诉我的，慰安妇我真不知道，那是勇第一次告诉我的。

陈：他为什么让一个小女孩扮演慰安妇呢？

子：他觉得很有意思啊！勇早熟。他很小，三年级就看黄书。第一本黄书是勇带我看的。

陈：第一本黄书指的是什么？

子：色情书。就是有裸体的，有性爱的。

陈：书名是什么？

子：叫《篮球高手》。不是《灌篮高手》，叫《篮球高手》。

陈：也是漫画书？

子：漫画书。在摊子上面拾来的，然后勇看，我也看了。都是成人漫画。

陈：你在小学三四年级就开始看成人漫画了？

子：看了。就了解到性啦，甚至比这个还要早。信息太多了，会在游戏中传达给你。

陈：对你影响不大，对勇影响比较大？

子：不不不，我觉得对我们都有影响。因为四五年级，女孩子胸部越来越大了，我们会议论，谁谁谁胸在抖哇，谁谁谁胸遮不住了。会有。有一次游泳，我跟我爸说，你看那个女孩子发育了，我爸说，不要看！其实我心里还是想看。就是这样。

陈：小学四五年级的时候？

子：对对，就早熟啦。勇就更加早熟，他知道很多。他叫那个女孩，当时我们在那个天台上面玩，有一张大的竹床，可能是热，别人躺在上面睡觉的，勇就躺在那个竹床上，说哎呀太舒服了，跟那女孩说："你来扮演慰安妇，我们来甜蜜蜜。"当时我第一反应是，什么慰安妇甜蜜蜜呀？后来知道，你这样意思啊。勇很早熟，不知道他怎么得到这个信息的，性意识已经开始蔓延出来了。而且那时候啊，我对那种成熟的女性，也有那种欲望了。但是那种欲望并不一定是反应为我想亲吻她或者是性的东西，而是想触摸她身上的某个部位，比如说臀部，胳膊。我当时觉得我最有欲望的就是我们五年级的一个思政老师，那个老师特别温和，我当时觉得她是我们学校最美的老师，听到她的声音觉得很亲切。下班时候她老公还时常来接她，我还常常想毙了她老公。

陈：是老师把一个女同学调到跟你一起坐的时候？

子：那个女孩成绩特别好，叫琴，美丽维持在四五年级，每况日下，①越来越差。但是她跟我换位置的时刻啊，正是她胸部发育得最好的时刻，我就觉得啊，很美丽。那时候也不知道什么叫意淫，甚至都不会去幻想她亲吻的画面，但是脑子里老是唤起那个胸在抖的那个画面，就是乳房，有点乳房崇拜。我爸可能有点察觉，他说我是不是早恋了。也可以算是早恋吧，如果（早恋）是性幻想的话。的确，那个时候，那就慢慢成了我的一种困扰。怎么个意思呢？——早恋我的理解是你跟这个女孩子谈谈恋爱，你暗恋她——但是我看到这个女孩呀，我恋不恋她我不知道，但是我全身难受，我全身热呀，燥热啊，这个燥热的感觉一直持续多年，成了我人生的一个折磨，从四五年级开始，太难受了。不仅仅是对她，对那个思政老师，以致后来对街上任何一个丰乳肥臀或者是一个身材好的女性，都有这种感觉。就是热，特别热，燥热。从皮肤到那个头皮，烦闷哪，太热了。

陈：于是和勇一起看日本黄色漫画？

子：后来我也买了一本。

陈：你也上地摊上买？哪来的钱呢？

子：四五年级，家里开始给我一点（钱）了嘛。有时候有一点零用钱了，也

---

① 即每况愈下。主人公的表述很有创意，所以予以保留。

不贵。

陈：你拿回去跟勇分享？

子：哎，我们两个又愉快地分享了一下嘛。

陈：有一个女孩总要你搭她回家，那是什么时候？

子：发生在四五年级。那个女孩呢，叫颖。我四五年级骑一辆车回家，她家离我家没有那么远，她就总是让我搭她回家，脚步省力嘛，我就搭过她那么两到四次吧。因为当时兴趣班中好像就我们是一起上的电脑课，只有她是同班的女孩，然后就搭她回家。

陈：有什么想象和故事吗？

子：（对）那个女孩的身体没有任何兴趣。没有感觉，没有欲望。我对成熟女性的身体，性欲望很强烈，会非常强烈。

陈：坐公共汽车碰到异性会产生焦躁，是吧？

子：焦躁。就是强奸的欲望就开始有了，慢慢就有啊。

采访人札记

　　第一次听到主人公说他有强奸的欲望，大吃一惊。差一点也像先辈道德家那样，要把小家伙教训一顿："万恶淫为首……"好在我没有这样做。作为口述历史采访人，有明确的职责规范，即只能记录、理解和研究，而不能评价和教训受访人。感受他人的感受，理解他人的理解，才是合格的口述历史采访人。

　　听这一段以及此后相关主题陈述时，我始于惊诧，继而钦佩，终于欣慰。惊诧的原因，不是没想到主人公有这样的性幻想，而是因为他这样毫无掩饰、直言不讳地说出当年内心的隐秘。之所以钦佩，是因为他具有我所没有的坦荡和勇气。我在少年时代时，也曾经历过与他类似的情形：开始对异性感兴趣，并对眼前的异性产生各种各样的幻想，那时既好奇又恐惧——认为这是龌龊下流的"坏思想"，不得不拼命地自我克制，同时还不断地进行自我批判，绝对不敢对任何人说。之所以欣慰，一层是因为主人公只是想想而已，并没有真的这么干。深一层是主人公隐秘幻想的记忆没有太多扰动，保持了原貌。更深一层则是为主人公的生活的时代感到欣慰：他能直言不讳地说出这些隐秘记忆，大约是因为在他生长的时代，人们已经变得开明、懂得人性了吧？过去，性意识和性幻想是一种道德犯罪。这种观念还带累了性科学，张竞生博士的《性史》就曾被不少人认为是"黄色书籍"，以至于长期湮没无闻。20世纪80年代，中国电影资料馆内部放映法国电影《火之战》①——这是一部具有人类学意义的影片，讲述原始人追求并争夺火种故事，其中有男女交配的镜头——竟被人举报是"黄色电影"，结果被通报批评。

现在的人们大约都已懂得，进入小学高年级的学童，不知不觉间成长为少年，身体开始发育，随着性器官发育而产生性别意识，对异性开始感兴趣从而产生欲望和幻想，这都是人性的正常表现。如告子所言，生之谓性，食色性也。英语中有一个词 teenager，意指十几岁少年，有学者专门研究 teenager，把他们的成长当作一种专门的亚文化现象，对异性的兴趣与幻想是此类亚文化的日常景观。当代中国肯定也有不少心理学家、教育学家，做过这方面的专题研究。

回到主人公故事中来。本节开头，主人公提及他和小伙伴看日本成人漫画的经历，他的性意识和性幻想是否与此有关？更重要的是，有怎样的关系？是不是没有这类成人漫画就不会引发少年的性兴趣和性幻想？日本成人漫画对这一代中国少年的影响如何测量与评估？想必有关专家作过专门的科学研究。

我更关心的是，与身体发育密切相关的性幻想，对他的心理成长和发育有怎样的影响。是像一般人的想象那样，身体发育推动了心理成长？还是恰恰相反，身体发育及性幻想导致了主人公心理成长停滞乃至退化？之所以有后一种猜想，是因为主人公在陈述中用了"乳房崇拜"一词，联想到主人公人生的第一个记忆或幻想即乳房符号，进而想到：对乳房的兴趣固然是少年身体欲望的焦点投射，在心理上是不是也可以解释为对婴儿时期（乳房崇拜）的无意识留恋？

我的学识不够，无法对此作出解答。

---

① 法国影片，由让－雅克·阿诺导演，1981 年上映。

26

胸口压了块石头

陈：你小时候说有一块大石板压在你的心上，具体是什么时候？

子：上学以后，经常会和父母说。说我感觉自己生病了，感觉自己喘不过气来，就是胸口压了一块石头。

陈：是学习的压力造成的想象，还是做梦？

子：你说的压在心里的石头，是吧？我感觉没有做梦啊，跟做梦没有关系。就是觉得不舒服。压了块石头的不舒服，跟被人说的不舒服，不是一个感觉。被人说了的不舒服，有想说说不出来的感觉。我觉得是被大石头压着，没有被人说，但是是不是说完之后的后遗症？我不确定啊。那几次说的时候，我就感觉不舒服。

陈：你说有石头，爸爸妈妈的反应是什么？

子：我妈他们都说我瞎操心。没事，啊，没事，就是瞎操心。但是在青春期，十二三岁的时候吧，曾经在我的强烈要求下，到医院去查过，应该是我妈陪同我去的，当时在南昌的二附院，还找了她的朋友，（做了）一个心电图吧。我只记得有这么回事。检查没有问题，医生当时有一种说法，就是心率不足，就是青春期出现的一种心跳加快，具体是没有查到病因的。没有查到病因之后呢，我那个石头好像就好了。我一直觉得我有病，肯定是有毛病。经常出现。

陈：具体是什么情况？

子：有那么几种情况。一种情况是很多人啦来家里玩，多是我妈同事。我说过一两次，就说胸口啊，心脏，好像压着一块石头，感觉闷，心脏上感觉有块石头啊，压着喘不过气来。还有的时候没有原因，就是正常的在家里头，什么也没有发生，然后就还是胸口上有一块石头，心脏感觉到这个很重，喘不过气来，不舒服。我妈有的时候说，可能是住得太高了。有的时候说，没有事，你瞎操心。从小学的时候就会跟我妈跟我爸说，胸口啊，心脏上啊，很不舒服，非常难受。其中最难受的那一次就是，就是我爸撕我书嘛，不停地说我，说我的时候啊，那次是最难受的，真是感觉到这个胸上的石头压得我都站不起来了，就感觉想吐了，不得不坐下。而且"哎呦"出声了，感觉到很难受。那次是最难受、最难受的一次。后来陆续又有过几次。

陈：没有什么外界诱因，它要来就来，是这样的吗？

子：整个小学到初中啊，要真说有外界诱因，就是过得也不怎么开心。自己感到不舒服，没有什么具体的强烈的诱因。就是会不舒服。

陈：你每次难过都会跟爸妈说吗？

子：呃，不是，不是每次都说。有时候是不说的。

陈：什么时候不说，什么时候说？

子：看情况，有的时候家庭氛围没那么紧张的时候，就说。有的时候觉得就实在是不舒服，就说。其实还有那么一次，有一次夜晚了，我初中的时候，我实在是胸口啊觉得很难受，好像是从睡梦中醒来，我觉得非常难受。醒来之后哇，其实当时我看到窗外，那个窗户其实是拉了一半窗帘，另外一边没拉，透出一点光，但当时我居然以为我瞎了一只眼睛。（以为）我这个眼睛看不见光，那个眼睛看见光。我当时还觉得完了，我这个胸口的病，终于让我瞎眼了。然后我就站起来，我当时一直以为我眼睛已经瞎了有五分钟。我没有觉得惊悚，我想的是，怎么去告诉我爸妈，我这个眼睛已经瞎了，看不见了，因为胸口不舒服。然后我就走出去，一走出去就发现，我啥也能看见，我发现是窗帘（遮住了视线）。但当时我真是这么认真的以为我一只眼睛已经瞎了，看不见了。但那晚的确是从睡梦中醒来，那个梦啊，是记不清形状的梦，但那种感觉是惊喜，好像是，踩进了一个沟里头，"咚"地摔一跤，"嘣"地从床上爬起来，或者是那种突然掉了个什么东西，接下来砸中了一个什么部位，你被惊起的那种感觉。

陈：胸口有两个概念，一个是心脏，一个是胃部，你的石头是在哪里？

子：胸口，在这，［用手指点］心脏这儿，心脏这儿。

陈：左边？心室这边？

子：对。清晰地感觉到这一块不舒服。心脏。因为我长期气管炎，我从小最清楚的部位就是气管和胃。我经常生病，不是扁桃体啊气管出问题，就是胃出问题，所以这两个部位，我比其他同龄人更早知道。当很多同学有说不舒服的时候，他没有办法明确地告诉老师哪个地方不舒服的时候，我就很清楚地知道，是胃啊。能分清。我会在胸闷的时候，就拿手去摸心的这个位置，感觉到它在跳动。我还会感觉到是不是会突然一下就不跳了，或者是我心理作用，我觉得跳得要比平时要慢。我靠，它已经有病了？我会有想我会有恐惧地去摸。其实有恐惧的，有时候形容我的感觉，摸自己心脏的跳动像要去摸女人的胸一样紧张，感觉到摸到这个所在好像隐藏着什么病症，我是这种感觉。

陈：最初出现石头压力，是什么时候？

子：小学三年级开始，之前应该还没有。就是在三年级开始，嗨，现在回忆，有一点像中暑哇，气闷啦，就是感觉胸闷闷的，就是想喘一喘，也有点像游泳的时候你憋着一口气往前冲嘛，就是感觉一口气没有了。压着你，然后你想去呼气，你如果还想往前游的话，就可能梗一下，（要）呕吐的感觉，然后是这么一种，我当时的感觉就是总是有东西压着我，压着我。

父亲日记

1997 年 11 月 10 日　星期一

儿子心理上确实有些障碍，自信心不够或能力有限，内心又好强，神经太敏感，做事总怕别人讥笑他讽刺他，怕同学瞧不起他，内心常有一窝闷火。这对他的生长、发展是不利的，应主动多与他交流，疏导他的思想，引导他培育自己各方面的能力，使他健康强壮，别人也就不敢欺负他了。自己在学习、运动诸方面能力上去了，自信心也就逐渐建立了，慢慢就会克服心理的障碍。

父亲口述：小时候我记得他就说过，他说我心这里总是一块石头。我说你不用担心，没什么事，也去检查过，也没什么问题。到了附中，（2003 年）有一天我在外面，没有正常下班，他妈妈打电话给我，说儿子心里好难受，你要赶快回来。我就回来了，就问他怎么回事，他说今天我们给老师投票，写意见，我写了对老师不好的意见，被老师看到了，就丢到了垃圾堆里。他搞卫生又看到了嘛，看到了自己写的这个（意见），就感觉到很冤枉（委屈）嘛，[①]就好难受，这块石头就压得好难受。

采访人札记

"胸口压了块石头"，是主人公心灵成长过程中的一个重要信息，具体说，是其身心病痛的一个明确的警报。小家伙感到"胸口压了块石头"（不舒服的堆积），也向爸爸妈妈说了，爸爸妈妈也有回应，并且也设法为他疏解，甚至还——在孩

---

① 这句话的意思是，主人公给老师提了意见，但老师把他的意见撕碎后丢在垃圾箱里，这让孩子感到特别难受，可能是觉得冤枉，可能是觉得委屈，也可能是觉得愤懑和恐惧。

子的强烈要求下——带他到医院检查，结果是查不出任何病症，只得作罢。

实际上，老爸在 1997 年 11 月 10 日的日记中也记载了孩子的心理问题（其时孩子 9 周岁零几个月），发现孩子"内心常有一窝闷火"，这是不是孩子胸口那块石头的最早征兆？孩子老爸不知道，听者虽有后见明，也未见得明白。

胸口压了块石头，是一种十分形象的描述，那就是胸口／心头像是被石头压住了，感到呼吸不畅，心里憋闷难受。生活中的大多数人都习惯于线性因果思维，即某一具体原因产生某一具体后果，例如某天挨了老师训或被家长责罚而导致胸口憋闷。如果是这样，就容易理解，从而能找到帮助孩子疏解心理症结的说辞。问题是，孩子并说不出这块石头到底是怎么回事，也说不出不舒服的具体原因，他似并非因为某一具体原因直接导致既定后果，这就超出了我们日常经验。

根据后见之明，我们知道，主人公胸口压了块石头，是心理压力长期堆积的具体症候，即无形的心理压力变成了有明显可感的"石头"，意味着主人公的心理压力已经内化而且"变形"，影响到他的身体感觉：呼吸不畅，憋闷心慌。由于我们对人的身体和心理的关联性及其互动影响所知不多，更不了解心理压力超过某个临界点就会造成身体内部变化。我们不懂得这种身心警报，即：身体的感觉，有时候是心理症状的信号；身体的反应，是自我保护本能机制自动开启。

由于他对学校不适，功课成绩不佳，不仅会受到老师和同学另眼相看，还常常受到父母和家人的讥讽刺激，长期处在这种气压环境中，必然会出现无形的心理压力。从主人公的经历看，这块石头的形成并非无迹可寻。那就是当他遭遇学习困难而又找不到解决问题的路径时，会出现这种情况；尤其是当他努力按照老师和家长的要求去做而效果不明显，得不到理解和鼓励时，也会出现这种情况。具体说，他在二三年级时，"石头"频繁出现；四五年级学习成绩有些上道时，"石头"出现频率明显降低（从而让家长以为没事了）；到初中开始时，压力再度增大，个头更大分量更重的"石头"再次出现，由于此前出现过类似情况而最终都能自愈，家长也就没太当回事。没有把他当作"说谎的孩子"，就已经是很好的家长了。主人公故事的结局却也差不多：他发现并呼喊"狼来了"，而得不到回应，更没有得到及时有效救援，心病终于导致身病。这是后话。

第四章

辗转的中学经历

小引

我们常说成长，是说什么成长？

是知识与考分增长？

是心理或心智成长？

还是主宰它们的精神自我主体成长？

27

初中开学第一天

陈：附中是南昌的重点中学吧？

子：不算，初中不算。当时我的印象就是，它不算重点。（附中的）高中是重点，但是它的初中，我们都没有觉得太好。当时离我们家近的就附中。我走到附中只有十分钟的路程，个别时候翻个墙，就五分钟。

陈：记得第一天去上课的情景吗？

子：第一天上课是我妈陪我去。我爸好像在出差，我妈陪我去的时候，我印象中，我妈对毅语气非常的凶，叫我们两个不要在一起。她的心里头觉得，毅会影响我的学习。因为那时候毅跟我分在了一个班。勇去八中了。还有两个小学同学跟我分到了一个班，我们相互之间认识，基本上还是附小一块的学生，或多或少我都认识，游（同学）哇，荣（同学）啊，跟我分到了一个班，游还是跟以前一样调皮，当时趁我不注意打了我一下。我妈那时候不凶游，凶我："见到鬼了，怎么你又碰到一伙调皮的人在一个班？"她有这么一个说法。当时我们就填报志愿表啊，[1]干吗干吗的。这个时候就是要填，你什么身份啦，背景啦，家住哪呀，我妈在帮我填。然后就见到了班主任洪老师，我当时看她的时候，第一反应就是，这肯定就是第二个缪老师、第二个谷老师，穿着打扮都一个鬼样子，一定是个老八股，这是我当时最直观的印象。当时洪老师看到我的名字的时候，她居然认不出这个字，她问我这个字叫什么，我妈告诉她，然后她就说这个名字很独特，我不认识啊，希望你的人跟那个是一样的独特，跟我说过这么一番话。这就

---

① 表述有误，应该是学校的报名登记表，不是志愿表。

是第一天的那个情景。

陈：开家长会是你爸去的，是吧？

子：我爸去得多，基本是我爸。

父：初中，刚进校大概第二天，召集我们家长去开会。他们就校长啊，老师啊，都跟我们见面交流哇。他们郝校长讲的话我记忆尤深。他说：孩子的教育其实就是我们人生的答卷。

陈：人生答卷？

父：对，人生的答卷。他将来怎么样，其实就是你们做父母的一生的答卷。我觉得他讲得很有道理。郝校长讲得很好，给我印象很深。

陈：刚上初中的时候，是不是充满信心？

子：其实还是有点断电。在我爸说那个（校长）的话，我感觉又没有听进去，脑子在走神，就是感觉我又处在一个断电状态。好像（暑假）歇了两个月之后，基本上把那个学习的兴趣呀、积极性啦（丢了），啥也没有。就在这种状态下进入了初中。我爸跟我讲嘛，说这个学校非常好，老师都是本科生。那个最好的学生啦，叫雨，在你们班，考了全校最高分；而最差的一个呢，也在我们班，叫卫，是一个体校生，成绩考得特别糟糕，好像是数学语文加在一起，连70分都不到，极差的成绩。他就这么说的，意思就是这个学校，这个班很优秀，然后你就好好学。而在我们同学之间的传扬中呢，我们学校最好的班是初一三班。初一三班有我说的那个天才旦，还有好多厉害的学生都在那个班，的确成绩最好是初一三班，整体实力比较强劲。就这么一个基本印象，然后就开始上课。

陈：你第一次数学摸底考试考了90分？当时状态还不错，是吧？

子：还可以，持续了一个月。

采访人札记

这一节的内容，看起来没有任何新奇之处。开学的情形，大人或学童都已司空见惯。妈妈警告儿子少和那个叫毅的同学在一起——大约毅的学习成绩也不怎么好吧——担心跟学习不好的同学在一起，会影响儿子。这让我想起自己在初中时，我妈妈警告我不许和某同学玩；但我仍然经常和那个同学在一起，后来听他说，他妈妈也警告他不许和我玩。我们俩的妈妈不约而同，都担心自己孩子被别的孩子带坏了，这让我们哭笑不得，更不以为然。因为我们俩都觉得，我们在一起是相互安慰、相互激励，只有好处，没有坏处（在一起学抽烟除外）。

在主人公进入初中的第一天，有一个细节让我不安，那就是妈妈帮他填写报名表，而主人公甚至把报名表说成是"志愿表"。报名表本该是由学生自己填写的，但好心的妈妈包办代替，最大限度减省学童的麻烦。此类事，大约也是司空见惯吧。证据是，主人公说起这事，好像是说夏天吃西瓜那样正常。许多中国妈或中国爸有类似行为和想法，以为学童的唯一任务就是学习，以为此外一切都不重要，以为学习以外的事都可以由家长包办，这样可以让学童更好地学习。

此事让我不安，是想起美国教育家杜威的"教育即生活"，也知道中国教育家陶行知的"生活即教育"。这两位大教育家的观点的共同之处，是说教育的目的是帮助学童成长为人，而不是成为学习机器去做未来的工蚁。在应试教育压力下，许多家长将学童从实际生活中剥离，让孩子专心学习，虽然不难理解，实际上有可能会造成孩子生活能力低下，自主意志薄弱，很可能成为什么事也不会干、什么事也不愿干的现代巨婴，甚而有可能因能力低下而成为神经症患者。

自己对自己负责，自己的事情自己做，是孩子的权利与义务，也应该是家庭教育和学校教育的第一目标。在我看来，主人公成长困难以及成长的灾难，有很大一部分原因，就是由这种巨婴养育传统造成的。所谓巨婴养育传统，就是指不让孩子做自己应做的是——例如上初中时填写自己的报名表——即不让孩子学会自己对自己负责。更严重的是，孩子的精神自我无法成长发育。主人公的成长出现困境，甚至在几年后出现灾难，真正原因正是孩子的精神自我发育不良。

心理学家威廉·詹姆斯把人的心理主体分为生物性自我、社会性自我、精神性自我，弗洛伊德则说是本我、超我、自我，两者大同小异。意思是，孩子从出生就带有自己的原装系统，即生物性自我，亦即本我，他靠这个本我的眼、耳、鼻、舌、身等信息系统搜集信息，传达并形成"意"。而社会性自我或所谓超我，是指一个社会的文化规范系统，这是孩子在成长过程中被要求装配的系统，社会中的种种规矩，学校里的课程安排等等，都属于这个系统。这是个权威系统，用社会学家的话说，每个社会都有自己的"文化剧本"，每个孩子都要学会按照这个社会的文化剧本去表演自己的社会角色，所以称为超我。本我和超我常常发生矛盾冲突，因为本我代表生物本能，而超我代表人类社会的权威规训，目的是要把生物的人规训成社会的人。主人公喜欢幻想，而无法有效地遵守课堂规则，以至于学习成绩不佳，正是本我和超我冲突的产物。这个时候，就需要第三个自我即精神自我出面调节、疏通和平衡。精神自我既不是帮助本我对抗超我，也不是简单地帮助超我对抗本我，而是依据经验、理解规范，协调本我和超我的关系。人的成长，不仅是身体的发育，更重要的是精神自我的形成和发展。

精神自我形成，从自我意识开始，进而能自我管理，通过自我反思，能够自我改进，自我设计并自我建构。我说主人公在小学时期显得自我发育不良，以至于到中学时也无法自我管理，只想任性而为，与权威对抗——这是本我与超我的低层次对抗——本能地关闭与外界的信息交流渠道，没有理解能力，意识不到自己深陷困境的原因，更没有解决自己的问题的能力，结果如受伤的笼中困兽。

本章后面的故事，也就成了"笼中困兽"的故事。

28

再次受挫

陈：后来成绩掉下来了，是不是跟同桌的女孩有关？

子：跟这个没关系。到后来我开始有点听不太懂。我记得我在英语课，那个英语老师姓文，他喜欢处罚学生，你一旦回答不出来呀，要不就让你罚站，要不就给你记几分扣下来，要不就是让你罚抄。罚得很严，一篇课文，有时候让你罚抄十遍。那是我之前在小学生没有遭遇过这么大的刑罚，所以说这处罚啦，我前一个月对这些老师就有一点恐惧感，就觉得这个老师特别厉害，特别凶，是一个男老师。刚开始初中，和小学有点像，都是 abcdefg，基本的问好，hello，how are you。因为小学我已经被罚了那么多次抄了，总还记得一点吧，所以一开始的时候我还能勉强地跟上，能听懂。但是在这个英语课是有一个分水岭，就是上了一个月以后，第一次老师开始讲英语的语法，当时讲的是一般疑问句，开始讲语法，我就感觉听不懂。我清晰地感觉到，我在学校里头又开始出现那种克制不住的走神。走神，走得很厉害，突然一下子老师就点名让我发言，我就站起来了，一片茫然，什么都说不出来，我不知道什么意思，完全没有听讲。之前叫我偶尔发言我还勉强地发出来了，只是说一些简单的嘛。发不出来之后，他说了一句话，我印象中，是我在初中遭到了第一个我认为比较大的打击。他说："同学，我早就盯上你了，你上课就没有一天听讲过，我不知道你在干吗。"那一刻让我很受伤，因为我感觉之前的几个礼拜，我还都是认真地在听讲，而且觉得还可以，但是那一刻就觉得有点难受。然后他说："叫你爸来！"下了课，我印象中我都不敢看同学的脸，跟行尸走肉一样过了一天。之后的所有课我都没有听，都沉浸在老师说的——"你之前都没有听讲，从来都不知道你在干吗"——那个语气当中。我回去，就跟我爸说了，我爸第二天来找这个老师，结果这个老师自己在读在职研究生，他那天去上课了，就没有见（到）他。我爸和他的一次会面就没有成行。这个事情之后，每一节上课我都在担忧文老师会不会点我的名，我会不会答不上来，我听不懂。从上课铃开始到下课铃结束，我永远地念叨，他千万不要点我发言，那堂课我是一句话我都没有听。上他的课对我来说，是对我最大的折磨。我听不进去，紧张，害怕听到了他说我，我要被扣分，我要被罚抄。但是还是一次又一次被点名，点名没有背出书来，或者没有背好或者是写不出来。

陈：这事对你打击很大？

子：那之后就很紧张。上英语课就非常紧张，我觉得上英语课是最恐怖的课。那段时间有了从来没有过的（畏惧感），就是小学以来的最大的一个印象，就是特别紧张，特别不想见到文老师。

陈：你爸爸见了文老师吗？

子：没见着。

陈：假如见到了，他会说文老师不该这么对待你吗？

子：这要问我爸。

陈：你有没有把心理畏惧告诉爸爸？

子：我没有把这种伤害——就是这种难受——告诉我爸，没有告诉他。从来没有讲过。我没有跟别人吐露过。

陈：现在才回想起来？

子：那个状态，印象太深，这么多年都很难忘。我对老师没有好感，（对学习）这个课也影响非常大。对老师极端没有好感。

父亲日记

2000 年 10 月 12 日　星期四

　　儿子今天泄气地回来说英语老师明天让家长到学校去，具体商量他的学习问题，并说，老师说他整节课都在睡大觉。儿子为此所受的耻辱自己觉得甚大，一天都情绪不高，说着自杀、杀人等的气话，说自己可能不适应学英语等。其实他这个学期对英语已经开始感兴趣，这次遇到这点小打击，又动摇了他的自信心。

2000 年 10 月 16 日　星期一

儿子今天英语测验不顺，便说明天不想去上学了，我们便耐心讲了一通学习的重要性。晚上做数学作业时，又不明白老师的要求，上课大概又开小差，课本也不看，参考书更是未摸，我真是怀疑他上学的意义，他上学这么不痛快，坐在课堂上想心思，浪费时间，何不去干他感兴趣的事呢？譬如说读书，看漫画。他如果真从小就干自己喜欢干的事，到了成年我想他也能有养活自己的本领，那样的童年不是很幸福嘛？但离开集体生活，他的个性发展是否会畸形？只是我不敢拿自己的儿子去做这个实验，以无可后悔的代价去冒险。其实想想我们过去学的东西又有多少用得上呢？倒是自己感兴趣的，自学的东西受用，真是矛盾呀！

陈：你上中学是男孩跟女孩同桌，是吧？

子：嗯。一个男孩一个女孩。

陈：你还记得你同桌吗？

子：我同桌那个女孩叫晓。

陈：你对哪些女同学印象比较深？

子：每一个女生我基本都记得名字。有很多女生特别霸道，有时候喜欢当班干部，去告你的状；有的时候喜欢欺负你。那时候女生发育比男生早，你还打不过她。我现在可以理解为（她们欺负你是）对你有好感的表现，但当时是不理解的，当时觉得女孩子是这个世界上最讨厌最不讲道理的动物。

陈：初中老师给你们一人发一个本子，做什么用？

子：从初一上课的第一天，老师告诉我们，每周要写一个汇报。这个汇报本，你可以去写你这周的学习心得，你这周干了什么事，你这周的感想；你也可以写谁谁谁讲话，哪个上课不听讲，你受了欺负，这么说的。然后我就开始写嘛。其实我对写这个一点兴趣都没有，纯属是鬼画符一样写。就是哎呀这周学得很好，那周也学得很好，我下周还有继续学，就要永远保持着好好学习，天天向上。而且写的我可以说是全班最少的，[①]不超过六十个字，七十个字。我大概上课上了一两个月吧，我和前面那个同学龙混得特别好。我俩上课不听讲，天天在

---

①　这句话的意思是：主人公写周记的字数是全班最少的。

聊，就难得碰到对武侠呀漫画呀爱好啊都相同的人，我们俩上课就天天聊这个。那是我俩第一次被打小报告，后来也叫了家长。龙是军人家庭出身，后来啊，他考上了北京电影学院的表演系。他有表演天赋，而且真的很会唱歌，但是跟我一样，兴趣爱好比较多元，对武侠，对漫画，对小说呀，武侠这一块兴趣比较大，而且喜欢看电影。那时候，我看了《阿甘正传》，他也看过，就可以聊，结果上课（都在聊天），从语文课到数学课到英语课。

陈：你俩一前一后？

子：一前一后，他回头找我聊，我俩就根本不听讲，后来就被打小报告了呗。就被告了呗。告了之后，老师就找我们谈话，这个当然就属于自己做错了。但后来出现了一个叫云的女孩，她以打小报告为乐。然后开始我也打她们的小报告。你打我，我也打你，我就开始罗列罪状，上课不听，谁谁谁啊，这个谁谁谁讲话，写。那个好同学谁谁谁，也看小说了，写。

陈：报复打过你小报告的人？

子：必然是打过我小报告的，但打别人的我还真没写过啊。对，这纯属打击报复。我就开始写，难得写得就是文采飞扬，就是写得很细腻。有一次，我打我数学老师和那个体育老师的报告，就是纯属看不过眼。我说体育老师，在我们上课的时候，多次口出恶言，而且吐痰——我看过他两次吐痰。数学老师，有贼眼，我看他老瞅谁谁谁女生，我还写上去了。老师就在上面打了个大的 × 。我发现老师不能举报，成绩好的不能举报，最后就彻底了无兴趣了。后来为了偷懒，一周一三五学数学，二四六学语文，下周继续学英语，就变成了这种写法。老师就对我越发不满意呗。有时候偶尔发作业本的时候会偷看一下别的同学都写了啥，一个成绩很好的女孩，说什么，我家三代贫农，政治清白啊，在洪老师的指导下，学习特别的开心，（说洪老师）英明。怎么吹牛逼能吹到这个样子啊？还有写，比如说什么，洪老师今天问我，我该不该打你？我充满感情地跟老师说，老师想打我们的时候就该打，我们应该打。老师在上面评："你诚实可靠。"就这样哦，看了很多这种稀奇古怪的（汇报），然后以偷看这个东西为乐趣。最后也很实在坦诚地发现，老师问我，你是不是班上写汇报本字写得最少的？我承认。那你为什么不写多？我看着她，说我不认真，我不听讲，我没有兴趣。老师就让我走了，看我这么不求上进，她也比较无奈。

本节内容，是主人公在初中开始时再次受挫的经历。当时谈论的主题，是询问他上初中后为什么再次出现成绩滑坡。我提出的第一个问题是，是不是因为与女同学同桌而分心——提出这一问题的原因是，我知道在小学高年级开始了对异性的性幻想——他断然否定，并讲述了英语课上发生的一幕。

英语老师其实并没有批评他，更没有责罚他，只是说："同学，我早就盯上你了，你上课就没有一天听讲过，我不知道你在干吗。"看起来，这只是陈述一个事实，即说他在课堂上走神、没有听课而已。为什么如此简单的一句话，对主人公会产生如此之大的打击，引发如此猛烈的情绪反应，以至于说要杀人或者自杀（参见父亲日记）？为什么多年后还说，这是他在初中时的一个分水岭？

他听不懂英语语法，上课走神了，老师发现并及时提醒他，因为真相灼人，小家伙恼羞成怒。老师有没有错？也许有。老师也许不该一概而论，说他"没有一天听讲过"，把他对英语课的热情和努力一笔抹杀。小家伙生气的理由正在于此：他在小学高年级时一度燃起了学习英语的热情，而且还付诸行动，积极背诵英语课文，且取得过一些好成绩。入初中之后，他仍在继续努力，老师这么一说，好像是说他从来都不听课，从来都不努力，岂不是冤枉？难道不该生气？

但这其实并非事情的全部真相。真相是，小家伙记忆力好，想象力更佳，但理解能力明显不足，从而不能理解老师的说辞。证据一，正是因为他难以理解老师讲授的英语语法，所以才会走神。证据二，正是因为他走神而被老师提醒，但他并不理解老师那样说，真正的目的是让他不要再走神，并非故意抹杀他的努力。小家伙并不知道，他因严重受挫而情绪低落，以至于扬言要自杀或杀人，不仅是因为理解能力不足，还因为无力理解、无力解决问题而恼羞成怒。他更不知道，老师那句听起来没有恶意的话语之所以有那么大的杀伤力，是因为刺伤了他的自尊心。问题的关键是，他还没有明确的自我意识，更没有自我管理能力——例如他还不会自觉训练专注能力——但仍有自尊心。自尊心受伤，当然恼怒。我不知道这种情况是初中学童的普遍心态，还是主人公的特殊情形。

小家伙不知道的是，同桌的女生在侧，会将他"受辱"效果进一步放大。在小学高年级阶段，主人公已对异性有兴趣且有性幻想，他对初中女同学却非但没有兴趣，反而"觉得女孩子是这个世界上最讨厌最不讲理的动物"，看起来不合逻辑，实际上是如贾宝玉和林黛玉一般"求近之心反成了疏远之意"——某个阶段的少男少女普遍存在这一情形——原因之一，是他们在努力克制自己的性兴趣及性冲动，不免会矫枉过正，以至于"讨厌"异性；原因之二，则是因为小家伙班上许多女生的成绩比他好，而这些女生中有不少人喜欢打小报告。小家伙并不了解自己，更不了解女生实际上在关注他，因为恼火才得出上述结论。这样也好，他的错误结论或曰错误归因，让他减少（？）了许多青春期的烦恼。

本节中还有一个值得关注的点，即主人公父亲 2000 年 10 月 16 日的日记。父亲发现孩子不快乐，也知道孩子不快乐的原因，只是找不到让孩子变得快乐的有效方法。不去上学或许能让孩子拥有快乐童年，但老爸不敢"冒险实验"。

29

"电路"时通时不通

陈：进了初中，你一直想提高自己的成绩，努力了？

子：我的初中（大脑）线路处在接通了一个部分，那个中考的压力呀。进入初中，我知道九年义务教育，初中跟高中不一样了。初中升高中要面对很大的一个考验，而且当时我们家对我的要求是这样，南昌有好几所重点，师大附中是最好的，仅次于它的是二中、三中、十中、二十二中这些学校，但是当时我爸妈，所有的人，包括我姑姑，他们对我、对宇的要求都是，南昌只有一所重点高中，师大附中，再没有别的。师大附中每年的分那种高的程度，我的成绩充其量能考个八十，普高勉强能行。你指着我说考上一个什么十中，我都不太可能，更不要说师大附中。当时就觉得压力特别大，我觉得，我靠，实在是一个不可能完成的任务啊。

陈：但是你也在努力，是吧？

子：就是有一个基本的概念，就是你也不想第二天被老师罚抄，你又不想第二天被老师点名批评，就是从这个基本的不想被点名这一点，你也不会总是完全不学，总会想努力，就是你也想获得老师的表扬，而且被人骂一点也不开心。所以我也不想被罚抄，抄到半夜三点，所以我还是会去背、会去干嘛。

陈：你是说英语，是吧？

子：英语。

陈：物理课根本就听不懂？

子：英语课也听不太懂，就是按照他那个方法走，不太行，走不太好。我可能最擅长的，我现在回忆起来，想一想，我背书还行，就是我愿意花工夫去背。背之后呢，你要抽查让我去对话呀干吗的，我能行。我死背可以，一定能背出来，怎么着都能背出来。可你叫我什么，现在进行时，断句提问啦，听力，就不太行。

陈：你一直在努力，始终没有放弃？

子：处在有时断电、有时不断电，或有时候断电时间长、有时候时间短，断断续续的这样一种状态。有的时候，我不说我很怕文老师的课吗，文老师的课一上我就躯体缩紧，我有那么三四次，出现什么情况？就有一次，我印象特别深，文老师点我，让我去读课本，去背课本，我走到那个班长面前要背的时候，我说我不会背，我就回去了。其实不是我不会背，我会背，为什么我说我不会背？我当时一起身的时候，看到文的脸，我肚子绞痛，就感觉有屎要从这个肛门涌出了，真是那种感觉。然后，我觉得膀胱也（胀），尿也要涌出，就是要屎尿失禁了，我觉得我背不出来就难受，就捂着肚子回去的。然后整个一节课都低着头，感觉想上厕所，下课的时候，我就赶快往厕所奔，我到了厕所之后，蹲了半天连个屁都没放出来。

陈：就是紧张？

子：对，什么都没有。

陈：心理上的？

子：文老师罚我抄嘛，然后迅速地让我背，当天下午我就跟班长背，就背完了。因为我中午回家背，就这么简单。然而当时失禁哪，文老师的课时常会有不适、失禁的情况发生。想到拉肚子，就紧张啊，难受哇，怕。有一次，我也不知道怎么了，可能又出现神经搭对线的情况，就那一节课，突然一下，文老师讲的所有东西我都不觉得恐惧了，我依然听不懂，但是我不觉得恐惧了，我感觉到我的注意力，那个点——就是注意力啊——会成一条线，文的每一句话我都记住了，并且能把要点记到本子上，我拽住的那根线，然后我全身就是像喝了酒一样啊，涌起了一种力量，就觉得那节课没有恐惧，你叫我发言我也不怕，就是这种感觉。但在下一节课我又回复老样子，肛门失禁的那种感觉。

陈：长期集中注意力不容易？

子：不容易。洪老师政治我就一直考得挺好，为什么？就是不用太费脑子，就是背，我每次都能背得很熟、很熟。什么条例，咔咔咔，1234567 我能背得特别熟，政治课对我来说，学习就没有什么太多的困难。洪老师上课点我名，很多就是游他们（也回答不出）。

陈：洪老师教政治？

子：她就教政治啊，风格也很政治。点我名的时候，游说回答不出来，他不是回答不出来，他没有办法——洪老师要求特别死板，你一定要一字一句去按照标准。然后游就被罚站，我能答出来，在很多时候我答出来，老师还表扬过我。我背出来了，而且并没有费很大的工夫去背，就是我就能背出来，能行。英语背得吃力一些，但是也在背。

陈：物理考过 14 分，那是怎么回事？

子：物理一直听不懂，物理从上课的第一天，到最后一天，都听不懂。就门门都听不懂，就跟坐飞机似的，就听不太明白，完全不懂，一个都不会。

陈：那你就放弃了？

子：我没有放弃过，我尽心听了，但是听不懂。老师讲的什么图画，是什么意思，什么 ny，什么南极两点一线，什么北极，这种电极、力学，你拉我，我拉你，怎么觉得这么难？尤其是，我老有困意，物理最强烈的感觉，一上课讲两句就困，就要睡着。

陈：没想到课后去把它弄懂？

子：我爸跟我一起学物理，学不会。

陈：效果也不好？

子：不好。学不会。就真的听不懂。挺努力的，想，我也想把物理弄好，不是不想。一个例子就是，我去找我姑父，我姑父物理好，给我补习物理。我姑父发现教我教得很吃力，有时候我姑父急了，这还写不出来呀？我一片茫然，不会。就不会。物理是我学得最最吃力的，就怎么都学不会。

陈：那你物理始终没考过及格？

子：哎呀，始终没有考过 35 分，最底线 14 分。巅峰期，38 分。我印象有那么几次，我复读的时候，那几门课我知道答案，我碰巧蒙成了 60 分，但是不看答案真格地做，就在 35 分以内。

陈：物理这个成绩，考什么学校都困难吧？

子：肯定没指望了。当时物理这个事情，就知道，我就感到完蛋了，完全一点都听不懂。

陈：那你也没放弃？

子：到樟中，到远中那些学校，我真放弃了。听不懂，破罐破摔。但在附中的时候，其实学风还是可能有影响，就整体学习氛围啊，就成绩差的学生，也还有学习的意识。毕竟都是教工子弟，上面又是南昌好的高中，氛围在这摆着呢。所以这种氛围之下，你还能努力着往前攀爬一下，觉得虽然是学不好，还是尽力去学一点点。但是就是听不懂，很想，其实有那么一两次，我路过洪老师门口的时候，我会突然想和她说一下，谈谈心的冲动，就想告诉她我有困难。

陈：现在还没明白你为什么学不好？

子：物理，我不太懂。

陈：是因为你数学没学好。数学你没学好，你没有学会数学思维，没有训练好抽象思维，物理当然也就困难。给你补课的男生的那个方法，肯定是对的。你的笨方法训练不了数学思维，你只是学会算术思维。物理思维是建立数学思维基础之上。

子：我根本就没有什么数学思维和物理思维（的概念）。

陈：所以你听不懂。下面说一点开心的，就是 VCD，你家里买了 VCD，你妈你爸那个时候居然还买碟让你看？那是什么情况？

子：就好像时尚样的，我家也买了一个 DVD。然后会看一些电影，还作为我课余的奖励啊，或者怎么着也好，就是来去看一看嘛。有时候（老爸）陪我去那个新大地买一盘碟。我初中比较大的乐趣所在，就是买碟。

陈：什么情况下买碟，什么情况下不让买碟呢？

子：那段时间还行哪。我爸骨子里头还是喜欢文艺生活的，就是买碟这样的大事会陪我去，也会去书店——新华书店——然后在新华书店会翻一些书，看看书，看看武侠小说，看看漫画。

陈：新华书店也有武侠小说吗？

子：当然有，必须有。

陈：这是美好的记忆，是吧？

子：也没那么美好，说实话，当时心情不是很好。我感觉压力挺大，就是觉得看电影啊，好像也没有那么强的那种快感。有几次，我印象特别深，我看吕克·贝松的《第五元素》。看到一半的时候我突然跟我妈说，我还有个作业没写，我又回去写作业了。

陈：也有这种时候？电影看了一半，主动回去写作业？

子：有，并非是我想写，我怕被骂呀。我不记得了，正好漏了一项，我就写作业了。为了不被骂，也想学好一点。

父亲日记

2001 年 4 月 26 日　星期四

儿子的厌学情绪很大，这是影响他兴趣的重要原因。这种厌学来自自己对中学生活的不适应，当然也有自身能力的问题，与同学老师的不融洽，自卑感这一点有部分是来源于我们家长对他期望值过高，太急，恨铁不成钢，常说他傻、笨、无用之类的话，虽然是不自觉不由自主地说出的，但对他影响不小。该怎样对待他，自己也应深刻检讨，改变过去的方法。

2001 年 5 月 24 日　星期四

儿子学习还是开小差，对武侠、幻想特别有兴趣，一个人坐在沙发上想事，大人似的，说不要打扰他，让他想一下。这些思维习惯和兴趣还不能挫伤，但必须扭转他学习开小差的不良习惯，得守一阵子，坚持守他，不让他分心，久而久之，自然会形成好的习惯。这孩子与众不同，也不知道是聪明还是笨。

采访人札记

大脑"电路"时通时不通，是主人公在初中一年级时最突出的现象。好的一面是，主人公有成长的迹象，即不再如幼儿园和小学时那么任性。到了中学以后，他的主观意识有所改善，不仅没有因任性放弃学习的情况，而且还非常明确地想努力学习，最低目标是不受老师惩罚，最高目标是考上重点高中。

但"断电"现象还是不时发生。初中时"断电"，有多种情况，一是因严重焦虑而断电，尤其是在文老师的英语课堂上，就如老鼠见了猫，紧张到想上厕所，自然会发生"断电"现象。一是因为不理解所学内容而断电，例如物理课堂上就是如此，怎么用功也无法听懂，时间长了就会自然断电。一是因为压力过大而断电，压力过大是因为家长的期许过高——家长不但希望他考上重点高中，而且还希望他考上南昌最好的重点高中即江西师大附属高中——这样的期许固然有鼓励和促进作用，但也会形成学习压力，以至于成为无形的焦虑，甚至让他产生无意识的厌学情绪（此时的厌学是本能的自我保护机制）。此外还有小学时学习底子差，使得问题积重难返，没有养成好的学习习惯，不习惯抽象思维等多种

第四章　辗转的中学经历

原因。

其中比较突出的原因，显然是理解能力欠缺。主人公之所以畏惧文老师，并对英语课产生强烈焦虑，真正原因实际上是因对英语语法难以理解。家人的高要求产生的焦虑，实际上也是没有真正理解自己能力和家人期许间的明显差距。人的理解能力是如何培养及发展的？这是认知科学研究的课题。

主人公的这种"电路"时通时不通的情况，有生理（身体）方面的原因，也有心理（精神）方面的原因。前者我们所知有限，无法讨论。后者即心理方面的原因则有讨论余地——这种情况正是人类个体成长过程中的重大课题。

首先要讨论的问题是：我们所说的成长，究竟指的是什么？

是知识和考分的获得？抑或是心智的或心理的开窍？还是精神自我（即个性、个体人格）的成长？我认为是后者，因为自我是心智和心理的主宰。

精神自我成长，路径是自我觉醒、认识自我、接受自我、反省自我、理解自我、管理自己、设计人生、建构自我……直至自我实现，这是个极其漫长的历程。知识获取、心智进化与精神自我成长有密切关联性。没有新知的获取，即不能刺激心智的进化；没有心智的进化，精神自我的成长也就谈不上，因为精神自我成长的前提就是心智"开窍"。如果没有相应的知识基础、智力基础，认识自我和理解自我实际上不可能，更遑论自我建构？另一面是，如果没有精神自我的成长，心智成长也会严重受限，以超我替代自我，或超我与自我混淆不清，结果必然是没有真正的独立思考能力。若没有精神自我，没有自我管理、自我能量资源调配、自我深入思考，必然无法解决心智发展、生活困境、职业竞争中的诸多难题。遗憾的是，人们对心智的发育早有关注，而自我精神成长则容易被忽略。

婴儿成长为人，要经历两个阶段，一是社会化阶段即社会性自我或超我成长阶段，二是个体化阶段即精神自我或个性成长阶段。婴儿从学习语言时，就开始了社会化阶段，学会喊爸爸、妈妈、爷爷、奶奶、外公、外婆、叔叔、阿姨，就已经逐渐懂得自己在社会网络格局中的社会身份，传统教育的主要课题就是传授社会经验即所谓"文化剧本"，教孩子"怎样做人"，即懂得并践行社会化行为规范。精神自我发育从什么时候开始？我们所知有限。实际上，在漫长岁月中，我们甚至不知道精神自我的存在——并不是不存在，而是没有这个概念——或者是听说了这个概念，却把它当成"玄虚的东西"而置若罔闻。

发现生物性自我很容易，不妨称之为"我饿故我在"。

发现社会性自我也不难，不妨称之为"我听故我在"——听话，即听父母的话、听长辈的话、听老板的话，总之是听外界权威的话，这是社会化的主要途径和基本形式，在传统社会中，可谓个体社会化的不二法门。

发现精神自我则相对困难，直到笛卡尔提出"我思故我在"，才找到精神自我存在的依据和衡量标准。谁在思考？精神自我呀！没有精神自我，如何能思考？

由笛卡尔法则，可以反推出主人公的情况，他还不会思考，可见他的精神自我成长出现了问题。证据是，当他学习受阻时，他想找洪老师谈谈（好现象），但最终却没有去做，他的心意和行为没有联通，事实上，他的心理内部神经通路也没有全部联通，意识、意志、倾听、理解、沟通、交流等，还都是碎片。这很可能才是他"电路"时通时不通的真相。主人公说他到初中时，自己很想努力，这一意念到底是超我的声音，还是自我的声音？主人公还没有能力分辨。

主人公遭遇的困境是，家庭教育和学校教育的主要目标是应试，衡量标准是分数，而他心智未开，于是不断受挫更受伤。学校老师和同学且不说，家里也是如此，《父亲日记》中说："常说他傻、笨、无用之类的话，虽然是不自觉不由自主地说出的，但对他影响不小。"这可能是他成长受挫、"电路"时通时不通的重要原因。

30

"不要早恋"

陈：那段时间你精神经常萎靡，让你爸怀疑你早恋，是什么情况？

子：我爸五年级就跟我说，你不要早恋。初一第一个学期快结束的时候，我成绩越来越不好，我就说我老是会犯困，看着那些课本什么的，我都头昏脑涨，想睡觉。有几次啊，我爸看到我——才（傍晚）七点来钟——身边放着数学课本，我就趴那睡着了。扶起我来的时候，我都把口水从这流到那，流了一滩，睡得那么死。然后又有那么几次，八点钟不到，我就头晕。我说，我实在是受不了。我爸不高兴，作业没写完。但一转眼，我就趴在椅子上了、趴到床上就睡着了。他有的时候可能也觉得我有点可怜，觉得怎么这么困？有一天我就趴在床上睡觉，睡得迷迷糊糊的，其实就是八点钟多钟。我醒来的时候，我爸进来倒了一杯水，然后就站在门口跟我说，你怎么回事，最近老是犯困哪，你是不是早恋了？我说没有。然后迷迷糊糊我又睡过去了。就是这么一个情况。当时他会问我，有否早恋。老是犯困，老是觉得我神不守舍，没有精神，一点精神都没有。

陈：OK。你梦遗是在什么时候？ [1]

子：是在初中。[2] 做了一个春梦，梦见了我初中的一个音乐老师。我没有跟她发生性关系，但是在梦里看到了她。我还不知道那是什么东西，我就问我爸，我爸就说，哎呀，你们现在小孩发育太早，梦遗，遗精了，让我去洗裤子。

陈：梦遗后紧张吗？觉得有心理压力吗？

子：梦遗真爽，这是心里的真实想法。那种释放压力的好东西。

陈：没有造成心理上的困扰？

子：并未造成任何的困扰。

陈：对异性的兴趣更大了？

子：在樟中达到了顶峰。

陈：具体是什么样的情况？

子：浑身天天燥热，就想强奸班上的每一个女生，就是每一个稍微有一点姿色的女生，我觉得我都有强奸她们的欲望。我不了解强奸到底是什么，只知道像电视剧里面的，把她们的衣服全部扒光。我把这些画面在脑子里回放过无数次，无数次。

陈：不敢真的去做吧？

子：那怎么可能真做呢？

陈：为什么不敢呢？

子：这个，是犯罪的事啊！而且这个电视剧里强奸犯都没有好结果呀。

陈：还是有理性控制，是吧？

子：有，但是真是很恐惧，不敢跟别人讲。上课的时候被这个深深的困扰。

陈：你有一次碰到一个女孩的屁股，那是什么情况？

子：做早操。

---

[1] 有关梦遗这一小段，是另一次采访的内容，编纂时将这一段移置于此。

[2] 主人公的父亲说，孩子梦遗的具体时间是 2000 年秋天，即主人公上初一上学期时。

陈：她是你同学？

子：同学。

陈：让你惦记了很久？

子：那种感觉……也恐惧了很久。觉得我自己是个流氓，会有这种想法。

陈：同时又希望能再碰一次？

子：对。就觉得自己是个流氓，也有希望再碰一次的欲望。我那时候开始，我脑子里头遇到这种事纠缠得不行的时候，我就拿头撞墙——在别人不知道的时候。我觉得太难受了，感觉脑子里头怎么有那么多让人难受的幻象和焦虑躁动。

陈：撞墙次数多吗？

子：多。

陈：频率大概有多少？

子：频率？

陈：比如说，一个星期一次，还是一个月一次？

子：一个星期，有的时候就是课间，一到下课的时候，找个没人的地方就撞，就那么连着每节课（间）都撞一下，撞一下。

陈：每天吗？

子：有那么一段时间好像每天都在撞。还有就是拿手扇自己（耳光），就这样。太难受了。我记得我初中（校园里）有棵树，比较隐蔽，就偷偷跑到那棵树，抱到那里撞一撞。有的时候，一楼后面的那个墙，然后就会（撞墙），一开始是假撞，就感觉这个额头清清凉，到后来就很烦很烦，那种感觉就是，脑子里头会出现一个你讨厌的人，或欺负你的人，说过你的老师，说过你的同学。你在——你就在脑子里揍他，等你醒悟过来的时候，你发现，你的手，你的头已经撞在了墙上了，而且撞的时候你居然神奇地都不觉得疼，不觉得疼。你就"嗵嗵嗵"连续撞了几下，头晕了，就这个头皮疼，觉得好像这样让自己的心里头稍微舒坦一点点，然后又慢慢地回去上课。

陈：惩罚自己，还可以惩罚虐待对象，一举两得？

子：顺便就是自虐，就有点小自虐。

陈：青春期症候。你尾随过女同学，那是什么情况？[①]

子：那也就初二的上学期那段时间。真是，可能学习又没有（兴趣），注意力分散，然后性欲又特别旺盛。有一个女孩，发育得比我们要早，感觉很成熟，当时也说不出想干吗，就暗暗地骑车跟在她后面，看着她那个背影，都觉得有那

---

① 以下这一小段是主人公在谈论樟中段落中说及的，编纂时移置于此。

171

第四章　辗转的中学经历

种满足感。就是有过这么一段经历。

陈：尾随多长时间？

子：没多久，十分钟。她家住得很近，根本不可能跟多久。

陈：就回家里去了？

子：那还（能）怎么的？我是不敢跟女生主动说话的啦。

采访人札记

很多中国爸妈都警告过自己的儿子女儿不要早恋，视中学生早恋为洪水猛兽。有一次我问还在上中学的外甥（我小妹妹的儿子）有没有女朋友，有没有暗恋哪个女同学。不知道这消息怎么让我妹妹知道了，这下可捅了马蜂窝。我妹妹气急败坏地给我打电话说，家乡的孩子和北京的孩子不一样，要我不要对孩子说这些话！记忆中，这是我妹妹唯一一次对老哥我如此严厉指责。我感觉妹妹的心理处于崩溃边缘，那时我才知道中国学童妈妈的心理压力有多大。我当然不会怪罪妹妹，却也没法就此问题进行有效交流，只能暗自怜惜和感叹。

中国爸妈害怕孩子早恋，原因很简单，一怕耽误学习，二怕闹出丑闻。

主人公的老爸更在孩子小学五年级时就发出警告，显然理由充足，因为他这儿子身材高大、面容娇美（父亲日记中是这样写的）、穿戴帅气，极易引起异性关注。问题是，这个老爸并不了解，他儿子面临的真正困境恰恰是：身体处于青春期发育阶段，精神自我却仍迷失在幼儿园迷宫中，找不到出路。假如孩子真的早恋了，那就意味着这孩子的身体和心理趋向成熟，他倒是应该感到庆幸。

真正的问题是，把中学生早恋当作洪水猛兽，是不是出于成人想当然？不知道有没有人就这一课题进行过专门调查研究？假如有，那应该会有一些统计数据，在中学生中有多少人单恋？有多少人早恋？早恋的原因是什么？早恋持续时间有多长？早恋结果是对学习和成长有没有促进作用，还是对学习和成长有负面作用？或者说，早恋的正面促进作用与负面促退作用比例如何？促进或促退分别发生在什么样的对象身上？它是如何发生的？……有无数问题需要求证。

进一步的问题是：为什么有些国家并不禁止中学生恋爱？不禁止中学生恋爱的国家是否因此而天下大乱？我猜想，不禁止早恋也有其理由，一是，中学生到了身体发育的年龄，且有想与异性交往的欲望。二是，动物恋爱都会让它们整理羽毛，振作精神，表现出最好的风度气质，难道人这种动物反而不如鸟兽？恋爱中的男孩和女孩难道不想把自己最好的一面呈现给对方？难道不会促进他和她努力做最好的自己？难道不会因此而相互促进、共同成长？教育既然是一门科学，为什么不能以科学的态度和方式对此问题做出真正科学的调查与评估？

回到主人公身上来，主人公描述的《撞墙图》，让我震撼且心痛。我看出了，这个撞墙的小家伙，根本不是因为早恋而撞墙，其实也不仅仅是因为触碰到了女同学的身体而撞墙，更多是为自己的心理困境无法疏解而撞墙。困境的真正原因，恰是他的精神自我发育不全。他的身心已成了生物本能（本我）与社会规范（超我）的矛盾冲突的战场，他正在承受着巨大的痛苦与绝望。此时，外在的社会规范，已经渗透为内化的超我，因而"觉得自己是个流氓"，可他又无法控制自己的本能，无法克制自己的欲望和绮思。没有人告诉他，对异性身体的兴趣和欲望是每个人都有的正常现象，是身体发育的自然表现。

如果我们仔细倾听，主人公猛烈撞墙的原因，远不止是因为欲望绮思，而是包含了更多的成长的烦恼："脑子里头会出现一个你讨厌的人，或欺负你的人，说过你的老师，说过你的同学。"——他在脑子里"揍"这些人，结果却发现自己的手、自己的头已经撞在墙上，居然神奇地不觉得疼。没有人告诉他：做你自己就好，不必在意别人怎么说。更没有人告诉他，如何促进精神自我发育成长，从而不必条件反射般在臆想中"揍人"，而是学会找到解决问题的方法路径。

31

把家教气哭了

陈：当发现你的成绩上不去，他们开始跟你请家教？

子：嗯。

陈：是不是也没找到提高你成绩的好方法？

子：显然没找到。

陈：你和那两个家教相处得怎样？

子：（我）实际就是数学一直成绩不好嘛，当时就我们开始准备请家教。当时家教都是请师范大学学数学的一些大学生，他们勤工俭学，一节课十块钱、二十块钱，他们就来给你补课。先是来了一个女学生，教我上课。她也不教什么，她就把今天的课文，跟你写一遍，就这么一个小时过去了。我对这个女孩的教育吧，没有什么太多好感，因为太弱，觉得我们两个还是能说话，能稍微和谐相处。可是呢，我爸和我妈在几天后听到瑄也找了这个家教，但是瑄（妈）说这个家教教得不好，瑄（妈）说另外一个家教教得非常好，于是我爸和我妈就打电话给这个女孩，就让那女孩别来了，转请瑄的那个家教。那个家教呢，看着是比较洋气，打扮得时尚，比较严格。那天我和他起冲突，冲突在哪呢？就是做一道算术题。我印象很深，他要用这种方法做，我用那种方法做不出来，我就换另一种方法做。换了一种方法做，我换的方法有点笨，我不记得具体什么题了，好像就是一个乘法，这个乘这个，又除这个，又减这个，扛扛一堆，得出答案。他的方法，他教我那个什么平方公式嘛，你可以先让这个除这个，这个乘那个，加上这个减。我用他的方法就算不出来，然后我就自己啊，我自己琢磨那个，我自己琢磨那个笨办法。我就是这么想的，就是比如说就好像是这么，比如说17可以分17个1，1加1加1加……笨办法嘛。我就算出来了。他就总说我这个方法不对。但我说我不是用这个方法算出来了吗？答案不是一样的吗？他就说是不对，他跟我说什么，（我）就看，就不说话了。结果这个小鬼居然被我气哭了，一个大学生被我气哭了，流着眼泪离开了我们家。结果我爸非常生气，但是我还是跟我妈说，那个老师的方法跟我是一样的，不信你看，拿他做的，我又没有做错。他用的方法听不懂，最后我爸就狠狠地给了我一个耳光，然后又给了我一拳，打在我头上，揍了我一顿。揍了我一顿之后，我哭了，哭了之后，我回到房间里头，我又用那个方法，就我这个笨办法把我课后预习的十几道题全部都算了一遍。算了一遍之后，看到每道答案都用这个方法，就笨方法，都算对了，我就心里想，妈的，没做错，那个人是个坏蛋，我就把书一合，丢一边。当时我被逼得写检讨，被贴在墙上，之后那个老师来了，要求乖乖听课，我听得那么一两节，听到第二节第三节的时候，心中也有一个疑问，但是我没跟我爸交流，因为被打之后一直怀恨在心。"我拳头不够硬，要不我揍死你！"当时就这种感觉。当时有个疑问就是，为什么我说这个题这样做是对的？你们不听我的，[1]但是你们

---

① 这里的"你们"是指父母，这一小段实际上是主人公在心里与父母对话。

听了另一个，就瑄讲，这个学生好，那个学生不好，你们是不是感觉瑄成绩比我好，你们就信他？另外还有我觉得，就暗暗的总在想，这个大学生真的跟那个女大学生有啥区别？打开课后的预习题，跟你重做一遍，也不告诉你原理，也不跟你讲什么，就是题目不会，就给你做一遍。都一样，为什么要换呢？我当时也会想，有啥区别？我们两个讲课就隔着一道房门，我爸我妈都在门外，他讲得怎么样，你俩（能）看出来？我当时有这么一个想法。你为什么瑄（妈）讲就要换？

陈：都放在心里，并没有沟通？

子：放在心里头的。已经挨了一顿揍了，再挨一顿揍就惨了。

陈：你觉得你爸爸做得不对？

子：也刚愎自用，在这一点上。就是我用我自己这个算法，我都是走那种十分不取巧的，就是木瓜似的算。

陈：那是你自己想的？

子：我尽力了，我为那条道，我走不通嘛，我就尽力在那个笨功夫上一下一下算啰。我就是笨功夫算，然后大多数时候算错了，偶尔有那么几次我真算对了，那算对，课后不都是有预习答案？老爸那时候也在用心，也在想帮，但是好像初中的算术题啊，已经慢慢地越出了他曾经学过的范围了，不容易了。所以我俩算的，比如说我得出 20，他得出 25，那时候看答案，我说爸，答案是 20。我爸来一句，答案也可能是错的，你不能光看答案。我就无奈了。还有的时候，他也不会做这道题，我也不会做这道题，我们两个都不会做，这个时候我就想了个什么辙呢？我就先看答案。为什么先看答案呢？先看答案，你知道它是几比几了，我就可以推算出他从哪个，计算出哪个。我就用这种方法做做题，结果他来一句，①第一，答案不能提前看，第二，答案也可能是错的。又来一句这个话。然后就"嘶"，就（把答案页）撕掉了，不让我看。而且这种冲突啊，出现过无数次，从物理到数学到化学，我俩出现过无数这样的冲突。我们俩答案不一样，或者我答案偶尔撞对了，当他答案对的时候，那就没事了。但是一旦他的答案没对，他说答案也是可能错的。意思就是他的是对的嘛，就会出现这样的情况。就比较无奈了。那个时候，我心里就有点搓火，不讲道理，这简直就是。那段时间，我爸在每天琢磨我的课，但是其实我俩水平差不多，都做不对。

陈：不是还有那个数学补课男孩吗？

子：有一天下暴雨，我们一直在等他来上课。我爸很奇怪，就给他打电话，已经过了一个小时，还没来。那个学生说，啊，我今天有点事，我就不过来了

---

① 这里的他，是指主人公的父亲。

啊，叔叔。我爸就很生气，就说，你不过来，你来个电话呀，你说都不说一声，一气之下，再也没叫了。学生给我补课就到此为止。补了个两三节、三四节的样子。

陈：然后就你们俩在那里瞎摸？

子：在这之前已经开始瞎摸了，进入了瞎摸阶段。我爸开始陪着我战斗，我们两个开始动辄就是他用他的方法，我用我的方法，就是坚定不移地各自按各自的方法战斗。但是我爸当时显然没有注意到一件事情，就是我的代数和几何成绩其实相差太大，几何基本是零分，就一点不会，代数成绩很好。所以做到代数的时候，我比他有把握，我做对了之后，他不帮我反而也凶我。

陈：你爸是要维护自己的权威？

子：可以理解，反正就是既搞笑又是喜剧，现在回想起来。我爸重复过无数句，答案也可能是错的，你怎么能相信答案呢？就出现过太多句这样的话。

陈：为了你，你爸尽了全力，只是路子不对，是吧？

子：显然是这样。

陈：你觉得自己瞎摸没有得到充分鼓励？

子：不是鼓励，主要是因为他用他那个方法算啊——我是发自内心的——我听不太懂，我曾经告诉他们这一点，我听不太懂。然后我就想用，我就用我自己的方法，其实我是尽力在做，但是我很想告他们，我真的听不懂，就是我很想把这种感觉（告诉老爸）。

陈：你告诉了你爸吗？

子：我说过呀。但是没有办法，得不到他们的理解。我也跟我奶奶他们都说过，我做的物理啊、数学，我真的听不懂，我真的、我真的努力了。努力的例子很简单，我代数的卷子 80 分 90 分的，有哇，有不少。在留级之前就有哇。但是几何啊、物理啊，涉及画线啦、画图哇，就怎么着都不行。英语这一块，你叫我念哪，叫我那个背呀，叫我写一些语法呀，我都不行；但是老师他们显然在有一点上没有注意到，每一次的听写我都基本上能听出来，每一次的课文基本上都能背出来。但是并不是说我没有偷过懒，我也偷过懒，但是背那个课文啊，并不是说我真的记性如神，我能背出来，其实我是提前把课文给背下来，我害怕自己第二天背不出来，要抄写，我就下课的时候回家努力去背了。我背出来了之后，我有那么好几次，我觉得就是老师说出的感觉，老师太过武断，那篇课文我保证我能背出来，但是中间到最后一句的时候我总会有点——稍微有点卡，就没有那么熟练，但我能背出来。那个文老师整了一个接龙式的背方法，就是你背一句，我背一句，我是在三个，第三次的时候还能接住，但是转了一圈之后，我听力跟不上，我有点接不上了，到我的时候我就茫然了。这个原因，文老师给我打一个没有背出来，然后，洪老师就罚了我们站。我当时怨怪自己没有勇气跟老师说，其实我能背下来，你给我个机会，我当众背一遍，我就算背不全，我也是背了的，但是没有勇气这样做，觉得害怕，但是那次是觉得很委屈。陆续又有两三次，发生这样近似的事，就是转了一圈后就听不太见了。就有断电。

补习班和请家教，在中国蔚然成风，可谓学生家长的两大法宝。关于这一社会现象，已有过很多讨论，教育主管部门也明智地三令五申，试图加以遏制。问题是，应试教育深入人心，补习班作为应试教育的必然衍生物，不可能灭失。关于教育制度如何影响大众心理，大众心理如何淹没思想明智，这里不予讨论。

主人公的家长为他请家教，效果如何？答案是：效果不佳。主人公的"家教三部曲"，显然是一茬不如一茬：男家教不如女家教，老爸亲自赤膊上阵，结果却变得很搞笑。具体说。家长从师范大学数学系请来一个女大学生给主人公当家教，数学系专业大学生当初中生的家教，在专业技术上当然没有问题，教育能力方面能力及效果如何？家长没有评估，我们也就不得而知。主人公说，实际效果也不怎么样，但好歹能够相处。也就是说，如果长此以往，或许会有一定的效果。问题是，家长听瑄的妈妈说另一个大学生教得更好，就迫不及待地换人，结果是：主人公把这个男大学生家教气哭了，老爸把小家伙揍了一顿，后来老爸因故把男大学生也辞退了，自己亲自上阵，结果上演喜剧，家教事也就不了了之。

为什么会这样？值得深入讨论。

此事涉及心理和传播两个方面。证据是，小家伙说女家教"因为太弱，觉得我们两个还是能说话，能稍微和谐相处"。能和谐相处，即有良好的传播氛围，传播氛围影响传播效果。男家教为什么不行？且不论女家教和男家教的专业水平如何，关键是主人公的心理不同，传播氛围也就不同。主人公对男家教有明显的抵触心理，因为这个男家教是瑄的妈妈介绍的。瑄的成绩好，主人公老爸老妈对瑄妈妈言听计从，无意中伤害了主人公的自尊心。由于抵触心理，小家伙故意跟男家教对着干，以至于把对方气哭。主人公在陈述时，说他这样做是因为自己与家教之间存在"方法"之争，真正的原因更可能是潜意识的同性相斥。老爸亲自上阵为什么也不行？看起来是因为老爸的数学专业水平不高，以至于——在主人公的陈述中——变成喜剧角色；真正的原因仍然是潜意识抵触，老爸刚刚将小家伙揍了一顿，现在又来当老师，小家伙无法适应，也无法接受。因为老爸是老爸，老师是老师。否则古人为何要易子而教？小家伙不敢与老爸对抗，但又怨气难申，于是在幻想记忆中把权威老爸塑造成可笑角色。

任何教育者，包括家长和老师，若不懂学童心理，不尊重学童的主体性和自尊心，就不可能有良好的教育效果。真正的好老师，不仅要有合格的专业水平，还要有准确洞察学童心理、营造良好传播氛围的能力。不懂得学童的心性，不尊重也不会呵护学童的自我与自尊的人，即便专业水平再高，也不会是好老师。

32

漫画瘾

陈：你爸在你书包里翻出漫画来，说要见一次撕一次？

子：嗯。

陈：结果还把龙的漫画撕了？ ① 具体是什么情况？

子：撕了。龙借了我三本漫画，我爸说，又在看漫画了！我说这是龙的书，然后他说：你们在一起就是不学好！就把龙的书也撕掉了，撕得粉碎。后来我跟龙讲了这个事。然后还偷了钱去赔他。

陈：偷了钱去赔他？

子：嗯，偷了钱去赔他。

陈：在家里偷了钱？

---

① 龙的漫画，不是关于龙的漫画，而是主人公向龙同学借的漫画。

子：在家里偷了钱。

陈：赔他三本《机器猫》？

子：对呀。撕得一塌糊涂。

陈：上了初中，为什么看漫画会再次上瘾呢？

子：我一直就漫画成瘾。只不过在初中就变得瘾越来越大了，我就一直就特别爱看。

陈：自己不想控制，还是控制不住？

子：对，控制不住。你撕了我还想看，到后来你不给我钱，我就偷钱。偷钱不让偷的时候，[1] 我就在漫画店不回来，我每天下午看一个小时后再回来。

陈：你爸撕你漫画，这是最后一次撕你的书吗？

子：不是。后面还有撕了好多次、好多次。

陈：你攒零用钱买漫画，被没收了是吧？是被谁没收了？

子：被我爸没收了。

陈：也是被你爸没收了？

子：然后撕了。那个漫画叫《霸刀》，五集，五大本漫画。

陈：不幸又被你爸发现了，然后呢？

子：撕完之后呢，他还跟洪老师打个电话，告诉她，我漫画成瘾，第二天，老师还批评了我。

陈：那时候你怨恨老爸吗？

子：当然怨恨啦！那时候的心情已经是，已经就跟我爸就整整一两个月我都不说话。

陈：一两个月不和老爸说话？

子：哎。不说话，什么话都不想说。那个《霸刀》，我攒了好久的钱，一块钱（需要）每天攒。

陈：你说你曾偷钱，那是什么情况？从哪偷？怎么偷？

子：我爸柜子里头就有一个钱包哇，钱包直接拿不就行了吗？

陈：钱包他不随身带吗？

子：不带身上，在家里，放着买菜的钱，拿着就是。

陈：钱包里有多少钱，他也没数是吧？

子：他也没数。反正漫画也不贵啊，两块钱一本。

陈：你最多一次偷多少钱？

---

[1]　偷钱不让偷说不通，应该是说在家里偷不到钱的时候。

子：五六块钱，十块钱。

陈：哦？最多的时候偷过十块钱？

子：最多的三百多块钱，就是买那个游戏机。那次是偷得多。大多时候偷钱，就是想买几本漫画书看，就是十块钱。

陈：偷三百块钱游戏机，是在几年级？

子：初一。

陈：嗯。你会表演，还会扮小丑，那是什么情况？

子：那已经接近初二了，其实一方面是扮小丑，另一方面就是，龙点燃了我对表演的兴趣，这点是龙带给我的好处。他后来不是北电学表演吗？那肯定是因为他从小就爱演嘛。每次元旦啦，每次五一节、六一儿童节啊，要演节目嘛，他想找个搭档，演一些像《乌龙院》《麻辣三国》，当时比较流行的一些漫画里面的一些角色。

陈：你在初中节庆演出的时候还上过台？

子：上过的，而且我惊讶地发现我居然能演。而且我演完之后，我会成为第二天大家写文章、写感想的主角。

陈：与幼儿园跳蝌蚪舞的时候完全不同了，是吧？

子：对。

陈：上台表演是不是一种享受？

子：我并没有那么喜欢，是因为有故事，和有电影的感觉。让你有（成就感）。

陈：至少没有别扭？

子：没有别扭，会让你有一些兴趣。而且龙啊，他也的确是有文艺天赋，他跟你挑的那些东西啊，现在看来其实都还是挺经典的漫画，都画得功力很好的，有那个看下去的欲望。因为我看漫画集中于日漫，龙给我搭一些漫画属于台湾漫画，都带一点人生的小哲理呀，有生活的各种小幽默呀，市井中的那个小风情的那种感觉。然后这种漫画突然一下子（吸引了我），以前是不爱看的，因为要表演嘛，所以就去看。我看的时候就觉得挺好看的，然后还去演，演完了，还有掌声。就是演的时候能感觉到好像每两分钟会哄堂大笑，因为大家去表演节目啊，那个班我后来回忆起来，还的确是只有我和龙有可能成为搞艺术的学生，因为大多数的孩子都很理工科的，没有什么趣味，在表演节目的时候就看出来了，跳舞没有，去练节目，演小品的都去演正剧，甚至都不会去选择，老师很头痛怎么去推动孩子们去文艺汇演啦什么，这就是在以前的小学好像不成为问题的，在初中我发现这是个问题。而就在这种情况下，龙每次他就选了一些（漫画节目），这种东西，就比较好，所以就一下子跟别人不一样嘛。没有看过，他也会演。

陈：演的时候会不会增加你的成就感和自信心？

子：会。必然会。我演过三次。初一春季，初二下学期，[①]一共演过三次。

陈：三次是三个不同的剧目，是吧？

子：不同的剧目。

陈：每次都比较受欢迎？

子：比较受欢迎，啊，《麻辣三国》，还有《乌龙院》，还有一个是《老夫子》，都是台湾式的流氓话。

陈：跟日本的漫画不太一样？

子：减轻了一些血腥味，有感觉，尤其是看到《乌龙院》的时候。《乌龙院》里面，讲一个寺庙里有两个老和尚，一个小和尚，还有一个更小的和尚，这四个人在一起。那个年轻点的和尚，感觉自己没有存在感，说，老子每天为你们做菜挑水弄饭，你们都不说我好，还挑剔我，我走，然后就背上行囊跑了。跑了之后呢，到外面去卖艺，练功，赚钱，反正啊，样样都不行。（后来）好像突然就想念起（寺庙生活），宁肯回到寺庙去做菜。最后这个和尚，晚上往山上走，那三个和尚背上行囊往山下走，然后见面的时候，他们打成了一团——不是亲热，而是打成了一团。相互指着对方骂，你个贱人，你到哪里去了？害我吃了一个月的水煮土豆。然后到第二天，又是重复着当时的景象，[②]他做菜，所有的人说你这菜也太烂了。但是觉得。呵呵，就是很开心，他们都找到对方的重要（性）。突然就有一种感觉，其实就是不太被人注意的、能力并不怎么强的人啊，其实他在世间也有他的幽默和成就感，也有他的一席位置。

陈：都有存在的价值感？

子：对，当时会有一点点，就不像日本（漫画）让你会（感到）那种悲剧感、血腥感。这（台湾漫画）会觉得有一股暖意涌上了心头，会有这种感觉。

陈：所以你要感谢龙。有一次你买了一套漫画书，把门锁起来坐在屋里看，你爸进来把书全部撕掉，你觉得像得了病，沉重得要命，那是什么事情？

子：买了一套《神兵玄奇》。

陈：初中生都喜欢，都想得到一套的那个？

子：对。我转过好多初中啊，有太多太多的（同学）都爱《神兵玄奇》。我到哪去，都有《神兵玄奇》的踪影。不论是学校旁边正规的文具店，还是小车摊

---

① 此处记忆有误，初二下学期主人公已经转学了，不可能与龙一起表演。

② 应该是重复着以前的景象。

贩来推运的那种盗版书，还是那个地下道卖零食那种小商店，全都会摆那么一两本《神兵玄奇》。个别的那些专业漫画书店啊，就还一藏就是《神兵玄奇》。[①] 当时《神兵玄奇》正在原创连载中嘛，大概是每一个月出四本。当时又出了四本新的，我就买了，还是借钱买的，借龙的钱买的。买了之后啊，我想忍一忍，趁爸他们睡着了再看。哎呀，忍不住，实在忍不住，上一集的情节在心中久久不能抹去，就老想知道下面（的故事），他们一直都搞下回分解，你怎么办？就是好想看好想看，控制不住。那个主人公叫问天，拿到了神剑之后他会干吗呢？哎，忍无可忍，就把门给锁了，假装在里面看书，就不让我妈进来，就是课本里头夹了本小书，看《神兵玄奇》。当我终于努力把第四本看完了的时候啊，我爸终于气得砸门了，我就把门打开来了呗，打开了之后，我爸就（叫我）把那个书交出来。

陈：你不是可以把书藏起来吗？

子：我爸知道我在看，就叫我交出来呀。不交出来就要揍我。我藏起来了，就一定要我交出来呀。"你交出来！你交出来！"

陈：交出来了？

子：就交出来了。交出来之后，我爸就开始骂我，没用，败家，不认真学习。就开始各种骂，骂得那次就是感觉到胸口啊，真的是喘不过气来，觉得几块大石头啊，比平时那种感觉到的大石头要气闷、要强烈得很多倍的感觉。觉得我都喘不上气来了，真的就是喘不过气来了，觉得太难受了。后来我就哎哟出声了，我还摸着胸口，我就从站着，不得不坐下来一会儿，才稍微觉得好像舒服一点点。那几本书就被撕掉了嘛。

陈：当场撕掉了？

子：啊。那段时间当场撕书，已然成为我人生的常态。

陈：既然是常态，这次为什么格外难受呢？

子：就，就，不知道啊！

陈：老爸骂你，有些新词语让你格外难受吗？

子：都是那些语词，没啥变化。就这次格外难受。

陈：为什么会说你"败家"？那是什么意思？

子：没用的东西。

陈：但你刚才说了"败家"。

子：应该是"没用的东西"更准确。我说了，当时具体我爸说了什么，（复

---

① 这句话的意思是：专业漫画店都会把《神兵玄奇》作为常备商品。

述）有点难度，但是我印象当中，跟没用啊，跟败家呀，跟你丢我们家的脸啦，这种内容是有关系的。啊，我觉得——"我对你很失望"。就这种感觉。

陈：你确实控制不住自己要看漫画，是吧？

子：实在控制不住，太想看了，就是到了你不让我看，我也写不进去，脑子全是漫画书。我看再发展下去，我就要自己画漫画了。我痴迷漫画痴迷到什么程度哇？我一个同学，他是美术课代表，成绩很好，他也画画，他有想当漫画家的梦想，他就仿照日本漫画呀，画了几页漫画。他还给漫画取个名字叫《离岛》。画得还挺好，但是情节没有设定，只有人物，他画了四五页，我当时看到了，就爱不释手。我那时候没有漫画看，我催他，你赶快画，我要看啦，赶快画！结果他说我上课不听讲，看他什么《离岛》，给我写了一封举报本，[1] 被洪老师拽出去骂了一通。就是我看漫画的瘾啦，属于人尽皆知，就是老师讲，很多人都迷恋漫画，所有的同学"哗"一起看到我，知道是说我。

陈：去年有个小男孩，[2] 他爸爸把他的手机收掉了，然后他从楼上跳下去了，那个小孩，估计那个小孩玩网游的瘾头跟你有的一比。

子：我怕死，我曾经有过自杀的念头，我把窗子打开，找了把椅子看了一看，感受了一下，心里头的本能告诉我，我怕死。我下来了。

采访人札记

老爸撕孩子的漫画书，且扬言要见一本撕一本，当是许多家庭的日常风景。我也是学生家长，当然能理解主人公老爸的心情：孩子学习不好，听课、做作业无精打采，偏偏对漫画书如此痴迷，把大把大把时间和精力投放到漫画上，还屡教不改，屡教不改。屡教不改！能不让老爸愤怒、绝望乃至疯狂？

老爸的心情可以理解，老爸的行为却难以恭维。怎么说，撕书都是不文明的行为。从孩子视角看，老爸的行为更是盲人骑瞎马，夜半临深池，危乎险哉！

首先，该老爸犯了一个常识错误——也许有人把这种错误当作常识——以为痴迷漫画与孩子的学习水火不相容，却忘记了开卷有益，看漫画本身也是一种学习。从主人公的陈述看，痴迷漫画还有意外收获：应同学龙之邀约，三次在学校文艺演出时上台扮演漫画人物，这事的意义可不小。一是让孩子积极参与集体活

① 这话的意思是，在与老师的联系本上写了举报信。
② 这里所说的"去年"，是指采访的前一年，即 2016 年。

动，融入同学群体；二是使他有当众表演的勇气，锻炼孩子的胆量和能力；三是通过表演收获掌声与笑声，提升孩子的自信心；四是在排演过程中增加对漫画故事和人物的理解能力，同时也让孩子增进对其他事物的理解。

其次，老爸所犯错误，是一叶障目。单纯以考试成绩论英雄，而看不到孩子在上初中时实际上已经有明显的向好之心。虽然某些功课的成绩暂时没有明显改观，但该努力的地方他也努力过。孩子学习成绩不佳，学习不怎么上道的真正原因，是他始终没有建立良好的学习习惯。而建立好习惯，须在兴趣、上进心、荣誉感的推动下，走出舒适区。上进心、荣誉感，则与孩子的自我意识及自我期许有关。没有精神自我的支配，要走出舒适区，建立好习惯，戛戛乎难哉！

再次，撕书、辱骂孩子二者，都是典型的家庭暴力行为。这种家暴行为非但没有任何实际效用，反而有意料不到的负面作用，即对孩子的自尊、自信、精神自我的成长发育造成灾难性打击——请听主人公的证词："我爸就开始骂我，没用，败家，不认真学习。就开始各种骂，骂得那次就是感觉到胸口啊，真的是喘不过气来，觉得几块大石头啊，比平时那种感觉到的大石头要气闷、要强烈得很多倍的感觉。"孩子老爸显然完全没有意识到，自己行为的后果是什么。尤其是该老爸还将撕书的事告诉孩子的班主任，要与班主任一起来围剿孩子的漫画瘾，结果却是联手抑制和摧残孩子的自尊。自尊是精神自我的基础，基础出现问题，怎能指望良好的自我上层建筑？

心理学和人类学研究表明，孩子会复制父亲母亲的行为。原理很简单，超我多是复制物。父母是孩子的权威，也是"超我"建构材料与信息来源，越是精神自我发育不良的孩子，长大后就越是会复制其父母的行为模式。

搞笑的是，对孩子真正的错误，例如从家里拿钱——不告而取——去买漫画书乃至买游戏机，家长好像没及时发现。孩子长大后并没有变成小偷，不是家长教育的结果，而是因为孩子精神自我发育，因为自尊而学会了自律。

33

语文林老师

陈：你换了一个语文老师，老师喜欢打人？那是什么情况？

子：其实那个语文老师，教得相当不错。远胜过我见过的大多数语文老师。是一个年轻的语文老师，他的名字我一直都还记得，姓林。个子很矮，戴着眼镜，皮肤黝黑，喜欢在下班之后啊，和他几个同学踢足球。这个老师呢，他是对面那个班，文老师那个班的语文老师。在我们语文老师生病的情况下，代替，代班。这个老师，一上课的时候，说实话，我还挺爱听。我的那篇影评的作文就是在他这里写出来的，①而且他给予了极高的点评。他在上课的时候声情并茂，朗诵了我这篇一千字的文章。朗诵得还挺好。（他）让很多成绩好的学生说，你知道为什么他写得好吗？我记得班长——叫垒，是一个学习特别努力，但是灵气不那么足的学生——他回答，我这篇文章就是挺好的呀。②然后他说，垒，那你没看出来，因为这篇作文有细节，这个同学，他是真的看了这些电影，他写的细节，让我有一点点小感动。而且我感觉他也真的教了语文的一些东西，他会在上课的时候，铺垫一些（文学知识），前面两个老师就是上什么就教什么，③这个老师他会讲（课程以外的信息）："你要看《堂吉诃德》。"有时候会讲《三剑客》，有的时候会讲一些（文学名著）。（另外）就是会想象，就很夸张的表演。比如说，现在我是这个全联盟宇宙无敌最伟大的语文老师，比如我要造个句子，你们要学我牛，你们怎么造？他会这样。有时候也会跟我开玩笑说，你们知道吗？在对面那个班，我是很被崇敬的，粉丝是很多的，他们给我一个外号，叫情歌王子，我唱首歌给你们听哈，他唱的是什么长河落日圆，然后全班就会哄笑。每一个礼拜、两个礼拜搞一次（知识竞赛），他称为"沙场秋点兵"。他会把所有他教过的初中

---

① 所说的那篇影评，曾在第三章《音乐与理想》一节中主人公说他立志要当影评家时提及。

② 这里所说的"我"，并不是班长自己，而是说主人公。

③ 意思是说，别的老师都是按照教科书讲课，很少讲教科书之外的文学知识或信息。

学生全部聚集在一个大教室里，点号码，16号，那么一班的16号，二班的16号，三班是16号的全部站起来，我们来把这个礼拜学习的成语、词句、诗句比赛，赢了个人获得他亲自赠送的小蛋糕，他会每个礼拜都搞。

陈：哦？

子：但是他有一个毛病，脾气太不好。有一个叫超的学生特别调皮，他就把超啊，整个倒着提起来，让他在地上撑俯卧撑，当众撑。撑完了之后让他跪着，说："你给我跪着！"就这脾气，明着体罚。有的时候碰到个性强的学生，说这个不是他做的，揪着头发把你提出来，直接就真是踢啊，踢到外面去呀。而且很武断，有一次他差点冤枉我，他说，谁打的响指？就听到了一个响指，指着我说，是不是你打的？后来身边的同学都说我没有打。那老师就还不相信，指着我说，注意一点。他对学生，真是一视同仁，不分男女，不分前面还是后面，①只要他觉得你不对，他来火他就揍你。就这样的老师，很年轻，脾气很大。但是教得的确很好。也是在他的课上，我的记忆得到了一些发挥。他搞的一次语文竞赛，他练了好多不属于我们背过的诗词，里头就有什么"杨柳青青著地垂"，后面一句让我们去写，其实是让我们拿着《唐诗三百首》去找，谁先找到，冲上来写上来，就赢了。偏偏我不是很多背过吗？这个时候就成了，就跑得很快，就能写出来。有几次，也是玩接龙了，背古文，让我们接，每人接一句每人接一句。你不但得接，接下去你还得——如果你念到句号的时候——你得停，你要是把后面那句念出来，也算你输了。这一点对我们班上的学生都提出了一个挑战，很多成绩好的学生都挂掉了。最后站起来的不能（接上），就是输了，你站着，其他人就坐下。一直到最后，就是站起来的越来越多。我印象中，我一直坚持到了最后一个。就是我的智力得到了一定的发挥了。

还有一个深刻印象，就是这个老师有一天留堂，说没写完作业的同学留下来，其实我也没写完。但是他没有点我的名字，结果我自己跑去跟他说，"我、我、我，没写完作业，老师你没有点我。"我靠！我讲了我就后悔了，没点我，跑就得了，结果留下来了。我留下来就开始听写。听到第三个第四个，他就跟我说，你叫什么名字？我说了，那个事情发生在写那个影评文章之前啦，你考得还不错，你都记得，中午我就走了。就这么一个老师，教了我几个月。

陈：只教了几个月？

子：那个生了病的老师又回来了，（我们）又回到了比较沉闷的课堂。（林）这个老师的活跃度啊，还是比较好的。

---

① 前面和后面，是指学习成绩好的坐前面，成绩差的坐后面，这里是指不分成绩好坏一视同仁。

陈：如果这个林老师继续教你，会更好一点？

子：我语文一向其实还过得去啦，没有那么糟糕，就是应试不那么强。但不是像物理，得个30分、40分。（语文）怎么着七八十分啦，尤其是脑子搭对了线，撞准了，得90分的时候也是有的。但的确当时学得没有什么兴趣，尤其是那个年纪比较大的老师来呀，那真的是兴趣索然了，一点意思都没有。每天都是你念，你读，你知道这个字念什么吧？这老师还是什么市区优秀老师。后来那个语文老师也走了，就在我离开学校之前，就那个年轻的林老师走了。

我有过两个语文老师都很好，一个就是林，还有一个就是（我）又回到附中，又有一个语文老师，姓向。[①]这两个老师教语文教得（好）。向就是教得比林还要来得更好。确实有过两个在语文方面很不错的老师。林老师对我有帮助的。其实我爸小时候给我讲过一些《白雪公主》《灰姑娘》啊。我不记得——那个应该是《格林童话》——就是有一个人他不是生病了吗，而如果对面的这个枫叶要全部掉下来了，我就得死。有一个画家听到了，他就把那个树叶画下来，就是第二天醒来，给他看，你看，那片树叶还在上面，他就没死。结果那个画家死去了。[②]之前的那个老师会叫我们去读《野草》，读鲁迅，读《朝花夕拾》，其实读得懂个鬼，根本就看不懂。这个老师上课的时候，就提到那些我曾经看过的，我爸给我讲《安徒生童话》《格林童话》。他讲得特别生动，他说，你想象一下，一个人啊，你都快病死了，最后的希望，仅仅要的就是一片枫叶，你说把他完成这片枫叶，这个自然的万物，无法阻止这片树叶的落下，但是艺术却可以让那片树叶在那个墙上永生，是精神的力量让他战胜了疾病。其实讲得特别，就特别感人。就唤醒了小的时候，我的读《格林童话》《安徒生童话》啊，我突然就发现我爸小时候给我读的《白雪公主》啊什么这些故事啊，原来每一个都是经典，就在这个老师的讲述之下。获得了……激活了。老师就说，你们以后一定会明白安徒生和格林童话是永垂不朽的经典。那个老师就是无论发脾气多坏，他是个热爱文学的人。

① 向老师的故事，在《重回附中》一节中会有讲述。

② 这个故事出自美国作家欧·亨利的短篇小说《最后一片叶子》，并非出自《格林童话》。

采访人札记

这一节，是主人公中学时代难得的亮点，因为他遇到了好语文老师。

什么是好老师？每个人都有自己的评价标准。主人公认为林老师是好老师，是因为他对林老师有好感；之所以有好感，是因为林老师曾和颜悦色地询问他的姓名，不在意他成绩好或是不好，对成绩不好的同学没有歧视，而是一视同仁。更重要的是，林老师发现了他的长处，并给予他表扬和鼓励，从而点燃了他的学习兴趣，从而照亮他的自信心。林老师是点灯人，让他看见了光明。当然，那些被林老师踢打、罚跪的同学，对这个林老师的记忆和评价很可能截然不同。

现在我可以肯定，主人公是个"顺毛驴"：得到鼓励和表扬，他会兴趣盎然，信心大增。小学时得到语文老师一次错判的高分，让他灵光乍现。中学林老师在班上读他的影评作文，他就要把当影评家作为终生理想。相反，若被老师漠视或批评，他就会受挫沮丧，对功课兴味索然，小学美术老师、中学英文老师对他的态度，使得他从此不爱美术，学习英语也从此三天打鱼、两天晒网。这一特点也进一步证明了主人公的"原始心智"，精神自我确实发育不良。

讲述这段回忆时，主人公的精神自我已经相当成熟了。证据是，他说林老师是好老师，却没有刻意为尊者讳、为贤者讳，即没有掩盖林老师脾气率真火爆、动辄踢打或体罚学生的事实。在他的讲述中，林老师的形象有多侧面的呈现，个性鲜明。他说林老师是好老师，并不仅仅是因为林老师对他好，而是林老师在教学时不仅用心，而且热情洋溢，常常"溢"出教材教法规定的范围，向学生提及《堂吉诃德》《三剑客》等世界名著，让学生兴趣盎然。更可贵的是，林老师还有高招妙策，每周或每两周一次"沙场秋点兵"活动，是最大的亮点。这类活动的最大妙处，是有效地点燃所有学生的学习热情，让语文课堂不再枯燥。

语文课沉闷枯燥，好像是一个普遍性的问题。是因为没有好老师？恐怕不能这么说，主人公的另一个老师即年纪比较大的那个老师，还是市级或区级优秀老师，肯定不会差吧？可是主人公在他的课堂上明显感到沉闷无聊，原因之一，是他会严格地按照教材教法讲课，不会越雷池一步；原因之二，是他让初中一年级学生按规定读鲁迅的《野草》《朝花夕拾》——主人公说他根本读不懂。

语文老师好与不好，当然不能由一个人说了算。这个孩子读不懂鲁迅，不等于其他孩子都读不懂。初中生是否应该读鲁迅？这不是问题，鲁迅当然值得读。问题是：初中孩子是否能读懂鲁迅？初中生读鲁迅是否有效？这要作广泛调查，假如超过 51% 的同学说读得懂、很有效，那当然皆大欢喜。

更重要的问题是：语文课的教学目的是什么？是学习语文知识，提高学生的考试成绩，即在中考和高考升学率上见分晓？还是让孩子见识祖国语言的艺术，培养阅读兴趣，养成阅读习惯，即让孩子主动去读更多的书？二者本非冰炭不容，其重要性排序更不是什么世界难题。但有不少学校硬是制造了反效果：由于语文课枯燥乏味，学生讨厌语文，甚而讨厌阅读！在这一意义上，主人公说"那个老师就是无论发脾气多坏，他是个热爱文学的人"，就格外值得庆幸。

34

兴趣与兴趣班

陈：你初中上过什么兴趣班？

子：初中，兴趣班是自选，就是给你列几个科目。

陈：比如说？

子：英语，武术，电脑，数学，美术，剪纸，我就选了一个——我又心血来潮——选了一个生物，选了个剪纸。我就开始了周六上课。但那个剪纸课啊，老师经常有事就不来，总是提前通过一个班干部告诉我们：取消了。所以那个课经常变成了空堂。生物就上得比较多，因为是生物课，是兴趣班，跟平时上课的内容不太一样，稍微有那么一点点动手能力，比如解剖鱼骨头哇，老师教我们怎么把鱼骨头用一些药水给泡了，有些地方边角泡得变样了，然后他就让我们粘成一个什么天鹅，粘成一个什么老虎。然后带我们到学校的生物教研室，里面有很多种器材，开始带我们去看各种器材，然后看到有一具好像是真的人骷髅吧。有那个胎盘，婴儿的标本。那次有点眼界大开。原来尸体漂浮在药水里这个鬼样子。

陈：胎盘和婴儿的标本？

子：婴儿，小婴儿，胎盘，都有，就放泡在药水里头。小婴儿，特别小的那种，老师说是真的。泡在一个小药水（玻璃罐）里面，浮在里面。我们去参观。老师让我看的，全都没看；老师不让我们看的，看得都觉得眼界开得比较大。还有鸽子的骨架，各种小标本什么的，算是开眼界嘛，就发现原来人体的内部是这个鬼样子。老师当时还跟我们讲，这个胎盘可以做药，做药引，跟我们讲小婴儿成型的过程。那个生物老师是一个人非常好、很年轻的老师。有的时候会带我们去采花粉啦，采植物的种子，给我们讲一讲。有时候陪我玩一玩什么猫捉老鼠游戏。

有那么两次，一次是生物课和剪纸课都取消，然后我就玩去了。我就没告诉我爸妈不上课，我就出去玩，玩的时候呢，那也没别的玩伴玩哪，我的第一反应还是去奶奶家，去跟宇玩。我就跟他们说，已经把课上完了。我就跟宇玩了一会游戏机。又一次去我奶奶家，宇和我姑姑姑父都不在，真是上完了课去，去了之后，我奶奶在烧肉丸海带汤，她就留我吃饭，还打了个电话给我爸。后来我回去了之后我妈就不高兴，说以后不得未经同意去我奶奶家玩，就说了我。但我还是去了第三次。第三次是怎么回事？是那次我作文难得神经搭对了老师的线，得了一个 90 分，我当时啊就很想告诉我奶奶呀！那个分数很高，也想展示一下成绩嘛。老师当时还奖励了我一根很长很长的圆珠笔，非常长，就像一个大烟管样的圆珠笔，当时很兴奋。但是很奇怪，得了好评的作文和得奖的笔啊，我都没给我爸说，也没给我爸看，现在回想起来，为什么不给他看？很可能给他看之后，他又说我写得不好，因为以他这个编辑要求来看，肯定（认为）写得就是一坨屎。写得当然不怎么的，我就担心会不会他又给我改一堆，可能。我现在回想起来，是不是有这种心理。当时就没有给他看，但是很想去给我奶奶看。于是那天就去了。当时就是有一种心理，觉得好久没见到宇了，要给他带个小礼物。我们学校旁边有一个礼品店，其实隐隐的还有一个心理，就是说，好像跟宇好久没有联系，每次见面也说不上什么话，总觉得那种兄弟关系见面好像怪怪的，就好想打破一下这种关系。所以就拿着家里的一百块钱，去了我奶奶家，把我这个礼物送给宇，当时宇就很高兴。那两个礼物现在还在他家摆着，一个是个弹球，还有一个是小闹钟似的那种电子闹钟，一开那个钟啊，它会有一个钟里面吹的雪花儿，像是要吹起来，飞起来。就花了一百块钱。唉，玩了个有二十分钟，我爸——我靠——上门了，正好撞个正着，我爸当时就很惊讶啊，就说他又来你们家了？又来了？当场就要叫我出去，当时因为我姑姑在我奶在，当场没有打我，但是我爸就走掉了。我不敢回家，我回家肯定被他痛揍，我当时想着不敢回家。

陈：痛揍一顿的原因是偷了钱，还是擅自行动？

子：偷钱啦，包括逃课啊。

陈：你爸发现你偷钱了吗？

子：肯定的。因为当时不是……？

陈：你哪来的钱买礼物？

子：对对对。我姑父跟他讲了。当时想，肯定回去会被痛揍一通，就不敢回去。我爸就先回去了，然后我再后回去。回去呢，唉，就是一脸沮丧啊，那哪能还记得说要把得了 90 分的本子给我奶奶看哪？早已忘了个精光了。在大门口换鞋的时候呢，我手上拽着那个作文本和那个圆珠笔，我就把它放在这个鞋架上面，换鞋，我奶奶就顺手看了一下，哎，结果得 90 分是没看到，倒是说了一句："这个字写得太差了！"当时一下子的心情是，雪上加霜。但是那一刻，更多地是想着回去怎么挨揍。她讲的这个事情的失落感，很快就被挨揍的（担忧）给淹没了，就无所谓了，就蒙着头就回去了。我爸在家里等我，因为我姑姑交代了，不要揍我。所以那天也没有揍我。于是乎，我就写了一个一百字到两三百字的检查，就交代，这次为什么不上课，为什么要偷钱，为什么要去奶奶家。这个检查的内容现在记不清了，但是能清晰地记得当时啊，我没有把去我奶奶家，想把这个作文呢，90 分的这个事情写出来。也没有把我为什么要买礼物，给宇的这个（礼物和）我当时想法写出来，我写的理由应该是所有同学小孩子都会写的理由，就是我不该偷钱，我痛写一篇两三百字的、一两百字的检查报告。然后有那么两三天，我跟我爸关系紧张，你不理我，我也不理你。

陈：你在附中的这一年半，有任何高兴的事情，能不能尽量回忆一下？

子：有。有几件高兴的事，其中一件高兴的事情是，课文竞赛，就是那个林老师搞的课文竞赛，有一回，他是连点三个人的名，然后三个人起来之后呢，就每个组 PK 嘛。当时还布置战术，对面的三个组呢比较强的，我们这三个组呢，我和另外一个人都属于拖后腿的。但是呢，在这个默写的时候，我就跟游去 PK。我把他 P 下来了。

陈：默写 PK？

子：对，默写.记课文我从来就没有很糟糕的时候，然后就很（快）就把他 P 下来了。

陈：游是一直是名列前茅的那个同学？

子：一直是。

陈：他也是老师的孩子吗？

子：教工子女，管得极严。他妈是个特别厉害的老师，是教语文的。这个默写呀，干啥的，那肯定是（很厉害）。

陈：结果呢？你把游 PK 掉，有什么奖励吗？

子：奖励倒没有，但是我感觉到了整个组哇，就是我们班是这样竖排坐的嘛，我感觉到整个我的一列小组哇，对我好像……

陈：刮目相看？

子：刮目相看或者是说有点充满了，期待，觉得好像是我能把游给干掉，或者是怎么样、怎么样。

陈：怎么样？

子：就比赛，比赛的过程当中，就是我们连着默写好几句嘛，什么"黑云压城城欲摧，甲光向日金鳞开"，这种诗词嘛，都是上课念的。在这种情况下，老师会不停地念，这一句、下一句是什么，你赶快写，大家前几句——我能感受到那种氛围呀——对我都没抱啥希望，后几句大家发现我原来还可以。于是就（有）这种情况就，就是那种气氛的变化，好像能从我背上的汗毛中感觉到一样。

陈：你没有看后面？

子：我怎么可能看后面？我对着黑板。

陈：OK。这是非常愉快的经验。

子：然后也有过，比如说老师会报这个，呃，一，你根据一写一个成语，二，你造一个词；三，（你）造一个词。然后那个叫什么？当时我印象中，就是念到七的时候——或者念到三的时候——当时我们这个组整个都沉寂下来，没有人能举手，即便成绩好的也没有举手，我印象中我举了手，还蒙对了嘛。都是武侠小说中看来的词，什么七窍生烟，什么的我就报上去，然后还真算了对。就这样，三魂七魄，武侠小说上的词，就这样往上面弄嘛，这也是算是一个比较好的回忆吧。

另外就是英语老师的课，那也不全是（负面记忆），大部分时刻真的是很惨的回忆了，当时，说实话，也不是说总是有那么惨回忆，就是说总有一些好的回忆。就是怎么说呢？其实就是应该说啊，我好像在英语上，他的很多语法呀什么东西，我真的有点听不太懂，我一直没有找到学习的门道，他讲的很多东西啊，什么一般疑问句，现在进行完成时，[①]我都不求甚解，不懂。脑子搭错线，都听不进去。但是我每次怕他说我，我会回去背书，有那么一两次，我背书失败了，但是大多数时候呢，他会叫很多学生同时上去背书，我虽然背得很慢，说的英语啊也都不标准，但是好像能坚持到最后，让他感觉到我背过书的。然后下来，安全

---

① 应该是：现在完成进行时。

脱险。也是我的某些（愉快）时刻。

陈：安全脱险，文老师也没有继续为难你？

子：文老师？没有。但是文老师曾经跟我爸说过一句话。这句话我也不知道是不是能说明什么。他说，你孩子上课的时候问题经常答不出来，但他对学习有兴趣。这是文老师在我爸到学校——被老师叫去告我的状的时候，别的老师告状的时候——见到了文老师，文老师（说的）。

陈：当着你和你爸的面说的？

子：没有当我的面。这句话是我爸回来跟我妈说的时候，我在旁边听到的，他有过这么一句话。

陈：这是个平常描述，为什么对你有那么大的宽慰作用呢？

子：就是很少得到老师的表扬嘛。而且究竟叫什么，有的时候有一种感觉，其实也不是说我不努力，我其实也努了力，而且我能背诵课文，句子。说明我，甭管我，我起码在这个范围之内，我能做到的，我会尽量去做——尽量做了一下，背书我觉得我还是可以的。有时候就觉得，也想得到些表扬啊，得到一些（鼓励）什么呀，但是，不是得不到啥表扬吗？就是自己强项的那一面吧，老是碰到各种情况展现不出来；你弱的那一面吧，却总是被变成提问发言。但是我想我爸妈当时应该知道我记忆力还可以，为什么呢？因为我英语啊，就是每次我背得差不多的时候，晚上我会给我爸——让他看着我——我背。这也算是一个还不错的回忆。另外一个还不错的回忆，就是看电影呗。就是虽然学习一塌糊涂，实在没有什么兴趣，但是还是有的时候，周六日啊，会跟我爸走路到南昌的新大地去买光盘，那是一个比较好的回忆。

陈：初中一年级到二年级上学期，就开始买光盘了是吧？

子：有的，那时候就开始买 DVD，我爸也喜欢。我就会跟着去嘛。我们那时候看电影，也没有太多的品位，就看什么我爱看的施瓦辛格啊，这样一些片子，就会买来看。但是有那么一次，过暑假的时候，我偷偷地在楼上，我也不知道我干吗，我想翻武侠小说看，我楼上楼下翻这个东西，突然翻出几个黑袋子，里面装的东西，我打开一看，全是——当时我的第一反应是——我爸私藏黄色光盘，全是裸体，当时很兴奋。现在回忆，那个光盘是啥哈？是金基德的《漂流浴室》，是库布里克的《洛丽塔》，还有《阿拉伯的劳伦斯》，大卫·林恩，就是一些成年人看的经典文艺片。当然金基德有《漂流欲室》《野兽都市》，还买了（别的）。我爸很多年之后，他第一次跟我看金基德——是我买了一张碟——他自始至终都不知道，他买个两三张金基德的电影（我都偷看过）。

陈：啊？

子：他可能都忘记了。《漂流欲室》《野兽都市》还有一个是《收件人不详》，我偷看了。发现这个黄片一点也不好看，《漂流欲室》比恐怖片还恐怖，尤其看那女的拿鱼钩穿自己的阴蒂，怎么这么变态？这个世界上怎么有（这种人）？

陈：你是在初中的时候就看到了？没被家人发现吗？

子：全部屏蔽，就是在没有发现的时候，就（赶紧看）……

陈：你房间里有电视？

子：没有，就客厅有。

陈：在客厅里看这些怎么会没被家人发现？上班去了是吧？

子：有的时候上班，他们允许我看一部，写完了作业允许我看一部。他们以为我要看的是施瓦辛格，他们一走，我看金基德。还有一些日韩的文艺片，小众文艺片，李沧东的《薄荷糖》，我都不知道我爸怎么会买的，他自己都没有看过。但那个电影就实在地放在那个橱子上。当时《薄荷糖》，看得我都觉得有点作呕，做的梦（都难受）。我靠，怎么又是这么恐怖的电影？觉得韩国拍片简直是变态，就这种感觉。不太理解电影里的政治背景，感觉这个电影中的主人公怎么会从头到尾都像喝醉了酒，然后堕落，忧郁，神经。怎么会有这样的人在电影中出现呢？跟我们中国理解的这个社会主义光明人物不一样，当时是有这种想法的。看了一些文艺片，也可以算是一个美好的回忆。虽然看不懂，还让我觉得有点惊恐，说我爸私藏黄片，如果被我妈知道了，会不会离婚。

陈：你没告密，也不敢跟你爸爸妈妈说？

子：没有告。

陈：一个人独守着这个秘密，是吧？

子：独守了很多年，然后我在家的日子里，[①] 我就问过我爸那些碟（的事），他说他买了以后自己想退了休在家慢慢欣赏的。呵呵。

采访人札记

本节内容，前一部分是关于兴趣班，后一部分是关于兴趣。这是采访前就拟定的计划，是想考察孩子的兴趣和学校里的兴趣班是否有积极关联，同时也想考察学校里的兴趣班有怎样的效用，是否有积极效用。

之所以要考察这一主题，是想知道当今学校的教育之道究竟是什么，想知道

---

① 在家的日子里，是指主人公生病休学的那段时间。

孩子的学校是否有教育之道。想法是这样的：唐代文学家韩愈说过，师者，所以传道授业解惑也。这无疑是个好答案。现代教育家陶行知说，要培养活生生的人，有行动能力、思考能力、创造力的人。则是更好的答案。还有一种答案，即教育是帮助学生发现自己、认识自己，进而帮助学生做最好的自己。这一答案与陶行知先生和韩愈先生的答案并不矛盾，要做最好的自己，正是要有行动能力、思考能力和创造力；而要拥有这些能力，肯定离不开老师传道、授业、解惑。

学校开办兴趣班，应该是现代学校教育的一种辅助形式。只不过，兴趣班有不同形式，有些是学生社团形式，是以学生为本位，即学生发起、学生管理。有些则是名不副实的兴趣班，是以老师为本位，老师带学生走过场。在我的印象中，只有好的小学和中学才有兴趣班一说，有很多学校是没有兴趣班的，或者是没有经济条件且缺乏人力资源，或许是觉得学校开办兴趣班会影响升学率。

进一步的问题是，开办兴趣班的实际效果如何？从主人公的陈述看，有总比没有好，至少他看到了胎盘标本，还让他有机会在老师没空上课的时候，去奶奶家找表弟玩。主人公说，他选择生物兴趣班、剪纸兴趣班，是由于"心血来潮"，即他对这两门并不是真有兴趣，上了兴趣班之后也没有对这两门增加兴趣。只是因为大家都要报，他就报了这两门。好在不考试，还算好玩。

主人公真正的兴趣是电影，只可惜学校里没有电影兴趣班——我真想知道，如果学校真有电影兴趣班，主人公会发生或创造什么样的奇迹——因为没有他真正感兴趣的兴趣班，也就难怪他只能躲在家里看他老爸收藏的奇葩电影光盘。

采访时，有一段让我怦然心动，然后心酸。主人公从兴趣班很自然地说到去奶奶家找表弟玩——首要目的实际上是要把一份得分很高的语文试卷送给奶奶看，但奶奶却没有看到试卷上的分数，反而批评说试卷上的字写得不好！由于表弟宇上学考试成绩好，使得主人公感到自己在奶奶心目中的地位有所降低，这次主人公难得考了一次高分，想让奶奶知道，想得到奶奶的肯定、表扬和认可，这对他的自信心和自尊心十分重要。但粗心的奶奶完全不知道这一点，不仅没看他的考试成绩，也没有看他的考卷，甚至不知道眼前的这个小家伙多么渴望来自家长的肯定和认可。家长的肯定和认可，是孩子自我成长的营养液。

孩子的父亲母亲不知道，在这次难得的语文考试获得高分之后，小家伙的学习积极性热情有多大的提高。他们似乎也不懂得，这样的机缘有多么宝贵，小家伙很可能由此契机转入热情高——兴趣增——成绩升——热情更高……的良性循环。更重要的是，随着这一良性循环的形成，小家伙的自我成长会大大提速。

只可惜，这一契机被奶奶的冷语和爸爸的冷脸冻杀了。

陈：啊。勇到了八中，且从中班转到好班，促使你转学？

子：这件事情显然对他们（父母）的影响更大，就是我转学的起点。他们提到要去八中，也主要是听到了勇在那边，好像待得不错。

父亲日记

2001 年 2 月 28 日　星期三

强（勇的父亲）说八中学习抓得很紧，速度很快，只要未能掌握，很快便坐飞机，跟不上。如果儿子转到八中去，无疑对他，对我们家长都是很大的考验，很可能不适应，下滑，但也可能借这个机会彻底改观他的学习，只要在第一个学期适应下来，以后就好办了。该怎么办呢？我认为这个决心还是要下。

陈：你推测是这样的？

子：对呀，他们跟我明着讲过，勇待得不错，就从中班升到大班了。[1]

陈：你是说，从中等班升到好班？

子：对，升到好班。好、中、差嘛，三个班，勇一开始在中班，入学测验测到中班，然后成绩慢慢升上去，就到了好班。我爸那时候就想要转学。就在那个初一的下学期，有过一次想转学的念头。

陈：为什么后来没转呢？

子：因为我考得太差了，人家不要我呀。

陈：没有转学，是因为考得太差？

子：太差了，人家不要。

陈：你自己呢？家里让你转学，你想转学吗？

---

[1] 只有在幼儿园里，才会有中班、大班之说。即便不是语言心理学家，也听得出其中潜藏信息。

子：肯定是不想转。

陈：不想转学的原因是什么？

子：因为换环境对我来说很紧张。在这个环境中，毕竟还是有些习惯的同学，有一些已经形成的朋友，突然要换的话，会很难过，会不舒服。另外还有一个小小的原因就是一走进八中的那个时候，我就感觉我不属于那里，我跟那个地方好像（没有缘分）。

陈：你去过八中？

子：我去过呀，去八中考试。

陈：决定要转学，所以去八中参加考试？

子：对。

陈：考试的时候，你觉得你不属于那里？

子：哎，不属于那里。

陈：结果是后来没转成，是吧？

子：就是说，心理上觉得我跟那些孩子可能会（合不来）。是在不同的环境中成长起来的，我好像很难跟那些孩子说上话，在樟中也有这种感觉。在樟中和八中的感觉是最强烈的，确实是不同的环境成长起来的（孩子），我的学校没有人讲南昌话，我们也都不太会讲南昌话。

陈：八中或樟中的孩子都讲南昌话？

子：标准的南昌话。基本不讲普通话。全是南昌话。

陈：OK。这是一个非常形象的环境描述。

父：当时（转学）就是两个原因，一个是远，再一个就是想改变一下他的环境，是不是他成绩会好一些。他在那里成绩不好嘛。所以就打定主意想转学。我跟我爱人说，我爱人不同意，坚决不同意，她说附中是最好的学校。但是当时附中初中一般，它高中好，其实，它现在来看也算很好的，起码教学理念比较宽松。

陈：而且附中名声在外，这里的学生会有荣耀感。

父：对。

陈：哪怕这里的老师不比别的学校好多少，附中招牌却是无形资产。

父：是，是是。学生素质也好，都是老师的子女。

陈：对呀。你为什么一定要让他转到远中？

父：不是远中，远中是后来。

陈：先转学到樟中，是吧？

父：先是到八中。

陈：先是到八中？

父：八中。初中升学率很高，我们那时候就是想叫他考个重点高中嘛。我那时候的心理就是，他成绩不好就是因为他看武侠，偷懒啦。因为他记忆力好，智力没有什么问题，就是因为偷懒，没有好的环境嘛，要在一个压力比较大的环境，他可能成绩一下就上去了。

陈：一开始是想转到八中是吧？

父：八中那时候很好，勇那时候也在八中。八中初中考高中升学率是全市第一。而且离我们家很近，起码近一半。① 但是要考，不是随随便便能够进的，要考。结果他考就没有考上。既然动了这个心思，动了这个念头，我当时还是觉得要转。樟中也不错，它是一个老牌中学，解放前就有的。动了这个念头呢，不转好像他成绩就不会好。但是我们对一个学校哇，包括我们做事啊，还是比较粗心。其实，对一个学校，班和班之间啦，实际上差别很大，樟中差班和好班差别好大，要进好班才行，我们以为只要进樟中都是好班。其实它有很多很差的班。我们进的是差班，（学生）成绩又不好。

陈：学生调皮捣蛋？

父：调皮捣蛋的多。素质，都是小市民（的孩子）。所以我们也不懂。而且那个路也不近——主要是那个路不是太顺。儿子也不同意，他妈妈也不同意，我就擅自做主，就是要转进去。

陈：他明确说不同意转学？

子：不同意。坚决不同意，哭哇。

陈：你过生日，你爸给你买了一套电视剧光碟，是这个时候吧？

子：当时就是为了鼓励我考八中，想让我鼓起点斗志，好好的复习一下。

陈：让你好好复习，又给你买电视剧光碟？

子：就是让我学完之后看一看呗。放松一下。当时就买了一套《灌篮高手》，买了一套《射雕英雄传》，之后我爸给我布置任务，布置了任务之后呢，出差了。我妈也上班，就剩我外婆管我，我外婆又不管我，结果我就控制不住了，我就开始看电视剧。一发不可收拾，忍不住。我妈后来回来了，正好没看完，又想看，就变成了晚上离电视很近，很近，深夜爬起来打开电视看。

母：他原来眼睛都很好的，就是搬了新房子，原来我们都没有录像啊，到这边才有了。他老是半夜里自己看，就是这么近的距离看，声音很小吵，他怕我们睡觉听到，居然我们一点都不知道，以为他在睡觉吵，不晓得他这样，最后眼睛

---

① 这里指新住处到八中比去附中近一半的路程。

也看坏了。这么近距离看电视，每天晚上看，那眼睛还不要坏呀？

陈：这是初一下学期的时候？

子：对。

陈：《射雕英雄传》和《灌篮高手》不是小学时就看过吗？

子：我还想看哪，百看不厌。

陈：你有了光盘，就看第二次？

子：这甚至是我第四次看，我太喜欢《灌篮高手》了。我印象很深，深夜看，离得很近，看《灌篮高手》，我看得流眼泪。

陈：离得很近是因为什么？

子：怕被发现，（深更半夜）他们一起来，我赶快关电视。看到那些情节，就觉得特别激动，特别流眼泪就控制不住。

陈：你爸出差回来以后，怎么交代呢？

子：成绩一塌糊涂嘛，考不上。整个都没有在学习的方法里面。

陈：你爸还专门请假陪你准备考试，是吗？

子：嗯。对。

陈：准备过程有什么故事吗？

子：我爸当时他们单位劝他不要请假，一请假会损失很多钱。在打电话的时候，他们这么说的，我听到的。然后老爸就还是请了假，回来陪我复习嘛。那次复习没有发生什么很大的冲突，但是我爸感觉到我很多东西都不会，基础特别差。

陈：你记住了老爸请假要损失很多钱？

子：嗯，对。

陈：没有触动吗？

子：我有触动，我也想学，但我实在是控制不住看电视，这个瘾太大，就是实在是觉得想看。没有自控力。太想看。

陈：OK。从什么时候开始戴上眼镜？

子：就是那个之后，就开始戴眼镜了

陈：你近视，确定是看电视看的，是吧？

子：百分之百，那个暑假结束之后就怎么都看不清了。

　　这一段故事如同讽刺小品，让人忍俊不禁：可怜老爸希望儿子考到中考升学率全市第一的八中去，为了鼓励儿子好好学习，专门买光盘犒劳儿子。结果是儿子非但没有考上八中，还把眼睛弄成了近视，从此戴上了眼镜。

　　幽默背后是辛酸。我知道，这个老爸为了儿子的成长花费了多少心思，他对儿子的期许，一下在天上，一下又在地狱中。漫说他请假扣奖金陪儿子复习考八中，只要儿子成绩上进，就是让他割股啖君也会毫不犹豫啊。该老爸真是什么辙都想尽，宝贝儿子依然故我，那个愁，真是才下眉头，又上心头，恰似一湖洪水四处流。无法抽刀断水、不肯举杯消愁，只能想出让儿子转学的馊主意。

　　辛酸背后是无知。该老爸望子成龙心切，想当然地认为自己心想必能事成。对儿子的心理问题及其实际困境却不了解，认为儿子记忆力好，智力没有什么问题，只是有些偷懒而已，一厢情愿地以为，只要改变其学校环境，儿子就有可能会创造奇迹。从父亲的日记看，他在 2001 年 2 月，即孩子在附中上了一学期时，就打定主意要让孩子转学去八中。触发点是，勇在八中从中等班级转到了好班，该老爸认为，勇能做到的事，他儿子应该也能做到。问题是，该老爸可能从未意识到，这个勇，在小学一年级去学校报到时就独自前往，没让家长陪；而他家的小家伙在上初中一年级到学校报到时还是老妈帮他填写报名表！这两个孩子的智力水准我无从比较，但两个孩子的自理能力明显是相差太远。

　　该老爸的另一错误，是对孩子的自尊心及其重要性的无知。具体表现是，有关转学一事强蛮做主，一意孤行，完全不顾妻子反对，儿子哇哇大哭也不能让他改变决策。这一行为，又一次剥夺了孩子的主体性，挫伤了孩子的自尊，压抑了孩子的精神自我成长发育。转学到底好与不好？已然是一个问题。孩子转学事是否要与孩子商量？是更关键的问题。老爸的做法，相当于让孩子成为自己事务的"局外人"。即使转学有百利而无一害，那也不能不与孩子商量，不能不向孩子作出合理的解释，不能不让孩子感觉到自己参与了自己事务的决策过程。因为，这事关系到孩子的主权，且关系到孩子的自我意识及精神自我成长。孩子的外婆在孩子吃饭事上包办代替，孩子的老妈在填报名表事上包办代替，孩子老爸在孩子转学事上强行包办代替：这个孩子哪有机会像勇那样有自立意识呢？

　　此事很快就有了负面结果，一是孩子在复习迎考时磨洋工，非但不好好学习，还因为看电视弄坏了眼睛。二是让孩子意识到转学是一条可能的退路，于是在此后的学习坎坷时干脆叛逆——我认为，下一节的叛逆故事，与转学事件有关。

该老爸对自己的心理其实也未必清晰。例如，他希望儿子考八中，以便中考时能上师大附中，究竟是为了儿子的前途，还是为了自己的面子？又如，他可能觉得转学决策如孟母三迁般英明，在潜意识中是不是有通过转学改变"风水"的想法？他未必知道。我当然更不知道。只有把这个疑问记录下来。

36

小叛逆

陈：你向来胆小，为什么说上初中变得大胆了？

子：其实我当时就是叛逆。我脑子开始明确地不像小学时，做个梦啊，拿个鸭子呀，（在梦里）想说什么我要反抗什么。那时候开始有明确的想法，觉得老师令人讨厌，就是明确地觉得你老师就是坏蛋。重成绩好的、轻成绩差的，明摆着干一些王八蛋的事情，包括这个汇报本，这么多不尽不实的东西。心里头会有愤恨。另外就觉得老师让我比较失望。明确有那个意识。

陈：开始了叛逆期？

子：我清晰地记得一件事，就是一开始对老师还有恐惧的，但是到了初二上学期的时候，好像老师的所有的责骂我都不怎么害怕了。老师骂我的时候，我甚至敢笑着对他。而且我也敢狠狠地盯着他。那些老师说，以后不管你，（心里）不爽，我都会说好，不管就不管。就是会顶着来了。就是全班的人，因为老师骂我都瞅着我的时候，我也不怵了，就突然感觉到有一股火焰好像是点燃了，就慢慢地就是老师说什么就觉得无所谓了，就有这种感觉。初二的时候变得特别明显。比如上数学课，我会当众看《神雕侠侣》，老师缴的话我会抢回来，然后我又继续看。老师不管我，开始有这样一些征兆。初一开始有起点，但是初二就比较明显，就越来越那个（明显）。

陈：你这种叛逆，是不是也可以理解为你的自我觉醒？

子：哎呀，我当时才没有这么伟大的理解，我只是觉得，是我的真实感受。我的真实感受就是突然一下老师的这些语言，好像那么容易让我心头有石头啊，让我有刺痛感，但更多的感觉是我有一种愤怒，那个愤怒好像是能让我去对抗它，就会有这种感觉。

陈：你父母对你的变化有觉察吗？

子：我妈她是不敢打我了，她发现我跟她对打的时候我力气变大了。另外我动手就开始没轻没重了。我五岁的时候就开始跟她对打，但是一直打不过她，有一次我印象比较深，我考试没有考好，我爸先是数落了我一通，非常难受，但是我当时没有哭。在吃饭。然后我妈洗碗又开始说我，我突然一下就站起身来，对着她劈头盖脸地打，打得她没有还手，就没轻没重，就脸啦就所有要害部位都打，大概打了有两三分钟，我妈都叫出来了。我爸来吼我，我还没有停止，他把我推开才结束。后来有一次晚上，我妈发现我在看《射雕英雄传》，又没有学习，她就特别难受，她想撕我的书，我就不让，我又把书给夺过来，我爸又不在，她这时候很生气，她就打电话给她以前的那个闺蜜，叫虹，那个虹说，他要是这样，你可以打他。结果我妈就说，我现在哪里敢打他呀，他肯定要把我打死。虹就说，他不敢打你。（妈妈说）谁说他不敢打我，他五岁就打我。然后我妈开始继续抱怨，就是："我命不好，我嫁了一个老混蛋，生了一个小混蛋，我就是命不如你。"那是我第一次听到我妈说嫁我爸也嫁错了，生我也生错了。

陈：妈妈在打电话时这么说？

子：对。之后还有当面说这个话的情况。这个成了她的一句口头禅："生了个小混蛋，嫁了个老混蛋。"

陈：你妈哭了吗？

子：不哭。她就会跟我外婆去告状，去跟那个虹诉苦，找我爸出气，等等等等。陈：从那时起，爸妈就不敢再打你了？

子：我爸偶尔会打过几次。

陈：你不跟你爸对打？

子：打不过呀！但是跟我爸没有积累到这个份上，不知道积累到这个份上，会不会打起来。

陈：数学老师不改你作业，是从什么时候开始？

子：我数学是这样，我的代数成绩啊，一直是可以拿到 90 来分，就可以能搞定的那种。但是几何课对我是一个很大的挑战，画四条线，走直角九十度，就完全分不清楚，就很差，会经常出现什么呢，代数 x 平方乘 y 平方，90、100 分，几何课 0 分、20 分，就出现这种情况。我就有点跟不太上，我们那个老师定的规矩，你如果一旦错了，比如几十分以下之后，你这个课（作业）要重做，你如果在 60 分以上，你只要改写。我后来错得太多，我就开始改错，我就不想（重）做，我也不懂。小学的时候我还有个意识，我今天跟你派来了（作业），我还能去跟我爸呀（求教），就（让他）教我。但到初中之后，不知道为什么，我不但不想做，我还出现了一个现象，就是我觉得我很疲乏，我每天都很疲乏，我觉得非常累，我随时在桌上都会睡着。就觉得一看到那个课程的时候就觉得有一种深深的疲乏感。就在那个时候开始，我任何时候只要往桌上一躺（趴）、往床上一躺，我就会睡觉。在小学的时候，九点钟还没有瞌睡，但到初中八点多钟就困，跟不上那个课。后来那些作业我就只做了，但就是不重做。弄久了之后，那个数学老师就说，从此之后你的作业，你自己改。就发生了这么个事儿。

陈：当时爸妈知道老师不改你作业吗？

子：啊，对啊。后来叫了家长，谈了这个事情。

陈：结果呢？

子：结果老师他还是改我的作业啊，这个战役算是熄火了，他们觉得我作业不重做，不对，反正就是批评了我，但是我还是没怎么改。当时老师说不改我作业的时候，我还流了眼泪，我觉得，哎呀，这实在是，我感觉到我犯了错误一样。我还有疚责感。但那之后，我就纯属自暴自弃了，就是真的不想写，你爱改不改，不改更好。就出现了这种状况。

母：有一次他就说，他说妈妈，老师不收我的作业呀，我就不做作业了。哎，我说怎么会呢？他说老师说不收他的作业。然后哩，那时候就补习，就有人到老师家里补习，然后他很想去补。这样的话我就到了学校去了，就找了他的班主任，后来也叫这个数学老师来了，我说，那个数学老师不收他的作业呀，我说如果不收他的作业他就不做作业，这样不太好吧。那个班主任说哪里不收呢，只是吓他。然后，我主要是想到他手下补习的事情，我就看了那个老师，那个老师虽然是个农村里（长大）的人，但是长得蛮清秀蛮帅的一个小伙子，一个年轻人，哎，然后我就跟他说，我儿子也好想到你那里补数学，他好想学，想跟着你学。他不肯，他不收。

陈：老师真的不收？

母：当我的面他都说不收。我估计这样也会挫伤他，觉得会有。他不收，不收以后我们也就算了。我感觉到就是老师对他好一点，他就会学得好一点。那时候意识到了。后来的时候我们也确实是这样做了，他哪门课不好哇，我就去找哪门课的老师，意思就是希望人家多关心。我说我这个儿子就是人家多关心他就会认真听他的课，如果不关心他，爱理不理的，你要嫌弃他，他会跟你堵着来。数学他就是这样的，你觉得我不行，我不听你的课，他会这样。

陈：班主任对你是什么情况？

子：那个洪老师啊，总是会隔个一个礼拜、两个礼拜、一个月呀，找一个什么样的方式来一次政治大扫荡，我感觉。就是大肆清查，当时我们那个初中，总有那么几个（本子），就说自习用的算术本，自习用的语文日记本，甚至是那个音乐老师的五线谱。每个月，总有那么几次抽查吧。抽查，你不好，就把你叫到办公室罚站写检查。大多数时刻我偷懒，我不想写，我就不写。那被抽查的时候啊，我就被抓住了，被抓住之后我就被老师叫去罚站，然后就发问嘛。有一回音乐课写五线谱，我很奇怪我唱歌还凑合，不识谱，怎么也不认识谱，那次写我就不会写。老师进来，我就跟她说："老师，我不会写。"老师就凶我，就是很凶地跟我说："你为什么不说你会呢？"就这样说我。我就跟她说，我真的不会写，我坦诚地说，我不识谱，真的不会，听不懂。那老师就很生气："你不求上进！"我就站了两节课。

又有一次，美术课我又被叫出来。那是怎么回事呢？美术课的时候，上课要画画，我就不愿画，因为小学的那个事情，①我对美术了无兴趣，就每节美术课我都鬼画符，全部画得一塌糊涂。当时我们那个老师，就把我的美术课课本，交给洪老师看。洪老师就说："你每节课都画得这么差，从来不听讲，数学你也不听讲，语文你也不听讲！"然后我又被（迫）写检查。写了检查之后，这次好像下了死命令了，就是下节课，你一定要听讲，我会盯着你。结果，第二次美术课，我为了逃避画画，我就刻意不带水笔，我心里想，不带水笔，什么也没带，这个应该不被骂吧？我就有借口。结果那次呀，我又能画了，我突然不知道怎么回事，我神经又接对线了。怎么着？我看他们在画的时候啊，我突然觉得我可以用手指画，我第一次拥有了一点画画的感觉，我就用手指蘸着颜料，在那里鬼画符地涂，涂个太阳，涂个什么东西。那节课讲水粉，结果意外的就是，得了一个 A。那个美术老师是一个搞艺术的，心气很高的老师，我印象中，把我叫到办公室去。他跟（洪）老师说，这个孩子有点怪，他不带笔，用手画，都是那个颜料，但是画得还可以。就说了这么一句话。洪老师当时也没有说什么，但我不知

---

① 小学的那个事情，是指在小学美术课堂上，老师将他的不太好的画作向全班展示。

道是不是影响她之后跟我爸讲，我是不是不适合中国的这个教育体系？

陈（问父亲）：她什么时候跟你讲这个？

父：（初中）他上学一两个月之后，我就感觉他成绩不好，不太适应。我和我爱人，就到他班主任家里去交流。她就跟我们说，她说这个孩子，本质上都是很好的，也很想要求进步，就是好像总是没有进入到这里头来。她说有一些这种小孩，就是这样的。她说比如说，我们郝校长的儿子，他儿子在我们学校怎么样都不行，哪方面都不行，学习不行，表现也不行，捣乱。后来他就把他送到新西兰去了，结果到了新西兰什么都好了，当了班长，成绩也好了，又有自信了，什么都好了。这个给我印象很深。所以我们那时候也想是不是要把他送出去？送到国外去，可能他这种性格在国内就不太行。

这一节开始时，主人公的陈述用了以下词语：讨厌、坏蛋、王八蛋、愤恨、失望、愤怒、石头、刺痛、愤怒、对抗、疚责感（内疚），等等。这些都与情绪有关，当是主人公关于那段时间自己生活的情绪记忆。这些记忆确实符合有关青春期少年心理的基本特征。由于身体发育，荷尔蒙激素增加，很容易情绪激动；此时也是少年自我觉醒时期，对权威人物诸如家长、老师等的观感有所改变，由惧怕变为"讨厌"，从而产生愤怒情绪及反抗行为。青春期多半是叛逆期。

称主人公的叛逆为"小叛逆"，是因为他的叛逆行为总共只不过是下列行为。与老师对抗，老师让作业做错的学生重做作业，他不做；在课堂上公开看武侠小说，老师要收缴，他会夺回来；为了逃避美术作业，故意不带水笔，等等。与家长对抗，没轻没重地殴打妈妈，这是相当严重的出格行为，关键是他从五岁时就开始和妈妈对打，此时只是力量上的加重，而非行为模式的改变。之所以说是小叛逆，还有一个重要证据，是他实际上还不敢反抗一切权威，在家里他不敢与爸爸对打（他说是因为打不过，也因为愤怒没有积累到爆发程度）；在学校里他也不怎么敢与班主任洪老师对抗，虽有不满和小愤怒，也只能回家打妈妈。

主人公的小叛逆行为，有多少是青春期的正常现象？有多少是因为学习不上道而恼羞成怒？有没有因为曾有转学之说，于是肆无忌惮的因素？进而，他的叛逆程度不特别离谱，是因为过去养成的行为规范仍在起作用？或是因为他有朦胧理性而仍懂得权衡轻重利害？也许二者都有。我问他是不是感到有自我意识觉醒，主人公断然否认了，说他"没有那么伟大的想法"。从他的行为看，确实不像自我觉醒，更像是困兽暴怒。问题是，若没有自我觉醒，又怎么会有小叛逆，且只有小叛逆呢？如果没有自我觉醒，为何对这段成长经历有如此刻骨铭心的记忆呢？这一现象究竟意味着什么，我说不清，还是留待真正的专家去研究。

我听过数百人的生平讲述，在每次口述历史采访时，都会问及这个问题：你对自己的青春期与叛逆期有什么记忆？大部分人的回答是：没有，不记得了。他们不仅没有青春期、叛逆期的记忆，而且也没有青春期、叛逆期这个概念。我采访的对象都是我的长辈，他们生长的时代确实没有青春期、叛逆期的概念。实际上，我们这一代人也同样没有青春期的概念，但我还记得当年曾有苦闷、愤懑的情绪以及各种各样的"狂野"想象，打架斗殴之类事时有发生。或许，长辈们对自己青春期的感受和行为记忆全都被压抑了吧？这也需要有关专家去研究。

主人公的班主任洪老师说：校长的儿子学习不好，且有捣蛋行为——二者之间应该有内在关联——在国内学校不适应，送到新西兰去留学之后，竟变得焕然一新，学习也好了，行为也好了。这个例子很有意思。这是一个个案，还是普遍现象？如果是普遍现象，那就有一个问题：为什么在新西兰会变化，而在国内却不行？如果只是一个个案，那又有另一个问题：让孩子转学或出国，是不是病急乱投医？对此，我没有研究，只能把这些问题记录在此。

37

不得不转学

陈：初二的上学期发生了什么，让你成绩急转直下，以至于要转学？

子：转学不是我想转的，转学就是（老爸的决定）。

陈：你爸决定让你转学，觉得你在那学习成绩上不去？

子：嗯。

陈：发生了什么？

子：那就肯定是成绩一直不好。

陈：一直都是那样，还是初二上学期更加不好？

子：肯定是有更加不好的迹象，尤其是我的物理呀，当时在初二上学期的时候啊，考了全年级倒数第一，只考了14分。啊，这是创纪录啊。

陈：那跟钱钟书考清华的数学分数一样。

子：哎呀，我印象中，其实那天我对我考14分的那一次哈，我的语文考得特别好，我语文一直都是75分左右打转，那一次，难得考了86分，就能排到全班的前几位。对于我（为什么）考得这么好，完全不知道，但是其他的成绩都不行。

陈：这是要转学那个学期的期末？

子：对。

陈：对你来说其实是正常的，不需要转学？

子：我从来没想过转学，我也不想转。

陈：你爸爸要转学，你有没有争取不转？

子：有。一直在争。

陈：具体是什么样的情况？

子：如果硬要说有什么事件啊，首先，成绩肯定是一直都不好，这是一个原因。另外还有就是宇成绩越来越好，也是一个（原因），可能对（父母）他们是个刺激。我奶奶有一个日记，我奶奶的日记上写了这么一段话——那个年份应该就是我初二的上学期的——她写了这么一段话，说宇在姑父、姑姑的监督之下，成绩一直就非常好，我爸和我妈忽略了对我的这个……监督。所以成绩不好。就说这么一句话。但是啊，在这个日期之前的几天，又还有一篇日记，那个日记有这么一句话，那句话是，现在的孩子很可怜，学习压力太大了，两兄弟现在都不讲话了，学习竞争让他们兄弟都不像兄弟了。隔了几天，又变成了（说我爸妈忽略监督），可能讲出了她对我学习的忧虑吧。那段时间哪，我想我奶奶跟我爸，包括我姑父跟我爸，经常有沟通，（话题）就是我成绩的问题。而且啊，就客观说啊，我姑父和姑姑她们虽然讲话不好听，但还是非常关心我，想帮助我把成绩搞好，所以我姑父还主动提出帮我补补课啊，帮我弄一弄成绩啊。虽然他教育方法也不怎么好。

陈：你姑父是在中学教物理，对吧？

子：他什么都会，他物理、化学、数学都会。而且客观说，水平真格的教初中一点问题都没有，没有能难得倒他的题目。而且他自己喜欢主动，所以说其实他在业绩上面算是一个好老师，但是他不太讲究方法，他就是你不会什么，他就帮你解什么。

陈：他帮到你吗？

子：帮过。

陈：在物理你考 14 分的时候？

子：帮了我呀，在物理考试之前，我有时候都会去他那里补课。补课的时候，当时还有一个细节，他们两个① 还夸奖我学习很用功。为什么说我学习很用功？是我老是把一些我背不出来的英语文章啊，地理文章啊，历史文章啊，我就反复一页页地抄在本子上面，为了加深记忆嘛。他们可能觉得，宇不会这样做——宇也没必要这样做，因为他学习比我轻松。

陈：你上初二的时候，宇才小学五年级不是吗？

子：他们是当天才培养的呀。那时候已经在学初二的奥数了。

陈：他五年级就学初二的奥数？

子：对对，他是天才培养计划。

陈：哦？

子：他们就会表扬我嘛。那时候，其实也在帮我。但是就感觉到我这个成绩不是一直上不去吗？而且期末考试又考得特别不好。那天对我来说，是一个我感觉是整个就是在附中那三个学期来说，最阴霾的一个期末汇报。② 因为那天哪，洪老师流眼泪——可能是我们考太差了，她在学校丢人——她当时都哭了，说，都是我这段时间没有狠抓你们，到时候家长会，我点名的同学，有问题的同学，我会一个一个的请他们家长出来，交流。

陈：开班会的时候？

子：开班会的时候，流眼泪了，就感觉是很生气。这不是我成绩又考得一塌糊涂嘛。我爸还出差了，开家长会我妈去的。我那天回到家就发现我所有私藏的漫画呀，都被我妈翻箱倒柜地全部收缴了。然后我妈回来发脾气啊，显得（心情）很不好，但是没有打我，也没有骂我，就跟我说，洪老师在班会的时候把我留下来了，说你整个上课的时候都在开小差，又是在看漫画，成绩一塌糊涂，你考得太差了，物理考了全年级倒数第一，只考了 14 分。过了不久，我爸就出差回来了，他出差回来的时候，我给他汇报成绩，我爸似乎显得很平静，并没有因

---

① 他们两个，应该是指姑父和姑母。

② 是例行的期末班会。

为我的成绩有的考得好有的考得奇差，有任何的反应。但是不久他就告诉我，他要把我转学，转到樟中去。暴风雨的前夕，总是很平静。

陈：转到樟中，你的反应是什么？

子：发脾气。我不转，发脾气。那段时间没少跟我爸吵架，就是坚决不转。就说我不想转学。（老爸说）那不行，一定要转。

陈：你不想转的理由是什么呢？

子：我害怕面对陌生的环境，这是一个很直观的理由。

陈：你还有什么理由？总不能只是说害怕陌生环境吧？

子：其实他^①真是（没有）提什么太多理由，也没有说我在这个学校成绩会好，我只是反复说我不想转学，啊啊。然后我，我还有一个印象比较深是，就是有一次，我爸和我一起吃饭，他凶完我他就出去了，我妈在洗碗，我爸凶完我，她又火上浇油般地跟着凶我，我就突然把碗一掀，起来就打她，那次是暴打。

陈：是在初二上学期？

子：就是初二的那个（学期）

陈：要转学的那个寒假当中？

子：对对对，就起来暴打，那就真真是往死里打了，就是劈头盖脸，也不管轻重了。然后打得我妈就靠在墙上，还不了手。就连还手的机会都没有，就痛打。打得就"啪啪"响，然后我爸冲过来凶我，把我拉开，这场架才（结束）。

陈：停下来的结果是什么呢？

子：停下来他们就说我，可能觉得我像一头野兽嘛。可能也很少看到我那样去打人，但是那一刻，就是打得很凶，好像要把我妈打死一样。而且打的时候，我俩咬牙切齿，就是我不停地喊："我要打死你！"就是劈头盖脑地打。然后就是有激烈的争吵，这段时间——这个寒假的时候——也会去我姑父家补课呀干吗的。我奶奶他们也会用语言的什么啦，刺激我，就是说我这个成绩不好，你爸妈就不高兴，宇现在成绩很好。那个寒假（我）过得压力很大。

陈：那个春节还会谈及转学的话题吗？

子：哎，不愉快啊，肯定是不愉快。那个春节，我好像都没有跟宇说话。好像那个时节，我视宇为仇人了。

陈：不是一个阶级了？

子：不是一个阶级了。而且那个春节（聚会），我印象中，我姑父在我们离开回家的时候，还在楼下跟我妈讲，宇现在非常的用功。带着一种自豪感，跟我

---

① 这里的他，应该是指"我"。

妈讲他怎么用功、他怎么努力，五年级之后他就要考十中的奥数班，我们全省少有的几个奥数班（之一）。那一刻我印象很深，我妈在黑夜里的表情是，借着一点昏黄的路灯，感觉这个双眉紧锁，低着个头，非常严肃。回去之后，我印象中家里气氛比较沉重，我们很安静地在洗着脚，谁也不说话，冷战。

陈：你听了你姑父这话，直接反应是看你妈妈的脸色？

子：直接反应，就是觉得胸口像一块大石，就觉得说不出话来了，觉得哎呀太难受了，整个（聚会）吃饭就是一个折磨。我奶奶那时候已经不给我们压岁钱了，（而是说）"今年谁考得好，谁就有奖励"，意思不就是——感觉——像冲着我来，讲得非常的凶，那个语气。

陈：这么几个回合下来，你就认命了，让转学就转学？

子：一直就是。

陈：一直就是？是一直认命，还是始终没有认命？

子：始终没有认命。始终也不喜欢这个学校，始终心里头觉得我爸这个决定肯定是错的。尽管在那个学校我交到了好多朋友，事实证明跟我友谊最长久的朋友是樟中的朋友。然后就是难受，非常难受。我印象中，有一天下午——那个寒假我爸陪我去樟中，就骑车，他让我认路——回来，我就发脾气，我还哭了。我就说，去樟中的路更近，哪里更近？跟附中一样远！当然也没那么远，但是确实也没有很近，但是我就说啊，哪里更近了？这不一样远吗？

陈：那是第一次去探路，还是去报到？

子：去探路。带我去探了一次路。然后去报到。

采访人札记

这次要转学和上次要转学，情境不同，原因也不同。上次要转学，是为理想——也可以说是幻想——而努力，即希望孩子转学八中，然后一路顺风，最后考到全市最好的师大附中上高中。此次转学，则是现实所迫，孩子在这所学校难以继续，不仅与数学老师的矛盾闹得不可开交，而且物理考了全年级最低的14分，成了著名的"差生"，家长痛心且失面子。偏偏孩子的表弟宇的成绩特别好，偏偏孩子的奶奶觉得是父母没有尽力。这时候，家长只能选择让孩子转学。

此处不得不转学，与上次主动要转学，二者之间是否有隐秘的关联性？即：孩子学习热情不高，学习效果不好，学习成绩差，是不是因为长期无法达到家长的过高期许而干脆破罐子破摔？孩子出现叛逆与反抗行为，除了青春期烦恼之外，是不是也有下意识的"此处不留爷，自有留爷处"的心理因素？我不知道。

孩子当然更不知道，正因为不知道自己如何才能提高学习成绩，也不知道如何探究自己学习成绩不好的原因，无知、无能、无助，满腔愤懑的无明之火，才出现让人触目惊心的一幕：孩子再次殴打母亲，而且还扬言要打死妈妈。孩子的无明怒火被妈妈的唠叨点燃，实际上他是发泄对数学老师、物理老师、美术老师、班主任、父亲、奶奶等所有权威的愤恨，也是发泄无助与无能的愤懑。这时候，孩子成了彻头彻尾的困兽。殴母行为，是人性退化，暴怒中露出野兽底色。

但他还是个十三岁的少年，而且显然比同龄孩子更不会思考，更不懂得自律——正因为他一直不会思考，也一直没学会自律，不习惯自律或无法建立自律习惯，才会如此任性，一直受本我支配——所谓本我，正是基于动物本能。

我一直在想：面对这样的孩子，面对孩子的这种状况，假如我是孩子的家长，我能找到解决问题的办法吗？想来想去，结论是：没有。设身处地，在那样的情境中，我找不到比孩子的家长更高明的办法。在相似的情境中，我很可能会暴怒，很可能殴打孩子，与孩子互殴。在暴怒与绝望情境下，人都会急遽退化为野兽。也就是说，我很可能无法做到主人公父亲那样，镇静地作出让孩子转学的决定。

上一次要转学，我是不以为然；这一次要转学，我能够理解。因为，孩子坚决拒绝转学，理由不过是害怕陌生环境，不敢且不愿去适应社会，与其说是恐惧，不如说是惰性。转学的决定，是没有办法的办法，既然父子都成了命运的囚徒，那就不如与命运进行一场结果难测的赌赛——孩子在新的环境中没准会更好呢？这一次，该父亲决定把孩子推入命运之河，让他在波涛浮沉中学会适应。

转学的结果如何？成了孩子命运的一大悬念，只能等待。

38

樟中第一天

陈：到樟中报到的那一天，还有印象吗？

子：印象很深。报到的那一天，我回来就跟我爸说，我一定不去这个学校，我打死也不去这个学校！那是反应最大的一次。为什么？在我的回忆当中，我那么多次转学的经历，好像去樟中的那一天，是天气最阴暗的，天好像都是灰的，比雾霾还灰。我非常的紧张。我不知道面对着什么东西，一路上特别难受，非常难受。走进校门的时候，我能感觉到我头都抬不起来，很难受。

陈：你去报到的时候没有人陪你吗？

子：我爸嘛。他去了。我感觉我驼着背，驼得很重，（这样）进去的，压力很大。先去校长办公室报了个到，然后告诉我分在初二九班。在九班门口，我的那个班主任正在训一个调皮捣蛋的学生，那个学生就是小流氓。我看他第一眼，心中没来由的就有一种紧张和恐惧，因为从来没有近距离接触过这样的学生，他渗透着一种跟我在附中那些同学完全不同的气息，就是野，眼神很凶，一看就是在街上那种（小混混），牙很黄，我的第一直觉就是这个人肯定是抽烟的。尽管是开春嘛，天气还是比较凉的，但（他）穿着一件短袖，在那里挨骂，他也不觉得冷。当时我觉得这个人很恐怖，惹不得。在这种情况下，我就报到。当时，姚老师非常的不高兴。我爸说，姚老师，[①] 我们是校长说转到你这个班上来。（姚老师说）"我们班已经有两个人了，又来一个？"就是用这种语气。我心中更加紧张。

陈：已经有两个人，是什么意思？

子：已经有两个转校生。她问我，你成绩怎么样？我把我每科成绩都报了一遍，她的表情就非常的厌恶。就说你先在这里坐吧，就跟我爸打了个招呼，但也没有那么客气。我爸就走了。我就一个人静静地坐在办公室，第一节课我就坐在

---

① 这个姚老师，是樟中初二九班的班主任，是主人公成长过程中的重要角色。

办公室坐了一节课。因为那时候已经是上第一节课。这个时候旁边有一个老师。

陈：你是在老师的办公室里？

子：在办公室里。政治（老师）办公室。还有一个老师，姓石，那个老师也是个特别凶的老师。她说你今年班上来了几个人啦？她们用南昌话交流，那一刻，让我觉得很恐怖，很陌生，很不舒服，我从来没有在从进门到老师交流全是南昌话（的环境中）待过这么久，但在这个学校里头，老师都是讲着南昌话。当时她就用那个很凶的语气说：转来了三个人。"成绩好不？""好什么呀，14分。"我当时离她就一个位子，当着我的面（说这些话）。那一刻，很受伤，真的，觉得刚进学校第一天，待遇好像就不怎么样了。第二节课，就是姚老师的政治课了，我就领着去政治课，当时我就看到了我的那个好朋友——现在一直有联系的——叫泉。

陈：他也是在这个学期转学的？

子：对，我就感觉泉的待遇好像比我好很多呀，老师见到这个泉和颜悦色，怎么见到我和我爸那个臭脸？我当时是这么想的。全班同学的那种，哎呀，我扫视了一眼啊，我就想走，我觉得全班的每一个学生吧，他的身上的气质跟我接触的环境都迥异，完全不同的感觉。这些学生大多数皮肤黝黑，眼睛看你的那种表情，好像囚犯在看你，很多学生看你的眼神，好像光是从这里射出来的一样，很凶。还有一些学生就满口脏话，脑子里头"嗡……"——出现了很多各种不同的南昌话。

陈：这一天下来，回家去跟爸妈怎么说呢？

子：那天上了一天课嘛。老师当时介绍（新同学），先介绍泉，再介绍我。当时姚老师就说意①和泉的成绩一定要排在全班前十名啊，两个成绩都是挺好的学生，就没提我。大家一时间都知道我是一个成绩差的学生呗。我更加有点抬不起头来的感觉。

陈：泉和意转学，不是因为学习成绩不太好？

子：不是。是因为学习成绩好而转来这里，意是因为搬家，泉是因为父母离婚，他要住在这附近靠他外婆照顾。

陈：樟中中考升学率也挺好，是吧？

子：升学率非常好。

陈：你不习惯，是不太习惯市民气的同学，还是不习惯新环境？

子：新环境，市民气不吻合，都有。那一刻我就更深刻感觉到环境差距还是

---

① 意，也是刚刚转学到樟中初二九班的同学。

非常的远。我后来跟樟中的这些同学有过几次见面，^①很多同学见面，^②问他们后来都干什么，有一些当时成绩还不错的同学，有的在卖菜，有的当冰激凌 DQ 店^③的店员。当时很多学生家庭的那种贫穷的状况，是我以前不曾想象到的，有的家里真的很穷。

陈：你是怎么感受贫穷的呢？

子：后来才感觉到，一开始还不知道。但是感觉到贫穷了之后啊，反倒觉得好像（对他们的）恐惧感减少一些。就好像理解了他们跟我不一样的，那个肤色呀，表情啊，语气呀，跟我不一样的缘由，反倒让你觉得，就是恐惧感小了一点点。

陈：转学第一天还经历了什么？

子：那天分配座位，意个子很高，但因为他成绩好啊，依然还是老规矩，他就坐在前排，我成绩不好嘛，坐在最后一排。我同桌的人个子好矮好矮，矮得可以说是后排啥也看不见。那天上了物理课，上了英语课，上了语文课。当时惊讶地发现，我本来成绩就不好，但是这里的每一门课，都比我在附中上的课，要超前五到四个课时左右，就是他们暑假全都补了课，^④上课讲的，我完全听不懂。附中上课，通常是第一学期开学教第一节课。他们不是，他们（在假期中）把学期开学的四节课就上完了。那一下就觉得是一个很大的压力。还有整个的作业布置得特别多，是我遭遇过的学校中布置得最多的作业。好像已经中考来临了一样的感觉。那个作业就好像是你不要说十点钟写不完，十二点钟我也写不完的感觉。要抄写课文，又要背课文，又要听写，又要练字词句，又要写文章，还是只算了语文一门课。一下子"哗哗哗"就感觉是我从来没接触到的，本来成绩不咋地，突然这么多的学习压力，我觉得太难受了。回去我就跟我爸哭诉啊，说我要转回去。但这次哭诉呢，我还是把我想回去的理由，给说了一遍，第一个，每门课都比我学的要前很多，我都听不懂。第二，每个学生就是讲南昌话，都很野，我都交流不了。还有一个没有说的理由就是，那个姚老师不喜欢我。这是一个很重要的感觉。

陈：你觉得班主任姚老师不喜欢你？

---

① 编纂时，对这一段的语序作了小调整。

② 意思是中学毕业多年以后的同学见面。

③ DQ 店，即"冰雪皇后"冰激凌店，DQ 是 Dairy Queen 的首字母缩写。

④ 此处表述有误，不是暑假，应是寒假。因为主人公转学不是暑假后，而是初中第三学期结束即寒假后。

子：对呀，我当时就有这个感觉，就觉得我是我遭遇着歧视。我妈好像对我的心有点软了，还跟我爸提说，他不想转，那怎么办？我爸就很凶，就是要你适应这里的生活，不要听她的。意思就是一定要转，一定要转。我就哭了这一次，我之后知道转学（回附中）无望了，我就在樟中，继续上。这个反应比较大。反正闹了——回（家）来，六点吧——闹了有两三个小时。

陈：你跟爸爸的关系紧张就从这里开始？

子：从初中就开始了。（这次）只是变本加厉了。

陈：结果是什么？

子：结果我们两个有那么一两个月都没说话。

陈：他也不理你？

子：我也不理他，谁都不理谁，甚至连看都不看，他也不看我，我也不看他。

陈：那在家吃饭的时候呢？也是相互不理睬？

子：谁也不理谁，没有人吃饭的时候说话。

陈：你妈妈在中间不调停吗？

子：不调停，不说话。

陈：你觉得是转学到樟中才这样？

子：在初中（不时会这样），在附中有过一次，在樟中有过一次，在远中也有过。冷战，冷战一直有。就是一个多月啊（不说话）。

陈：不说话的时候，心里也不太害怕你爸沉默？

子：我当然还是希望我爸跟我说话，那种氛围让人觉得很窒息。但是，自己也不愿（先开口）。

陈：你自己也不会主动去说话？

子：对。也不认错，绝不。冷战，冷战啊。

陈：你不交作业，交作业难得及时，在什么时候开始？

子：初二上学期开始。

陈：在附中时就开始了？

子：附中。

陈：到樟中去还是这样吗？

子：其实这样，哎，就是初二上学期作业经常不交了呗，懒得交，也不想写，兴趣一点也没有，彻底的自暴自弃。到了樟中之后啊，有一点改变，作业太多，超出了我的能力范围，写不完——还有一个情况，就是同时间好像我的作业又能交，为什么能交呢？是因为矮子里拔高子，樟中太多不写作业的了，我的作业反倒成了交得比较齐的了。

陈：樟中那么多作业，回来要做到很晚，你不困吗？

子：在初中我就感觉困嘛，在樟中是我感觉困意如山的这个（阶段）。

陈：每天晚上到八九点钟就发困？

子：我自己在桌子上都会睡过去。就好像神经啦承受不住那种学习压力还是怎么着，我觉得很困很困，经常我在桌子上看着书啊，我就睡过去了。一坐抬起头来一看都十点钟了，一桌的口水，这样的事情是很多的。

采访人札记

话说，老爸让孩子转学，亲自将孩子送到新学校，将孩子推入命运之河。适应不适应，让孩子自己去拼搏锻炼。好消息是，孩子没被陌生的河水淹没。

主人公陈述转学第一天的经历，带有明显的情绪色彩："去樟中的那一天，是天气最阴暗的，天好像都是灰的，比雾霾还灰。"这是寒假过后，冬春之际的正常天色，却也是主人公主观情绪的自动投射。因为他感到非常紧张，以至于"我感觉我驼着背，驼得很重"。这是感觉，也是真相；身体如此，灵魂也如此。

因为心理紧张，情绪抵触，小家伙很快就找到了不能在樟中上学（要回附中）的诸多理由："第一个，每门课都比我学的要前很多，我都听不懂。第二，每个学生就是讲南昌话，都很野，我都交流不了。还有一个没有说的理由就是，那个姚老师不喜欢我。"其中，第一条理由大体属实，樟中升学率高的秘密——可能也是很多学校升学率高的共同秘密——无非两条，一是占用假期时间提前上课，二是每门课都给学生布置比别的学校更多的作业，总之是以加大训练量取胜。至于后两条，即樟中学生都说南昌话、都很野，无法交流，以及班主任姚老师歧视他、不喜欢他，即便不是纯粹的主观臆断，也是出自他的情绪偏见。真正的原因，其实是主人公的恐惧、抵触、心虚和（过度）敏感。

小家伙当日回家闹了两三个小时，闹得老妈心软，老爸却岿然不动，要把转学进行到底。从这天开始，小家伙和固执老爸开始了长达一两个月的"冷战"，儿子不理老爸，老爸也不理儿子。实际上，这不是寻常的冷战，而是一场赌赛：假如老爸心软——小家伙正希望如此——势必会重提回到附中的要求，接下来会发生什么，恐怕结局难料。老爸当然知道孩子想要什么，但这回他无论如何都不能答应。结果是老爸赢了，小家伙不得不接受老爸安排的这场命运赌赛。

这场命运赌赛的终极结果虽然还难以预料，但有些积极的迹象已有所显现，那就是小家伙逐渐适应了新环境，最大的变化就是能按要求交作业了。小家伙在附中初二上学期时，曾不交作业，至少是坚持不重做作业；樟中的作业量比附中要大得多，小家伙居然"同时间好像我的作业又能交"，这是一个意义重大的变化。小家伙说："为什么能交呢？是因为矮子里拔高子，樟中太多不写作业的了，我的作业反倒成了交得比较齐的了。"这一解释不合逻辑，但陈述中有事实部分，即：作业"交得比较齐了"，究竟有多齐？独立完成多少？还需考证。

说此事意义重大，是它再次证明了小家伙的适应能力比他自己想象的要大得多，他对陌生环境的恐惧，实际上是出自一种惰性，即不愿走出舒适区。这是人类本能，孩子当然更是如此，那些勇于走出舒适区、适应新环境的孩子肯定有某种特殊的因由。而当老爸打定主意让孩子独自面对陌生的环境时，孩子不得不走出舒适区，不得不适应，结果是：他也就逐渐适应了。

适应新环境，走出自己的舒适区，也是成长的重要组成部分。

39

适应樟中

陈：你买《射雕英雄传》和《连城诀》的盗版书，是在什么时候？

子：在我刚进樟中的时候，那段时间是疯狂地逃避嘛。突然看到一个旧书店，[1] 一进去，我戳，大批大批的金庸小说，十块钱买一套，太适当了。[2]

陈：十块钱就能买四本《射雕英雄传》？

---

[1] 这个旧书店就在主人公家的对面，过桥不远就是。

[2] 意思是，太值了。

子：啊，对呀。盗版的，或者旧书。然后就买嘛，就看。

陈：你怎么拿回家呢？家里不会管吗？

子：我拿剪刀把那个（书）全部肢解了，每天读一页。为了躲避我爸的追杀，每天把书全部肢解，全部变成一页一页。

陈：那么多书页，你藏在哪儿？

子：趁我妈上班的时候（藏起来），或者放在我书包里头，然后进去赶快弄起来，[①] 晚上肢解书。

陈：每次读一页？

子：对。意和亮[②]，突然看到一个读这样书的人——就不只是亮、意新鲜，很多同学都觉得太新鲜了——就会借来看。我看一页之后，不要了，就给他们，他们就"我戳，真好看"！然后就都会借来看。这样嘛，我就得到了我人生的几个朋友嘛。一个是亮，一个是意，一个是泉。我们三个都会交换小说，但是同时呀，他们也会借我作业抄，这不都好吗？泉成绩尤其好。我天天想武侠小说，那时候要是能够买到，拿到一两页《神雕侠侣》，读得真是（爽），我有一次在下课的时候（晚回家），那天我爸特别生气，说我怎么又晚回来了。我在干一件什么事？我把杨过对郭襄讲的黯然销魂掌的招数背了一个小时，一路上还在念念有词。回味那个，行尸走肉、倒行逆施、鸡飞狗跳，拖泥带水……

陈：有"鸡飞狗跳"这一招吗？

子：不记得了。

陈：有"呆若木鸡"。

子：有呆若木鸡。念完之后，郭襄脸色不是还有难受嘛，就表现恋人的心情。然后当时我还去背，就很兴奋，反正就是迷恋武侠迷恋得比较深了。

陈：你放学晚回家的结果什么呢？

子：那肯定是我也不敢承认是去看武侠小说了，承认了不一定毒打、挨揍，被训是肯定的。

陈：有一个女同学让你传纸条，也是在这个时候？

子：对，樟中传纸条多。

陈：那是什么情况？你还记得那张纸条吗？

子：就是作业本上撕下来写的情书，要（我）递给另一个男生。

陈：你没看情书的内容是什么？

---

① 这话的意思是，尽快设法藏起来。

② 亮，是主人公在樟中的另一个同班同学。

子：那还敢看？那会被她揍死，那是一伙女流氓，^①很凶猛的。

陈：你传了吗？

子：传啦，不传肯定不是很惨吗？那些女生可恐怖。我觉得那时候，我视这些女流氓如洪水猛兽。这些女流氓真格地跟我们学校附近的五十八中（学生打架），她们会集体邀一伙人去打架。就女孩对女孩，互相撕。

陈：女生打起架来比男生凶多了，是吧？

子：还是男生打架厉害。关键是这些女生都认识很多打架很厉害的流氓啊。

陈：中学里有这样的风气？

子：当时，我们南昌有几个打架出了名的学校，一个叫春中，一个叫第九职业学校。如果一个班上转来了一个人，这个人是春中来的，或者第九职业中学转来的，我们都说千万惹不得。

陈：他们比樟中还厉害？

子：哎呀，樟中跟他们比，小巫见大巫。然后，排名第三的是远中，打架都是带刀的。

陈：你有没有把这些情况告诉爸爸妈妈，以便转回附中？

子：没有。

陈：为什么没有？

子：反正从那第一天（后）我再没有（提过转回附中的事）。

陈：没再申诉过，还是没有了转回附中的念头？

子：再没有想过转回去的念头，而且我慢慢地在这个地方找到了生存之道。

陈：生存之道？

子：慢慢地觉得能过下去。一开始过得很不容易，老有女流氓来欺负你，问你要钱，拿你的钱也不还。你也别想要回来，要回来肯定挨揍。从樟中高中的小流氓到外面的小流氓，她们认识一大片。这个（拒绝的话），会被揍死。

陈：被同学要钱？

子：对呀。

陈：还是被女同学要钱？

子：对呀。你还不能不给。

陈：具体场景是怎样呢？

子：那个女的过来跟你说，借两块钱。说是借，其实就是直接拿。

陈：是同年级的吗？还是高年级的同学？

---

① "女流氓"是指那些行为放浪的女同学，这是主人公的一种习惯口头语。
① "女流氓"是指那些行为放浪的女同学，这是主人公的一种习惯口头语。

子：就我们班的同学。

陈：回家不会说，有人抢你的钱吗？

子：丢人的事情，没有好意思说。

陈：不好意思说？

子：对呀，不好意思。而且当时呀，不想跟父母交流。这是一个很重要的原因，交流都是白交流了，什么都没有好说的，就也不交流。

陈：你说找到了生存之道，指的是什么？

子：就是慢慢地知道，该怎么样去规避这些事情。知道了该怎么样啊去解决这些问题。就慢慢找到了一些方法嘛。怎么先不被打，这是真的。就是怎么先保护自己，别惹了谁被揍一顿。这是我想到的第一个问题。就我一看这个学校怎么这么吓人？我靠。安全第一。

陈：你那几何考零分是在什么时候？

子：嗯，就是（到樟中）第一次摸底嘛。考了个零分。

陈：是完全不明白，还是你乱写？

子：我拉了课。那时候都没有学会乱写，真是（不知道），就真格的。他们是暑假补课，正好一两个礼拜就来一个测验嘛，我又没学过。那是蒙圈了。

陈：英语老师说中午要背书，背好才能走，是什么情况？

子：在樟中那里学习的紧张程度，这个高压程度，那是比附中要强几百倍了。留堂啊，甚至很多老师都没有什么下课概念的，比如两节课都是物理课，他中间就不下课了，一口气就上。一二三都是物理课，也是中间不休息，也一口气就上。然后英语也是这样，在附中是每一个课时听写一次，在樟中每天要听写一次，每天、每天都要听写。

陈：怎么会有那么多英语课呢？

子：利用朗读的时候，每天早上七点半不是有一个课前朗读吗？附中是真的朗读，在这里就变成了上课，就会听写。而且老师批改极快，中午就给你出成绩。不好的全部留下来，全部不准走，再听写。

陈：你的遭遇是什么？

子：哎呀，天天被留。

陈：天天被留，吃饭怎么办？回家吃还是在学校吃？

子：我第一次被留堂，我跟老师说，我能不能回家吃个饭？他说不行，你要听完了才能走。那就是离上课还有 40 分钟，我用 10 分钟骑车回家，敲开了门，用了 5 分钟吃完了饭，又飞快地冲回了学校。在上课铃响的那一刻进了学校，那个饭在我胃里一直有想吐的感觉。5 分钟就吃完了饭。其实我吃饭快的高峰期，其实就来自樟中那段时间的折磨。

陈：你吃饭不是向来都特别慢吗？

子：我后来吃饭就快了，随着学习的紧张，我吃饭越来越快，因为中午就那么一点时间吃饭。

陈：5分钟就可以吃完？

子：最高纪录1分钟把一碗炒粉全部吃光。1分钟，囫囵吞枣，全部吃光。

陈：OK。物理老师比较凶，是吧？

子：有的时刻简直是羞辱了。我第一次考物理不及格，他指着我说，那个穿绿衣服的男的是我们班的吗？我说我是新来的。她说新来的就考试不及格了？你脑子撞屎了？然后说，掉队怎么着？滚出去！我就站出去了。

陈：上课的时候老师叫学生出去？

子：当然。每个学校都一样。在我看来，很正常。

陈：出去干吗呢？

子：罚站。

陈：那不是塌了一节课吗？

子：她不管。你就罚站吧。

陈：OK。然后你爸爸给你补过物理？

子：就是在那次，第一次不及格的晚上，我爸想努力帮我补。但是他也不会，他也是看课本学，结果他教的答案也是错的。我们两个战斗到了九点钟，我实在觉得太困了，睡着了。我第二天还是去考，结果还是考砸了嘛。

陈：你睡着了，你爸没有把你凶起来？

子：我感觉到那一刻，他也觉得很困难。① 我那天是主动跟我爸说我第二天要考试，考物理，等于我爸要把老师没有上的课帮我补一补。

陈：结果效果不是太好？

子：肯定啦，有四个课时，人家都要上至少四个礼拜嘛，你一个晚上，囫囵吞枣，不可能效果很好。

---

① 意思是"老爸也很为难"。

采访人札记

本节是主人公逐渐适应樟中的过程陈述。开始还是老模式，即躲到武侠小说中去，躲到幻想中去，让自己的紧张情绪得到舒缓，暂时逃避外界环境压力。古人说开卷有益，在这里得到了另类证实。主人公在武侠小说中得到了多少营养暂时还无法测定，至少有一个好处，那就是因为武侠小说让他与几个同学交了朋友。故事是人类的精神食粮，而且是主食，人类生活及成长离不开故事。主人公的那几个朋友——同学为朋，同志为友——都喜欢武侠小说，并且形成交易：主人公供应武侠小说，那几个成绩好的同学让主人公抄作业，各得其所。因武侠小说交上朋友，还有更大的好处，那就是让主人公适应樟中的新环境变得容易。

樟中的男女同学都比较"野"，这是主人公进樟中的第一印象（主观印象），也有耳闻传言和目睹事实的部分依据。女同学让新来的同学帮自己传纸条，应该是事实，至于若不传就会被"揍死"，则是主人公的想象了。在主人公的描述中，樟中的女同学似乎随时可能跟本班或外校同学打架，男同学更是不能惹，即使有某些传闻，大部分仍然是出于主人公的想象。证据是，主人公说得那么恐怖，但却没有自己的亲身经历为证——假如有这种恐怖经历，以主人公惊人的记忆力而言，肯定会记得清清楚楚，也肯定会说出来。进而，主人公号称在樟中找到了所谓"生存之道"，即如何避免同学霸凌，也都是理论概述，并无经验实证。由此可以推断，樟中校园里的实际环境，并没有他想象的那么可怕。

人类对陌生环境的恐惧由来已久，可追溯到数十万年以前，森林中的恐龙巨狮、豺狼虎豹，大自然的风沙雨雪、电闪雷鸣，随时都可能让人类个体丧生，恐惧的记忆可能是人类心理最深处的古老细胞信息遗存。恐惧产生想象，想象产生神话，主人公关于樟中的记忆，很可能就是类似的神话。但主人公的这类陈述，仍然是有意义的——其意义在于，他说他找到了所谓"生存之道"，既可以看作自我安慰，更可能是说自己已经逐渐适应了樟中的校园生活环境，因而不再恐惧。

此时，主人公仍然算不上是好学生，一次数学测验 0 分，物理不及格。甚至被物理老师赶到教室外去罚站，他也习以为常："每个学校都一样。在我看来，很正常。"这也是适应。更好的例子是，小家伙吃饭向来非常慢——这大约也是不少小家伙的习惯毛病——而到樟中之后居然屡创新纪录：5 分钟吃完一顿饭，甚至 1 分钟吃完一碗炒粉。对身体没好处，这是另一回事，关键是他在适应。

另一个好消息是：老爸帮他补习物理。老爸的帮助对小家伙的物理考试完全没有作用是一回事，重要的其实是老爸和小家伙结束了冷战，重新开始和平共处。这也意味着，老爸顽固坚持转学一事，并没有给小家伙的心理上造成创伤。退一步说，即使有点小小创伤，也会随着孩子适应新环境和冷战结束而抚平。

40

数学罗老师

陈：你在樟中时跟前座女生聊天，是什么情况？

子：那是后来嘛，刚开始神经紧张，神经紧张了很长一段时候。（跟女生聊天）那都过了半个学期了。为什么会跟女生聊天？有个前提，是那段时间数学有了一些进步，樟中的那个数学老师人非常好，罗老师，非常好，人非常淳朴，当时搞了一个补差班，当然名字取得不好听了，班上成绩倒数的人去补，但她不收任何钱，就利用周六周日的时间，差生到来，她就给你补课，那是个好老师。当时在她的补习之下，我当然进步也没有那么大咯，但是我的确是从二三十分变成了 60 分，而且我几何呀对角线啦，哎呀，这个是值得自豪一下的，终于有那么几次我考了 80 分，就平时摸底测验，真考了 80 分。

陈：老师人好，帮你补课，你成绩就会好，这是你的规律吧？

子：哎，会好一些。老师对我好一些的话，我热情会多一点点。但是我发自内心的，真不好意思告诉她们，我对这个真没有一点兴趣。我脑子里想的东西，都是小说什么的，但是的确是在她们的鼓励之下（会有进步），我也不笨，你努力帮我补吧，我也不会一点进步都没有，烂泥扶不上墙，还是有（进步）。

陈：补课是第一学期结束的那个暑假？

子：进学校两个礼拜后，我就加入了她补差班。那是免费的。补了有那么一个月两个月。

陈：成绩就上去了一点？

子：那时候成绩还没有特别上去，也还是几何不行，代数很好。好消息是，这个罗老师啊，不会觉得你代数好、几何不好就一无是处，她会觉得你总有一门好，所以她几何课就会不让我发言，代数课经常让我演演板啦，干吗的呀，那是难得的，老师会让我上去演板。

陈：体谅人的老师。

子：是个善良的老师。而且她把这个情况（告诉了班主任姚老师），姚老师也算一个好人，她跟罗老师交流完之后，她在上课甚至专门提过一句话——我认为她是为了鼓励我而说的，尽管那个姚老师做的一些事情让我有点讨厌她，但那句话我觉得是对我说的——就说，有些同学，数学有点偏，代数好几何不好，你不要着急，你总有一个还可以的地方，你后面可以继续努力。我觉得那个话是对我说的。

陈：是好意。请继续说罗老师。

子：然后罗老师就会耐心跟我补嘛。罗老师会（跟我打招呼），来班上的第一堂数学课，罗老师是主课老师唯一一个跟我打了招呼的老师。她是个用心的人，她看到了你是一个新来的学生，她问你，你是哪个学校转来的？我说我是附中转来的。她会说，哇，你为什么会转到我们这里来呀？附中是好学校啊。她会这样说。在她的引导之下……其实现在回想起来，比较感激她。

陈：数学成绩提高，爸爸妈妈发现了你的变化吗？

子：有变化，我爸爸妈妈也感觉到了有些变化。只是他们有的时候啊——是被我自己搞砸了——他们没有领会数学老师教学的意义，比如说我爸会检查我的作业，他会发现我那个作业，他会发现他是课本上面一模一样的，（就说）这不是作业，你这是把课本上的题目原封不动抄了一遍。

陈：实际呢？

子：实际上是罗老师让我这么干的。她说如果你实在领会不了含义的时候，初中课其实没有这么难，你甚至都不需要动很多脑筋，只要牢记几个定理公式（就会懂得）。然后你觉得这几门课——这几个题目——实在有困难，我们第二天补课的时候再解决，你就先把今天上课的公式啊，多抄几遍，我也按照完成（作业）给你算分。你把这些记下来。这导致后来我好多交叉线定理呀，什么 sine（正弦）、cosine（余弦）那些东西，有了一点点（理解）。那时候代数和几何已经开始有了一些交叠了嘛，就开始，因为这种方式，就有所变化嘛。

陈：为什么不跟老爸解释呢？

子：我跟爸妈关系紧张。我不跟他们解释，我爸就觉得我这是无用功。然后我也不说，你说我无用功，我也不说话哦。就是这种情况。但是确实她的引导之下，甚至有一次在做 sine、cosine 题目的时候啊，那天，这几道题目，我好像只用了四五分钟（就做完了）。罗老师给我们留了 15 分钟写作业，我用了 5 分钟写完了。罗老师咔咔咔三个勾，全部打对。当时很多同学都说，他怎么变这么厉害了？罗老师当时说了这么一句话："他一直就很厉害。"后来，罗老师告诉我，那几道题目不仅仅困扰了你们班，我们整个好班 ① 也没有那么快地解出来的。

陈：你做出来了？

子：我做出来了。

陈：你学好数学的热情从此被点燃？

子：我不是摔断手的话，我可能被点燃了。我摔断了手，导致我复读了。而且我为什么复读，也是因为罗老师，是罗老师有一天晚上跟我打电话，很温柔地跟我说，你摔断了手，我们现在已经快要中考了，你跟不上怎么办哪？然后她就说，你复读一下吧，我觉得你努力一下，不一定只上一个普高，你也许会上一个重点。这个原因，然后我才跟我爸提复读，再复读了。

陈：罗老师真是好老师！

子：对呀。还有一些细节，比如说上课的时候，有一段时间我野啰，（和同学）讲话，她就把老跟我讲话的同学调走了。

陈：罗老师把那个同学调走？

子：对，上数学课。批评我，老讲话不行啊！然后把我旁边老跟我讲话的同学调走了，让我一个人坐。然后让我听讲，让我每节课上来演板。就在这种情况下，数学慢慢走高，有走高，清晰感觉到，虽然有些东西仍然有些困难，但是明显感觉到，30 分，40 分，50 分，60 分，70 分，80 分——是几何成绩啊——一步一步地在前进。

陈：数学成绩提升，就有信心跟女同学说话？

子：当然，而且很好玩。我一下子成了倒数一二三四五排数学成绩最好的人，② 那些以前老是威胁我的女流氓啊，把作业全部丢给我写。

陈：不是抄你的作业，是要你直接帮她们写作业？

子：对，对。然后我好像突然找到了成就感，我就帮着写呗。我还真都写出

---

① 好班，应该是指比九班成绩更好的班，当是罗老师教的另一个班。

② 后五排都是成绩相对差的学生，主人公成为这些人中数学最好的人。

来了。就这样我在被动地得到了提升呗。① 然后考试的时候她们就还来抄我的卷子，那你就来抄呗。他们平时 30 分、40 分，一抄抄到 50 分、60 分，有时候抄到 70 分。

陈：你跟女同学讲话，有人吹口哨？是怎么的呢？

子：慢慢地就敢跟女生说话了，慢慢地就打通了距离感，② 其实真正的原因就是始于抄作业。就是（同学们）认可了你的这个成绩，就是（我）享受到了从来没有过的待遇。比如说，一个女同学成绩不怎么好，她会问你，这道题你会不会？我大吃一惊，我第一反应（她说话的对象）不是我。我戳，居然还有人问我会不会？肯定是平时就不会啰。真的会，我就告诉她怎么做、怎么做、怎么做。就很多人愿意搭理我了。他们可能觉得我有一点点怪，不说话，低着个头，反应什么都慢一点点。然后，就慢慢地成绩开始有提升。

采访人札记

主人公对樟中的适应，有一个关键因素，那就是他遇到了一个真正的好老师，即教数学的罗老师。为何说罗老师是真正的好老师？主人公提供了如下证据。

首先，罗老师是主课老师唯一一个跟主人公打招呼的老师，问他是哪个学校转来的，又说附中是个好学校，简单的几句话，让主人公感到了温暖关怀。对孩子来说，尤其是对主人公这样畏惧新环境的孩子来说，这份温暖关怀，其意义自不待言。与此同时，罗老师的几句话，也创造了良好传播氛围，打通了传播渠道。

其次，罗老师发现主人公代数好，几何不好，为了照顾孩子的自尊心，在上几何课的时候不向孩子提问；为了鼓励孩子的自信心，在上代数课的时候故意经常让孩子到黑板上去演算习题。这表明，罗老师洞悉孩子心理，在同一个孩子身上也能做到因材施教，她的这一教法，值得所有老师和家长学习。

再次，罗老师发现小家伙的几何成绩不好的原因，是概念不清晰，公式不熟更不懂，又想出了一个具体办法，即与孩子约定，假如某个或某几个题目真不会做，那就将教科书上的有关概念和公式抄写一遍，她会照完成作业给分。我不知

---

① 这句话的意思是，他成绩提升虽是被动，但还是随着成绩好而提升了他在同学中的地位。

② 这句话的意思是，消除了距离感，打通了同学间的交流渠道。

道罗老师的这一做法是不是一个创举，但这一教法对主人公具有奇效。不仅是让孩子熟悉了数学公式，更重要的是小心呵护了孩子的脆弱自尊。

又次，发现孩子上课不专心，部分原因是他喜欢与同学说话，罗老师并没有直接批评孩子，而是将孩子讲话的对象调离，让他独自一桌。这样做，不只是釜底抽薪，让孩子没有讲话的对象，更重要的是给孩子传递一个信息：老师在关心你，你上课应该专心。若是别的老师，传递信息的方式恐怕不会如此温柔。

又次，罗老师还将主人公的学习情况，告诉了孩子的班主任姚老师，并且与姚老师达成共识：几何不好，并非一无是处，只要努力，几何也会好。也就是说，罗老师对主人公的关心，溢出了数学课堂。若非真正的好老师，怎能想到这个？

又次，老师的精心呵护和培养终于见效，即主人公解开了几道难题——这几道题目连那些成绩好的同学也不易解答——罗老师并不居功自傲，而是对其他同学说："他一直就很厉害！"这话会让主人公记忆一辈子，也会鼓励主人公一辈子。只有真正的好老师，才会这样做，才会这样说。

又次，当主人公摔断锁骨休学时："罗老师有一天晚上跟我打电话，很温柔地跟我说，你摔断了手，我们现在已经快要中考了，你跟不上怎么办哪？然后她就说，你复读一下吧，我觉得你努力一下，不一定只上一个普高，你也许会上一个重点。这个原因，然后我才跟我爸提复读……"

最后，罗老师并非只对主人公一个人如此之好：她的周末补习班向所有同学开放，而且——主人公多次强调说——免费。

什么是真正的好老师？罗老师的言行，就是最好的示范。主人公能感受罗老师的善意，逐渐提升数学成绩，并记住罗老师的恩德，说明他在成长。

41

班主任姚老师

陈：你说到姚老师她有些事情让你不快，指的是什么？

子：最大的不快有两个。那时候每一个礼拜呀都有一次大扫除，大扫除我愿意参加，没有关系。后来发现一件事情，哎，每次大扫除都有我的名字呀，我是A组的，怎么C组、B组也有我的名字啊？我就去问，结果姚老师用了很不好意思的语气告诉我说，因为婷（同学）要去上补课班，我让你补她们的。我靠！这他妈的太过分了。第二种情况呢，有一回，婷——班上成绩特别好的女生——讲话，被学习委员记了名字。记了名字呢，按规矩要留下来拖地，结果到姚老师报名字的时候说，几个讲话的学生留下来拖地。我靠！我当时听到我要留下来拖地，就惊到了。那个学习委员他就过去跟姚老师说："老师，是婷。"不是我。结果，姚老师当我们的面说，婷要上补习班。哎呀，那一刻伤害真的是很大。

陈：她成绩好，为什么还上补习班呢？

子：樟中就是这样的，不停地补习，疯狂地补习。好同学也要不停地参加补习，好同学如果不参加补习，会开会逼你们去补习。一定要去，不去不行。

陈：她讲话，让你留下来打扫卫生，你没抗议吗？

子：我没有抗议。一方面我原来也没有这么大的胆子，另一方面，我对姚老师印象一直还可以。她对我有一些鼓励有一些帮助的，我就没有那个（抗议）。

陈：除了讲你数学偏科没关系，还有哪些鼓励你的例子？

子：她从来没有跟我交流，也没有跟我说过什么话，期中考试发奖励本的时候，她发了一本奖励本给我。

陈：奖励本是什么？

子：成绩好就奖励你，成绩好的学生都有。

陈：她也给了你一本？

子：她给我写了四个字：诚实好学。还有姚老师会跟我聊天。中午我有时候留得很晚，她把我叫到办公室来，跟我聊天。

陈：等会儿，你刚才说她从来没有跟你聊过天？

子：不，到了后来，临近中考，初三了嘛，慢慢地学习越来越紧张，中考快来的情况下，姚老师就会有时候中午过来跟我聊天。她当时说了一句话，我印象很深——是不是当时最早看出我有艺术潜质的是姚老师——她说："也许在未来的生活当中，你的才干也许比他们会来的更强，因为你身上有些东西是他们没有的。"当时这句话让我比较感动。那是实话。然后她会跟我聊，我太爱读小说了，我爸也跟她汇报了。她会问我，你喜欢读什么小说呀？我说我喜欢读金庸的。她说你喜欢读金庸的什么小说呀？她还唱那个金庸的（电视剧里面的歌）——她唱得特别好听，那个《神雕侠侣》里面周华健用粤语唱的[①]——说是这个片子吗？《神雕侠侣》。我说是。然后她就说，如果你有很多武侠小说，如果你觉得实在控制不住看，可以拿给老师保管，考试结束后老师一定会还给你。你现在考好。

陈：还有这样的故事？

子：还有，就比如开家长会，我爸也来了，开完之后，姚老师就会跟我爸单独沟通。她很少跟那种成绩差的家长沟通那么多。就跟我爸说，其实你孩子挺好的。之后又叫我过来，说我一直是在这里用心地学习，就感觉上课的时候很老实，不说话，努努力其实还是可以的。这也是有。另外还比如说，姚老师也会叫学生去写反映本，她只要学习好的同学把这几个礼拜学习的心得写一下。那时候她总是感觉到，几个学生在一起玩啊，成绩好的学生在一起玩太多了，她就会说他们，就叫他们不要一起玩。这时候有一个学生觉得这个方法不太好，就把心中的不快呀写给姚老师。姚老师在上课的时候就流眼泪了，说，我没有想到我的这个行为对你们造成了这么大的伤害，老师表示抱歉，以后我再也不这样说了。这也是一个例子。还有，中午的时候，泉，那天带了一个游戏机，玩打足球（游戏），姚老师看到了，也没有没收我们的，跟我们坐在一起，玩了一个小时左右。

陈：这也是个好老师。

子：嗯。严格说，是一个好老师。尽管有这样一些毛病吧，为了升学呀，也就是会很疯狂地让学生去补课呀，对学生高压呀，她也很厉害，很凶猛。她当时还跟我讲了一个事情，我们中国有一个摇滚女天王，是她第一次当政治课老师的学生。那个女孩初中就休学了，到北京，就成为中国的女崔健。她还私底下跟我讲这个故事，说，其实我教过的学生中有很独特的人。然后，还有她对我的关注度比较高，我的政治课在樟中考试（成绩）达到了顶峰。考过一次92分，从来

① 应该是1995年香港TVB版古天乐、李若彤主演的电视剧《神雕侠侣》的主题曲《神话·情话》，周华健、齐豫合唱，林夕作词，周华健作曲，洪敬尧编曲。

没有上（下）过 86 分。

陈：再次印证了一个规律，哪个老师对你有耐心、鼓励你，你的成绩就会明显提升。是这样吧？

子：也有可能吧。

陈：因为罗老师，你数学成绩好了；因为姚老师，你政治成绩好了。

子：对。其实她们教育方法是很像的。都会让你去背很多，因为政治也没有什么特别多的讲究，你背就行了，洪老师要你背了之后，她就不搭理你，她只会去管那些成绩好的学生。但是姚老师不是，每一次期中（考试）啊，小测验呀，她都是会挨个抽查。这些学生背得怎么样，但每一次都会抽查我。我当然每次都完成任务咯。我的人生第一次比较高端的结业汇报，就是姚老师安排的。

陈：结业汇报？

子：就是期末结束了，让我们讲一讲学习心得。我是成绩比较差的，但却安排我讲了一次。

陈：通常都是成绩好的学生讲，是吧？你那次是什么情况？

子：它是不准备的，是课堂直接点名，让你上去讲。

陈：你讲了什么呢？

子：我就是讲这次政治难得考了 92 分嘛，是我人生少见的 92 分。然后全班还笑。我说感谢老师。我就说了这么一句话。不鼓励，不是老师，我讲不出现在这样的话来。[1] 老师不帮忙，我当时是很难考到那样的好成绩，我当时是感觉到了。还有一次我（印象）特别深，姚老师简直就有点工作狂，早读她都第一个到。每节课没有事她就坐在后面听。她就是特别特别敬业。有几次上语文课的时候，那个语文老师一直就不是很喜欢我。有那么几次，一次是背《醉翁亭记》还有一次是背《岳阳楼记》，当时全班都没有人会背。当时啊，那个语文课代表就问有没有人会背，我当时就傻乎乎地举了个手，我说我会背。老师很惊讶，说你全都会背吗，我说我全都会背呀。他就让我背，发现我极端流畅地背下来了。"环滁皆山也……"那篇古文其实我就背了一两遍就背出来了。为什么呢，是因为那篇古文写得太好了，当时我从来没有觉得古文写得好，但那篇《醉翁亭记》，我靠，怎么写得这么好？有触动啊。

陈：你是什么时候觉得《醉翁亭记》写得好？

子：就在当时。所以我很快把它背出来了，现在我有些原话记不得了，但有些句话我一直记得，哎呀，怎么写得这么好哇！我第一次感觉到了文字的魅力，

---

[1] 这句话的意思是：如果不是真切感受到老师鼓励才有好成绩，就说不出感谢老师的话。

就是在那个时刻。第一段就是"环滁皆山也"，第二段不是写的"若夫日出而林霏开"，就是这么的一些表述，怎么写得这么的美好？太美好了！然后我就用了一两遍就背出来了，然后，那天我就背出来了嘛。

陈：《岳阳楼记》呢？那是什么情况？

子：隔了一两个礼拜之后……（班上同学）都背不出来的时候，我举手，都背出来了。《岳阳楼记》没有那么熟，《醉翁亭记》背得非常熟。然后姚老师就跟我爸说我的记忆力极端好。从那开始，那个语文老师对我也……

陈：刮目相看？

子：有改观。上课有时候点名，默默古文啦，甚至我默写没有得到 90 分，他还很惊讶，说你没有得到 90 分？不可能吧？你记忆力很好。那是因为姚老师，那两次我背出来之后，我印象很深，姚老师带头鼓了一下掌。那是我的温暖时刻，真正的温暖时刻。多少年后我再见到姚老师，我说，你的两次掌声，给了我鼓励。

陈：多年后姚老师还记得你吗？

子：记得我呀。姚老师的用心程度（深），和她的治理呀（有效），她比一般老师年轻，更加活跃一些，（对我）还是有接受度的。

陈：姚老师是男老师？

子：女老师。哦，另外还有一个（记忆）——就是我们初中的时候不是学那个吗，学屈原的《离骚》吗，《离骚》我当时，只背出了前面一部分。但是有一句话啊，印象非常深，我还因此而写了一篇文章，那篇文章又是难得的得到那个语文老师的赞扬，还被贴出来过一段时间。

陈：哦，是什么？

子：就是里面的某一句话，① 然后这篇文章，姚老师看到了之后，（和我）还有过一番沟通。但是她沟通不是说我写得好，她可能觉得我写得有点，是不是有点悲观。大概其中有这么一句话："亦余心之所善兮，虽九死其犹未悔。"当时并不知道这句话什么意思，但我当时理解，一个人啊，他当时下定决心，要走在这条道路之上，要有这个爱好啊，你就是无数次的这种，就是去死呀，他都不会退缩。然后我好像突然理解了这种《离骚》的精神。然后就很认真地去背《离骚》那个要求背的段落。我每每就想起那个，我写那个文章的时候……

陈：是正式作文吗？还是自己写的心得？

子：作文。后来有一篇作文，就写这个读后感嘛。我印象中好像是这么写

---

① 意思是说，受《离骚》一句话的启发，写了一篇作文。这句话后文中提及了。

的，就是说上过很多课，听过许多邱少云、黄继光的故事，没有一个故事如屈原这样一首诗去打动一个人。因为，就是说从这个词里头，能读出情感和细节来。就感觉是，有被触动，就是觉得好像要立下志向，以后要去干一件什么事情一样。老师还觉得写得挺好，就表扬了我。然后给姚老师看到了，姚老师就跟我聊过这个问题。她跟我聊，还是更多地聊你要多些积极的东西，不要写不积极的东西。她可能觉得我写得不积极。

陈：语文老师没有说你政治不正确？

子：没有。那个语文老师有很多毛病。但是他有点像林老师样的，起码他有一点——他读了很多书。他是我见过的讲语文讲得最烂的，他上课没有任何灵活性，他教你的所有知识全是为了应试，没有任何发挥的空间。要你怎么写，你就得按照答案怎么写。你的议论文不按我的要求写，我就全部打不及格。全部要按照条条框框规章制度来写，就是（他的课）上得真的是让人索然无味。

陈：你记忆力那么好，默写却没有考到 90 分，是因为什么？

子：偶尔的一次失误，也考了 80 分，只是失误了而已。

陈：失误指的是什么？

子：就是有那么一两句不记得了，真是不记得了。没准备好。但是考得也还可以，没有那么差。只是说他们一下子好像把我定位成一个考语文可以考很高分的人。

陈：认为你默写应该是最高分？

子：对，考过 96 分啦，突然考给 80 分，觉得好像很接受不了一样。就是说明在那一刻，我在他们心中的位置有一点改变了。这个事情也不是完全我说了算，因为我爸有一回跟这个老师打电话，问这个语文老师我上课什么情况，这个语文老师很坦诚地就跟我爸说过一次，说以前完全不关注我，但是看到我的记性那么好，才开始关注到我。

陈：这也是你在樟中比较温暖的记忆吧？

子：是。

陈：然后你开始在学校里就完成作业？

子：有一段时间，我回来的稍微晚了一点点。有的时候回来晚，是那个化学老师留堂留得很晚，那就真的回来晚。还有的时间其实六点钟就下了课，就是说有一些好的同学——成绩好的同学——不回家，他就会把作业在那里写完。那不可以留下来抄抄作业？同时也，但那时候（我对学习）显然开始慢慢地有一点点兴趣了，也会留下去把作业给写完的，就是你可以把自己拿手的什么数学呀，语文啦快快地写完，然后你可以把那个——哎呀，我突然想到一件事情，这个细节还真是（没想到），我在樟中很少出现作业没交的情况。在附中出现过好多次（不交作业），尤其到了最后离开的那个学期，基本上门门课都欠交作业，都不学习。但是好像在樟中啊，我真的做到了每门课都交作业。

陈：除了一开始那几个星期？

子：那是因为我不会写。但那到了初三上学期的时候，那个时候，就是属于有几门课还算开点窍了，开始可以写了。还有段时间，泉他们在，可以抄抄化学嘛，可以在学校里面搞定一些事嘛。然后写完之后，比如说六点钟——这个也很奇怪啊，本来作业是很多的，可是一旦有很多同学在一起，大家悄没声息的，就这样写的话，你就写得很快——写完了还可以打闹一会，玩一会。

父亲日记

2002 年 12 月 10 日　　星期二

傍晚顺便去儿子学校，遇到姚老师，她说儿子这段时间不错，主要跟成绩好的同学在教室做作业，常常很晚，老师催促他们回家才走。看来他现在真是有些上进心，这样就好，多鼓励他，关心他，使他赶上去。

陈：你成绩提升，跟爸妈说过吗？

子：那个期中考试的卷子，他们是看过要签字的啊。虽然比如说，可能我上学期就 35 分，我这学期考试，我考了 60 分，那也是进步啊。

陈：嗯。确实，进步还很大。

子：对啊。而且罗老师当时也一直（关心我）。[1] 罗老师开家长会她跟我爸说过一句话，她说你不要看到你孩子现在，就跟很多人说，你不要看到他现在只有 30 分，如果你现在是 90 分的成绩，你还有升值空间吗？你没有，但如果你有 30 分，你无限大的提升空间。我实在觉得这是一句相当正能量的话。

采访人札记

樟中班主任姚老师也是个好老师。事实证明，姚老师也是主人公生命中的贵人，对主人公的帮助很大。有意思的是，主人公对姚老师的第一印象并不好，在入学第一天，他对这个班主任没有半点好感，觉得班主任姚老师歧视他，实际

---

[1]　一直在说班主任姚老师，最后又说回罗老师，属于主人公的记忆联想，在口述历史中很常见。

上，这不过是主人公的主观情绪投射。后来，主人公发现姚老师是工作狂，每天第一个到校，疯狂地让学生去补课，不理解这都是为了升学率，不理解这是敬业，只当姚老师"对学生高压，很厉害，很凶猛"，没有好印象。继而姚老师让主人公替代成绩好的同学打扫卫生，更让他愤慨。认识姚老师的好，有一个渐进的过程。而这一渐进过程，也正是主人公认知能力和心智水平成长的过程。

例如，期末时姚老师给成绩好的同学赠送奖励本，也给主人公赠了一本，还在本子上写下了"诚实好学"几个字，小家伙诚实是没有问题的，"好学"则实在谈不上，老师这样写，当然是想鼓励主人公积极上进。后来，主人公"人生第一次比较高端的结业汇报，就是姚老师安排的"，目的也是一样。

对主人公影响更大的，是姚老师对他说的一句话，即："也许在未来的生活当中，你的才干也许比他们会来的更强，因为你身上有些东西是他们没有的。"这话让主人公感动，也大大鼓励了主人公。这比奖励本的意义显然更大。

进而，姚老师与主人公聊天，得知主人公在看金庸小说《神雕侠侣》，竟唱出电视剧插曲；发现同学玩游戏机，非但没有没收，反而陪同学玩一小时游戏机，这样的行为一下子拉近了班主任与学生的距离，从"他者"变成"我们"。

更重要的是，姚老师没事的时候经常在课堂后面听（其他老师）课，主人公背诵出《醉翁亭记》和《岳阳楼记》，主人公说："我印象很深，姚老师带头鼓了一下掌。那是我的温暖时刻，真正的温暖时刻。多少年后我再见到姚老师，我说，你的两次掌声，给了我鼓励。"因为姚老师是班主任，她的鼓励作用更大，班主任的掌声，使得语文老师也开始关注主人公，让他语文考试成绩明显提升。

姚老师的好，有一件事最能说明问题。她要求学生专心学习，不让成绩好的同学一起玩，同学申诉，姚老师竟流泪道歉："我没有想到我的这个行为对你们造成了这么大的伤害，老师表示抱歉，以后我再也不这样说了。"如果是其他老师和家长，大可以说"这是为你们好"；若是自以为是的老师和家长，对学生申诉很可能会恼羞成怒，而姚老师的行为表明她不但真诚，而且智慧——知之为知之，不知为不知，是知（智）也——更可贵的是她的道德勇气，老师是权威，权威通常会以新错误掩盖旧错误，甚至以杀伤力更大的雷霆手段维护自己的权威。有多少权威当众检讨自己？姚老师的真诚和勇气，感染和教育意义更大。

姚老师的行为，是出于班主任的职责也好，为了提高升学率也好，抑或是因为主人公的家长特意恳求也好，都落实到对学生的真诚关心和爱护。作为老师也好，作为人也好，姚老师都值得主人公和她的学生铭记。

42

樟中同学

陈：你跟泉交往密切，他是怎样的一个人？

子：泉是在一个破碎的家庭里面。他当时父母已经离婚了。

陈：泉跟妈妈一起生活？

子：也不跟他妈，跟着他外婆。他外婆是一个老中学老师，非常的慈和，是我见过的老师里面，简直是一轮红日。阳光啊，很多年不见，那次我见到他外婆的时候，他外婆紧紧抱住我说，你还记不记得我？那时候你老在我门前过。哎呀，那一刻，有点想流眼泪了。觉得这个外婆真好哇。

陈：比你自己的外婆还要好？

子：还要好！泉的成绩那么好，真正的教育靠他外婆。他中午留下来吃饭，是因为他中午真的没地方去；我留下来，是因为我真的被老师留了堂。留堂的时候啊，泉毕竟年纪小，单纯，他不像有些成绩好的学生趾高气扬、盛气凌人，好玩似的跑过来说："你－又－被－留－下－来－了？"现在想来，我们两个简直就心理年龄低下，在我写完作业之后，我也回不了家了，就在学校。我们两个干吗？我们两个就玩游戏，我们两个奇葩，我们两个玩小孩在一起玩的顶头游戏，一个那么高，要拱下腰来，要低下头来，①两个人，撑着桌子就比谁的力气大，每天在那里顶。我看过很多动画片嘛，其中有一个就是《名侦探柯南》，泉喜欢玩这种判案推理的游戏，他就跟我讲："你快跟我讲，名侦探柯南昨天又杀了谁？破了谁的案？"我就跟他讲这个故事情节。泉就跟我说，你不要说话，我现在猜这个凶手是谁。就开始猜，各种猜，各种推导，有时候还真跟动画片那个作者推导一模一样。我们俩就玩这种游戏嘛。他对漫画武侠没有那么强烈的兴趣。但是他是一个游戏狂，是软件方面的天才。他在高中可以去帮老师修电脑了。他在大学的时候，自己租了一个小店铺，月入三千块钱。

---

① 主人公的个子要比泉高不少，所以要弯腰、低头才能玩顶头游戏。

陈：自己开店？

子：自己开店。电脑那些东西，他无师自通。翻墙、下黄片，什么下游戏，什么都（会）。明明不是学电脑的，但对那个东西特别熟，包括行价，包括炒股软件，很熟很熟，而且充满了兴趣。但成绩一直很好，他对理工科那一块很在行。

陈：你和他交往，没有因为成绩差异产生隔阂？

子：没有，完全忘记了。像小弟弟一样，他说的话有时候很单纯，单纯到会让你有一点点感动，一起在心中会有一股暖流。

陈：比如说呢？

子：像我被留堂了很久，他还在门口等我，（我问）你等我干吗呀？（他说）因为我们是好朋友啊！你要搭我回家呀。① 就搭他回家了。还有的一些时刻，他会打电话到我家来，他搞笑地说，你已经一个礼拜没有给我打电话了。然后他说我家的电话费不够，我现在挂电话，你给我打过来。就这样，会说出一些让你温暖的话，就纯是发自内心和真诚。

陈：你跟他交往一直保持到现在，是吧？

子：一直。从来没有出过什么矛盾，在人生的早年时间，我的零花钱好像还比他多一点点，我老请他吃东西。我们两个可以到校外去买一包鸡柳吃，我们明明可以一人买一包，但是我们一定是他买一包，我们两个拿根牙签，他吃一根我吃一根，他吃一口我吃一口。之后我又买一包，他吃一口我吃一口。有段时间他外婆知道我抄泉的作业，泉的外婆就说，你多帮帮他。哎呀，当时真感动。

陈：嗯！

子：他小姨并不认识我，他大姨并不认识我，他叔叔伯伯并不认识我。但是到他结婚的那一天，他们每一个人见了我都说，你就是那个当了导演的哇，你怎么变成这个样子了，你小时候不是很清秀的吗？你怎么现在长毁容了？就好像真的很熟。在我恋爱不顺的时候，泉酒量极差，出来陪我喝酒，喝吐多次。泉跟他女朋友闹矛盾，也是我陪着他隔空聊天。友谊维持得比较长，甚至这个友谊的深度呀，我觉得胜过跟我（一起）长大的勇这些人。

陈：中午留堂发现男女生的打闹超出一般的界限，是什么意思？

子：就是会互相抚摸呀。

陈：在同学面前这样吗？

子：同学面前啦。

① 指泉要主人公骑自行车带他回家。

陈：是打闹的一种形式？

子：对。摸屁股啊，什么的都有啊。

陈：同学不起哄吗？

子：起哄啊，但觉得很亢奋啦。

陈：起哄归起哄，下手还下手？

子：哎，起哄归起哄，下手还下手。那也是我很不习惯的地方，因为在附中啊，老师严厉告诫我们不要早恋。到了樟中之后啊，发现怎么早恋的这么多呀。就连成绩好的（女）学生啊，每天都在兴致盎然地谈着对男人的兴趣，和喜欢什么明星啦，什么喜欢隔壁班的一些同学呀。她们也会谈自己的春心大动的那些，我就在旁边听嘛。一开始觉得是一种罪孽，后来觉得，还是很有意思，继续听，一直听。

陈：夏天补课是在什么时候？

子：初二的暑假。

陈：初二的暑假，你还去补课吗？

子：补啊。大批量的学生去补课，那个初二的暑假，学校又跟往常一样，就是要提前上后面的课程嘛。我们先上了半个多月的课，整个学校都断电，电风扇都没有。我印象中，老师好像拿了几块冰放在（教室）里头，跟我们在剧组拍摄，拿大冰块散镝灯的热样的。放几块大冰块在那里，就这样。然后每个学生都带了毛巾，夏天，我觉得那个画面是我文学的启蒙，就觉得那个燥热的天气，每个人手上都拿着一张抹布哦，① 开始擦汗。有一个女生，这样擦汗，那个汗水"哗哗"顺着这个地方［指脸上］往下掉。我觉得那个场景特别的魔幻。每天，每天，好热，好热。我看到前几排的学生啊，成绩好的学生都中暑了。还有我旁边的同学啊，实在是太热了，就把那个裤子给扎起来，就扎到跟四角裤一样，后来有一个同学上去演板，我们全部都笑。为什么笑呢？老师一看，他裤子跟穿了泳裤一样，全部勒在那个（大腿）上面，就这样上去演板，那个汗都顺着腿往下流。那个场景，很难忘。

陈：樟中的女孩对你的印象很好，见到你会惊叫，是什么情况？

子：那是很多年（后）回忆起来（的）。（当时）我总觉得很自卑嘛，觉得自己长得也丑，吸引不了女生。时过境迁，我至今回忆（才想起），其实我一直很吸引女生。樟中的那些女生普遍成熟得早，我当时就是补差班嘛，骑车回来，有时候我就会碰到。比如说一些成绩很好的女学生，有一个女孩长得很漂亮，叫

---

① 表述有误，不是抹布，应该是毛巾。

晴，还有一个女孩长得也还可以，叫雁，她们都叫，你看，那是谁——她们会叫我的名字。我当时第一反应是，你们叫我干吗？我觉得是个很恐怖的事情。多年后回忆，哎呀，其实我也可以成为泡妞高手的。

陈：她们不是起哄的那种叫？

子：不是，真不是。而且我喜欢去书店，在樟中有一次独自去书店看书，突然过来一个女生问我：你在看什么书啊？吓我一跳。是班上那个女班长，叫慧，她手上拿一本《朝花夕拾》，我手上当然还是一如往常地拿一本——（假如）我没有记错的话——我拿一本梁羽生的《七剑下天山》。那一刻让我获得了一些自信，我发现她读书没有我读得细致。她在读《朝花夕拾》，读完之后，到了课堂上，老师在问她们一些问题的时候，她们并不记得书中的一些细节，或者怎么样。但是如果问我的话，只要我看过的《从百草园到三味书屋》这样一些东西，什么深夜吃炒米，然后《社戏》呀，闰土喊老爷的印象，我都记得非常清楚。那一刻其实有了一点自信。就觉得自己好像感觉到了一些（玄机），我感觉她们好像在应付老师，把那个书读完（就算）。但我好像读到了鲁迅的一点点什么东西。

陈：《朝花夕拾》是老师布置看的？

子：老师布置的。

陈：你也读过吗？

子：我没读哇。我压根不爱读。我当时有个疑问，其实挺想问我爸的，说鲁迅写得这么烂，他怎么会上我们初中课本的？我说那个《社戏》写得有啥好的呀？不就一伙人在看戏？那个闰土写得有啥好的呀，不就一个……

陈：你是说《故乡》？

子：《故乡》有啥好的呀？那《百草园到三味书屋》那么平淡，那个文字的描写，按蛐蛐蟋蟀什么，那个小鸟飞有啥意思呀？我感觉我都能写出来，就觉得鲁迅这个有啥好的？老师上课又更加深了我的疑问，说鲁迅是一个爱国的文学家，他的文章中洋溢着浓厚的爱国热情。我一看那个《社戏》，我想，这个爱国热情和这个社戏有个屁关系呀？好多年之后，自己读懂了文学之后才明白了，原来鲁迅写得有他妈的多么的好！

陈：帆跟家里要钱补课，其实是拿钱玩游戏，是什么情况？

子：帆家特别穷，他爸下岗很多年嘛。他妈就（是）街上扫大街的，他妈特别朴实。那时候让我感觉到人在穷困中的那种没有自信的那种卑微。她来找老师的时候就好卑下，眼睛都不敢看老师。就跟日本人敬礼似的，说姚老师好，帆最近成绩怎么样啊？帆自己说，他小学的时候成绩还是相当不错的，到初中成绩就不大行了。这小子也是迷恋网络（游戏），当时拿他妈给他补课的钱，没去上罗老师的课，去网吧玩游戏。他跟我同桌过一段时间，也算是间接的文学启蒙，他有时候会描述，他说他的家人的生活情况，起码是我那时候的生活经验中所没有的场景，他会描述。

陈：你说文学启蒙是什么意思呀？

子：就是对你的文学想象，以后写小说，它有一定的帮助。

陈：是说他给你提供了素材，你没想象过的那种生活情形？

子：主要我当时隐隐约约觉得啊，好像是另一种描述生活的方法。他在描述他家的时候，是有这种感觉，因为我没有听过这样的描述嘛，是因为我少见多怪。

陈：什么样的描述？

子：就是描写很穷的家庭，怎么样的生活方式怎么样的日常，但那个日常里头，在当时我听来，我就觉得有很动人的力量。他说，他爸爸下岗好多年，他不爱吃盐菜，可他爸每次总会买盐菜，总会把这个盐菜就给他吃，就是盐菜拌一点点小田鸡，他就跟我描述到，晚上吃什么菜。他说他家的闭路电视线啊，永远都接触不良，永远都有雪花点，他说他家里的（电视）台呀永远只能收到三个台，有雪花点的江西卫视，有雪花点的中央五台，有雪花点的南昌一套。他喜欢看电视，但是那些雪花点，总会让一些关键的武打情节，看着会"嗞……"，跳，或者声音总是"日日"，会错过了很多精彩的情节。他告诉我说，他睡觉的那个竹板床啊，上面总会滴水，他说深夜他会被那个水滴醒，他说那个水是铜管水，滴在嘴里咸咸的，就会滴到他的嘴唇上。他会跟我讲述这样一些日常（生活情形）。

陈：他怎么会向别人谈论他这些不好的生活状况呢？

子：我不知道。我感觉他想博取同情，他想借些钱，这个是有可能的。

陈：少男少女不都很爱面子吗？

子：对。但他讲了，讲的还很细腻。他从来没有跟我说过一句他家很穷，但是我是从这零散的信息中，感觉到了这样的一些东西。

陈：在什么场合说其自家吃饭情况呢？

子：有时候是我挑起的。

陈：你为什么会挑起这个话题？

子：我有讲故事的欲望啊。

陈：你为什么会对同学家里吃什么印象那么深呢？

子：我就嘴馋哪。实际上是我爸他们讲述吃的时候讲得太绘声绘色，对我是一种说书似的影响，就像讲单田芳的评书。他们会讲述成串成串的故事，要多夸张，有多夸张。

陈：你爸会讲那些吗？

子：我爸讲。有一次出差去北京，在车上有一个蒙古人，准备了一瓶烧酒，他准备了一只烧鸡，他和那个蒙古人就把那个鸡爪子嚼得咔咔咔地响，油顺着手流下来，全车的人都在咽口水。

陈：哈哈。

子：描述这个事情是我们家的一个……像是遗传。

陈：你有一次摸了坐在后面的女孩的手，是怎么回事？

子：那个女孩是叫露。我那时候坐在倒数第二排，她坐在倒数第一排。坐在后面都是成绩不好的。那一次就是突然有一种冲动，渴望去抚摸一下女孩子，就自然地就把手伸过去，握住那个女孩的手，摸了一下，然后就把手收回来了。

陈：上课的时候？

子：是。

陈：女孩没有尖叫？

子：既无尖叫，也没有……似乎这个女孩非常羞涩地像情人看男朋友一样低下了头。

陈：然后呢？后来有故事吗？

子：我摔断了手哇。还有啥故事啊？！我们会聊天。但是吧，其实说到这个的话，露讲的一些话，加深了我对中考的恐惧。

陈：比如说呢？

子：比如说，就我这个成绩，能拿到中考毕业证就不错了。[①]

陈：是说初中毕业证？

子：初中毕业证。（能拿到）就不错了。我一想我成绩也不比你好到哪去，我想我如果没拿到初中毕业证，去上那个中专，上那个普高，我爸会不会把我阉了？恐惧啊。她们那时候就会探讨啊，她们初中毕业以后，她们都不准备再读书，都想到社会上去。哎呀那个讲出来的理想啊，真格的，就像是看多了港片的女孩，要去什么吧台（做）服务员，去学什么按摩。后来露就真的初中毕业之后，到海南一家服装厂上班，现在自己开了个服装店了。那个时候我也亲耳听到过家长会上，很多家长，他们也会探讨，甚至会当着小孩面就说，你这个学期结束之后就跟我回家做事，就不要再读了，你那成绩，白花我的钱。

陈：当着小孩的面说这话？

---

① 此处表述有误，应该是初中毕业证。

子：当着他们的面说啊，那其实就是加深了我对中考的恐惧感啦。所以曾经有段时候怀疑我摔断手是不是我无意识的，我想把自己摔断，然后不去参加中考。

陈：这个可能性并不是没有。

子：啊，我一度有这个怀疑，就怀疑我是不是有意摔跤的。

陈：确实有下意识的可能。

父亲日记

2003 年 1 月 1 日　星期三

今天在家盯了一天儿子，他大概就很不适应，晚上突然说不想上学，好烦。问他烦什么，说出来或写出来，找到原因，就会有办法解决，有矛盾不奇怪，关键要解决矛盾，而他也说不出为什么烦。后又说胃痛。他厌学的问题，应该引起我们充分的重视，是不是应该让他在家待一段时间，使他自己思考一下，冷静一下，这个心结该如何解，真是要认真思考，决不能掉以轻心。这孩子太特别，也不知是被宠坏了，还是因为思维不一般。

子：我觉得很恐惧。其实想一想，当时成绩稍微努力啊，你不说考上个重点，上个高中还是可以的，尚不至于像露她们那样真要去社会上打工啊，还真不至于。但是我家的人对我的要求（很高），在那个时候，还是觉得你除了附中，你不能去任何别的学校。就是语气中透露的是这种感觉，压力太大了。

陈：自己觉得达不到，是吧？

子：有几个能达到啊？我们班那么多学生，成绩好的也不是没有，那年考上师大附中的人，也就只有一个。其他平时模考能考上师大附中的学生，那年都没有考上。那多难哪！对我来说，我就是一个勉勉强强考一个普高的成绩吧，稍微努努力，但是的确觉得就是哎呀，他妈的压力好大啊！而且那个时候其实很多成绩好的学生，也开始在那种压力之下变得神经紧张起来。大家很严肃地在探讨中考的问题。

陈：压力突然增大？

子：之前压力就很大，但是这时达到了巅峰。

采访人札记

这一节说樟中同学的交往和观感，陈述比较零碎，看起来似乎没有什么，但对主人公而言却是意义重大。既有主人公成长的氛围，也有他成长的心迹。

本节开头，说与同学泉的少年友情，相信能勾起每个读者的少年记忆。主人公和泉相遇、相识和相交，是两位少年成长历程中的重大事件。少年是人生成长的关键阶段，这一阶段的最大危机，是自我觉醒之后的孤独感——弗洛姆说这种孤独感会让许多人本能地逃避自由——需要处境相同、心境相似的少年朋友相互支撑、相互抚慰、相互成全。泉和主人公恰好互补，泉学习成绩好，父母离异，家境也不富裕；主人公成绩不好（却会讲故事）、父母双全（却时有冷战）、家境比较富裕，关键是心灵相通，他们的友情保持到成年之后，那是必然。

与同学帆的交往，是另一种情况。主人公和帆的交往肯定没有与泉的交往多，但对主人公的成长也颇有意义。主人公说是从帆对自家贫困的描述让他产生了文学感悟，帆对贫穷的描述，虽然没有提及"穷"字，却是"不着一字，尽得风流"。这其实是事后（成年后）的理性解读，真正重要的是，面对帆的贫穷，让主人公的家境优越感凸显，从而补充了主人公的自信心。由于学习成绩不好，在学校里常常不受待见，自信心受到挫伤，是影响主人公成长的重大心结。家境优越本来不算什么，对照帆的贫穷处境，却意外地因此而获得自信积分。这样说的证据是，主人公与帆等同学说"吃的故事"，那实际上是富裕生活的炫耀。

樟中男女同学嬉戏的情形，很可能让一些成年家长不适，乃至产生道德危机预警。若做一个科学观察者，想一想《动物世界》节目，想一想动物间相互嬉戏的动人情形，想一想这帮少年男女正处于身体发育的青春期，或许会心气平和。少年男女的交往尺度，学校里肯定有相关规则和纪律，无须外人操心。我注意的重点是，主人公虽然没有直接参与，但在观察、记忆、讲述这一情形时，荷尔蒙压力或多或少得到释放，对主人公的身心健康应该是利大于弊。

主人公讲到上课时摸女同学露的手，让我很受震撼。仔细检讨分析，理解主人公是情不自禁，而我的震撼，不过是因为有贼心、无贼胆。闲话少说，还是尽快回归主题，露说"就我这个成绩，能拿到毕业证就不错了"，将主人公带入现实情境中（主人公习惯躲避现实，逃入幻想和梦境中），让他产生（若考不上好高中）"我爸会不会把我阉了"的疑问。这是主人公成长的惯常压力。

在前面几节讲述中，主人公讲到在罗老师、姚老师的鼓励下，数学、政治、语文等科目的学习成绩不断上升，让我们产生误解，以为主人公在樟中的学习成绩全面提升。细心的读者会发现，主人公的讲述中并没有提及物理、化学、生物、地理、历史等科目。为什么？很可能是这些科目没有明显的进步，作者忘了说，或是干脆不记得了——是所谓"选择性记忆"。

43

骨折

陈：你摔骨折，那是怎么回事？

子：摔骨折很简单，那天南昌突然下起了大雪。说句实话，从小到大，那么大的雪很少见，看到漫天的大雪把整个南昌都覆盖起来。那天就整个从早上开始下，下到中午的时候，整个校园哪，都被白雪给完全覆盖了。晚上的时候，所有的学生，包括成绩好的学生都不回家，就在操场上打雪仗、玩雪球。然后我们也在操场上面玩，有意，有泉，有亮。我们在雪地上跑步哇，滑呀，玩得很开心。玩到六七点就要回家，天也就彻底全黑了，我在雪地上跑都没有事，我在那滑都没有事，但是就在我要走去拿自行车的那个路上，我突然感觉到——我都不知道怎么回事，眼前一黑，清醒过来的时候，泉和意围在我身边笑——我摔倒了。而且是重重的没有任何防备的，连胳膊带头"嘣"地这样整个摔到地上。摔趴下了。我摔断的是锁骨，就是。是整个这样"砰"地摔下来的，而且……

陈：雪地摔倒通常都是前滑后仰，怎么会摔趴下了？

子：我摔的是趴下的。我是蹲着起来的，然后我那天，我有很深的记忆啊，我整个这一块到处都痛。就脸着地，这几个地方 [指：手、肩、脸]，很痛。

陈：那你这种摔法，有点很可疑啊？

子：对。然后我自己觉得，就是硬是，就是像没有意识的就摔倒在了地上，然后就摔了一跤。

陈：你确定你没有设计过，是吧？

子：太痛了，那一刻。我从来没有那么痛过，摔断锁骨特别痛。意他们在我身边笑，他们开玩笑啊。

陈：他们以为你是故意逗乐？

子：对。有这种可能性，因为正常情况下我摔倒，他们不会笑哇。笑，就是因为他们在拿我开玩笑。

陈：见到下雪时有人摔倒，人们通常都会笑。

子：当时那一刻，我觉得很痛。真的很痛，摔得爬起来之后哇，就这个部位[指：锁骨处]剧痛，从来没有那么痛过。真是痛。我第一反应的是武侠小说中的场景，英雄脱臼了，我还让意尝试给我弄一弄，我脱臼了。意还真试着弄，他这样一弄啊，痛得我惨叫，弄不了。手可以动，我还骑着车回了家。慢悠悠地骑回了家。回到家跟我妈说，摔伤了，很痛，非常痛。我妈呀，看到我痛得实在有点厉害，晚上我们就去医院拍片子，拍了片子之后啊，十几分钟，片子就出来了，说骨折。我妈当时居然还不知道骨折是什么意思，问医生什么叫骨折。医生说，相当于一根棍子，咔嚓断成两截了，叫骨折。然后我们到主治医生的地方去，当时听到骨折的时候哇，还没有觉得恐怖，那个医生说完之后，那个晚上我就没有睡着觉。那个医生说，看这个片子啊，你摔断的地方是锁骨，锁骨啊，没有办法用夹板像手摔断那样固定，石膏也不能固定住你那个部位让它长好，最好的方式是打钢钉，夹钢板。然后我妈又傻不楞登地去问，什么叫打钢钉夹钢板，医生又跟她解释了一下。那个解释把我吓到了，开刀，进去打上钢钉，然后缝上针，等长好之后再把钢钉抽出来。我当时一听，太可怕了！不就跟做手术一样吗？然后我妈说不打钢钉会怎样，那个医生就说，那有可能会出现长歪的情况，身子啊，长偏移呀，一个肩膀大一个肩膀小哇，这种情况。

当天晚上，我就回家了，然后就开始失眠。就想着他说的，一个肩膀大一个肩膀小的这个不幸的局面即将发生在我身上，就觉得恐惧呀。然后啊，我妈她又咨询了好多人。第二天，请假，我们就找到了南昌专治筋骨跌打损伤的老牌医院，洪都中医院，找到一个叫赵主任的人，我第一次看到他的时候，感觉他长得很像木高峰，塞北明驼木高峰。[1]

陈：怎么会想到木高峰？

---

① 木高峰，是金庸小说《笑傲江湖》中的人物。

子：个子矮，异常驼背，看人要这样看［扮演歪头看人的样子］。我第一反应，这是木高峰。然后总是带着一点——我当时觉得很恐怖的——笑容。因为我当时觉得医生说的话不就要打钢钉吗？这个医生就跟昨晚那个医院医生前半部分说的是一样的，如果你上夹板，就可能出现移动；如果在生长过程中出现移动，要想再抖回去就不容易了，就可能呢出现一肩大一肩小的这样一个情况。他说，一般情况也看不出来。他说以前诊断过很多这种情况，比如南昌采茶戏演员，或者省里话剧团演员[1]，想当演员的一些小孩，可能就长不好，就导致他们竞选演员，形象（形体）不过关，身材比例不匀称。但他后半句说的又不一样，他说你这个打钢钉夹钢板也有很大的风险性，你在打钢钉夹钢板的期间你可以正常活动了，但是如果出现再摔一跤，或者被别人撞伤，那就是重度手术，钢钉都很难从骨头里面抽出来，这个手术事故也是有过发生的。

因为是关系嘛，[2] 他们就比较重视。他们就一个专家组来开会，开会的时候哇，他还一边看我在医院拍的片子，病历，一看我的病历说了一句话，我戳，病真多呀！那个"木高峰"跟我妈说的，你儿子病怎么这么多呀，胃病，发烧。因为我一直都在那个医院看病嘛，病历就这么多呀，就翻翻翻。后来，经过研究商议，一天以后，就既不打钢钉，也不夹夹板，就是打石膏，用石膏固定。就是为了让我整个长好啊，就不仅要把我这边固定，也要把我这一圈哪，就像固定木乃伊一样，整个半身石膏。但是他还是对我说，在这个过程中，你千万要挺直，不要过度地移动，也有可能出现（移位）这种情况。走了这种方案。

那天我们回到家呀，我奶奶就跟我打电话，我妈就说我摔断手了。[3] 我奶奶就喊："哎呀，他又出事了！一下雪我就预感到他要出事，果然出事了！"我奶奶就说了这么一句话。然后，我爸呀，晚上电话也来了——那时他出差——电话是我接的，我说我骨折了。我爸说，不要开玩笑。（我说）我真的骨折了。然后我妈就把电话拿过来，说他骨折了。这一次我爸才意识到我没有胡说，是真骨折了。然后，骨折之后哇，我和我妈商议的政策，[4] 明天打好石膏，后天就去上课了。我居然那时候难得的有上课积极性，说打好石膏去上课。还给姚老师打了电话，说打好石膏去上课。姚老师说会给我安排一个单独的位置。但是后来呀，我爸坚决不让我去上课。为此，我还跟我爸在电话里吵架。就是我们父子俩，难得

---

[1] 这里可能有误，应该是说京剧团的演员。

[2] "是关系"，意思是家长托熟人找到这个医生，有这层关系，大夫对患者格外重视。

[3] 说摔断手，没说摔断锁骨，是怕奶奶担心。

[4] 表述有误，不是"政策"，应是"对策"。

的为我要去上课、他不让我去上课，居然在这种情况下有了一番——我现在回忆起来——很魔幻的争吵。从来都是（我爸说）你去不去上课，突然变成了我（说要）去上课，好像还说了要中考，作业多，不去不行。我爸说你去，摔断了手，不完了蛋吗？然后，还是一如往常的，我的反抗最后还是不灵验了。乖乖在家里头，就不准去了。第二天我就去打石膏了嘛。我去打石膏的时候，那个医生当时说了那么一句话，说："你这个小孩呀，性子好强！"

陈：性子好强的意思是什么？

子：意思就是我打石膏的过程中一动不动，就说我一动不动，说这个小孩性子比较强，个性很强。

陈：也没有哭，也没有喊？

子：也没有哭也没有喊。当时天很冷，那个洪都中医院是一个老牌医院，它里面的设施就像那个电影里面——像《活着》的电影里面做剖腹产那种环境——进门都不是那种推门进去，而是掀开一个布进去。现在看来，那都像急救伤员，临时搭建的棚子一般的地方，也没有所谓的医疗床啊，就是一伙医生，人工似的整了一个电暖器——天很冷嘛，下雪——打那个暖气。我上半身全部脱光了，就开始给我一层一层地缠，缠，缠，然后缠了有个四十分钟。我印象比较深的就是，缠完石膏之后哇，我就感觉腰哇，背呀，酸。我玩老命样地往前挺哪，就怕一错位，我就从此之后一边高一边低了嘛。当时心里头就抱着这个念头，就一直顶，一直顶，一直顶。后来弄完了嘛，弄完了就这样回家，之后过了一段二级残废生活。就是你睡，你要人扶着才能躺下去，自己很难躺，那个石膏一躺怕那个骨头错位啦。那个石膏又特别重，你往后一躺就容易倒，因为缠了个大半身石膏，吃饭啦什么的（都难）。一开始都吃不了，适应不了，到了后面慢慢好一点了，我感觉适应了一点，我就开始用左手拿一个勺子，这样吃。之前是变成了喂饭。天天，我外婆天天喂饭。在这种情况下，开始了我的断手生涯嘛。

陈：这是在初中三年级上学期的期末？

子：对。

陈：还没有放寒假？

子：没有放寒假。一月份，将要（放寒假），下雪。快到期末考试、放寒假，也就是在过年的前夕。过完年后，我的石膏就拆了嘛。我是三十多天之后拆的石膏嘛。然后就没上课嘛。当时全家人都没有要复读这个想法。是罗老师打电话过来，跟我说，你耽误的课比较多，考虑可以复读一下。在这种情况下，好像我们才终于考虑，是呀，可能要复读了。大家商议了一下，就开始找学校了。

陈：再去上学时，就是初三的下学期了？

子：下学期了。过完年可不就是下学期了嘛。

陈：你当时的真实想法是什么？

子：那肯定是不想复读啊。

陈：不复读能跟上吗？

子：想都没有想过。

陈：通常打石膏不是要一百天吗？你怎么三十多天就拆了石膏？

子：我三十多天就可以拆石膏。就是你的手哇，可以活动了。石膏可以拆掉，但是真正好哇，那还不行，就是说，那还要再恢复一阵子。按照这个原理，伤筋动骨一百天，后面的几十天你还是要悠着来。但是三十多天以后啊，它就弄好了，那个医生确实是不错。就是确实保证万无一失。真是挺好，就是这种感觉。当时我的想法就是，我不想复读嘛。好像我爸跟我聊过一次，要不要考虑复读呀什么的，似乎有这么个印象。我好像明确表达过不想复读。从小老师说最丢人的就是留级生、复读生。我可不想当这个学生。心里头是这样想的，倒是没有想跟得上跟不上的问题。之后就开始转复读了。

陈：你是压根就没有考虑是否跟得上，还是觉得能够跟得上？

子：压根就没考虑这个问题。而且换句话讲啊，就我这个成绩啊，其实很多门课都属于跟不上的状态，我压根就没有觉得有什么影响。就属于差生，差生综合反应，就是压根就不觉得耽误点课算啥，因为每门课我都没有怎么听懂。除了数学呀、好像政治啊，那几门好像还凑合之外，其他物理呀什么的，我觉得我耽误一点课和不耽误也都差不多。

陈：在家休养期间，泉还来家里给你送作业？

子：送试卷。那时候有中考，每天要做的试卷，泉就是送中考的试卷。

陈：还在家里做卷子呀？

子：做了点卷子呀。看了点书，同时也看了点电视，电视终于没有人禁止我了。

陈：家里人对你不一样了，不管你看电视了？

子：这时候还管那么多？都摔成这个样子了，他还管什么？就完全不管了。中间我奶奶呀还跟我探个病啦还什么的。①哎呀，在探病的那一次，我居然还有一种错觉，我已经很多年没有见过我奶奶了。我当时有此错觉。我还很清晰地记得那天下午有什么情景。是下午两点钟左右，我正在睡觉，睡得很香甜。这个时候啊，一个人把我拍醒的，挂着我的脸，砰砰砰，把我拍醒了。我一抬起头看，

---

① 意思是，主人公在家休养，奶奶来看他。

我奶奶在左边，我叔叔在床那边，他们俩来探病了。来看我，就扶起来了嘛。我外婆也在，站了一圈。我奶奶那时候腿脚健旺，高谈阔论，跟我妈就讲："那天下雪我就预测到他一定会出事，因为他每到这个关键时刻都出事啦。下个雨呀摔破头哇，突然割破下巴呀，总是觉得我有这种（预感）时候会突然出事。"另外，我其实还有一个毛病——用现在科学性的讲法是，我可能身材太高了，我真正的发育的疯长期就是在初三嘛，那段时间就是在蹿高——我有时候会摔跤。

陈：平衡性不好？

子：平衡性能差。还有一个问题，我走神，就容易摔跤。我奶奶不知道为什么，比全家人都清楚我这个毛病一样，（说）"一到这个时候，他肯定要出事！"果然就摔跤了。（奶奶）好像还给我带了一千块钱，最后进了我妈的口袋，跟我没有什么关系。然后给我带了一些什么补品，之后又交代了一下要怎么照顾。绝口没有提学习的事情。

陈：奶奶那时候还在上班吗？

子：没在上班。她来看你。后来手好了之后，①我到家里去玩的时候，看到我的手好了，然后就说："哎，你可以啊，烈火中永生了！"

陈：谁这样说？

子：我奶奶说。烈火中永生一般，一点伤疤都没有留下。非常好，天将降大任于斯人也，必须苦其心志。给我念了一首诗。我从来不知道我奶奶会念古文，她居然背出了两句这样的诗。②我好像第一次有印象，"天将降大任于斯人也"，是我奶奶在那一刻读给我听的。她难得读了一句古文。就在过完年了，拆完石膏了，我获得了一段自由活动时间，那时候还在放假呢，我第一反应是骑着自行车到樟中门口去看了一眼。

陈：看到了什么？

子：啥也没看到。偌大的校园也不让你进，但我就好像下意识地骑车往樟中门口，转悠了一圈。然后，又下意识地去那个游戏厅啦，看看有没有以前我的同学在。在游戏厅没看到一个我的同学。又去了那个我经常去看书的武侠书店，转了一圈，那个老板还问我，小伙子啊，这么久都没有看到你啊？你去哪里了？我说我摔断了手，③没有来了。他说，啊，我进了新的漫画，就拿了几本漫画，那时候我身上留了点压岁钱什么的，我还买了两本漫画书带走。反正那好像是我拆

---

① 表述有误，不是"手"好了，而是锁骨好了。

② 表述有误，这不是诗，而是孟子的话。

③ 表述有误，受伤的不是手。

完石膏，恢复自由的第二天。那天我在路上骑的时候，心里其实还挺忐忑。为什么？因为突然拆掉了石膏，我都感觉到我这个手啊，一个多月没有活动，明显感觉到整个没有力气，握手把的时候都感觉到很软，使不上劲。骑的时候呢，因为以前架着石膏特别重，活动不便，突然一下可以活动便的时候，我都很担心撞车。平时转弯都很吃力，这时候转弯，变得很迅捷一样，我觉得好像很难把控平衡。那天我就骑得尤其慢，下午两点来钟去的樟中，到六点钟回的家。

陈：你拆了石膏马上就去数学老师家补课，是哪个老师家？

子：罗老师家。为转学做准备，当时为了转学煞费苦心，那次转学好像挺费事。

陈：你还去找你爸爸的同事补英语，那有故事吗？

子：她是我爸同事的爱人。就是在进远中之前，找这个程老师补了一下。补了两次课。

陈：是个什么情况？

子：我印象中，当时好像转学比较困难，就有过一段时间，我爸经常在外面跑，找人，要转去什么地方。怎么转去远中了呢，程老师在远中上课嘛。程老师听到我转了远中都很惊讶，说，你怎么转远中了？转到这个学校？就这个意思。

陈：程老师是远中的老师？

子：对，那个学校多半是一些中学的退休老师，或者是一些刚来的。

陈：远中是一个民办的学校？

子：像民办，大量的退休老师。就是这么一个学校。（我转去）程老师呢都很惊讶。程老师跟我关系一直非常好喔，我也是挺喜欢这个英语老师的，但是，她教学也是我见过的——少有的——太厉害了。她的女儿呀很优秀，两个都去日本留学，然后定居（日本）了。程老师那个英语造诣啊，就凭我这个业余的（学生），我感觉她的造诣，要在我之前学过的所有英语老师之上。她是属于那种，不但能把课本上的知识给你讲得滚瓜烂熟，她能把电影台词——纯英式英语、美式英语——她能很清晰地给你读诵出来。有那种读诵快感，那是我少见的。读英语，就像是用自己母语，（像）话痨的人在讲英语，哇哇讲好多英语。第一次见我，就跟我聊天，说了一大堆。说完，我一句都没有听懂。最后，她问我讲了什么意思，我就瞎蒙，我说，你是不是说我跟我爸看起来关系还挺不错的？她说，你是不是一句都没有听懂？我说是的。她说那你怎么知道我在说什么呢？我说，我是猜的。她说，you are clever boy. 那你是一个聪明人。我真的是蒙的。

陈：你那时候听得懂 you are clever boy？

子：这不是初中学的啊？初中学的呀。这是初中英语的单词啊，我英语那个单词绝对可以，就是听力不行，让我看那个词基本意思啊，我基本行。因为我背单词还真用了心。我就是背过的，只是那个造句呀，句型啦，我都不行。但是独独死背我还可以。程老师她这人吧，有点像那老北京，那段时间的状态很像一个老北京侃爷，就是上了两次课呢，那也不是给我上课，全部变成跟我聊天了。难得有老师用英语跟我聊一聊人生和理想。程老师跟我聊人生和理想，用英语跟我念各种文章什么的，哦，我印象中，她给我朗诵了那个马丁·路德·金的（演讲）。

陈："I have a dream"（《我有一个梦想》）？

子：嗯。

采访人札记

主人公这次摔跤骨折，老实说，我感到很蹊跷。原因是，我知道小家伙从小就有渴望生病、逃避学习的"前科"。所以在采访时，我多次提问：这次摔跤是不是他故意设计的？小家伙顾左右而言他，我觉得更蹊跷了。

我的怀疑还有其他证据，其一，是小家伙的奶奶说："一到这个时候，他肯定要出事！"这话是什么意思？所谓"这个时候"指的是什么时候？是不是可以理解为要考试的关键时刻？其二，小家伙在多年后讲述这段经历时，明明是摔断了锁骨，却多次说成是摔断了"手"。根据弗洛伊德《日常生活中的精神病理学》中有关"语误"的观点，大部分口误都有潜意识因由。我分析，小家伙多次说他摔断了"手"的潜意识是：手摔断了，无法写字答卷，也就不必参加考试了。也就是说，小家伙说自己摔断手，其实是在潜意识中为自己逃避考试找到一个理由。我还记得，小家伙在小学时，就曾以为不带画笔就不必做美术作业。结论是：由于小家伙想到要参加中考，压力陡增，找不到好办法，于是摔断手（锁骨）。

上述猜想，也有几个疑点。一是，露的话让主人公感到压力，这是事实；但露的这番话是在主人公摔跤前说的，还是摔跤后说的？[①] 我不能确定。假如是摔跤后说的，那么主人公逃避压力之说就难以成立。二是，奶奶说"一到这个时候"到底是什么时候？主人公的奶奶已经去世，无从求证，因而也不能当作证据。三是，弗洛伊德学说是不是当真科学？退一步说，即便弗洛伊德的学说有

---

① 据主人公的父亲回忆，儿子摔断锁骨后就没有再去樟中上学。

理，我是不是合格的"误读"潜意识心理分析师？我没有受过心理分析专业训练，我的分析最多不过是一个业余的猜想，显然不能作为有效证词。

既然此事不能证实，也不能证伪，那就只能"疑罪从无"。即：小家伙此处摔断锁骨，并非有意设计，也不能证明其潜意识动机。小家伙的陈述中提供了另一解释，那就是他身材高——成年后的身高为 1.86 米——那时正处于身高疯长之际，[1] 身体平衡能力不怎么好，很容易摔跤。这一说似乎更合理。

真正有意义的是，这段陈述证实，小家伙那时仍然心智未开。证据是，当我问及他愿不愿复读（留级），他说他不愿意；我问不复读能不能考上高中？他的回答是："压根就没考虑这个问题。而且换句话讲啊，就我这个成绩啊，其实很多门课都属于跟不上的状态，我压根就没有觉得有什么影响。就属于差生，差生综合反应，就是压根就不觉得耽误点课算啥，因为每门课我都没有怎么听懂。"这一回答表明，小家伙还不会考虑问题，也不考虑自身的处境，更不会把自身境况与未来结果联系起来加以考虑。更深一层是，小家伙还没有学会关注自身处境。而小家伙不能或不愿去想自己的处境，根源是：自我意识模糊。

无论如何，此次摔跤都是主人公成长历程中的一个重要事件。学习成绩本来就不怎么好，摔断锁骨后又休学一个多月，更难应付中考。由于罗老师提醒，家长不得不作出让孩子转学复读的决定，主人公不得不再次转学去新学校。

---

① 据主人公的父亲回忆，此时孩子的身高应该在 1.75 米至 1.80 米之间。

44

转学远中

陈：到远中去报到的日子，还记得吗？

子：远中那个，呵呵，很有意思。当时，我们找人帮忙。找的是谁呢？找的是我爸同事的婆婆，以前是远中的老师。她那个婆婆以前也是当校长——又是一个校长①——那天我们见面的时候，她领我们去远中报到。那个婆婆呀，就见到我的时候啊，正眼都不看我，特别居高临下。临到要进校长办公室的时候，她突然转身，特别严肃地跟我说："小伙子，以我多年的观人之术，我断定你是一个非常调皮的孩子。我警告你，在这里一定要老老实实。"我当时一听，你都没有跟我说一句话，你怎么断定人的呀？然后，就见到了（远中的）校长，那个校长，他指着墙上的一些眼，跟我爸说那是当年的弹眼，那墙非常老旧斑驳，是我见过的最旧最旧的一个学校。远中也分好班差班，我就被分到了一个最差的班。那个校长当时跟我爸是这样说的，哦，你认识程老师呀，你就去程老师教英语的班上学可以吧？你就去吧。后来想，其实不应该去，那个班是全年级出了名的流氓班。所有的（初二）年级的顶级大流氓都在这个班上。

陈：你当时不知道程老师教的是哪个班？

子：不知道。我爸晚上打电话给程老师咨询，程老师说，你怎么转到那个班去呀？最不愿学的全在那个班。完了，刚离狼群，又进虎穴，就这种感觉。那个班主任姓刘，当时就跟我打了个招呼。刘老师人挺好的，微笑，是转学过程中少有的微笑对着我的班主任。第二天我就去上课了。

陈：这是初三的最后一个学期？

子：不是。我复读了嘛，这应该是成了初二的下学期。

陈：你到远中去重读初二的下学期？

子：对，因为我复读了。就在那一刻开始了我的远中生涯。

---

① 这样说，是因为主人公的奶奶也曾是小学校长。

陈：你爸爸怎么知道昌（同学）是最调皮的？

子：程老师汇报给我爸的呀！说你千万不要跟昌玩，那个小孩是个无恶不作、什么都干的小孩。那时候远中的三号流氓头子就是他。

陈：班主任还把你分到和他坐一桌？

子：把我分到跟他坐一桌。

陈：你当时的反应是什么？

子：首先是心中一惊。我戳，去之前就交代我远离昌，到了之后发现，离昌零距离。紧张嘛。那天上课的时候，昌是唯一一个迟到的。他大咧咧地走进来，也不叫报告也不叫什么的，推门进来。个子跟我差不多高，是一个小白脸，严格说还是长得挺帅的一个小伙，走路吊儿郎当，眼睛浮肿，一看就是在网吧玩了一整夜的那种感觉。往那一坐，又开始继续睡觉。后来，旁边也有一个比较吊的，也是个小流氓，冲昌喊，你昨晚又睡到几点哪？昌就拿一个纸团一丢："滚！"继续又睡觉，我当时（感觉），我靠，进入流氓堆了。

陈：有人问你从哪里转来的吗？

子：有，远中的学生远比樟中的学生对我要热情很多。同学问我从哪里转来的，叫什么名字，什么的什么的。

陈：你和同学年龄有差异吗？

子：远中基本上全是复读生。后面的一大片都是复读生。年龄比我大的都有。昌也是留过一级的，昌隔壁，远中第二流氓头子，留过三级。他们下课就会去抽烟，老师不管，你就可以昂首挺胸坐在操场上抽烟。

陈：老师看到也不管？

子：看到也不管。啊，来到了真正的流氓学校。来到两三天就看到打群架嘛。我就发现，樟中是业余级黑社会，远中是专业级黑社会，打架技术极端好，都有战术排布的。我靠，那些学生一点也不像初中生，一个个都像高中生。我在班上见到的最惊讶的事情是什么？我们这个班也是九班，从这个九班到八班到七班，上课纪律，老师都委派学校的流氓头子来管，他们自己管不了。所以在我们班上，学习委员居然是昌，昌来管班上的纪律。

陈：哦？

子：上课的第三天第四天，上课吵闹，那个地理老师受不了了，昌就起来对着那个叫鹏的人，一个耳光甩过去，啪！再吵，啪！再吵？就打得那个鹏不敢抬头。打得很响，老师也不管。（昌）他又坐回去，继续睡他的觉。全班就安静了。

陈：这样啊？

子：对呀。然后，隔壁班，八班的，那个就是远中的流氓老大，那已经留了好多级，名字叫闻。他经常打着赤膊在那个学校里头走，跟那个流氓头子巡逻样的，自己从来不带钱，问人要钱，人家会自动递给他钱。我第一次看到初中生身上有文身，就肚子上文了一个小小的鹦鹉。文了身。然后经常是穿拖鞋上课，打个赤膊，哎呀，六块腹肌很强壮。

陈：你当时心里的感觉是什么？

子：香港片哪，我终于进入《古惑仔》时代了。但是很奇怪，我居然没有想到把这些事情告诉我爸呀，我也没有想到要逃跑。我第一反应是，要跟这些流氓搞好关系，免得被揍。

陈：为什么不跟家里人说呢？

子：后来说过。但是（当时）真没有说。但是当时，我似乎，好像可以跟他们搞好关系。我当时这么想，而且很奇迹啊，真的是奇迹。那就是远中。那个是南昌市排名前三的流氓学校。他们排到第三，有的时候，春中的人会带人过来打架，然后，闻就会带着他的一伙小弟呀冲出去迎战，就在操场上斗殴。

陈：保护远中？

子：保护远中。有的时候，就跟王朔那个《阳光灿烂的日子》里面的场景一样，两边一冲过去……（起因）首先是闻手下的被春中的劫持了，钱抢得个精光，然后那个手下嘴硬，说你有本事下午叫人敢到操场上来啵？然后他们约了架。到下午的时候跟闻一讲，闻就蹬着一辆自行车到洪城大市场那边去叫人，叫了一伙街头的地痞，拿着那个铁链子、铁索，有的拿着擀面杖，箍着手上就到操场上来。另外那边，春中也叫了一伙人准时到操场上来。我们都在远处看。昌说，你躲远点哈，别送死。（我说）躲远，躲远。说完，他自己抄个凳子过去了，走过去之后就变成了搞笑："哎，闻，怎么是你呀？""你兄弟打我兄弟呀！"看，对面那个，他也认识。最后变成了一伙人，谁也没打。那边给了三包烟，说不知道你是自己人，谅解谅解。塞给他三包烟。然后，他们一伙人去网吧玩游戏了。但是也有的时候也真格的真打了，那跟那个电影里面的斗殴也差不多了，铁棍、砖头、擀面杖、盘子，把那个盘子在手上扎得很紧，就这样，啪，啪，啪，地扇过去。

陈：他们到学校来打架，学校不管，派出所不管吗？

子：从来没人管。就放养嘛，经常发生斗殴。

陈：就是你后来跟昌关系还挺好的，是吧？

子：我跟闻啦，昌，涛，还有当时一个叫波的，混得不晓得多好。我就是怕挨揍啊，我的第一反应就是跟他们搞好关系，不然会被揍死的。

陈：怎么搞好关系呢？

子：我也没有别的，就是交往聊天，好像就成了还不错的关系。我也没有什么零花钱，我就是跟他们正常的开玩笑哇，聊天啦。哎，他们可能就觉得我，你这个人还挺好哇，首先我觉得要跟他们搞好关系，我要想办法。

陈：那时候你会思考了？

子：我在思考，进行了深刻的思考。我怕被揍。

陈：这个班怎么上课呢？

子：我们那个班啦，物理老师一个学期换了六个，政治老师换了三个，没有老师可以（长期）上这个班。全都在丢纸啊，打呀。怎么喊、怎么叫，底下的人都不听。然后他去找班主任，班主任经常打麻将，他不在那里。

陈：你英语还可以，到远中头几次怎么还是考不及格？

子：那时候还是不太行嘛，应试题目不太行。后来我努力了一下，到后来就越来越好了。开始几次考试不是很好。开头几次连数学也不是很好，明明会做，还是做错了，觉得反应很慢。但后来慢慢地开始就进入状态了，就开始可以了。

陈：你在樟中也是九班，这个学校也是九班？

子：嗯，对，九班。九嘛，肯定是成绩差一点的班嘛。前排，一班才是好班。我们远中最好的班就是一班。但我们班也有成绩极好的人，在远中我神奇地变成了：成绩好的我也能混得很好，成绩差中我也能混得很好的人，变成了大小通吃型。

陈：大小通吃型？

子：我在成绩好的中有一批朋友，在成绩中等的中有一批朋友，在成绩差的中又有一批朋友。我跟那些流氓在一起呀，我们就打篮球。按理说我篮球打得这么差，在樟中都没有人愿意跟我打，可是在远中，我个子比较高，昌他们也高，但没有我高，他们就给我安排固定任务，让我去抢篮板。昌在体育课的时候，还对我进行投篮培训，说我接球给你，你就直接投哈，你想都不要想，直接投，你个子高，人家盖不了你。然后也不教我上篮，也不教我什么，最后我投篮投得神奇般的很准。跟闻他们班打比赛的时候，我还经常上场，抢篮板啦什么的，然后投篮，有一次还投中一个制胜球。赢了闻他们班两分。闻当时就踢我屁股嘛——踢得玩的——就问昌，这小子是谁，个子这么高！然后就跟我说，你下课跟我打篮球。下课我们就打篮球。在远中，我身体变得比较好，就是老跟他们打篮球。现在想来，很神奇的是，昌打架从来没有叫过我，好像他知道我打不了架。但打篮球我总是跟他们一块打。那批学生中，有喜欢看漫画的，我就跟他们一起聊漫画。大家就一起分着看嘛，哎，这边也处得很好。

那成绩好的中呢，有的课我都会做了嘛，那成绩好就可以跟他们探讨学术哇，（我）在成绩好的中又混得相当不错。有一个小鬼呀，叫建，那个小子在班上男生中，成绩属于极好的。他身上有一股灵气，是身边的同学没有的。学习在他看来（很容易），他可以玩，他可以抽烟，他也不当小流氓，但是他也没有耽误学习。在建身上，我好像看到了，就是学东西极端灵巧，用功。他能跟所有的人混，但不去游戏厅、网吧，他是从来没有进过网吧的人，极端洁身自好。时常逃课，但是成绩呀，从来也没有问题。程老师最喜欢的就是建，觉得建口语特别好。但建最好的是物理，他学物理从来不用费劲，就轻轻松松就把题目写完了。但是神奇的是，建的数学没有我好，毕竟我留了一级，加上有罗老师补习了一下，那段时间我好像数学开了窍。之前补习啊我也没到那种地步，但那次（跟罗老师）补习之后，我好像那些奥数型的题我都可以做出来了。我人生从来没有过的，居然有人跟我探讨一道题怎么解，我跟建就成了下课老是探讨数学题的伙伴。有一次啊，建用一个方法解出一道题，我用另外一个方法解出那道题，很多女生就凑过来看。有一个女生——成绩最好的女生——叫敏，她说，你这道题是瞎解吧？我都看不出你怎么解出来的。我向她演示，你这个对角相乘，这里有个对角线，她们说，喔，真的是这样解的呀，还是你厉害。我难得的有人居然能那个（说我厉害）。然后到下课的时候，什么昌的作业呀，涛的作业，闻的作业，波的作业，有四五本数学作业本，全部都丢给我，我就开始帮他们写。我有时候为了下节课不帮他们写，我就一口气把他们的写好多。我后面不都学过嘛，一口气写好多、写好多。后来因此越来越熟，就除了第一次考数学我考了 78 分之外，之后就一直考在 90 多。

陈：数学吗？

子：数学呀。一直考 90 多分。第二次就变成了 95 分。期中考试的时候，当时那个数学题还挺难的，我考了班上第五名。那一次数学老师还说，你愿不愿意把你的学籍放在我们远中？因为感觉到我的数学成绩还不错，我回去还跟我妈讲了这个事，结果我妈告诉我，我们还是会转学。

陈：你的学籍还是在附中？

子：还是在附中。樟中老师都不答应让我的学籍进来。在远中，居然有人主动让我进来。我的数学成绩一直保持得还可以，一直保持。在我生病之后，就是有那个心理问题，离开那个学校，我的数学虽然不是一直很拔尖，但是你比如说，117 分的卷子，[①] 我有时候考 98 分，有时候我考 105 分。

陈：那相当可以。

---

① 表述有误，应该是 120 分的考卷。

子：英语在远中的时候，我最高分考到了班上第二名。那次是由程老师自己出的卷子，她的打分方式很奇怪，最高分就是 50 分，我考了一个 46 分。那是我考得最高分的一次。英语听力呀我还是不好，但是我还是发挥我背书的本领。好像程老师让我明白了语感的重要性。就是你做题不是靠那应试的方法，好像是靠语感，有时候语感会让你找到那个答案在哪。所以说，在远中是我读英语读得最用功的，就是还真的是跟着程老师在那里大声哇哇哇，狂读，狂读。程老师很少表扬人——程老师就是这种人，如果你考了 95 分，她一样会骂："你有五分都没有做对！"——我有的时候，以我的能力，也还凑合了，比如 75 分，78 分，那时候我觉得考得还可以了，也被骂。只有那一次夸奖过我，就是我考了班上第二名。她说，你在我数次的责骂下，难得的进步了一次。也就是这么的，夸奖了我一次。

陈：你跟昌认识，是昌首先找你说话的，是吧？

子：是啊。我紧张啊。我一看到昌那种情况，这么一个学生，你还敢？你不敢和他说话呀。而且心中谨记我爸说的，你千万不要跟昌混到一起。但后来有一天啦，昌跟我同桌嘛，他就手上抱了一盒那个豆子，炒蚕豆，突然对着我说，你吃不吃？我紧张地拿了两粒。"你多拿一点啦！"就把我的手拽过来，倒了一把。我就那样认识了昌，开始了聊天。昌，是一个，严格说品行是不好哇，他是一个，我现在回忆起来，他也是一个离异家庭（的孩子），严格说并不好交往和相处。但是奇怪的就是啊，很多年之后我有一两次艺考培训班，让我去讲课的时候，我告诉那些考生，你们知道电影为什么很伟大吗？因为我读远中的时候，我曾经用电影故事感化过一个流氓，就是昌。

我老是跟昌讲电影故事。昌听了我的电影故事之后哇，他真的听得津津有味，他还跑过去跟涛他们讲："哎，他看过好多电影。"我的故事成为我跟昌他们沟通的一个关键点。讲到后来，我好多次写作文啦，昌都会这样说：我戳，你是不是又编东西骗老师啦？另一个方面，他没有怎么带坏我，吸毒哇，吸烟的毛病，我从来没有沾染上。他唱歌唱得极好，是我第一次听到有一个初中生能把英文歌曲唱得那么好的学生。他很时尚，总是有一个随身听，每天他上下课的时候就会哼着歌走。我有时候就会问他，你唱的都是些什么歌呀？比如说，那个《狮子王》的主题曲，又跟我讲马克斯，英文歌曲就《爱在心口难开》呀，还有那个艾德史都华的《远航》，[①] 唱很多英文歌，唱得还很好听，有时候我拿他的随身听听歌，我觉得那英文歌怎么这么好听哪。他也会给我放一些韩国歌曲，比如

---

① 此处陈述有误，《远航》的演唱者是洛·史都华（Rod Steward）

说《我的野蛮女友》正在流行,《我相信》,① 韩文的那个歌,他会唱孙楠唱的那个版本,他也会唱原版的版本。而且他的解释很奇怪,韩文版本他是这样唱的,最后有个结尾"我永远与你在一起",用南昌话的谐音读起来就是"瞎鹊",② 瞎鹊在南昌话里头就是胡说八道的意思,他说:这个歌我怎么学会的?我把它当南昌话唱的。

陈:哈。昌篮球也打得挺好?

子:极好。他能够达到体训队——国家要求初中体训队达到的水准。就跑得极快,一有流氓来打他,打不赢就跑。你会看到一伙流氓在后面追,但是没有一个追得上的,他跑得飞快。

采访人札记

从樟中转学到远中,当是没有办法的办法,原因是别的学校(包括樟中)都不收复读生,只有远中接收,还是要托人找关系才行。远中的声誉显然没有樟中好,这里的校风或学风显然也不如樟中。看起来,主人公转学经历,似是一荐不如一荐,结果却出人意料。有道是祸兮福所倚,福兮祸所伏。

本节陈述中,主人公频频使用"流氓"一词,说学校里有一号流氓、二号流氓、三号流氓,说他所在班是流氓班,还说这所学校是流氓学校,这些都是一个初中生的习惯说法而已,不能当真。实际上,此类"流氓"之说,反映了社会上的某种刻板印象:凡是学习成绩不好同时在行为上出格的青少年都视为"流氓",同样不能当真。出了什么格?出了谁的格?出格多少才算是"流氓"?这些在民间社会中都没有清晰界定,抽烟、打架、文身的少年都是流氓?能这样界定吗?

具体说,昌是不是流氓?显然不能那么说。他的种种看起来出格行为,无非是青少年的一种另类表现。大体说,由于学习成绩不好,不能在"正常"社会中获得好评,只能用另类形式呈现自己,炫耀肌肉,炫耀文身,与孔雀开屏的行为动机没什么不同。昌还有自己的特长,即喜欢音乐,会唱英文歌曲、韩文歌曲,据主人公说,他唱歌的水平还不低;进而,他打篮球的球技也很好,短跑的素质也不差,假如有机会让他的特长得到进一步训练和发挥,同样可以成才。即便没有"成才",在我看来,这个叫昌的少年仍然是个品质不错的人。他与主人公交

---

① 《我相信》是韩国电影《我的野蛮女友》的插曲之一。

② 这句话的意思是,那句韩语歌词中有"瞎鹊"谐音。瞎鹊,疑为"瞎嚼"的误读。

往，有很多感人的瞬间，尤其是被主人公的电影故事感动而改变其行为习惯，（主人公认为）甚至在一定程度上改变了气质，就是最好的证明。类似闻、昌这样的少年，在全世界富裕社会中普遍存在——在贫穷社会中，这样的人很可能根本没有上学的机会，如有机会上学则可能会倍加珍惜，从而有截然不同的表现——也是全世界的家长、老师及相关教育工作者要面临的课题。

回到主人公身上来。主人公在远中适应得很快，外在原因是这里的同学有不少与他年龄相仿，还有些同学比他年龄大；更重要的是，这里学习不好的同学有很多，主人公在这样的环境中不会感到自卑。内在原因是，主人公已有了转学即适应新环境的经验，已经懂得如何与陌生的同学打交道。从主人公的陈述语气看，他对自己很快适应远中的环境颇为自豪——他说自己"大小通吃"，即与成绩好的同学、成绩一般的同学、成绩差的同学都能友好相处。这表明，主人公的社会化程度明显提高了，社会交往能力增强了，情商也明显提高了。

而这些——尤其是情商发育——正是少年成长的重要组成部分。所以说，主人公转学远中复读，虽由祸事引起，结果却让主人公身心愉悦。

45

数学小组

陈：成绩好的同学的交往方式是什么？一般都是复读生，是吧？

子：不不不，好多真正成绩好的不是复读生。像建，他们都是正规生。

陈：应届生？

子：对，都不是复读生，建啦，还有鹏，我们三个老在一块玩嘛。我在他们中啊，数学比较好，在这个学校上了一个多月之后，建就跟刘老师说，他数学挺好，让他去参加我们学校的特别补习班吧！有一个在周六下午，我们请来的一个奥数老师，专门给一些学习成绩好的学生，来学一点深奥的趣味性的，或者是要动脑子的那种数学题。我就去参加了。当时一班的学生有将近二十来个来参加，我们班只有三个人参加，一个是我，一个是建，还有一个慧，（本班）数学成绩最好的那个女孩。我们三个就老在一起，想怎么做题。做奥数真的是超出了我的能力范围，我不太行，建可以，脑子灵光，就在他的帮助之下，我们在一起做小组题目的情况下，能做出一些题目来。

陈：小组是什么意思？就是奥数班分组？

子：自由组合的小组。

陈：自由组合，可以跨班组合吗？

子：虽然是自由组合，但肯定是各班的各在一起。

陈：好班的同学组合在一起，不跟差班同学玩？

子：我们哪，严格说是受歧视的班级，因为一班的人对我们班都是充满了恐惧和仇恨。有的时候——很好玩的事情——我和建胆子越变越大，数学考完试啊，我们就好想知道自己的数学成绩，我们就在门外想，趁刘老师不在——他已经打完分了——我们进去看一眼吧，我们就在外面懂拳，[①] 他输了他就进去偷卷子看多少分，我输了我进去偷卷子出来看多少分，我们两个就这样轮流"嘿，嘿，嘿"。

陈：看分数？

子：对。我们两个每次看到刘老师改完卷子都会把卷子放在抽屉里，我们两个就懂拳，你进去你拿我进去我拿？最少偷（看）了有五次。偷（看）卷子之后，有时候出来我们就会互相埋怨对方，你看看，这道题我说了你是错的吧？事实胜于雄辩吧？你看这是什么结果？

陈：考试后居然想立即知道成绩，说明你数学真的可以啊？

子：那一段时间数学真的是可以。真的可以。还发生过一个什么事情呢？就是别的班的一个学生，来问我们班的课程，我们班的课程比他们班的上得提前一点点。他想借一张我们班的试卷来抄。当时他来找昌，昌一指我说，你就借那个小子的试卷，他数学好。指着我（说我数学好）。

陈：哦？那是你的光荣时刻之一啊！

---

① 懂拳，即"石头、剪刀、布"游戏，南昌话称其为"懂拳"。

父亲日记

2003 年 3 月 26 日　星期三

今天儿子中午兴奋地打来电话，说数学得了全班第一，座位老师也给他换了一下，所以很兴奋。我当即给了他鼓励，但愿在新的环境里他能激发出上进之心。

子：但有的时候，我可能是没有好好地做试卷的习惯，因为一直都是成绩不怎么好嘛，不认真。突然一下做题目都会了，反倒粗心大意，有的时候是自己的失误，导致最后算错了，以致扣了分。我还跟我爸说，你买一套数学试卷来，我要做一做，巩固自己的数学成绩。太难得了！人生难得的自觉时刻。于是乎就买来做，但有时候也不求甚解，我专做自己会的题，难的题我就没有做。但是总算是做了一些，还真是做了一些。

陈：难得的是你主动要求去做。

子：另外，英语课那个程老师，我要是没有做好哇，她还是会拽我过来，我就住在（她家同一栋）楼上，逃不掉。经常一个电话拽我上去，教我什么的。后来程老师就发现我基础很薄弱，语法呀什么的就基本是一窍不通，我能考试，会呀，纯属是记单词，她就发现我这个填空啊干吗的（还行），我单词写对，语法写错。她开始给我耐心地补语法，但是很对不起她，语法我真有点蒙圈，语法这方面我总是进展得比较慢。但是程老师的听写，我没有不及格过。因为我每次都认真地背了，程老师要求我背的课文，要求我弄的那个东西（我都做了）。所以他们没有觉得我英语很好，但是也没有觉得我英语很差。后来慢慢地建啦、昌他们都变得极为喜欢我。我也不知道他们为什么会喜欢我，当时昌听说我要转学，当着全班的面大喊："你要转到哪？我跟你转到一个学校去！"我好像又把我那个好讲故事的习惯，波及给了全班上的每一个人。就慢慢到班级的后期，我们又开始下课的时候聚在一起，我又开始讲我的那个学校往事，这次故事就不仅有我爸，有我家以前的那些事，我还会跟他们讲樟中的事情。讲我有个朋友叫泉，什么什么，好像很神奇，这些我觉得是很平常的事情啊，居然让他们听得津津有味。下课也不打球了，就坐在一圈杆子上面，然后我在跟老人一样盘腿而坐，我当时是这样，时常看到这样的一个景象。① 再到后来的时候，我们居然会因此交流怎么样写作文。我印象很深，我们居然会因为这样聊而交流作文的细节，就（讨论作文）怎么写。就说：哎，建，你可以把你妈工作很用功的事情写进作文

---

① 这句话的意思是，时常可以看到主人公盘腿而坐，得意扬扬地给同学们讲故事（往事）的景象。

嘛，肯定好。哎，不行，没有你这个故事有悬念。你爸带你转学的这个事情好玩。我还讲我在樟中转学，我哭了一晚上，他们听了好有悬念，好紧张，感觉好像我要逃课要怎么的，我想发烧就发烧，我想生病就生病——我说我只要一惦念我生病我就生病嘛。我印象很深，我说完这个的四五天，我真他妈生病了。那段时间还在闹"非典"，昌说我被"非典"盯上了。

陈：你 2003 年"非典"时期发烧，去医院看了吗？

子：去医院看哪，差一点被隔离。我妈说不用被隔离，我还是照常去上学。但是后来有几个学生发烧就被隔离了。我爸当时在家隔离了两个礼拜，当时刚从北京回来，就在"非典"的高发期。有一天，我也说不清楚什么原因，头晕。我在樟中，在附中，我都没有发过高烧，但我（有）胃病。我在远中的时候，我生过两次病，都休息了两天。一次就是有一天我全身发冷，那天有个场景我印象很深，建就说，哎，你怎么回事呀，趴在桌上了？结果昌就在喊游戏台词，我戳，他遁入幻境了！就开始喊。我记得当时有一个数学委员，叫宜，一个女孩，就跟昌说，他在发抖。然后，昌他们就问我（怎么回事），我说我身上在发冷。结果昌他们把自己身上的衣服脱下来披到我身上。昌脱了一件，涛脱了一件，建脱了一件，还有鹏脱了一件，一共六件，我就披在身上，后来我妈来了，就把我领走了。到医院一量，高烧，41 度。打了两天吊针。

陈：这次你没有想要发高烧吗？

子：这次是自己发高烧。不是想生病。

陈：不想生病了？

子：那时候，严格讲，我身体变得很好，因为我天天打篮球。

陈：心理上也很好，并不想逃学，是吧？

子：大家很多（人）成绩很差的。我物理差，大家也不会说。另外还有一个，我成绩又不算很差，总有那么几门还可以，而且那些成绩好的同学也不排斥我。我在那个班，少有地跟谁都相处得没有矛盾，合作愉快，就是人人都觉得我好。

采访人札记

这一节是主人公少年时的又一个高光时刻。这一难得的高光时刻，来得有点出人意料，很难想象这样一个"差生"，居然成为学习尖子——还曾考过全班数学第一名成绩——而且还参加了本班遴选出的三人数学小组，去学校里组织的奥林匹克数学班听课。更难想象的是，这个一向自称对学习不感兴趣的小家伙，居然主动让他老爸去给他买数学卷子，要主动做数学习题！

这不是神话，而是实际。他在附中时算是凤尾，而到了远中却成了鸡头。成为鸡头的秘密，主人公也说得很清楚，因为他是复读生，初二下学期的课程他已经学过，而且在樟中时经过罗老师的精心栽培，数学成绩已有大幅度提升，与那些学习成绩更不好的复读同学相比，就显得鹤立鸡群。所以，昌同学认为主人公数学好，老师将他选入数学三人组，也就不难理解。

在数学三人组里，主人公不算主力，大部分题目都是建做出来的。值得注意的是，主人公的数学自信心从此大增，以至于在每次数学考试之后都热切地想及早知道自己的成绩，甚至等不及老师发批改后的卷子，而去老师的办公室偷看成绩。更值得注意的是，这一荣光点燃了主人公学数学的热情，以至于在知道成绩之后都会和建讨论做题方法。进而，他的热情还从数学推广到其他学科，例如，在讲故事的时候，还会主动与同学讨论如何作文。

这一奇迹是如何产生的？原因值得分析。首先，是因为主人公很快适应了这里的环境，如上节所说，他在这里与同学相处融洽即所谓"大小通吃"，在这里他适应良好，没有（因成绩不好）受到歧视，也没有额外的心理压力，总之是心情舒畅。在心情舒畅的基础上，个人能力才能够得到充分发挥。进而，他还有自己的特长，即会讲故事，不仅看书多，个人经历也多，而且想象力丰富，从附中转学到樟中的经历也变成了故事，甚至"我想发烧就发烧，我想生病就生病"的巫术式幻想也变成了传奇，让同学兴奋不已。听故事同学惊奇和钦佩的目光，塑造了主人公的"英雄"形象，也一定刺激了主人公多巴胺释放，让他舒适而兴奋。进而，在数学这门"实打实"的功课中，他也做出了成绩，这就进一步点燃了他的学习热情——有可能是刺激了更多的多巴胺分泌——让他更舒适、更兴奋。

好学生大多是这么练成的：将学习纳入自己的舒适区，成绩好的奖赏（包括老师的表扬和同学钦佩的目光）进一步刺激多巴胺的产生，使得主人公更加舒适和兴奋。获得更多的表扬和钦佩，会积累更多的兴趣和热情，让主人公能够轻易地跨越原有的舒适区，将舒适区的范围不断扩大。苦练（例如学英语）也就不觉其苦，反而会有兴奋的刺激，更何况还有好成绩作为报偿。好学生的秘密，绝不是由于传说中的"头悬梁、锥刺股"——多少少年愿意自找苦吃？

46

行为壮举

陈：在远中，同学相处还是挺温暖的回忆？

子：不只是一般同学，就是像昌他们那些小流氓，我现在回忆起来也是温暖的。他们确实是流氓，吸毒，早恋，打群架，拿砖头砸人，那怎么说呢——在我的回忆中都很好。就没有任何人（和我有矛盾），我都没有什么太多（不快）的事情。啊，还有那么几次，我成了学生的革命领袖。

陈：嗯？是什么时候呢？

子：带领学生跟老师打斗。

陈：跟老师打斗？

子：就跟老师叫板。

陈：具体是什么情况？你说说。

子：那个语文老师呀，怎么说呢？一个年轻人，他很忧郁，我现在回想起来这个老师很忧郁，那表情总是这样的［做苦脸状］，驼背，可能是自卑。他脾气不好，喜欢扇人耳刮子，打人。而且喜欢留堂，有时候周六加课，就把全班的人留下来。有的时候哇，他惩罚还过重，会让一个女孩子去下跪。

陈：在上课的时候吗？

子：嗯，上课的时候，让女孩子下跪。一个这样的老师。而且有时候作业不批改，你交上去四五本作业本，他可能过很久才把这个作业本发下来。惹得民怨很大，其实他没这么招惹我，我纯属是……抱不平。就有两次跟他起了冲突。一次我也不知道我哪来的狗胆，就是他又把全班的人留下来了，然后我写得比较快，我就走了，走了之后，我就看到建啦，我的那些朋友全被留下来了，他打了建两个嘴巴。这个时候哇，我就有点不爽，我就想到怎么搭救他？哎呀，我也不晓得怎么想出来的辙，我跑到校长室，我就跟校长说，校长啊，你不是说不要留堂吗？我们老师在留堂喔。他说，啊，哪个老师在留堂啊？我说那个语文老师，汤老师呀。他说，今天是周六了，该休息了，不要留堂。我就如获圣旨，冲回了班上，我从后门进去的，我就见到了波他们，我说，你知不知道，不可以留堂，校长跟我说的！波说，你上去跟那个姓汤的讲啊！我说我上。正要上去，哎呀，我说我有点怕，为什么有点怕？我怕那个姓汤的打耳光，我说我怕。然后，昌从桌子下面抽出一个棍子，说，你放心，如果他抽你耳刮子，我们就跟他拼了。他讲完之后，波啊，涛哇，都从底下摸出一个棍子来，就真放在桌上。说，去，只要他敢动，我们就一拥而上，揍他。然后，我就去说了，我就特别大声地跟他说，汤老师，校长跟我说，要你不要留堂了，他亲口告诉我的。然后，全班就变得鸦雀无声，老师就很凶地盯着我五六秒，然后说，大家下课吧。他就走了。哎呀，那一刻我印象非常深，很像学校罢课，或者是高考结束，就看到很多学生把书——我戳，直接把这个书就抛到天上。我印象（中）很多学生，有很多都没有跟我说过话的学生，我被学生整个扑倒在地上，你太牛逼了。一阵叫闹。就有这么回事。

陈：你刚才说有好几次，还有呢？

子：第二次，又是那个姓汤的老师嘛，老是不批改作业，让我们又新交一本作业本，大家又发脾气嘛。这个时候，我就说，我们去举报他给校长听吧，让他倒霉吧。然后，昌就给我安排了一场演讲。一下课，昌叫全班同学不要走，把前后门哦都锁起来，昌站我旁边，涛站我这边，我站中间，我就开始发表演说，历数这个汤老师的罪状，打学生，在这种情况下，我们不能忍气吞声，同学们，你们有心的话，就跟着我们，一起到校长办公室去，一起去举报这个老师的劣行。当时有三十多个同学响应。我们就一大队人马，浩浩荡荡去举报这个语文老师。然后就成了学校比较大的一件学生顶老师事件。那个老师后来被批评了一通。三天之后，我们被欠的作业本都被发回来了呗。以后就跟学生没有再起过什么冲突。

父亲日记

2003 年 5 月 30 日　星期五

儿子今天在学校与语文老师较量，领着班上学生写签名信上交校长。好一个领军人物的派头。语文老师识时务，及时沟通，挽回了上告信交校长的局面，终于双方达成谅解。儿子很兴奋，赢得了老师的尊重，也赢得了同学的尊重。难得的是，他主动到校长那里收回昨天对语文老师的口头控诉，这样的心胸，在他这个年龄是很难得的。

陈：这是一个了不起的事。

子：在附中啊，就变成了我势单力孤地跟老师叫板了。

陈：其他的老师呢？其他各门课的老师呢？那些老师怎么样？

子：其他的老师啦，都是流动性很大，换得很多。

陈：为什么会换得很多？

子：因为太吵了，实在是没有办法教，有一个物理老师据说被班上吵得都快得心脏病了。

陈：课堂上学生吵得听不清楚，是吧？

子：嗯，吵得听不清楚。比如说音乐课，音乐课就比较搞笑，音乐老师也不管，就在上面弹钢琴，你爱唱不唱。结果昌他们在底下唱《国际歌》，唱一些自己瞎编的歌曲，什么"太阳高高照，花儿对我笑，小鸟说啊早呀早，我们为什么要背上炸药包，我们要去炸学校"。然后底下大合唱，成绩好的学生也跟着一起唱。然后，这个情绪又一直延续到了地理课，地理老师就崩溃了。昌他们就在下面唱歌，还在唱刚刚上节课他们唱的那个歌。那个地理老师一转身，一回头，昌他们就念，圣安德里斯山脉……朗诵地理课的课本，老师一把头转过去，又开始唱歌，就反复出现，一转头，念课本，一转头，又唱歌。有意念得声音很大，就成了我初中时期的喜剧了。那个时候我会干吗呢？要不我就看看武侠小说，也没人管我；要不我看到数学作业、英语作业有点多，我就会突然赶作业。因为我当时还兼具着很多任务，就是帮昌他们写作业。得赶快把作业写完，我就在上课写着作业。有一个政治老师，都快下跪了，说你们有一点良心好不好？父母交了这么多钱，让你们来接受教育，有点良心哦！安静一点。下面还是该吵吵，该闹闹。

陈：在远中打篮球打得很好，怎么会被篮球砸脸？[①]

子：篮球抢（得）太凶了。篮球打到我脸上嘛，那个很正常。那个 NBA 球员也会碰到哇。

陈：对，但这怎么会变成你一个记忆点呢？

子：一个很美好的回忆。打篮球很好笑的，球就砸在脸上，当时昌鼓励我："非常好！要这样像男人一样地去打球！"

陈：像男人一样？

子：对呀，就是一个这样的回忆呀。当时我印象很深嘛。体育课老师安排我们打比赛嘛，哎呀，远中那个学校真是（有不少）体育很发达的一些小孩，有一个小孩可以灌篮。篮球打得好的很多，像什么闻啦那些（人），平时除了打架就

---

① 以下这一小段是另一次采访的内容，编纂时将它移置于此。

是打篮球，而且打得非常好。然后老师，反正这些孩子也不好管，就让他们打篮球嘛。（我）上场的时候啊，女生都没有想到我会打篮球。我感觉我是一个很没有运动基因的人，跑步老是跑在最后面。打了几次后发现，虽然我运球也不会，我可以抢篮板啦，因为我个子高哇，慢慢地还练得了一手投篮啦。一开始啊上场其实很紧张，我看到女生在看我的时候，我都不敢看她们，到后来就不紧张了，其实对自信心有帮助。那是我的美好回忆，就是说真的经历过跟另外一个班分数紧咬，简直就是（刺激），一开始我们落后十分，然后昌、波啊，他们就玩老命地追，后来就剩那么一两分的时候啊，把球丢给我，我有时候就投进了，这样的时刻。有的时候，关键时候的抢篮板，我玩命地去抢，球就砸在我脸上嘛。

陈：你原来没有打过篮球，突然篮球投得很准？

子：其实很奇怪。

陈：一定是有个训练过程吧？

子：就是每天打，每天打。后半学期每天打篮球，一下课就会打篮球。其实很神奇，我打篮球只有在远中的那段时期，投球投得神准，附中再打篮球，①没有一次投准过。

采访人札记

本节讲述的几段往事，是主人公成长史上的重要事件。

第一件是为同学打抱不平，向老师的权威发起挑战，从而成为同学眼里的英雄。有意思的是，主人公明明取得了校长的尚方宝剑，但面对语文老师这样的权威，还是感到害怕，到昌、波、涛等同学拿起棍子作为后援时，才以群情激愤的阵势压倒了老师的权威，赢得了按时放学回家的权益。

第二次就变得相对容易了，有上一次的成功经验，主人公提议写信向校长汇报老师的不端行为，并且赢得了胜利。有意思的是，主人公只记得这次胜利，具体细节却有点含糊不清。对此《父亲日记》有明确记载，语文老师知道自己犯了众怒，及时与同学沟通，并且达成妥协，此事得到圆满结局。主人公才去校长那里收回了口头申诉，那封学生签名信应该没有送到校长手里。

值得注意的是，主人公称这两次行动是与老师"打斗"，经过再次提问才改

---

① 意思是说一学期后再转回附中之后打篮球。

成"叫板"。进而，他说在附中只有他一个人向老师叫板，实际上他在附中的行为（后文会提及），与他在远中的行为不可同日而语。由此可见，主人公对自己行为的认知，其实界限模糊。这可能正是初中生的心智特点。

另一个问题是：主人公的行为是告密，还是报警？我不知道初中生是否能清晰区分。若是为了帮助同学及维护学生的正当权益的行为，那是报警；若是非如此则涉嫌告密。报警行为则可嘉可喜，告密行为可耻可悲。在这两次事件中，校长观点鲜明，维护了学生的正当权益，而语文老师的行为也可圈可点，至少他没有一意孤行，而是积极与同学沟通，最终达成妥协。

这事在主人公成长史上的重要性在于：其一，主人公的行为基于明确的集体认同，这是社会化过程的一次进步。其二，主人公克服了胆小畏惧，在同学的支持鼓励下挺身而出，激发了他的道德勇气。其三，主人公的行为有理有节，即通过正常渠道、采取正当手段维护学生的权益，并非胡闹，更非"打斗"。这一点十分重要，在人类社会中，由于社会成员身份不同、立场不同、权益也不同，不同群体之间常常会有权益冲突，需要社会成员懂得正当的协商沟通。

成长的经验错综复杂，有时候甚至表里难分，尚需主人公在成长过程中不断反省与消化。主人公打篮球的经历也是如此，

在彼时，小家伙仍处在心思不明、表达不清的年龄段，关于打篮球的回忆即是证明。昌鼓励说："非常好！要这样像男人一样地去打球！"是同龄人间"并喻"现象的典型例子，所以主人公说有关昌的记忆也很温暖。为了"像男人一样去打球"，主人公天天练习，不仅能抢篮板，而且练成了投篮技艺，以至于能在球赛关键时刻为本班争得胜利和尊严，只不过，有时也会让篮球砸到脸。

这段回忆中，包含了技艺训练的奥秘，也包含了学习的奥秘，还包含了成长的奥秘。只不过，小家伙需要经历更多坎坷与病痛，才会懂得并珍惜。

47

感与思

陈：远中男女同学接触的尺度比较大？

子：对。

陈：樟中我听来已经够惊人了，远中更厉害吗？

子：（樟中那些）在远中都不算啥，都是小菜。

陈：你有顾虑吗？

子：没有顾虑。就是尺度比较大。就是赤裸裸的性方面的行为了——已经有那种接近的了。他们会像排火车一样，把一个男生撞向一个女生，他们会把那个男孩子的下部顶得很高，明显是让那个男孩子的下体去撞女孩的身体。然后，女孩子的尺度也远比樟中来得要大，女孩子会直接躺进你怀里。女孩子还会直接拿手去摸他屁股。

陈：你是说在公开场合吗？

子：当然，当然是公开场合。但是告老师的很少。

陈：为什么呢？

子：难以启齿啦。毕竟不是一个见得光的事情。而且老师似乎（也没什么好办法），老师也发现了这些事情，但是我发现哈，对于怎么教育未成年人要有男女界线，老师也很为难。我看到刘老师教育昌呀，教育他们好像也很困难。好像他自己也不好意思说出口。我印象中，当时刘老师的表情是这样的，说，你、你们，不要去动女孩子啊，你们动到这个部位，有可能会动到别的部位。结结巴巴地讲这个事，遮遮掩掩，就好像这个事情不好去多说一样。但是，即便是这样，蓬勃的生命力还是在远中爆发得比较明显。那次我跟女孩子，肉体——肢体接触开始，就是有女孩子会主动地坐在我腿上。那是第一次有女孩子坐在我腿上。

陈：什么情况？是什么时候，什么场合？

子：就好玩似的，她会当众坐在你腿上。

陈：下课的时候？

子：下课，好玩一样。

陈：周围都有同学？

子：有同学哇。女孩子会懂拳，谁输了谁去坐。然后昌他们玩的游戏是，谁输了谁去抱哪个女生。谁谁谁，下课的时候就充斥着这样的游戏。

陈：哦？

子：经常有输了的女生坐在我腿上。我一开始很紧张，后来就习以为常，哎，来坐吧。哎呀，坐得很舒服。就是这种情况。然后，谈论性啦，谈论手淫啦，打飞机呀，再也不是什么不能谈的事情，下课明目张胆，就是很正常地谈。

陈：男孩谈这个回避女生吗？

子：不回避。女生谈也不回避男生。

陈：你学到了什么恋爱高招吗？

子：哎，基本没有高招，基本像侯孝贤的那个《童年往事》中那位老兄蹬个自行车，尾随在后，两小时后，递个纸条迅速离开。基本招数都这个。没有任何技巧可言。但是有一位老兄，那位老兄叫洋，他可能是个文学青年，他说他居然看《红与黑》，他说《红与黑》中于连的泡妞招数是神招。那是我听到的高端的对《红与黑》的介绍，是我听到的最早的对《红与黑》的解说。但那个洋，我后来回忆起来，他不是看《红与黑》得来的招数，他是在网上搜帖子，给人讲于连是怎么泡妞的。

陈：你怎么判断他没有看过《红与黑》？

子：他没有看过。但他看过一些书，他语文很好，但是我觉得他看《红与黑》他要真能看，他就太牛逼了。他讲于连的泡妞招数嘛，他说什么？要保持着发四封情书冷三天的这种方式，对女生若即若离。他跟昌说完之后，（昌）就一脚踹他说，听到老子都急死了，还什么发四封冷三天，老子直接上去吻，还讲这种招数，就踹他。然后，建，也会说，说的就更奇葩，说，那你就直接跟那个女孩说，你喜欢她，但又不能说得太直白，你就说要帮她煮面条，啊？为什么喜欢一个女孩要帮她煮面条？煮面条温馨啦，体贴呀，你就跟她说你要给她煮面条。这是我听过的比较搞（笑）的说法，他说得很认真。然后昌他们教的是，你就从后面抱住她，强奸她，她就会爱上你。还有下课就跟随女老师，很像《西西里美丽的传说》，一个女老师经过，你要等好几个街道等她。昌还展现出了绘画天赋，画老师的裸体和屁股。

陈：你都只是旁观者？

子：我也参与了，我最多加入了"捏脸"大队，"坐大腿"大队，加入过这个。你说，我去摸女人的胸，我是真格的不敢，我害怕。

陈：你有一个同学长得像小孩，那是什么情况？

子：那时候班上会有一些学生，好像不属于正常人的发展轨迹。他的身体是跟你一样高大，但是他的心智啊，表情——尤其是表情——好像不在这个时刻的表情的角色①——他说话结巴，不写作业，他跟老师申辩，他都说不清楚："我、我、没、没有回、回家。"不知道怎么用语言把自己的想法（表达清楚）。就是脑子，反应迥异，很高大，但是脸部表情很僵硬。笑容不多，眼睛不看人。

陈：灵魂在别处？

子：灵魂在别处。那同学的父母，开家长会的时候，他父亲跟刘老师对话的时候，我听到他说了一句话，哎哟，我觉得心中很震撼。他说："刘老师啊，我们工作好忙，一点管小孩的时间都没有，我们放在这里来就是希望你管他就行了，他成绩好坏不要紧，他只有坐在这里就可以，你叫他坐在这里就可以。"对老师这样说。我一听，啊，难怪他（这样子），这个孩子太可怜了。

陈：你为什么会觉得他可怜呢？

子：就他父母这样说话。

陈：父母不管他学习好坏，他不是很轻松吗？

子：我不觉得那样很轻松啊。就他父母那样的态度，我就觉得很让人难受啊。就是没有把这个小孩当成一个很重要的东西，没有想过在这小孩身上花费心力。就把小孩当成一个小宠物一样。放在那里。

陈：爹妈如果强迫你学好，你有意见，爹妈不管你，又觉得很难受？你觉得父母对孩子学习的这个边界在哪里？

子：我想的好的父母应该怎么样，其实我想好的父母其实也很简单啦，有的时候你是不是可以问我一下？

陈：点点滴滴的进步都关心？

子：关心。

陈：不要给太多的压力？

子：压力可以给啦，就是这种压力，不能建立在不讲道理的基础上。我希望能有一些沟通嘛。

陈：你自己为什么不主动去沟通呢？

子：我那时候其实有过（主动）说的时候。但是长期那种氛围，关系慢慢就紧张了，也很难在那个情况下再去说了。

陈：觉得说了也没用？

子：说了没有用，而且父母对我态度一点也不好。我对他们态度也不好，两边实际视对方为仇人。冷暴力和热暴力交替进行——在我的初中阶段。后来，他们不怎么打我，但是冷暴力，也不搭理我，就是也不跟我交流。

陈：你觉得你父母跟那个父亲差不多？

子：那还是不太一样。

陈：比那个父亲要好？

子：不太一样。就是，你要是细微地区别啊，我爸妈是哀莫大于心死，就这么说，太想让我好，就是实在面对我这样一个人啊，他也不知道怎么办。但是你能感觉到哇，我妈那句话——我妈是不太用脑子的——我妈就总说，你滚开！让你爸管去！但是我能感觉到我爸还是一直在想方法。他老是到学校去跟各种老师沟通啊，跟各种老师交流哇，这其实都是在想办法。他不会说出什么，你就把他丢在这里就行了，我们也管不了他。他不会说出这种话来。那是肯定不一样的。我很清楚地知道这一点。这个边界啊，我很清楚地知道。但是当时真的不能把这种感觉说出来，就是有一个感觉，就是说："老爸，我可不可以不那么优秀哇？"就是如果在今天，我能够表述清楚，我好像会有这种想法。就是，你看在 30 分和 100 分之间也有 60 分和 70 分的边界呢？那我有时候也考到了六七十分呢？我的语文虽然不是很好，就是在中等的水准，就是说你不要觉得一点不行哪？就是这种感觉。因为他们太能干了。有时候我就是想说："哎呀，我能不能不这么优秀哇？我没这么优秀哇，也应该容许人笨一点点，或者糟一点点嘛。"反正他们总觉得我不用功，总觉得是我不努力，总觉得我不上心，总是把我的记性好等同于我一定会成绩好。总是缺乏细化，但是没有办法把这些东西很理智地讲清楚。

陈：你可以把学籍转到远中去，你妈妈坚决不同意，你为什么很失望？

子：就是我觉得父母跟我的沟通太少，就是不论他们做什么决定都是通知我，已经安排好了。

陈：你失望并不是因为转学不转学，而是因为决定事先没有跟你商量？

子：对，就是你一开始奔着一个目标去努力，但是你发现你父母压根不认同你这个目标，他们有自己的想法，没有沟通的空间。你像樟中的时候，想把学籍转进去是我们的共识，所以那时候我就想，是不是我能把学籍转进远中就意味着我成功了呀？我在为此而努力，但是我妈说不转进远中的时候，就觉得很那个（受挫）。对于父母的多变啦，前后的不一致啊，虽然从今天来看他们有他们的理解，他们有他们的想法，但是在当时对我来说，父母，我到底应该怎么做让父母满意？成了我心中的一个困惑。好像我怎么做你们都不满意，怎么做都不能按照你们的步调，那我到底按什么要求去做呢？

　　主人公说，远中男女生的交往尺度大得惊人，这句话很吓人。可是仔细听下来，所谓超大尺度似乎没啥惊天动地之处。无非是一群青春期的少男少女发自动物本能的大胆嬉戏，是群体行为，而且相互默契，没有强暴。对此，道德家、心理学家、行为学家肯定有不同意见，道德家可能觉得这很过分，而行为学家则可能觉得这帮小家伙的行为过于幼稚，与其年龄及心智不符。我对这几个领域所知有限，没资格对此行为予以更好的评说。

　　我感兴趣的是主人公在这种氛围中的行为和感受。一面加入其中，享受捏脸和坐腿之乐；一面因缺乏勇气而止于此，并没有做任何奸犯科（可能是家教警戒的结果），同时又对同学们的行为有兴奋而深刻的记忆。是典型的青春期吧？

　　我更感兴趣的是，主人公提及那个长得像幼童的同学，对那个同学家长的说辞和态度感到震撼，同时也清晰地感到自己的父亲跟那个同学的父亲不一样。也就是说，主人公虽然对自己的父亲不满，却也分得清好歹，知道自己父亲的有些行为虽然难以理解，但毕竟是始终关怀孩子，并为孩子的成长付出了辛劳，与那位把自己的孩子丢进学校不管的父亲不可同日而语。

　　主人公十分敏感，感觉系统十分发达，这应该是聪明的体现——伯特兰·罗素将活力、勇气、敏感和智慧列为教育目标，可见敏感是可贵的品质——可惜小家伙彼时感觉好但却不会思考，即他已清晰地感觉到自己与父亲隔阂的症结在于父亲对他的期许过高，让他承受了难以承受的心理压力，但却无法表达出来。证据是直到多年之后，他才想出问题的关键：我可不可以不那么优秀？这句话，或许会引起许多同龄人的强烈共鸣吧？在中国，确有许多家长对儿女期许过高，超过了学童与少年的实际承受能力，制造了太多成长的噩梦与灾难。

　　我本人也是这样的家长。多年后听到女儿的倾诉，才知道自己以为理所当然的期许，对孩子造成了严重的心理挫伤。女儿说：从今往后，我要做我自己！这句话提醒了我：有没有让孩子做他或她自己？有没有让孩子按照他或她自己的节律和实际能力成长？孩子明明已经尽力，甚至明明已经做得很好，我们仍然不满意，仍觉得孩子还可以做得更好甚至应该做得更好。如此求全之毁，让孩子的心绪紊乱，且长期在负面评价中积极性受挫，孩子的自尊心和自信心更受到严重损伤。这样的家长是严父，还是罪人？

　　孩子说：我可不可以不那么优秀？真正的意思是：老爸、老妈啊！你们对我的期许，千万别超出我的实际能力，在超高期许的压力下只能适得其反。按理说，每个人都希望自己优秀；只是孩子尚处于心理混沌、意识懵懂阶段，只知道感受压力，还没学会思考问题，不知道"自己"是谁，更不知道自己应该成为怎样的人。这时候，孩子不懂得家长，而很多家长如我者，也不懂得孩子。

"我怎么做才能让父母满意呢？"是主人公的心声，也是长期困扰主人公的重大难题，他显然没有能力解决这个问题，很快就濒临心理系统崩溃。

48

重回附中

陈：从远中转回附中是你自己提出来的，为什么？

子：因为在这个地方老是有殴打事件发生。①

陈：你不是说你已经慢慢适应了？

子：我感觉还是比较危险。不仅是学校自己会有（斗殴），就莫名其妙冒出一伙人来，（可能）被揍，这有点太危险了。我就跟我爸妈说了嘛，这次我就提出来能不能转学呀？待在这，没准哪一天，打架找到我头上，我没有昌跑得快，那不被打死？心想，赶快转学，逃离这个地方算了，这太危险了。所以我提出来要转学。

陈：你提出来转学，这回爸爸妈妈和你意见一致了？

子：这一次就（一致）。其实当时我也知道，他们要给我转学，只不过没有

---

① 据主人公的父亲说，当时有外校学生来远中打架，昌被打了。这让主人公感到恐惧，觉得不安全。

想到大家是这样达成一致的。[1]

陈：你回到附中第一天是怎么情况？

子：一个观感就是觉得很丢人。很多以前的同学又见面了，但那时候他们已经是高中生了，因为附中教工子女考得再差也可以进入附中。因此我们以前那个班上的大多数学生，不就基本上又在这个学校见面了吗。哎，自己复读了，人家升高中了，哎，在这里低人一等的感觉。

陈：然后呢？回来初期的经历还有什么？

子：初期的经历？哎，就是怎么说呢，反正，好像又是一个比较难受的适应期。又换了一批老师，又换了一批同学，又是完全不同的风格，觉得好像又要适应新环境。而且好像——在附中第一天的感觉，很有点像我在樟中第一天入学的那种感觉。好像又会面对一伙，面对一些很凶猛的老师啊那种感觉。那些老师其实还好，纯属是我当时不适应。

陈：附中初三班的同学跟远中同学不一样吧？

子：哎，好像又有变化。跟前的，叫什么？我是八零后嘛，再见面那不是九零后了吗？好像又是一个别样的不一样的世纪。就是有不一样的感觉。感觉是一批宅文化更重的同学。更加的是伴随着网络和游戏成长起来的一代同学。

陈：跟你差一两岁的同学，差别会那么大？

子：我有这种感觉，就是觉得好像差别好大，好像渗透着一种完全不一样的那种（文化）。

陈：你已经适应了远中的那些比较野的同学？

子：啊，对。

陈：回来遇到一些比较宅的同学，又不适应了？

子：我又不适应了，相当不适应了。

陈：回附中你的座位调到中间，不是在最后了？

子：对，我爸他们跟老师说了，说我眼睛视力不是很好，然后就给我调了位置，给我在中间那个空的位置上安排了一个位置。我就坐在了那个位置上。

陈：附中初三班各门课的老师是什么情况？先从班主任开始——

子：韩老师长得像刘老师的兄弟，这是我的第一感觉。

陈：韩老师是班主任吗？

子：班主任，是数学老师，我的第一反应就是此乃刘老师的弟弟。从驼背到

---

[1] 据主人公的父亲说，转学远中本来就是一个过渡，因为附中只有到一学年开始时（暑假后）才接收转学，在学年中途（寒假后）不接收转学，所以只能到远中临时过渡，等待暑假后转回附中。

脸型，到鼻子上的一颗痣，都一模一样，就是比刘老师要年轻一些。数学课吧，他讲课也真是跟刘老师一个样，完全是不负责任型讲法，不讲什么方法啊，就是干给你应试教法，如果说刘老师打麻将成瘾哈，那韩老师就更是打麻将成瘾。太爱打麻将和打牌了，下课经常会打电话约人，哎，那个谁呀，我们去打牌吧！

陈：学生能听见老师约人打牌？

子：我能听见。我经常下了课，我有点游离症，就是我到哪个学校都是这样，我喜欢乱窜，我喜欢到各个教室、办公室门口去看去听，韩老师附中的那个办公室啊，比较小，你特别容易听到老师之间的对话。所以就听到他在约人打牌。这个韩老师改作业呀，如果说那个汤老师改作业慢，那韩老师就是基本不改。

陈：数学作业？不改吗？

子：经常不改。

陈：初三毕业班的数学作业也不改吗？

子：对。所以这个老师在初三下学期的时候，就被撤销班主任的职务了。他真是一个不怎么负责任、只顾自己玩的老师。早读是从来不来的，一般八点钟都得到，他不会到。不到的时候啊，另外几个老师会说，哎呀，又打牌打得不来了，又不知道跑到哪里去了。都会这样说。真是一个自己玩的老师。据说他以前是学体育的。

陈：学体育的怎么会去教数学？

子：对呀，这是一个同学告诉的，（说）他原来是学体育的。为什么这么说呢，他经常下课就自己，有时候带双球鞋，是少有的会有一个老师在操场上慢悠悠地跑步的老师，自己跑步。

陈：这个同学说的是不是一句笑话？

子：应该不是。因为那个班长啊，是一个教工子女，他跟他们极熟。就是这些老师的背景、来历，基本是如数家珍。

陈：你肯定不是那个笑话的翻版吗？

子：不是笑话，他是真的讲，有的时候看运动会，韩老师展现一下铅球技术，他是带着一点崇拜的语气说，韩老师是学体育的嘛。就体育很厉害。就这个意思，这种感觉，并不是那种笑话的语气。

陈：这是数学老师。其他老师呢？

子：然后，语文老师，向老师，那真是一个教语文教得极好的老师，那是真的。教语文教得极好。我觉得是初中教语文教得最好的老师。事实证明，这个老师一路飞黄腾达，成为高中的（老师）——啊，韩老师被撤掉了之后，他就被扶成了班主任。那是他才来附中的第一年。第一年面试进来的老师。

陈：刚刚大学毕业吗？

子：不是刚刚大学毕业，在别的学校也教过。但是很年轻。是这个班的老师中最年轻的。就是把他扶成了班主任。后来，当了两年班主任之后，就直接升为高中教高考班的班主任，后来就成为整个高中的语文教研组组长，那真的是教得很好。怎么说呢？在那个林老师之后——林还老打学生，那就不好玩了——但那个向老师他不打学生。他个子非常的矮小，但他却有一个声若洪钟一般的肺，一喊出来哇，就像帕瓦罗蒂唱美声一样。他念的每一个成语呀，就像是胸腔发力蹦出来的一样，像学过播音的人一样。就是，"猛虎，斑斓猛虎"，念得特别有那种（韵味）。我第一次感觉到啊，语言的语调哇是可以传达出文学含义的，有这种感觉。我没有看过语文老师每天早上、每节课都带着学生一起朗诵的。而且他朗诵得比你还用力。就是真的是斗志昂扬、激情四射。他只要这样一念哪，你很难——说实话——睡过去。

这个老师呢，他是有思想的老师。我记得我写有一篇叫"万般皆下品，惟有读书高"，写过这么一篇议论文。我说我们这个时代不就过着万般皆下品唯有读书高的生活？好像就别的不管不顾，只顾读书啊，议论文。后来老师把这个文章弄回来之后啊，那个老师不是像有的老师那样，优，良，叉，勾。他写的是疑问句，①他写的是，那同学你认真思考一下，书真的没有用吗？是不是你想要的读书跟我们现在的读书有区别呢？在这方面你是不是有别的思考呢？他不是把答案写在下面。他总是写这种疑问句。他会——他在让你再思考啊，就是他会这样。然后，他会要求每个学生来朗诵自己写的文章，朗诵之前，都要学生自己造一个句子，就是造得有正能量。但是，造了句的时候，他又会说——他说过好几个成绩不错的学生——他就说你们语文都这么好，你们能写出这么好的议论文，可是呢，你们造的（句子），写得全都像爱迪生的名人名句，像爱因斯坦说过的句子，全都像马克思说过的句子呢。

陈：什么意思？他是讲你们什么？

子：意思就是你写的句子跟别人一样。他说我们每天上课、读课文，教过那么多生词，教过那么多词句，为什么我们第一反应会学名人名言的句子上去模仿？而不会想到从学过的词句中变成一个好的句子呢？他有时候会弄一弄，他说你看这个古文，也有好多好的句子呀，你们可以开放性地思维呀。不需要看到外面肖像上写什么，他会这样讲。还有的是，他写议论文啊，那是真的不按照应试

---

① 这句话的意思是，向老师批改作文时喜欢提出问题，让学生去思考。

的要求去上的，是真的。为什么写那个"万般皆下品，惟有读书高"呢？觉得这个老师还教得真不错，我后来还写一点自己的真实感受，就是因为他老是说啊，他鼓励学生之间啊，你们之间啊，议论就要有辩护的感觉，就是任何我提出来的观点，或者他们提出来的观点，你可以在自己的议论文中直白地写出哪个老师哪个同学的那句话不对，但是你千万不能只说我不对，你一定要举出你的论点，你要有论点，你要有你的证明，你要用你的方式，挑出我的毛病。我欢迎你们来挑毛病。也有同学去写，有同学写别的同学的问题，他就会各自点评。

他不偏向谁，这是我一个印象比较深的地方。另外还有，这个老师讲到一些动人的画面的时候啊，他自己（生活中）的一些画面的时候，我能感觉到他作为人的反应。他讲到，他比如念一篇作文，这篇作文描述一个人成长为人的那种喜悦，他说我最近也刚刚生完小孩，我第一次摸到我儿子那个腿的时候，我感觉摸到一节红润红润的莲藕一般，我感觉那个小脚丫捧在我那个手里，我感觉到非常非常幸福。说的时候，能看见眼睛里头闪着光芒的。还有，这个向老师有一次啊，在门口看到一个学生，我们学校的一个——体训队的（学生）跟两个小流氓打架。

陈：等会儿，附中也有小流氓？

子：有，也有小流氓。只是相对比例少一点。就他看到两个外校的混混在打附中一个体训队的，他还上去阻止，结果被那两个混混给打倒在地。打倒他之后两个混混跑了，他这个事迹呀传遍了整个学校。上课的时候，他就说，哎呀，一介书生，手无缚鸡之力，当时第一反应是路见不平拔刀相助，我就上了，但是呀，实在没有这个能力，反被别人打倒了。描述这个事情，但描述得我就感觉很正直，很正气，会让人有感动，但又不乏幽默。然后他把自己被打倒的事情啊，给我们讲了一个典故，就是讲的《水浒传》，我被打倒的那个样子呀，就有点像鲁智深拳打镇关西，他背那一段背得特别熟，你看这个鲁智深打了镇关西几拳嘛，第一拳过去，打开一个颜料铺，第二拳打过去又是一个酱油铺，什么什么，以颜色带动氛围，然后借这个把《水浒传》给讲了一遍。我后来读《水浒传》原著的时候我就感觉他真的很熟练啦，就每一个细节（都记得）。他上午才被打，下午就来上课嘛，难道他中间就看了《水浒传》专门来引述这一段？（我看）还是真的是胸有诗书，就念出来了。他在上课的时候，他对古文啦非常感兴趣。念古文真的是念的声情并茂，我觉得念古文念得最好的老师就是他了。就是能念出很悲伤的那种（情调），就念宋词，当时我读那个什么，我不记得叫什么名字了哈，叫什么，"此去应是良辰好景，更有千种风情，待与何人说。"① 听他一念，好像真的体会到那种心情。然后他也读那个"西北望，射天狼"，那些苍茫的句子，苏东坡。② 李煜，"问君能有几多愁，恰似一江春水向东流"。然后，读李白的我也觉得读得特别好，听他念古文是一种比较不错的享受。这就是语文老师。

陈：有这样的好老师，你语文成绩有变化吗？

子：没变化，但是也没变差。没有什么太多变化。还是那个成绩。

陈：这个老师显然是鼓励独立思考的，你怎么会没有变化？

子：我好像还没有接上电。就那种感觉。但是之后会不会接上？不知道。我还处在断电状态。那时候我好像又时常处在断电的状态。而且我好像我对他的那种好哇——说句实话，现在想一想啊，如果把那种感觉变成一篇论文，一篇作文，去细细地去描述他哪里好，我觉得也许是一篇好作文。因为，其实这些细节并不是我此刻回忆起来的，而是说那些细节一直就非常深刻。我有例证就是，我即便是在家蹲着的那段时间啊，我有时候依然会跟我爸妈说，这个向老师是一个极好的老师。我爸妈原来不认识这个老师，后来他当了班主任，他们跟他才联系，开休学证明啦什么的才跟向老师相会。我爸妈也惊讶地发现，向老师记得很多篇我写过的文章，说我是一个对文字很擅长的孩子。他也很细致地问了我为什么会出现这样的问题。当时我爸妈说可能是他压力太大所致，然后向老师还说了一句，其实男孩子晚几年（上大学）并没有那么重要，回去告诉他，不用着急。所以我一直觉得他是一个好老师。第一天上课，就一直觉得他是一个非常不错的老师。

陈：接着说别的老师。

子：别的老师？化学课，化学课就是那个，呃，我突然想到一个事情，那现在看来其实我化学课，那个有一点点（开窍）。就是我想起来了，化学课那天我接通电了。化学课的那个老师叫什么名字我都不记得了。

陈：没关系，接着说。

子：那个老师长得非常的慈和。很瘦，戴一副眼镜，教化学课……

陈：男老师还是女老师？

子：女老师。化学课我是没有做任何的复习或者是预习。其实我的在樟中那

---

① 此处记忆有误，柳永词《雨霖铃·寒蝉凄切》中的原句是："……此去经年，应是良辰好景虚设。便纵有千种风情，更与何人说？"

② 这句话的意思是，"西北望，射天狼"是苏东坡的词句（《江城子·密州出猎》）。

个化学基本是白学，什么都不会。除了氢氦锂铍红蛋蛋之外，①什么我都不知道，就属于零基础。但是那天上课，我好像突然神经哪里又搭对了线。我就觉得，哎，这好像是第一天上化学课噢，我获得了从头再来的机会，我要认真听讲，我要让化学课呀，不至于太过糟糕。这样我就试着听了一下，我就听，哎，就发现啊，还行，就不是说那么听不懂了。一些化学公式什么的，稍微那么能听懂。于是化学课我就听了那么几节课。后来老师叫我上去演板啦什么的，我还基本能够演出来。就化学课还真格的还用了点心。氢氦锂铍硼碳氮……

陈：英语老师呢？音乐老师呢？

子：音乐老师依然还是那个美女。教我的时候她还没有结婚，再教我的时候她已经结婚了。②就这么简单的一个变化。她是一个典型的学艺术的老师，唱歌非常好听。上课对她来说就是走个过场，不用做太多，闹挺啦。③很多年后我见到她，已经四十多岁了，我问她，老师你的孩子已经很大了吧？她说，我没有生小孩呀。我说，啊，你没生小孩呀？你为什么呀？她说我喜欢玩啦，没有生小孩。她当时的那种气质也是这种，就是丁克。爱玩，爱打扮。

然后，英语老师，俞老师，那个一个很善良很善良的老师。就是我一直没有问过她哈，我感觉她似乎，不但学的是英语，她也具备了西方人的思维，她是上课的时候，唯一跟我们光明正大地探讨早恋的老师。是这么说的，说，那个英语单词应该怎么念的呀，human……

陈：human nature？（人类本性）

子：她就说在这个年龄，你们的情感，就是男女之间的那种情感啦，不可被压抑的，不能被反对的，就是我作为老师，也不得反对你们。人生最大的一个考验就是你们一定要通过中考这个关卡，所以大家一定要把握好自己，千万不要被自己的爱意压倒学习。那是我听过的，我觉得是一番非常震撼的说辞。老师居然会跟我们昂首挺胸地（说）这个早恋，过去都是拒绝的，这个老师好像很开明的样子啊，那个老师，其实我应该按照真正的当时的反应来看，这个老师有一点像姚老师的一点，就她很情绪化，脾气也很大。她不打人，附中的老师呀基本都不打人。这个老师也是，也有很凶的时候，在我的印象当中，她对我很好。我也有一个例证就是，她上课总是会点我发言，总是会让我背诵课文，我好像很少有背

---

① "红蛋蛋"，是指元素"硼、炭、氮"，主人公当年想出"红蛋蛋"谐音，是为了便于自己记忆。

② 这句话的意思是，在主人公第一次上附中（初一到初二上学期）时，老师还没有结婚；等到主人公从远中再转回附中时（复读后的初三），老师已经结婚了。

③ 闹挺，即闹心，这是东北话，是主人公长大后喜欢说的一个词。

不上来的时候，她觉得我还是挺好的。然后这个老师对人，待人接物，是我见过的人中最有礼貌的，真是像美国的那种，或者像英国的绅士一样，温和。如果她借了你东西，她让你拿东西，比如她让你送过一盒粉笔，帮她送过一个作业本，做过类似的事情，她都会非常谦和地跟你点一个头说，谢谢你。这一点非常有礼节了。有一次啊，我不知为什么奇葩地被一个老师——可能我那时候力气大——老师叫我去帮他修铁门。一个高中部的老师逮住了我，让我去帮他修铁门。就是那个铁门，刹地一推，拉闸一样的，就出来了，他让我用力扳住那个铁门，他来扭螺丝，然后我就去帮他干了这个事情，而且一直到打了上课铃。我说老师，我要过去（上课）了。（老师说）你帮我搞完这个，一会要来检查了。我就在那里用力扭螺丝。后来呀，那个教政治课的老师，对我印象极不好，看到我不上课，在那里搞铁门，就去班主任那里告状了。同时呀，那个俞老师啊，也看到了我在那里搞铁门，她跟韩老师说啊，他是在帮那个老师在修铁门呢，不能说他。然后她还奖励了我一条香蕉，说爱劳动的孩子，值得奖励一根香蕉。

陈：俞老师奖励你香蕉？

子：对。后来我遇到过她两次，每一次遇到我，她都不认识我是谁。但是我每一次都会说，老师，你肯定不记得我是谁。你还记得在你上课的时候老发哮喘，被扶出去的人（吗）？那个人就是我。她说那我有印象。她说你那时候是一个很老实但是病恹恹的孩子。

政治老师，我跟他有过多次冲突。因为就在他的课上，我写作业，写数学作业。有一次在他的课上呢，看《神兵玄奇》，看《机器猫》，两次都被他逮住了。而且我已经养成了有点远中的那个痞气，不太在乎你发现不发现，我把这个书一摊开来，就在那里写数学作业，完全不搭理这个政治老师。后来，他要缴我的《神兵玄奇》的时候啊——其实那个《神兵玄奇》不是我的——我说，老师，能不能下课咱们谈一谈？他一听，震怒，你有什么资格跟我谈？我当时还说老师，我们下课谈一谈这个书，谈完了我再给你行不行？其实我想跟他说啊，这书不是我的，是别人的，我以后不看了。哪晓得这个老师说，你哪有资格跟我谈一谈啊，把你的书交出来！然后他一说之后，我就火了，我说我不交。他说你交不交？我说不交。他就过来拽我，你放不放手？你不放手，书就要撕破了。他手上拿了一半我手上拿了一半。然后，那个老师那天气得大发雷霆，指到我们全班骂，你们这个班怎么有这种吊人？这种人也会出现在你们班上？我就顶回去，我说，你说我是吊人，你说全班干什么呀？我就这样对他吼。就是有冲突。

陈：继续。

子：物理老师。那个物理老师，很多年后我在路上还碰到过她，哦，那个老师姓伍，是一个——也是一个比较凶的老师吧，比较严厉，很泼辣，典型的南昌女性那种感觉。教课教得不差，但是物理我真是没有兴趣。她的课我依然处在蒙圈、不想听的那个状态。我对这个老师比较有印象的，她是一个善良的人。因为什么？当时我们班有个同学得了癌症，即将挂掉。那天下午啊，我们一伙人去看这个同学，伍老师她不是班主任，按道理来讲，班主任陪同来去就行了，大多数老师都没有去。伍老师一听，啊，是那个廖同学呀，她就去了。其实那个廖也并不是什么出众的学生，是非常普通的学生，然后她就去了，去的时候啊，哎呀，第一个哭的就是伍老师，就是"哗"地大哭，控制不住。

采访人札记

主人公在远中复读了一学期，于2003年暑假后转回了附中。从附中—樟中—远中辗转了一圈后，回到了出发点。此时，主人公又出现了"断电"现象。

我让主人公逐一说他的任课老师，从班主任到每一个主课老师，是想找到他重回附中之后"再断电"的原因。我的假设是：主人公之所以会再次"断电"，很可能是因为遇到了对他态度不好的某个老师，因为他有这个"毛病"，即遇到老师表扬和鼓励就会来劲，而遇到老师批评或歧视他就会沮丧乃至"断电"。

结果，没发现哪个老师对他特别不好，我的假设并不成立。在这些老师中，班主任兼数学老师喜欢打麻将、不怎么负责任，但这与主人公的变化没有因果关系。政治老师要没收他的漫画书，也有正当理由，小家伙在政治课堂上公然看漫画、做数学作业，任何老师恐怕都难以容忍。更何况与老师公开对抗？此事不能说政治老师对他不好，也没有证据表明政治老师的态度会影响他的情绪。

其他老师都是好老师，语文课的向老师、英语课的俞老师，不仅教学水平很高，且对主人公相当关心，从而在主人公心里留下的印象全都是正面的、积极的、温暖的印象。其余老师，化学老师也好，物理老师也好，音乐老师也好，留给主人公的印象都是正面的，主人公多次提及"善良"二字，说明这些老师对主人公都很好。至于主人公的物理成绩不上道，化学才刚刚开窍，则是主人公底子差、注意力不集中、兴趣不高——对不懂的科目都没兴趣，好像是大部分学童的共同点——此时主人公已经长大，应该不会因此而怪罪老师。如此说来，主人公重回附中，出现再次"断电"现象，与老师关系不大，应该有别的原因。

要找原因，需要重读主人公说及的那两点。一是，重回附中有"丢人"的感觉，前度刘郎今又来，过去的同学都成了高中生，而自己还在上初三。这一感觉，应该是主人公的情绪低落的重要原因之一。其次，同学的年龄普遍比他小两岁，他是 80 后（1988 年生），而同班同学则大多是 90 后，不仅有心理差距，更有"文化"差距，再加上成绩差距，主人公的心理压力就更大了。

还有一个更重要的原因，主人公没有说，那就是重回附中的目的，是要在这里参加中考。中考越来越近，小家伙无处可逃，必然会承受巨大压力。其实，真正的压力并非来自中考本身，而是来自家长的期许——希望他考上好高中——还是那个老问题："我怎么做才能让父母满意呢？"这，才是他真正的心理压力所在。中考压力成了他的梦魇，因为梦魇而焦虑，因为焦虑而"断电"。

主人公的"断电"现象，与中考压力有关，或可命名为"应试综合征"。

49

伤逝

陈：廖同学生病住院，伍老师在病房里哭吗？

子：在病房里。看到他那个样子，（伍老师）"哗"地就哭出来了。真格地哭。她一哭之后，全班跟着哭。当时那个场景其实让我有点蒙圈。我去，原来会有这样感人的场景发生在我的生命当中。我没有见过这样的场景。我当时有这种感觉，同学之间还有这种情感啊？啊，那一刻，我对伍老师，"哗"地一下，那个哭泣，有很深的印象。这是对伍老师印象非常深的一个地方。伍老师之前，完全是对我没有什么印象，也就是那次我去看那个癌症的同学呀，对我才有了一点印象。为什么呢？我捐了三百块钱。问家里要了三百块钱捐给那个同学，（我本来）不认识那个同学啦。

陈：因为你刚转学过去？

子：刚转学过去一两个月吧。

陈：其他人都已经同学两年了，是吧？

子：一直就是他们的同学嘛。但那个孩子，是一个命非常不好的同学了。好小好小，就得了淋巴癌，父亲早早地就抛弃了他。后来，在中考结束的一两个礼拜，（他）就过世了。

陈：其他同学是不是都捐了钱？

子：都捐都捐。个别的也没有捐。

陈：一般同学捐多少？

子：最高的是五百，第二高的是三百。之后是两百一百。不捐的，五十的都有。给他捐五百块钱的那个人，一直是他的同桌。我当时为啥要捐哪？哎呀，我也不知道。好像是因为小的时候看过一个电影，叫《妈妈再爱我一次》，台湾电影，看到那个孩子死，太可怜了。他妈送他去病房，那个画面太难受了，好像一直在我心中回荡。我第一反应，这不就是《妈妈再爱我一次》的南昌附中版吗？我当时真有这种感觉。就是一个被抛弃的——他上过报纸，我还拿了报纸来看，就是上了《南昌晚报》了——被抛弃了一对母子。然后妈妈独自带着他，家庭极其困难，孩子快身体已经不行了，要化疗。这个不就是《妈妈再爱我一次》的现场版吗？①

陈：你捐三百块钱，为什么伍老师她印象深呢？

子：因为我是一个新来的同学呀！很简单。你说大多数跟他有感情的同学，可能会捐钱，可能还好说。但是，你一个新来的同学会捐这个钱，在她看来还是一个非常好的事情嘛，所以给她留下印象。其实当时，我想捐四百块钱，但是我妈听到我捐钱，她就相当不高兴，那晚上发脾气。

陈：你向爸妈申请四百块钱？

子：我申请四百块钱嘛。我妈就大发脾气。

陈：她觉得太多了是吧？后来减到三百？

子：对呀。后来我爸打了个和事佬。看我当时的架势（不对）。我妈发脾气，我妈的意思是，人快死了你捐得有屁用啊？这种感觉。我当时的感觉就是要掐死她，就有这种感觉。我爸就打了个和事佬，就是啊，四百块钱，南昌（风俗）"四"不吉利，你就捐三百。然后我讲，有道理。我就捐了三百块钱。

陈：所以和父母达成了妥协？

子：后来韩老师给我家里打电话，（问家长）这个钱是经过你们同意捐的吗？然后我爸说是。（韩老师）后来因为这个事情还表扬了我。我一直觉得，如

---

① 此处表述有误，不是"现场版"，应是"现实版"。

果我去学艺术的话，那个事情，好像也是我人生的一个关口似的。一个重要的关口，让我见到了生活的很多侧面，就是那天大家把款项捐上去的时候哇，我听到了很多不一样的声音。有一个孩子，他说啊，我爸跟我说，廖都是个快要死的人了，你捐的钱有什么用呢？然后他就说，我都不理解为什么大人要这样说话。他爸爸是一个老师，是我们学校的物理老师。他说这个话的时候那个表情哪，非常的难受，我爸怎么会说这个话？还有一个同学，叫田，他从始至终都没有捐钱，然后，他居然写了一篇文章说，自己给捐了三百块钱。向老师不知道，还觉得这篇文章写得很好，念出来了，当时我们很多底下的人都觉得不可思议。怎么会这样？他怎么会这样写？压根没捐钱。还有一个同学，在捐钱的时候，突然就问韩老师说，廖会不会死？老师就不知道该如何回答他，那是个姑娘，那个女孩就流眼泪了，另外几个女孩就跟着流眼泪。那片场景，非常的丰富。那给我留下了很深的记忆。我觉得，我当时的反应就是，这个学校学生的人性程度比其他学校都要来得要高，好像更有情感一点。

然后，近距离地去看廖嘛。看廖的时候，哎呀，那个样子啊，给我留下了很深的刺激，让我很多时候都失眠。为什么那么说呢？就是电影上面演的这个癌症患者，毕竟是演的，真正近距离看到一个癌症患者，一个只有（十多岁），都未成年的癌症患者，那种刺激是完全不一样的。血管，一点肉都没有，皮连着骨头，然后光头，眼睛就像那个《魔戒》里面的那个骷髅的那种感觉，脸色全雪白雪白，一点毛都没有。然后鼻孔里插着管子，手臂上还吊着那个东西。[①] 我当时心里想，一个这么小的小孩，他遭受这么大的不幸——我当时看到这个的时候还想到的就是——而且关键的是，他到这个时刻，他父亲还不在身边，还把他们抛弃了。那一刻觉得心里面受到了好大的触动。然后——他妈的这个，我想起来了——那个触动让我第一次，严格说那是我第一次端起纯文学的书本，我看了史铁生——我在我爸的书架上偶尔翻到了史铁生的散文，我也不知道是缘分使然，还是在那一刻让我去找一个文学（作品）来疏解心头的郁闷。我就翻，翻到史铁生，看到那个内容简介，上面说这个作家呀，是残疾的，就问我爸说，史铁生这个怎么样啊？他说史铁生了不起呀，他对人的认识是与众不同的。因为他就是个疾病样，我就读史铁生的（书）。然后我读到史铁生的那个（书），就又想到廖的那个场景，当时我流了眼泪。读到史铁生他们到北海看菊花，但是妈妈已经不在了，妈妈跟他们讲，他们兄妹两呀，要好好活，好好活。那句话呀，实在是，好像是写给廖这些人听的一样。（我）就受到很强的触动。

---

① "那个东西"应该是说吊针。

在这个时候哇，我想后来我想做纪录片，或者想干吗，也跟这个东西有关系。就是，我突然觉得，我想那历史书上，毛泽东可以名垂青史，周恩来可以名垂青史，那么多伟人都可以传下去，你说厄运降临到廖身上，他连证明自己（的机会都没有）。他史铁生他还有时间证明自己是个可以成为一个伟大的文学家的，你廖才十几岁、十三四岁、十五岁的样子，你都没有机会去证明自己的能力，你就要被剥夺生存的权力了，这个太不幸了。我当时就想，我当时就想到过，想到我爸说的，我就想起了我，我突然就想起了我爸呀老给我拍照片。我就想到，廖会不会也有那么多照片？然后我还想到，就是说，是不是你得不停地找一个媒介，要不就是像史铁生这样的文字，要不就是像（照片）这些一些东西，你把人的点点滴滴呀，全部都描写在文学上面，或者是描写在一个东西上面。你才有可能去让这个人留住。我觉得廖，也许他只能留在文学里。他自己，他不会，他的生命已经消失了。但我当时也没有达到要拿他写文学留下来那么明确的想法，但当时确实（被触动），后来这个东西啊，成为我选择书籍的无意识的一个标本样的。你像我最喜欢的小说，其中有一大批，比如说马尔克斯的《百年孤独》，很像是他自己对他的祖父他的老屋的一个回忆，普鲁斯特的《追忆逝水年华》，他那个翻来覆去，辗转反侧的那个移动，也是他的记忆。还有很多很多关于记忆的。另外一个促使我，我当时就是想的是，我第一次意识到，我想起了一首古诗，那段时间在晚上睡觉的时候哇——这种困惑也没有跟我爸讲——就是晚上睡不着觉，脑子里头居然会想起一首诗，其中一首就是"出师未捷身先死，长使英雄泪满襟"。我就总觉得廖是不是就是出师未捷身先死？我想，这个人还出了师，（廖）都没有出师。然后又想起，还有就是那个叫什么，有一首诗叫什么？不知道是嵇康还是谁写的，叫什么呀，"终生履薄冰，谁知我心焦"，[①]我不知道怎么会想起这首诗。还有一首是，就是那个，叫什么来着的？应该是苏东坡写的，但我不记得是哪一首了，但反正我隐隐约约，就是觉得很哀愁。[②]

另外我想到，第一次意识到，从来没有想过的一个问题，就是发现，我原来也会死。就这种感觉。我觉得很悲哀。我一度就陷入了很空的状态。我想，很快，很快很快，我也会老成我奶奶的那个样子。很快很快，我也就是，会变成一个灰烬。很快很快我就跟历史书上写的圆明园啦，成为灰烬了，完了人家还会一抹灰。我还不敢睡觉，我想死就像睡觉一样，然后一闭上眼睛，就什么也没有

---

① 这是阮籍的诗《咏怀八十二首》之三十三。

② 有可能是苏东坡的《和子由渑池怀旧》："人生到处知何似，应似飞鸿踏雪泥。泥上偶然留指爪，鸿飞那复计东西？"

了，就再也醒不过来了。无觉，那你讲的永恒什么？都是胡扯，跟这些没有屁关系了。就是再也什么都感觉不到了，那你就没有意义了。然后我就觉得我的（生命）得有什么意义呢？干这些事情有什么意义呢？武侠小说哇，那些享乐呀，有什么意义？都是没有（意义），而且你还不可避免。就陷入这样一个局面当中，就由廖开始。

采访人札记

同班同学之死，是主人公成长过程中的重大事件。爷爷去世时，他还是个婴儿，肯定毫无印象。外公去世时，他也只有 6 岁，也只是有一些印象而已，还不会被死亡所触动，更不会去思考死亡。见证初中同学廖的重病和死亡时，他已经年满 15 岁，正值多愁善感之龄，这次触动和感受与以往不一样。

此时主人公转学不久，与廖同学实际上并不认识，只知道对方是一个同学而已。但当班上同学发起为廖同学捐款时，主人公向家长申请了 400 元，这在当时是一个不小的数字。主人公如此慷慨，固然是因为觉得自己家境较好，更重要的原因是他已有集体认同感，且有同情怜悯之心。真正触动他的，其实并非死亡本身，而是廖同学生命垂危、形如骷髅的视觉震撼，加上报纸上有关廖同学的父亲抛弃妻儿的报道，让主人公对生病和死亡感到加倍痛惜且加倍愤懑。

廖同学的死亡对主人公的刺激如此之深，由此产生了对死亡（和生命）的激烈而紊乱的思绪，以至于有意识地要在文学书中寻找问题的答案。促使他生平第一次阅读纯文学著作，开始阅读史铁生的作品——史铁生正是中国当代对死亡和生命思考得最多也最深的作家——从而播下了思考的种子。

主人公浮想联翩，彼时感受复杂沉痛，却还不会思考。陈述时说："我当时就想，我当时就想到过，想到我爸说的，我就想起了我，我突然就想起了我爸呀老给我拍照片。我就想到，廖会不会也有那么多照片？……"这一段就是最好的证明。与其说这是主人公在接受口述历史时找不到恰当的表达方式，不如说这正是小家伙当年思绪万千却又紊乱缠夹的实况记忆。只是在"想"中转圈，最后终于想到老爸给自己拍过许多照片，廖会有那么多照片吗？这一表述的真正意思，是随着廖的死亡，在人间还能不能找到他留下的踪迹？死亡就是彻底消失。这一实况太过惊人，以至于主人公陷入恐惧和危机之中，具体表现是："我还不敢睡觉，我想死就像睡觉一样，然后一闭上眼睛，就什么也没有了，就再也醒不过来了。无觉，那你讲的永恒什么？都是胡扯，跟这些没有屁关系了。"

主人公的陈述中，有记忆的跳跃与粘连。阅读史铁生可能是当时的事，而阅读马尔克斯的《百年孤独》和普鲁斯特的《追忆逝水年华》则应该是多年以后的事。是死亡的恐惧和联想，让主人公将当时感受与日后的行为联系起来，解释为日后阅读这些文学名著都与那次受到同学死亡的冲击相关。

我更关心的是，同学之死造成的心理冲击，是不是成了主人公意识层面和潜意识层面的心理负担？具体说，这种恐惧和忧患，是不是与他几个月后的身心崩溃有某种隐秘关联？遗憾的是，我不知道。

50

胸闷与心蔫

陈：你回附中后，学习成绩就开始下降？

子：有几门课我尽我的力了，也做了一些东西，[①] 就是我成绩依然不是那么很好，但好像有些题目我能做，我会做。

陈：比如呢？

子：数学，英语我都会一些。依然我还是那几个老毛病，但是什么现在进行时，过去进行时啊，我好像也能慢慢分清一点，就题目也不是完全做不出来。数学呀什么的，数学韩老师还表扬过我。

陈：你数学考得还可以？

子：当然，就是 120 分的卷子，我也有考 100 的时候啊。作业什么的——哎

---

① 做了一些东西，应该是指作业、试卷。

呀，我现在想起来，我在这个学校其实就是有点分离。

陈：嗯？什么意思？

子：心里头哇，我的心里头好像是断电了，我对这个东西没有什么兴趣。但是好像我的（大脑）外表那层壳呀，不经思考的时候，它好像又在运作着，又让我很正常很自然的，好像我又在本能反应一些题目。而且好像没有出现过不交作业的情况，就每节课都按时交了作业，我也都做了。但是我心里头，哎，那段时间也会感觉气闷嘛，气闷。就是那时我第一次去检查那个心电图哇，就是在那个学校，那个班上。

陈：是在什么时候？是在转学的第一学期？

子：我在附中就上了一个学期。就回家了嘛。我就在那个时候做了心电图。

陈：入校多长时间去做心电图？

子：入校有两个来月了。一直闷，闷得难受。

陈：一直？从入学开始就闷得难受？

子：时常就有胸闷。闷得要——是比以前要不舒服很多了。

陈：跟你小时候感到有大石头压着很像？

子：很像，很像。

陈：跟石头是一回事，是吧？

子：一回事，很像。

陈：只是这个时候更严重了？

子：啊，对。经常晚上睡觉的时候，就感觉喘不上气来。

陈：晚上发作？

子：晚上。或者有时候在外面走的时候，［作呼气沉重的样子］就这个样子。感觉自己像有心脏病一样。然后那段时间，我家里人也给我采取了措施，我跟他们说我真的很不舒服呀！他们一开始怀疑我是鼻炎导致的不通气，我就每天上课给我带一个鼻通。所以那时候就有一个现象，就是我经常把那个鼻通拧开，［作用鼻子闻、吸一口状］嗯，就在呼哇。那时候的鼻药，一个就是鼻通，还有一个叫鼻窦炎散，一点它，就会通一阵子。但是好像我鼻子也确实老不通，老不通畅。一点会好一点。而且我有点像猫王，会吃各种药，那些药虽然不是毒品，但是他养成了药物依赖性一样。我好像也时常上着课，就［作吸鼻通状］——这样，不是特别舒服。就不是特别的愉快，就是感觉心里头不是很（舒服）。

然后幻听的感觉，在那段时间非常强烈，老感觉有人喊我。而且喊我的时候，好像突然被人吓了的感觉。走在街上骑着车，路上，（像听到有人喊）"喂！"——谁呀？就好像感觉总是有人盯着我。就紧张。那段时间是有的。是非常强烈啊，不舒服。我就总觉得，这是怎么呀？这是怎么回事？就这种情况。

然后，这个胸，就是有时候哇（满腔愤懑）。其实就是讲白了，每个学校司空见惯的一些老师的毛病，好像说以前在那个学校也不会觉得那么的那个（不可忍受），但好像突然在这里就得到了一个总爆发。也不知道是不是受了远中学生运动培训，还是其实心里有压抑，借那个口去宣泄，曾经当着全班人的面，直接骂过韩老师。

陈：骂班主任韩老师？

子：也不是骂他，就直接说他不对。

陈：啊，这是什么样的场景？

子：第一个场景是说班主任，第二个场景是说那个体育老师。第一个场景是什么情况呢？总是不批改作业，这个时候他收上去好多本作业本，那天他又说，同学们，你们再买一本作业本，你们作业本没有交。我一听我就火了：我们都交了三本作业本了，你还（要我们再买一本作业本）？

陈：同一门课交了三本作业本？

子：对呀。我当时——其实韩老师对我不错，还给我换了位置，到前面嘛，是吧？——我当时就突然一下，拍案而起，就说：韩老师你这样是不负责任的！我就直接对他说。当时全班的人都吓到了，从来没有见过这样的学生。我说你应该批改作业，你应该每一本都把作业本批改完，你应该给我们还回来，而不是叫我们去买作业本。我就这样跟他说。你是不负责任。连着说了两个不负责任。

陈：结果呢？

子：韩老师气得嘴直打抖，但是没有说任何话就出去了。第二天他把所有的作业本全部发还了回来。这是我一次拍案而起。真的是很凶很凶地冲韩老师讲的。很多年之后哇，我见到了韩老师，我跟他道了歉。我说，韩老师，我那时候脾气躁。

陈：韩老师还记得这个事吗？

子：不记得了。也不记得我这么个人。我依然说，韩老师，当年你们班上有一个个子很高，很瘦，但是爱哮喘的一个（同学）。——我那时长发、大胡子，一个青年范了。[1] 他说，哎，有印象了啊。我说我学电影了。他说，那好哇。我说，当年你上课的时候我吼过你，你多担待。他说，还有这事呀？不记得了。我跟他说了这个话。

陈：很好。然后呢？

---

[1] 长发、大胡子、青年范，是指多年后与韩老师重逢时。上学时并非如此。

子：然后，体育老师。体育老师那节课啊，他自己有事想走，就安排我们在教室里面自习，自己去做事。然后我又大发雷霆，又拍案而起。那个体育老师很凶，拿那个尺子在桌子上狂拍，说，你再说一遍！我又原封不动地冲他大声吼了一遍，就大声吼。然后他叫我出去。我就出去了。而且当他的面把那个门关得"嘭"的一声。

陈：你当时的原话是什么？

子：我的原话是这样：你的责任是这节课带着我们到外面去跑步，你为什么把我们关在教室里面？我不想在教室里面待，而且大家都不想在教室里面待。我就这样说的。然后他就乓一打，谁叫你们这样说话的呀？你就——我就这么顶过去了。然后他就叫我：你滚出去！我就把那个门"嘭"一关。关得很响。这个时候，他在里面，他说这个学生叫什么名字？我一脚把门踹开了，我对他大声说了我的名字，然后我"嘭"，又把门关上了。有过这么两次跟老师比较激烈的冲突吧。就是发脾气。对当时班上的学生来说，其实是一个挺恐惧的事情。（这里的同学）没有见过这个。

陈：直接跟老师对抗？

子：直接跟老师这样对着来的，还这么大声吼的，没有。

陈：附中尤其没有？

子：尤其没有。而且我嚎的，还真是老师做得不怎么地道的地方。就嚎了两次嘛。当时就是觉得——我也没有想很多——他一做这个事情的时候，就觉得胸中一团大火燃起，就是要爆炸哇。就是有过这么两次事件。

陈：到附中还打架吗？

子：打，打架呀。但是我不主动打啊。有一次——我打得比较凶的一次是——是隔壁班上有一个智障，① 那个弱智老是被欺负。被一个叫窑的人带头，总是把红帽子扣在人家头上。然后去折磨，那次就是我看到他们四五个人又在打这个弱智，一团火没压住，他们也不认识我，我就上去就揍他们，一个打五个，上演了一个打五个。有过这么一回事。

陈：结果呢？

子：结果当然是我输了呀，我怎么可能一个打得赢五个呀？但那几个人也——因为我突然袭击嘛——也被我揍了。（被）叫到办公室，就说我打人，当时俞老师就说你怎么会打人呢？你比他们大呀！你为什么打他们呀？我说，他们欺负那个同学，当时我的语气可能比较冲，俞老师啊、韩老师都批评了我。

---

① 表述是否有误？请读者斟酌：如果是真正的智障，应该不会成为隔壁班同学。

陈：两个班的班主任都在一起？

子：都在一起。有一个小子被我打得嘴角流血。我上去就对着他打。然后又发生过一次，就是我们班上有一个教工子女，他是体训队的，老师都不敢管他。为什么呢？他爸好像是这里面的办公室主任。经常欺负人，也会欺负我，偷袭我，打我。下手真狠。体训队的，力气又大，把一些同学的鼻子打得流血呀什么的。有一次趁我不注意，打我一拳就走，他打了我一拳之后，我飞起一脚就踹他。然后踹了他之后，他打我一拳，我打他一拳，我们两个就打起来了。但我打不过他，因为他也是留级生，而且他是体训队的，我真格地打不过他。但那一次，我跟他上演了屡战屡败、屡败屡战的好戏，他把我打倒了，我又冲起来继续跟他打，他一直打倒了我几个来回，我还是没有放弃跟他打。最后，第四次的时候，他没有再打我了，但我感觉我像一个胜利者。为什么？他脸上充满了那种斗败的公鸡的那种颓丧的感觉。后来，他再没有欺负过我。就有过这么一回，打得比较凶猛啊，那一次我的嘴角哇，鼻子哇，都被打出血了。但我爸妈都不知道，我全部都擦掉了。

陈：老师也不知道吗？

子：老师也不知道。

陈：你们双方都没有告诉老师？

子：都没有告诉老师。他跟我打完之后，收敛了很长时间。就没有怎么太欺负人了，尤其也不怎么欺负我了。他在这个班，从来没有人跟他动手，都是他打别人。第一个跟他动手的就是我了。

陈：你还有打架的事吗？

子：还有打架的事情，那属于，现在想来，我打架的好几件事情都是见义勇为的。好多年后我读一本书，波德莱尔写的，他在传记里写的，他也参加革命，但他参加革命不是因为他有革命精神，而是因为他要发泄内心的怨愤和不爽。

陈：你觉得自己有点像他？

子：我就是这种感觉。波德莱尔的这个行为，让我心中一阵释然。

陈：你妈妈以前同事的女儿也跟你在一个班，也是教工子女吗？

子：她也是教工子女。她妈妈是我妈以前的同事，她爸爸就是高中部非常有名的（老师），是名师。

陈：这个女同学跟你聊得来，聊的话题是什么呢？

子：聊美术。她跟我说，她很喜欢绘画。这个女孩属于品学兼优，戴了副眼镜，基本上是一副毁容眼镜，她拿掉眼镜是一个好看的姑娘，一戴上眼镜，就成了酒瓶底了，太厚了。我就说你的眼睛怎么会这么的近（视）哪？她就说，你猜。我说你很用功学习？她说不是，我看电视看的。哎，这不就找到共同语言了吗？你看了啥电视？我看了啥电视。然后就丢电视①，有过一番沟通，有一番对话，实际上加深了我对家里人的内疚感。她有一番这样的话——哎呀，我想起来了，她跟我说完这些话之后我胸闷了好长一段时间——她就说，我今年考上之后，我肯定上附中，她本身成绩很好，考上之后，我就要到外面去旅游了。我说你要去哪里旅游哇？她就说，我要去北京旅游。我当时心里一惊，你没去过北京吗？她说我哪都没去过，我只在南昌待过。我当时一听就想起来了，我爸带我去过那么多地方，他肯定希望我成绩好嘛，见识远嘛，是吧？我爸妈还和我一块去旅游，去井冈山，就那个各种对旅游的回忆就在我心中（浮现）。那节课呀，我都没有听讲，我感觉胸闷得呀，（身子）卷起来了。这个时候那个女孩——叫晶——晶说，嗨，你没事吧？我说，没事。她说，你不是受刺激了吧？你怎么卷着？卷着抬不起头来？我说没事。无精打采，就有好长时间哪，胸闷。

陈：听了她的话，突然对爸爸妈妈感到有点内疚？

子：对呀。

陈：认为自己身在福中不知福，去了这么多地方还吊儿郎当？

子：哎。对呀。万一考不上（怎么向老爸老妈交代）？那个女孩肯定能上附中，这也……

陈：既有压力也有内疚？

子：对呀。肯定就是觉得（内疚）。我靠，我要考不上——我当时还有个想法——我该去死，就这种感觉，我要吊死自己。

陈：你觉得你不受重视，在边缘上，像个出来混的小弟，怎么讲？

子：现在回忆起来，就是稍微有点出离嘛。我的正常情况总是显得有点出离呗，我在成绩（不）好的（同学）中呢，勉强可以算是中等成绩了；我在中等偏上这些成绩好的学生中呢，我像个痞子。就是我经历的那些樟中啊、远中啦那些事情，好像觉得我跟（成绩好的）他们没有共同语言；但在混混中、痞子中、不想学的人中、调皮的那些人中呢，我又显得像一个知识分子，就好像我还有看书有阅读的习惯。而且，那个时候，开始能读懂一些书了。不是说读得多么深刻，就是说看语文课文的时候啊，比如读朱自清的《背影》，鲁迅的《从百草园到三味书屋》，就是能明白，能感觉一点他那样写为什么好了。跟他们又没有什么共同语言——在附中初三这个班级中，我好像有孤独感啦。就好像以前在每个学校里，在远中，我朋友那么多，在樟中，那也有泉哇、亮啊、意呀；那在附中——

① 丢电视，意思是聊有关电视的话题。

在第一个附中①——那也有龙啊（这些朋友）。在这里（现在这个班）好像没有什么朋友。还有一个就是好像那个时候啊，也不知道是不是廖这个事件，看史铁生啦，看这些东西，点燃了另外一种东西，反正就是我感觉到我对以前的那些漫画时期，日漫什么的，我并没有那么强烈的兴趣，（兴趣）开始在消退。好像我就没有那么强的弹性，勇啊，那个时候迷恋游戏，迷得很厉害。又让我们没有共同语言了。因为我不玩游戏。

陈：你说星期六经常上街乱走，有时候在外面晃荡，有时候也去网吧？

子：不是很爱玩，有时候不爱上学就跟着去了，但是我是在网吧里面打扑克牌。或者是，上网听听音乐。

陈：和你一起喝咖啡的那个同学，是什么情况？

子：叫江。他对我比较友好，总是记得，有那么几次啊，我感觉到胸很闷，我会一个人坐在操场上面。不舒服的时候，那个时候江会陪我坐下来，聊一聊天。我跟他说过，我好像感觉我身体不舒服，他会说你不会是心脏有问题吧？我说我害怕呀。我真怕呀，我害怕呀。我会跟他聊聊天。我们就会聊一聊学习上的压力呀，包括我还问他，我说你对学习是感兴趣？他说，其实我一点兴趣都没有，我就纯属逼着自己学而已。我说我就不行，我也一点兴趣都没有，我就没法逼着自己学。我就怎么着都不想学。我们两个有过这么一些对话，就关于学习呀，交心对话嘛。很多年之后我约一起喝过咖啡。就是总记得他跟我聊过天。

陈：你上课讲话被反映上去了，班主任点你的名，然后你装着不在乎，那是什么情况？真实感觉是什么？

子：真实的感觉肯定是不舒服的。其实我是一个极端不喜欢被老师批评的人，肯定是不舒服，但是就控制不住啦，就是有一点点（控制不住）。

陈：这时的班主任是谁？

子：韩老师。

陈：那是在你说他不批改作业之前还是之后？

子：那当然是之后哇。

陈：你顶撞他之后，他点名批评你？

子：客观说（他不是报复我）——当时不是发生过政治老师的冲突事件了吗？当时也发生过跟一些人打架的事件了吗？还当时，我上课的时候也确实讲话，实话实说，不听讲，肯定是有老师反映最近我有浮动，我这一讲话，那不是影响人家上课吗？所以他会批评我，那当时是肯定是不舒服的。

---

① 第一个附中，意思是在此前附中的那个班。

本节内容是主人公回到附中后的若干记忆碎片，这些记忆的关键词是：冲突、愤懑、内疚、孤单感、出离感，以及无形压力（或未被意识到，或被主人公习惯性地排斥）。实际上，此时已有身心故障的某些征兆，只是无人知晓。

且说主人公的几件"壮举"，即顶撞班主任兼数学老师、顶撞体育老师、与隔壁班同学打架、与体训队的小霸王打架。看起来这都是"壮举"。我给"壮举"打上引号，是觉得此事尚需分析。首先，这些事是否全都发生过？其中有没有主人公的想象（像他小时候那样）？进而，即使这些事都曾实际发生过，主人公的陈述中将它们"合理化"，是否存在不自觉的记忆修饰（每个人都觉得自己的行为合理，即公说公有理、婆说婆有理）？再进一步，就算主人公的行为原因真的如他所说，真实的动机仍然有被掩藏的可能。真实动机是指：愤懑。

主人公愤懑，有多种原因。孤单感可能是首要原因，不说孤独感，而说孤单感，是因孤独感的主要意思是精神自我觉醒后感到无人能理解自己，而孤单感则是一种现实处境。可能有人会问：他在远中适得很快，且适应得很好，用他自己的话说就是"大小通吃"，表明他的社会化程度不低，情商也不低，为什么到附中却不能适应、感到孤单？原因是，其一，主人公回到附中，附中本来有许多熟悉的同学，但那些同学都上了高中，他觉得无颜见江东父老，只有回避。其二，他在自己的班上找不到朋友，表面原因是觉得这个班的同学与他有"代沟"，80后与90后有文化心理差异。所以他感到孤单，如"出来混江湖的小弟"，找不到伙伴。其实，孤单感只是主人公的一种"感觉"而已，并不是真的找不到朋友或伙伴，江，不就主动和他交友吗？

主人公的孤单感，还有深层原因，那就是主人公的"出离感"。所谓出离感，简单说就是自我与现实分离，以及自我与自己分离。说穿了，就是当主人公无法应付外界压力时，会本能地逃避到某个心理舒适处，让自己与现实压力分离。但这种压力实际上无处可避——他回到附中就是为了参加中考，在初三年级，中考压力无处不在，在老师和家长的督促声里，在同学的脸上，也在主人公的心里最深处——于是造成了自己与自己分离，即理性与感官的分离。在理性上，主人公当然知道自己要参加中考，且也想好好学习、考出好成绩，即使是为了老爸、老妈和奶奶而不是为了自己，他也想考出好成绩。问题是，他没有学习的兴趣，也找不到提升学习成绩的有效方法，怎么办？只能是逃避自己的理性意识，从而造成自己与自己分离。出离现象，与其说是一种病态，不如说是重要病因。

最后再说负疚感，这也是导致他出离感的重要原因，很可能还是他身心故障的"最后一根稻草"，与女同学晶交流（这也是他孤单感的反证），触发了他心里的理性之光，第一次感到自己的幸运，感到父母的苦心，感到自己对不起父母，觉得自己"该死"，甚至想要"吊死自己"。他没有当真吊死自己，那就只有继续出离，继续感受压力，继续愤懑，继续孤单，直到身心系统发生故障。

51

遮蔽性记忆

陈：你转回附中后篮球水平也明显下降，那是怎么回事？

子：一个是没有训练，还有一个就是转回附中的时候哇，我又断电了。就突然又断电了，好像又不想跟人说话，（不想）跟人接触，不想。反正就是，有隔阂。突然一下就断电了。打篮球的时候啊，也就没有那么顺手。好像心里面的那种自信感，那个感觉呀，就没有了。还有一个事情，哎呀，是我心中的一个遗憾，是我心中一个很深的遗憾。当时我开始在赣江里头游泳嘛，那个暑假的时候，经常去游泳，那时候我妈也跟我们去，那时候宇也开始到赣江游泳，那时候啊，我一直觉得，宇有今天的情况，① 跟他们那时候的政策也是有关联的。

陈：宇是怎么回事？跟什么政策有关联？

---

① 主人公的表弟宇，后来也成绩下滑。

子：宇那时候又开始愿意主动打电话给我，为什么愿意主动打电话，就是我们要相约在那个点去游泳。他也约，我也约嘛，他就打电话，好像我爸妈就不愿意我去打电话约他们，每次打完都说，不要约。

陈：为什么不要约？宇是你弟弟啊？

子：我没有问。我跟他们的关系，那时候没有那么好。

陈：你说的遗憾指的是什么？

子：但是错过了一个什么事呢？我奶奶呀，知道了我游泳游得非常好，就想看我游泳。就在那次暑假，就跟宇他们一起来了，我要打电话去约他们，我妈他们就不让，怎么样怎么，我们已经约了谁、约了谁。他们约了别人。那天如果我打了电话，就知道我奶奶来看我游泳了嘛。结果我奶奶第二天打电话给我，说我们昨天都没有碰到嘛，昨天晚上①我其实去看你游泳了。我奶奶唯一的一次提出，来看我游泳（结果却没有碰上）。

陈：你奶奶要到赣江边来看你游泳？

子：对。

陈：你说你遗憾指的是什么？

子：就是没有让我奶奶看我游泳。

陈：你奶奶不是说头天晚上去看你游泳了吗？

子：结果没有让她看到。就是我没有在她面前游。下水的地方很多。就没有遇上。很深的遗憾。

陈：如果约了宇，奶奶就知道你在哪游，就能看到，是这意思吗？

子：当然，如果通了电话，我爸他们知道我奶奶会去呀。以我爸的性格，他一定会跟我奶奶她们碰面的，这是毫无疑问的，他自己老妈去，他能不碰面吗？我奶奶难得主动想去看两个孙子去游泳，这是极少见，极少见。之后就没有了，就那一次。心中留下挺深的遗憾。没有怎么在我奶奶面前表现过，那次难得有机会表现，尤其是对那个时候的我来说，实在是没有什么太多拿得出手的长处。好像游泳这一项是我难得算是还不错的运动吧，就可以让奶奶看到我游泳的那一面。当时接到那个电话，心里头就很失落，失落了很久。

再到后来我们又要如常去游泳，我又要给我奶奶打电话了，一个是想跟我奶奶打电话，问她想不想看我们去游泳，一个是问宇去不去游泳，第三个——还有个原因，就是跟人打了架，心情不是很好，我好像想找我奶奶聊一聊——或者是不一定聊，好像听一听我奶奶的声音，是不是也会有舒缓作用啊？其实经常也会

---

① 应该是傍晚。

有这样的想法。于是乎我就跟我奶奶打了电话，哎呀，我一打电话之后，哎呀，我爸我妈这两个人哪，就不停地在旁边很大声音地说，极不礼貌地跟我说，你不要打电话！你怎么又打电话呀？然后我当时就脾气发得很大，我就把电话给砸了。我说你们打电话的时候我都没有在旁边叫，我在打电话的是你们叫！就这种。吵了一架。然后我妈不服气，她说，你看到你外婆在就发神经，我把游泳的设备整个砸在了我妈的头上。

陈：砸在你妈妈的头上？

子：哎，整个游泳的东西都砸在她头上。

陈：有没有什么粗口？

子：有粗口。我粗口骂得很粗。就贱逼都骂出来了。脾气就不好嘛。我没有去成那个游泳嘛，我跟我妈吵架嘛。在吵架的过程中啊，电话就放在了我的手旁边，我奶奶就听到了我跟我妈的吵架，后来我把电话就挂掉了。挂掉了之后，五分钟，我奶奶就打电话过来了，我妈接的电话，就问我妈，是怎么回事呀？我妈就用特别不好的语气跟我奶奶说：以后你们不要约，就不要约，一约他就发神经。那一刻我感觉我爸的表情也很糟糕，就听到我妈那样说。那天我跟我妈打了很久的冷仗，就这样。

陈：你爸爸表情糟糕，是对你打电话不满，还是对你妈的行为不满？

子：肯定是对我两个都不满啦。另外，他听到自己的老婆跟自己的老妈这样说话，他心情能满意吗？而且那天我奶奶打电话纯属是关心。真格的是关心。那个游泳的事情我心中会有遗憾嘛。好像在，我在附中的时候——最后一个学期在附中的时候——有一天晚上我还做了梦，我不仅梦见我奶奶来看我游泳，我梦见好多人来看我游泳，里头有我外婆呀有我外公啊，我还做过一个这样的梦。

陈：哦？这个梦没有跟爸爸妈妈说吧？

子：没有，我现在讲的每一个梦，我都没有跟他们说过，包括鸭子啊什么的，都很少跟他们说过。

陈：你的梦就像杨朔散文，明白地表达你内心的渴望。

子：他们好像不太了解我的渴望，我感觉啊。而且他们也不太了解——其实我自己当时也不太了解为什么啊——后来想明白了。所以，在我奶奶的葬礼上，[①]我也就（很伤心），我也哭了，就是觉得，原来我也终于明白，我比较爱我奶奶。

陈：在远中的时候你还在看武侠吗？

子：看啦。武侠从来没有断过。

---

① 主人公的奶奶是 2015 年逝世的，主人公的陈述有一次大幅度跳跃。

陈：远中的时候还在看？

子：依然看武侠，从未断过。一直看到离开学校，还在看。远中我爸就不怎么禁我武侠了。不禁我武侠了。但那时候啊，还真有自己想写武侠小说的念头。

陈：嗯？

子：那时候心里想，这个武侠小说写得好的人怎么这么少啊？当时有这种想法。我有武侠瘾嘛，我不看就难受，基本上能看的我都看了。什么诸葛青云，什么卧龙生啦，柳残阳啊（全都看了）。还珠楼主没有看完，那老兄写的东西实在太过冗长，实在太过繁琐，就翻了两页，武学招数很神奇，但是那个剧情铺垫，实在是有点混乱，没有看下去。看到后来就发现，古龙啊，梁羽生啊，也不好看。就是金庸也不能反复看哪。就会想，怎么写武侠小说的人这么少？我是不是该自己写一本？

陈：动手写了吗？

子：没动手。只是纯属想一想。《今古传奇》上面不是还连载武侠小说吗？有一回，我跟我爸在散步，那是我第一次见到陈叔叔你，① 那时候登了张你的照片，你和梁羽生还是谁的一张合影，有你的照片。

陈：是吗？

子：是。我爸说，哎，陈墨我认识，评金庸评得特别好，回家还给我拿出两本书来，一本叫《金庸小说赏析》一本叫《金庸小说人论》。好像陈叔叔你在上面还连载过小说啊？

陈：连载过小说？你是说《今古传奇》？

子：对呀，就是《今古传奇》，好像还有你的小说，我要没有记错的话。但你写的啥我一点也不记得，我可能也没有看。但是《今古传奇》我也是偶尔会去买个两三本啦，看了那些小说我觉得都不好，我就不想看了嘛。当时还思考了一下，为什么金庸写得好，古龙写得不好，梁羽生写得不好，我还简单地小思考，那时候我爸还跟我讲过一些故事，说你跟蓝老师谈论金庸，一个下午旁若无人，高谈阔论，蓝老师当时说过一个话，他说他这辈子如果费尽心力去写啊，最多达到梁羽生的水平，再不可能达到别的水平了。我当时想蓝老师真会吹牛，梁羽生的水平你还这么容易达到。我当时还这么想。

陈：当年你这么想？

子：啊，我想过。我说蓝老师真会吹牛。我就想，金庸为啥写得好？啥也没

---

① 主人公见到采访人，是多年以后的事。主人公这里是讲第一次在杂志上见到采访人的照片。

有思考出来。① 就感觉啊，古龙小说没啥变化，看多了吧，都是那个路子，看多了就有点烦。梁羽生吧，变化也不多，而且看到后来吧，总觉得（不过瘾）。尤其是看那个《七剑下天山》，我在想，七剑下天山——我当时这么想——七剑下天山，那应该是七把神剑，每个人都应该让人印象很深嘛，结果梁羽生写的《七剑下天山》七把剑我啥也没记住。你就写七把剑干吗？我觉得这个人物也不怎么好看。金庸的还是好看嘛，觉得这个人物还是总让你念念不忘。觉得，哎，为什么金庸这么少？那时候看了，网络文学也看了好多，网络更是看多了，觉得太烂了。当时从看网络文学开始，看小说有那么一点点消退了。除了有时候青春期欲望泛滥，想找本黄书翻翻。但是还是找不到太好看的。最后，觉得比较好看的就是黄易的，写得还是挺精彩的。所以觉得黄易的还能看一看，然后当时有这么一个想法，就想自己是不是亲自写武侠小说，振兴一下华语武侠文学的念想。

采访人札记

我在问及主人公在远中打篮球时，主人公说，他在远中时篮球打得很好，投篮也很准；但回到附中之后，投篮就再也不准了。我当然要继续追问，想知道究竟发生了什么，使得主人公投篮不准并且在几个月后出现身心系统崩溃？

结果就是这一小节的内容。本节内容，看起来与主人公在远中、附中的经历没有直接关联，有关奶奶没有看他游泳的遗憾以及想要写更好的武侠小说，都是他离开中学很久以后才发生的事——奶奶的葬礼是在 12 年后的 2015 年。但我知道，主人公之所以有此记忆联想，一定有某种隐秘原因。直白说，主人公的陈述如此大幅度跳跃，其实是在本能地躲避我的问题，即为什么回到附中之后篮球水平急遽下降？以及：为什么回到附中后会再次发生"断电"现象？

我的问题并无伤害性，为什么主人公要回避？——主人公并不是有意识地回避，即不是故意不回答我的问题。他的回避是无意识的，表面的原因，是他的确不知道自己回附中后为何会"断电"并发病，所以无法回答我的问题。因而自然地想起有关奶奶的那一段，于是就说了。我怀疑，有关奶奶的那一段记忆，是弗洛伊德所说的所谓"遮蔽性记忆"，即以某一记忆遮蔽了更隐秘的记忆。被遮蔽的记忆是什么？我不知道，也许主人公自己也不知道，否则他不会不说。

为什么会有这段遮蔽性记忆？也是一个值得分析的主题。主人公特别希望奶

---

① 这句话的意思是说，"金庸小说为啥写得好"这个问题，他自己也想不明白。

奶来看他游泳，其原因很简单，是让奶奶看到自己游泳水平很高（小小年纪就可以横渡赣江），从而得到奶奶的赞许和认可。这可证明主人公并非一无是处，至少游泳还不错。获得家长的赞许和认可，是许多幼童最迫切的心理动机；正因为难以获得赞许和认可，以至于不再敢多想，即压抑成潜意识，但这种动机在潜意识中从未消失，直到多年之后才浮上心头。奶奶是家长的家长，是权威的权威，获得奶奶的赞许和认可，是主人公从童年到少年时最强烈的渴望。因为他学习成绩不好，因而一直无法获得奶奶的赞许和认可，以至于这一无法泯灭的渴望成了主人公的难解心结。偏偏在回到附中后没几个月就身心俱病，那就更无法获得奶奶的认可了。我知道，多年后，当他考上大学，尤其是当他大学毕业并有了很好的工作后，奶奶早已"认可"且以他为荣。

这就有了新问题：为什么主人公的心结仍未解开？为什么在奶奶去世之后，主人公还在为奶奶没机会来看他游泳而感到深深遗憾、以为再也没有机会弥补？以我肤浅的理解，只能是两种情况。一是：主人公觉得自己在回到附中之后没有尽全力去争取奶奶的认可，甚至在生病前或生病中还产生过某些希望自己生病的念头，从而感到深深内疚。二是，在主人公生病前、生病中，觉得奶奶偏心于宇而不关心他，曾因愤恨而多次产生要杀了奶奶的幻想，从而感到深深内疚——这种内疚藏在他心灵最深处，以至于他一直没有发现——这，是不是主人公从打篮球联想到游泳那段"遮蔽性记忆"的原因？主人公无意识的内疚心理及其渴望认可的心结纠缠，是不是他的被遮蔽的记忆？

至于想写出更好的武侠小说这一段，倒不难理解，当我们遭遇挫折时，大多会沉入虚拟幻想中寻求心理平衡，阿Q的"精神胜利法"即可为证。我问及他在远中、附中时是否还看武侠小说，是想知道武侠小说是否仍然是他的幻想避难所？得到的回答超乎我的想象，这个避难所不仅仍然存在，而且有所升级——应该说是好消息——主人公已由童年的"杀人幻想"升级到"创作幻想"。

最后一个问题是：创作武侠是不是遮蔽性记忆的遮蔽性记忆？

52

身心故障

陈：第一次喘不过气来是在英语课上，是吧？气喘史的起源？

子：其实真正的发病应该第一次是在操场上，我现在回忆起来。是在操场，我自己一个人。并不是在课堂上，就在操场上自由活动的那么一个时刻，我感觉到喘不过气来，很不舒服。很难受。然后就不停地大口呼气嘛，呼到后来（气）就接不上来，身子就开始有发抖。然后印象中，那天我的脚啊抽筋了，因为剧烈的发抖啊，抽筋了，很痛。非常痛。就坐在那个地上。那个抽筋的地方就肿起了一块。不舒服，不舒服。持续了有个四五分钟，后来感觉喘气慢慢缓解了，脚上的疼痛，痛得要命，再后来脚痛也消失了，然后慢慢就停了。停了之后，我当时啊没太当回事，就觉得是不是喘不过气来，好像就是什么喉咙不舒服啊还是什么，没太当回事，就这样回去了。这应该算是我有记忆的第一次。

陈：回去没有告诉爸爸妈妈？

子：没有。但是我说我心脏不舒服呀，说去检查，去检查那个（心脏）嘛。但是那个喘不过气来是在检查完心脏之后发生的事情。就在操场上。

陈：你说心脏不舒服，去医院检查是在什么时候？

子：那一次在之前，就是刚入学一个来月左右——（一个月）多一点，应该。

陈：就是刚来附中一个月左右？

子：对。就一个月多一点。

陈：到医院去做了心电图，结果呢？

子：心电图查过了，窦性心律不足嘛，当时说是。

陈：哦？是身体能量供应不足？

子：就是医生都说，发育正常——就发育快的时候，造成身体和心理不平衡，我后来还专门查过，就是青春期常见症状。有点窦性心律不足。我曾经看詹姆斯的传记，詹姆斯都有过怀疑自己是心脏病。就是窦性心律不足。

陈：球星詹姆斯呀？

子：对呀。就是球星嘛。十六岁的时候，感觉到身体飞蹿，然后就每天都有打球的时候就喘不过气来。

陈：哦，窦性心律不足，第一次查就查出来了？

子：太容易查出来了。这个不是什么大的毛病，应该说很多青春期都会有的这种常见状况。不是什么大问题。那一次，就真格的，操场上就不舒服了。不停地喘，不停地喘，不停地喘。然后这次还没有那个（当回事）。终于有一次，就是到英语课的时候，那次就是厉害了，就有点厉害了。那就是喘得在上课的时候就上不了了，就是不停地喘，不停地喘，不停地喘。想喝一口水呀，我当时记得我想喝一口水，想把那个喘气通一通。我一喝水的时候，我记得我的那个水呀，滋溜，就没有喝进去，喷在那个桌子上。"呃，哦"，然后就想呕，不停地喘，不停地喘。然后喘得就全身发抖，全身抖，全身抖，觉得不舒服。这个时候，就太明显了，喘气声太大，整个英语课能听到。然后学生就——我都说不出话来了——很多学生就喊。因为当时不是已经有廖事件出现吗？别是第二个廖又来了，（我猜想）当时大家心里头是不是有这个想法。就突然喊："俞老师，他是不是心脏病发了？"就有人这么喊。那个俞老师呀，显然是从来没有遭遇过这样一个情况，不知所措，找了四五个学生把我扶到那外面，空气好的地方。她自己都不敢上课了，就是敲开门去找那个伍老师，然后伍老师也过来了，她们两个就扶着我，说，"你哪里不舒服哇？"我就不停地喘，不停地喘。这个胸口，胸口，难受。俞老师说："太吓人了，怎么办哪？"就着急呀。就说要不要打120。后来，都有家长联系簿，韩老师也来了，赶过来了。然后打电话给我爸，我爸就来了。把我接走了。这就是英语课上发生的事情。

父亲日记

2003 年 12 月 13 日　星期六

今天儿子在上课时因为空气不流畅，胸口发闷，鼻塞，致使全身发抖，弄得老师急忙打电话让我把他从学校接回家。下午到医院检查，他甚至怀疑自己得了重病，说如果他得了大病，不会放过我们，因为他常说喘不过气来，我们大人都说没事。后来检查总算无大病，是鼻炎、上感、咳嗽引起支气管炎，造成过敏性痉挛发抖。一颗心总算放下了。上午我接他时，一出校门，空气一好，他就说真爽。我们推车走了一小时走回家的。路上，他说，上课发抖主要是紧张，英语课和数学课，原来的老师经常罚他，造成心理紧张，过去这些不好的回忆，老使自己紧张。这确是心理问题。应该引起充分的重视，并要有解决的办法，为他分忧解难。一要他决断与过去失败、受罚的一切关系、一切记忆；二要变被动为主动，要这两门功课彻底弄懂弄好，要有自信心，从而有主动发言、表现的愿望，这样才能真正从过去的阴影中走出来。这孩子进入到一个非常危险、敏感、脆弱的年龄段。

陈：回家以后呢？

子：回家以后？我印象中，我们去做检查了。我们去做了检查，那天下午做检查的那个心情极端糟糕，我就感觉我爸也不说话，我也不说话，我们两个站在医院的门口，看到那个外面的马路。后来好像我就问我爸，爸，我会不会得了什么不治之症？得了什么大病？我爸说，唉，真要得了什么大病，我们也只有面对呀！好像这么说。当时说了这么一番话。我们就进去做检查。做了一个咽喉，还是一个什么心脏的检查，怀疑是哮喘嘛，出结果，没问题。那天晚上回家的时候，我爸好像觉得我受惊了，觉得我路上一句话也不说，还给我买一本《大剑师传奇》。

陈：什么传奇？

子：《大剑师传奇》，黄易的一本小说。但是，那本书我一点都没有兴趣看。我当时感觉，我戳，我得病了！就这种感觉。然后，晚上就睡不着觉，身上燥热，一阵又一阵的那个燥热呀，就清醒过来。然后就——叫什么呀——那个燥热呀，我就死劲地拿手哇，砸自己，拿手砸自己，往死里砸，然后……

陈：自己砸自己？

子：啪，啪，这种砸，砸。在睡觉的时候。关上了门，我烦。我身上一阵一阵的燥热，一阵一阵的燥热，睡不着觉。就好像从那时候开始，晚上失眠对我就成了一个常态。就睡不着。就砸。

陈：睡不着的原因是什么？心里不舒服？

子：心里不舒服。

陈：心里有没有恐惧？

子：恐惧。也有恐惧，有不舒服，还有燥热。就强大的燥热。

陈：是身体上的燥热？

子：感觉每一个汗毛孔的（热），当时我的感觉在燃烧。就感觉那个毛孔里面啦，就是毛孔里面的热，就能全身发痒，死劲地这种抠喔，挠哇。有的时候从深夜睡不着，躺在床上，看到天花板，脑子里就不停地冒出有些人，什么情况都有——幻觉，就是那种，我妈也骂我，我也骂我妈，我妈打我，我也打我妈，同学也骂我，同学也说我，谁都说我，老师，每个老师都说我，就不停地冒出这个。

陈：全部都是电影镜头？

子：哎。除了这些镜头，没有别的好镜头。肯定只有这种镜头。就全是这种。

陈：若在电影上，会觉得这个有点假。

子：哎。

陈：你当时真是那样情况？

子：真的。

陈：这次被你爸接回家以后，在家里待了多长时间再去上学？

子：过了一天我就去上学了。

陈：过了一天，是什么意思？

子：就歇了一天就去上学了。

陈：星期一接回家，星期二在家歇一天，星期三上学？

子：对呀。歇了一天我又去上学了。

陈：第二次再犯病，隔了多长时间？

子：没隔多久。我感觉好像都在一个礼拜之内，①在我心里头隔得很近。隔得非常的近。

陈：第二次是什么情况？

子：又是突如而来的喘不过气来，感觉到这个呼气困难哪。就是不停地喘，不停地喘，需要大口地喘气，才能维系自己的这个呼吸一样。然后喘息伴随着发抖，抖动，不舒服，无力。我会整个身子都这样蜷缩，然后掐自己的这个衣服呀，觉得很不舒服。然后我会感觉到身子在抖动，清晰地感觉到我整个身子在抖动着。然后向老师就赶快去找了医务室的医生，医务室的医生就带了听筒来，给我听嘛。就说我这个心跳跳得很快，说你怎么了？我当时说不出话来。喘气，喘气，不停地喘。后来我爸又来了，又接我回去了。这是第二次，第二次又发了。

父亲日记

2003 年 12 月 15 日　星期一

今天下午儿子又胸闷如堵，心口似有一块砖头压着，发抖，手冰凉。到医院检查了一个下午，做心电图、抽血，身体上无问题。看来主要还是心理紧张。当然，门窗紧闭，空气不好，加上鼻炎，是发病的诱因。这个问题要引起充分的注意，要让他放松再放松，家庭不要有紧张气氛。这也是给我的又一次

---

① 根据主人公父亲的日记记载，再次发病中间只相隔了一天。

挑战，命运对我提出了一次要求，怎样培养与众不同的儿子，使他顺利而健康地走过青春期，成为一个健康身体健全心智的青年。这是命运对我的考验。

陈：第二次是语文课犯病，回家以后发生了什么？

子：嗯，首先是很担忧。到底得了什么问题。查了一些呼吸道哇，心肺呀，

陈：再次去医院检查？

子：那次跟我爸去的，但是我记得我频繁出入各家医院。这么一段检查过程，心中疑虑重重。我也疑虑，我爸也疑虑，我们都疑虑，发生了什么事？这个时候，就是当时我有个想法，我说，这个事情是不是应该告诉一下奶奶她们哪？然后我吓一跳，我告诉奶奶这个事干什么？我奶奶觉得我这个人有毛病怎么办？我话已出口，我爸就真给我奶奶打了电话。还跟我姑姑打了电话，其实我姑姑完全知道我当时什么状况，她现在认为我没有那个状况。

陈：认为你是装的？

子：就完全忘了这个事了。但是当时我姑姑我感觉还是非常上心，好像在一瞬间哈，推荐了各种医生，神经科的，心肺科的，各种各样的，我印象最深的是我频繁地出入这些医院去做检查。检查方式各有不同，抽血，验血，脑电图，心电图，还有那个神经——那就是那个神经病医院还是什么，① 那种专家还是什么的，她就说呀，你走条直线给我看看，我就走；瞳仁张大给我看看，你做一下伸展运动，就好像让我做各种方法，正常人都能做到的一些事情。然后，当时我记得是谁呀，介绍一个——医院里，他们的同事陪同来的——一个医生，让我走直线，走斜线，当时那个陪同我们的医生跟我说，当时跟我聊了会儿天，应该也是里面的一个医生，一个戴眼镜的，他当时以为我是沉迷在网瘾中不可自拔的失足少年。我妈当时觉得他讲得特别有道理，还让我听他讲，她说你听到这个叔叔讲了吧？沉迷在这个幻觉当中，不要沉迷在里面，瞎幻想里面。我心里想，我靠，我也没有那么瞎幻想嘛。但是，就感觉他说的那个状况跟我（不是）一回事，有点先入为主。

中间呀，我也回学校了，走到校门口的时候，我就觉得走不进去了，我就一个人坐在教学楼外面啦，吸空气，一边按摩胸口。那次我还碰到了俞老师。她还问我，你是不是又不舒服呀？在这里坐一会哈，不要着急。我一下就成了一个让人紧张的病号哇。后来呀，在政治课上，在数学课上，甚至在课间休息的时候，我都出现过这种大喘气，全身发抖，无法去上课的情况。其实当时得（出）

---

① 据主人公父亲回忆，是在省儿童医院找一位老神经科专家检查。

了这个问题的时候，心理压力也非常大。就是一班二班的学生，他们相互之间都认识，他们也都会在同一个老师那里补课，我这个毛病呀，一下子就传到整个年级，这两个班所有人都知道我有这个问题。每次坐到那里的时候哇，他们会搬一张椅子让我坐在那里，我看到会有别的班的同学路过，看我那种异样的眼神，好像这个人就是（病人），我看到两个女孩走到很远，会盯着我很久，窃窃私语。好像她们在说，这个就是昨天生病的那个，就是他。当时压力非常大。然后，心里也怕呀！当时是真怕自己（会有大病），每出一个结果那个过程，出结果的那个过程当中，其实都有点提心吊胆。我就怕什么心出问题、胃出问题，每看一个结果都紧张。但最后结果都没有问题。然后，有那么一两个晚上，我又睡不着觉了，我觉得我当时得了精神分裂。我当时有这种想法，我想我可能得了传说中的精神神经病。我会不会被关进去？我当时有这种想法。我害怕被关进去。所以那段时间，我按我的习惯，以前我生病了是一定不去上课，这次我难得，每一次发完病我赶快去上课。我怕被当成精神病院的人给关起来。非常害怕。就在这种情况下，好像你越不想犯病吧，它越犯病。

陈：总共犯了多少次？

子：反正，有那么一个礼拜呀，每节课必犯。

陈：每节课必犯？

子：每天必犯。每天的第一堂课第二堂课。

父亲日记

2003 年 12 月 16 日　星期二

　　晚上与儿子散步近两个小时，谈了不少。他说心里总是有块石头压着，主要是对老师的有些做法看不惯，气恼，对成绩好的同学另眼相看，他们犯了错也不处理，而对成绩差的同学，稍犯点事就受到严厉批评。对此，他抱不平。再就是对某些成绩好的同学，品性上的一些缺点非常愤怒，这些是他内心不痛快的主要原因。他说要找个办法笑，大笑，才可能舒这口气。于是一起到书报亭买了两本《乌龙院》漫画，非常罗①的，好笑的，一个人回到家去边看边笑去了。还要我们把电视也搬出来，看看有没有好电视节目。并说明天他还担心怕发病，再休息一天，还不准我与韩老师联系请假。这也只能按他的来，他内心还是存在一些抵触情绪。慢慢疏导。

---

① 罗：南昌话"滑稽"之意。

2003 年 12 月 17 日　星期三

　　儿子在家休息了两天，明天准备去上学。晚上散步他找到了令他烦恼的根源，主要是在幼儿园老师的不公正待遇，他说得对的，做得对的，也要说他错。到了中学，一些老师也仍然这样对待他。这种内心的焦虑成为潜意识，被某些外因引发就可能对身体造成极大的伤害。而到医院检查却毫无毛病。这主要是心理障碍，自己要能够注意清除。今天晚上买了影碟，由于家里的影碟机放不成，气往上涌，又一度喘不过气来，这样下去是会出问题的。所以，我明天仍然让他休息一天，再观察一下，要他自己对自己有信心，能遇事通达，保持平和之心。

2003 年 12 月 18 日　星期四

　　我心里也在犯堵，像儿子说的有块石头压在胸口。主要是为孩子的学习和中考担心，他这几天在家全看电视，迷在电视中，睡大觉，全身还发软无力，散步都叫累。对此，我首先应理智，应改变流行的思想——上重点高中——上重点大学，这么一种独木桥的路径，眼下最重要的是使孩子健康，生理、心理都健康。对此，我们大人要认真反省，过去对孩子的教育失当之处，调整自己的心态，多给孩子爱，使他放松心态，轻装上阵。学习是一辈子的事，非一朝一夕，我们要有冷静的客观的精神对待孩子，使他也能建立起理性的合乎实际的价值判断体系，平和地对待身边发生的事情和人。

陈：从第一次发病到最后再不上学，总共时间是多少？

子：我估计也就一个多月。一个月到 45 天，[1] 也没有很长时间，中间伴随着检查。到后来就没有办法再上课了。而且还有个情况就是，老师们其实很紧张，怕这个学生会不会猝死在课堂上。当时看那个架势，很像啊，就抽过去了那种感觉。就是有那么几次，因为喘得太厉害了，带动那个胃部哇，所以就吐了，就呕了，把早餐什么（全都吐了），呕完之后还觉得舒服一点。在那段时间，我在外面搬一把椅子，坐在教学楼外面，就成了学校的一道风景。中间，我印象中，我碰到勇，他问我怎么了？我说我身体不舒服。我不感冒了，[2] 就是又一个问题。当时真觉得这是一个神经病，都害怕跟别人讲这个事情，怕别人歧视，觉得你这人有毛病，同时也害怕会不会像廖那样，我可要归去了。因为你看过一个死了一个

---

[1]　其实没有那么长的时间，从其父亲的日记看，前后不过 20 多天。

[2]　这话的意思是说，他对别人的关心和询问都感到心里不舒服。

人，你就会怕你就会是不是有那个。所以后来有一天，检查的时候，我就恶狠狠地跟我爸妈说，我就是你们害了，我从小跟你们说我胸口压了一块大石头，我喘不过气来，你们不信，你们害的。你们不去检查，我就说过这个话。

陈：你记得说过这个话？

子：我当然记得。我当然记得，我记得非常清楚，我当时心里对他们恨得咬牙切齿。我就觉得我从小就跟你们说，从小就跟你们说，我小学就跟你们说，我胸口压了块石头，你们说没事、没事、没事。这是非常恶狠狠地说。就在一次去检查的路上——我们回来的路上。

陈：不知道这是因为恐惧，急于找一个归因的对象？

子：嗯。

陈：最后一次犯病是什么情况？

子：最后一次，也是这样频繁的，其实都很像，就是不停地喘气，然后无法上课，在那里坐着，一坐就坐了很久。

陈：政治老师继续上课的那次，是最后的一次吧？

子：不是，那不是最后一次。

父：我印象最深的就是上政治课，我赶到他那里的时候他还在抖，一个人哪，政治课那个老师居然还在讲课，不停下来。一个学生在那里抖，抖成这样，就在那里抖哇，全身，他还是那个（讲课）。后来我就（进去）把他揪出来了。那一刻，我对老师啊产生特别的厌恶，我讲哪里有这种老师啊？一点起码的人性都没有。一节课哪里就这么重要呢？我把他揪出来，那个老师还照样讲，好像没有发生任何事样的。这个给我印象特别深。

陈：最后一次是犯病回家，觉得不能再去上课了？

子：感觉有点没法上了。就是每去了就控制不住自己。就觉得没法上了。就觉得家里人，不用商量就达成了共识，就是赶快找到治疗的方案才是第一要务。就是觉得这样去上课，其实，而且，我给班上的人造成的恐惧。就是真的是有恐惧。那段时间，我真的感觉我就是一个玻璃人。每个同学都不敢碰我。每个同学也不敢跟我说话。我有这种感觉。稍微胆子大一点的同学就会问我：你会不会死？问我，非常严肃的，认真的，眼睛带着一点恐惧，担心地问我：你会不会死。我都不知道怎么回答。

陈：怎么会直接问你这样的问题呢？

子：廖的事嘛。就是这种情况，大家总把我跟那个东西（联系起来）。其实不是一回事嘛。后来有一次我在医务室坐的时候，医务室的医生——我为什么怀疑我得了神经病？——跟我说，高中也有一个跟你一样出现了问题的人，这样特别问题的人，她控制不住笑，她说今天早上她还被送到我们这里来，我们也控制不住，（只能）让她走，（那是）一个女孩。（医生）跟我说，可能就是叫我不要紧张。没事。但她说完我更紧张了。我想，我戳，被送走了？我想是不是送精神病院去了？那个女孩，已经持续的——高二（的学生）吧——已经持续了一个月控制不住地笑。说一开始有个老师被她笑烦了，还打她耳刮子。她说那个女孩流着眼泪，哭着，都还在笑。说一个月，一上课必笑，一上课必笑。后来就送走了。她跟我讲了有这么一个（事情）。当时觉得我一定得了神经病。我不可救药了，我完了。有这种想法。

后来就连续几次出现（犯病）。最后气喘的时刻，我有一个印象，就是说我又要被扶出去了，这个时候，我好像用尽了我能说出来的最大力气，就是说——但是说出来的声音很细微——就是说："我不想出去。你们不要扶我出去。"那个意思。但是那个气喘使我的声音显得断断续续，无法延续，最后我还是被扶出去了。那一刻心中有很强的挫伤感，就觉得自己像一个病号一样被人抬来抬去、扶来扶去。你这样还不如不要来，当时心里头有很强的感觉，就是说连说出一句你不想被抬出去，你想留在这里上课，你都做不到。觉得很难受。回去之后我跟我爸说，不去了，什么时候好了什么时候再去。

没想到，一待待了那么多年。

采访人札记

本节讲述的内容，是主人公紧急休学前的犯病情况。如何确定本节标题呢？我想到过"身心交瘁"这个标题，仔细想，觉得这个题目不仅含糊不清，且有些轻描淡写。又想到"身心系统崩溃"这个题目，很接近主人公的病况，但又担心此说过于严重，或成无稽之谈。最后确定"身心故障"这个题目。

身心故障之说，是一种客观描述，因为主人公的身体、心理确实同时出现了故障。之所以把主人公的生病称为"身心故障"，是因为没有一个专业大夫能确定主人公的病症。主人公曾多次去医院检查，检查结果是：窦性心律不足、鼻炎、上呼吸道感染、咳嗽引起支气管炎，造成过敏性痉挛发抖。这些病会引起如此严重的情况，以至于主人公无法上学，且需要休学5年之久？没人会相信。

那么是心理的问题？即使是外行，也知道小家伙转回附中之后，觉得自己"丢人"，且很快就要面临中考，心理压力过大，严重焦虑导致心理失常。问题是，他是不是神经症？是什么神经症？同样没有人说得清楚，更无大夫确诊——实际上，当时南昌还没有专业心理医生，只有精神病医生。

主人公身心故障的原因是什么？有几种猜想：一是生理疾病与心理疾病交互作用；二是心理问题引发生理疾病并发症；三是生理疾病引发或促进了心理焦虑导致身心故障；四是生理疾病与心理疾病同时发生，但并无关联。主人公的情况，单纯的生理医生或单纯的心理医生可能都无法诊断，只有专业的生理心理学家才有可能探讨这类疑难病症，并对主人公的这种奇异的身心故障予以确诊。

我不是医生，更非生理心理学家，自然不敢妄议。不过，我有一些也许很业余的假设，权且记录下来。我的思路是，鉴于：一、这个小家伙从小就喜欢生病且渴望生病，因为生病就可以不上学，而且老爸老妈会对他更好。二、小家伙在远中时曾向同学炫耀自己的传奇，提及"我想发烧就发烧，我想生病就生病"。那么，在回到附中之后，主人公面临巨大的心理压力——这种压力，有一部分他意识到了，有一部分他还没有意识到，但肯定能感到自己"不舒服"——的时候，会不会有意识或在潜意识中渴望生病？答案是：不能排除这种可能。接下来的问题是：主人公是否真有那种本领，即想生病就生病？在现代人看来，那不可能。问题是：原始人怎么看？根据我有限的人类学知识，好像原始人相信各种各样的奇迹，证据是：巫医同样可以治病救人。假设：一、人类的强烈意念信息，有可能改变人类身体——神经通路、内分泌及生物电路——结构与功能；二、主人公虽然是21世纪的初中生，但在巨大的心理压力下很可能被打成原形，即退化到原始心智，"相信"自己有某种巫师般超能力，并得到其身体和心理的响应。

简单说，我觉得主人公的身心故障的主因，是心理问题，简单说就是"自我秩序紊乱"。身体的病症，只不过是适逢其会，或被主人公的意念所引发，或被主人公的意愿所利用。当然不是说主人公有意如此，而是说一种潜意识动机。潜意识是人类的"暗能量"，对人类的身体、心理、言语和行为都有未知但不可低估的支配作用。更值得注意的是，主人公的意识层面，此时也是一片昏暗和紊乱，理性支离破碎，没有自我意志主宰，潜意识的暗能量随时随地都可能乘虚而入。

这时候，假如父母懂得他的心理问题——前提当然是具有良好的沟通渠道并建立了相互沟通的习惯——并及时加以疏导，情况或许会有所不同。疏通减压的方法也不见得困难，对症的"解药"是告诉孩子：任何时候，你的身心健康比一切都重要，中考没有那么重要，即使考不好也没有关系。问题是：那时候，孩子的父母并不懂——那时的我也同样不懂——于是，身心故障就成了孩子的宿命。

孩子生病之后，曾归咎于父母，说父母要对他生病负责。我知道，这是典型的错误归因，当一个人感到自己完全无助的时候，什么样的离奇归因都可能出现——这可能也是原始心智的典型表现——父母确有责任，原因是无知。

第五章

辍学生考大学

小引

身体成长是有限度的，精神自我成长却非如此，只要有知识和情趣营养，有思考和热爱助消化，精神自我的成长可延续到生命尽头。

53

到底是什么病？

陈：休学回家，治疗是什么情况？

子：（给）我开回来各种各样的药哇。首先我就跟我爸说，我晚上睡不着觉，我难受，全身燥热，家里开了那种我也不知道是西药还是中医（药），巨大的药丸，极难吃，我一天吃一粒，那个药还真有点作用，安眠药的作用。每天吃那个，睡觉前必吃那个。又不知道从哪里开了一些疏经解郁的药，那个药哇，我觉得，不知道里面有刺激性的作用，它有严格的吃的方法，你早上要吃那几种，上午要吃这几种。我有一次就把早上的在晚上吃了，吃完之后我又没睡着。好像那个药有亢奋提神的作用。我晚上又整夜整夜睡不着。在床上翻来滚去，全身发热。我妈第二天就跟我说，你吃错了药。就药吃得很多。

那段时间还有一个事情就是啊，我就想一个事情啊，我都生病了，我奶奶她们都没有来看我呀——我就想这个问题，怎么我奶奶她们都没来看我？当时我还心中对她们有一点责怪啊，就觉得心里很不舒服——对自己的孙子一点也不关心。打个电话过去，都说宇在努力学习，就惦记着宇，我的死活你们都不管！心里头，说实话，有点咬牙切齿地怨愤了。但是在当时的那个时期，我就特别害怕把这些东西去讲给我爸爸妈妈、我奶奶呀他们听，我觉得我是一个（坏人）——那段时间强烈的负疚感也袭过来了，我就感觉我怎么是一个这样的人？我怎么老是在脑子里想着把自己的奶奶杀死？想把自己的爸爸杀死？想把自己妈妈杀死？好像不知道要不幻想这样的东西，我心中就（会）不会舒服一点——我是一个丧尽天良的神经病哪。我当时有这样的想法。压力非常大。有两次见心理医生嘛，有点冲动，很想跟他讲，我脑子里头涌现出了想把家里的人砍死的冲动，只是幻觉，不是真的。那个东西很困扰我，让我觉得很难受。让我觉得胸口啊，就一块一块的石头，就压着，特别难受，我没法跟别人说。说不出口。

陈：跟心理医生也没有说？

子：怎么着都说不出口。

陈：还记不记得有一个医生来你家里看你？

子：那就是心理医生啦，我记得。

陈：心理医生还是精神病院的医生？

子：我当时的理解，他是一个心理医生。

陈：是精神病院的医生吧？

子：精神病院的医生啊？要当时告诉我我肯定以为我得精神病了。

父：他出了问题发了病之后就做了各种检查，我那岳母也非常着急，到处打听，问。一开始怀疑是癫痫，这种情况做大脑的 CT，做了之后又没有。排除了，又没有问题。又隔了一段时间，我岳母就说，很可能是精神问题，要找精神病院的医生看。我阅读这方面的资料和书，觉得他就是焦虑症，但岳母提出来了，你也不能不去找医生看哪。光自己解决（不行），这些东西也是很专业的啊，她也是很着急，（提出她以为）合理的建议。后来我就考虑以什么方式（为孩子治病）。因为我很担心，很多专家提出来，小孩如果发生心理这种情绪上的精神上的问题，一定要很慎重处理，不要因为产生这个问题在治疗过程中又产生更多的心理问题。其中就举了一个例子，就有一个中学生，他暗恋自己的老师，女老师，暗恋之后，就担心自己，怕自己做出一些出格的行动，他就到精神病院去看，那个医生就给他确诊是精神分裂症，从此这个人就再没有走出自己的家。就不敢走向社会，不敢面对社会。举例就是（提醒）要特别慎重。而且精神病院我去过，有一个我父亲同学的儿子当年在读大学，精神病，我去看过他。那种环境很糟糕，你到了那种反射刺激，一个小孩，一个十多岁的小孩到那里去，我觉得会留（下阴影）。我当时就有很多顾虑嘛。后来我去问我一个邻居朋友，他是医生，他就跟我讲，这种情况你也不要着急，他说我在高中的时候同学也出现过这种（情况），就是压力太大，他说我们的方法就是把精神科的医生请到家里来，请他来看，他可以辅导，他可以开药，定期来看哪。他说那个同学现在也好了，没有一点问题，后来高考，大学毕业，现在都成家了，一点问题都没有。他说你也不要太担心。这时候我觉得就有点宽心了。因为我们对这个根本一点知识都没有嘛，突然一下子蒙了。后来我们就通过一个同学的爱人——在精神病院——找了他们主任，他属于我们省精神科方面的三大专家之一。我就跟他谈了我儿子的情况，他问了一下情况，我就跟他提出来能不能到家里去看，他说可以，没问题。就约好了，到家里来跟儿子聊天嘛，聊了天之后，聊完了，当时儿子就是在他房间里头，医生聊了一两个小时就出来跟我们谈。我当时也就问过他，我就说，像这种情况属不属于精神分裂症？以什么方式来判定？他说这个也很难说，要到我们医院去，有些要靠器材检测，才有可能（确定）。我说，像我儿子这种情况会不会发展？他说这个也很难说，只能观察。我也谈了一些抗抑郁药的副作用啊，这种依赖性，这种后遗症。他说你放心，我开这个药都是很安全的，他说，全世界有几千万人在吃这个药，他说这样药很多政治家艺术家精神压力大，都吃这个。

陈：就是镇静药一类的？

父：对，镇静药，他说你放心。

父亲日记

2004 年 1 月 7 日　星期三

昨晚心理专家（精神病院的医生）上门与儿子交谈，对他的情况有了全面了解，认为主要是紧张所致，现在要努力放松，特别是他自己要放松，这是最重要的。心理上疏导、放松，辅以药物，他会从困难中走出来。用新药。① （儿子吃了药后）晚上忽然感觉头很昏，慢慢入睡。第二天早上仍头昏，起不了床，八点多才起床。吃完早餐后，不久叫肚子饿。吃了三个面包。下午开始正常。

陈：医生给你看病，你还有哪些记忆呢？

子：就是有一天夜晚，这个医生给我过来看病了嘛，上门给我看病了。我知道，我感觉到这个医生可能就是传说中听到的心理医生。我对心理问题其实一知半解，分不清它跟神经病的边界有什么东西（区别），那时候有的困难，我还不太知道。但是我印象中的那医生吧，他好像跟我握了手。他用一种比较温和的态度来面对我，那段时间我还在极力地想返回学校，为学校中考。它不是还要考体育吗？跳远，考什么，我那段时间老在跳远，让医生等一会，我在外面跳远，跳了两分钟。医生看着我跳远。然后，我们就上去了。② 就在我们家的客厅中，我们有了一番谈话。他说我这个喘不过气来，是什么感觉？我说，胸口上压了一块石头，老是觉得喘不过气来，我也控制不住，它自然就喘不过气来。我就觉得很不舒服很不舒服，我就控制不住，我就那个了。他还会问我，你这个，跟老师

_____

① 指主人公开始服用抗抑郁的药。

② 上去了，意思是到楼上的家里去了。主人公练习跳远是在楼下。

呀，跟谁呀，有没有什么不愉快呀？我也如实讲了。那很多，各种跟老师的不愉快。当然不是我现在的讲法，都妖魔化了，每个老师都妖魔化了。[①] 连我现在讲的这些不错的老师，在那时候都是妖魔，他们说的每一句话，每一句说我的话，我都妖魔化了，变成妖魔化的情景。所有得罪我的人，我都要把他们宰了。我就是这种感觉，跟他们讲。然后那医生呢，就是静静地聆听，也没有得出什么结论。走的时候，他好像要给我开几服药。这应该就是第一次见面时候的场景。

陈：后来见过几次？

子：我应该见过他两次。一般都是晚上见面嘛。但是聊的内容基本是大同小异，我会聊的主要是对学校的仇恨，对社会的不满，对爸妈的不满，就这么几件。

陈：你会对医生说你对爸妈的不满吗？

子：爸妈在我肯定不敢讲，但后来我看那个心理医生，就是进门诊看的，关着门，里头只有我和医生的时候（才会讲）。

子：去医院门诊是什么时候？离那个医生来家里看病有多长时间？

子：过了一段时间。过了至少得有几个月，得有几个月。那时候我就跟他讲，我对爸妈的不满，我对我奶奶的不满。等等等等。

陈：那个医生的回应是什么？

子：不出结论，耐心聆听，是他的主要目的，主要任务。耐心聆听。

父：他一个星期来一次，[②] 就是跟他聊天啦，看看他的状况啊，开药啊，就这样。吃了大概三个月吧。我们当时呢，还是希望他正常去读书嘛。就想把他这个恐惧呀、抖哇治好嘛，吃了药之后也确实减轻了。治疗了几个月之后呢，我妹夫说江西医学院有心理门诊，你也可以到那里去看看。

陈：那个心理门诊医生，你去看了几次？

子：两次嘛。第二次不就碰到了我妈被捅的事件嘛。

陈：第二次看完心理医生之后就出了事？

子：看完以后。看完之后出了事。

陈：看完之后是要到里面去？

子：做检查。

陈：在去做检查的途中出了事？

子：对，出了事。

---

① 这句话的意思是说，当时把老师都妖魔化了，后来明白事理，才能客观地讲述老师。

② 这里的他，是指那个被请进家门看病的精神病院的医生。

陈：两次谈话的内容也是大同小异的，是吗？

子：中间啊，我那段时间非常的孤独，就是当时还，我还偶尔写个日记，记一记，但写完之后哇，我都把它撕了。感觉看到我心里的想法一样。

陈：为什么？

子：我就会写写日记，说呀，小的时候觉得一生病就好，父母亲让我不上课。现在发现在家坐，一点也不好受，朋友也没有，也就是说也没人说话，当时甚至都不会用孤独那个词，觉得很无趣，觉得那样的日子还不如死了算了。真有这种想法，就不如死了算了。写完之后就赶快撕掉。我想都不敢想这种事。然后，中间有几次呀，实在是寂寞难耐，有的时候呢就跟我外婆聊天。我外婆那段时间吧，她就老是鼓励我，她其实并不了解我的症状，她跟我爸说这是神经病，我第一次听说。① 当时每次见到我，都是用鼓励我的语气。她说，你还记不记得你小的时候，跟我讲《水煮三国》里面小鹰的故事？小鹰会长大也会变成老鹰，你现在就在巢里，你会变成老鹰的。她就讲这个，那当时听得很感动。当时我心里想，就我这个鬼样子还怎么可能成为老鹰呢？简直好像就成了一个废物似的。学校也不敢去上了，然后家里坐着。有时候又很烦躁。那我就跟我奶奶打电话，哎呀跟我奶奶打电话，我现在觉得是个十足的错误，我奶奶压根就不是宽慰人的主儿，把我各种教训，但是，一开始还不是教训，用社会主义宏观的伟大（教育我）。

陈：没有具体内容？

子：具体就是后面，之前都是空话，就是你一定会好起来的，没有问题，你没有毛病。后来就有一次啊，那天下午我不是在家里头嘛，我就到我奶奶那里去走一走，我就骑个车过去了之后哇，我就到了我奶奶家，那是我第一次见到我奶奶和我姑姑面对面地激烈地争吵。我当时在楼底下就听到我奶奶在喊："他妈的！你他妈的！"——我奶奶，"他妈的"都喊出来了。我就进门，我就看到我奶奶和我姑姑在争吵。我奶奶喊得特别凶："你虐待老人！你他妈狗屁！"我问我奶奶，发生了什么事啊？我奶奶凶我，你管什么东西？大人的事你管什么？我想吵了，我骂那不孝的女儿。然后我又出去问我姑姑，我说发生了什么事呀？（姑姑说）就是为了我奶奶要养花，他们要（奶奶）少养一盆花，② 然后吵了一架。吵得不可开交，我奶奶竟然要叫他们全家人都滚。我也不知道该怎么办，那一刻我真的是蒙，蒙了圈。没见过这样的场面。我奶奶在骂我姑姑，我姑姑基本是冷

① 这句话的意思是说，他一直不知道外婆曾怀疑他有精神病，采访时才听父亲说这一信息。
② 他们，是指主人公的姑姑、姑父，他们一直是和主人公的奶奶一起住，照顾老人。

暴力，不还嘴，但是把花一盆盆的该丢哪儿丢哪儿。

陈：是这样啊？

子：那天晚上，我一时着急跟我爸妈说话，就说我回不了学校干吗的。突然心情就很不愉快，就想哭又哭不出来。这个时候，我就突然又开始喘不过气来。在家里，当着我爸妈的面，第一次有这种大喘气的时刻。于是给他们——我觉得还是非常大的——一个刺激。他们发现我真的好像有毛病了。以前都是只听老师说，到了我的学校我已经发完了，但从来没有见过我真的喘不过气来，在床上发抖的时刻。后来我奶奶讲的那些话呀，我很想告诉我爸，我也很想告诉我妈，但是没说。就是今天算是吐露了一下。① 但是当时对我——后来我理解了她啰②——但是当时真的是一个非常大的困扰。

我印象中，我做了一个梦，我梦见我的家是一面镜子，那面镜子上面，那面镜子是一个家庭肖像，一面镜子是一面肖像。然后那个肖像碎了，那个玻璃全部都碎了。但是好像是我打碎的。我在梦里头好像我把那个玻璃全部砸碎了。我还在那个梦里面喊：啊！啊！就这样叫。然后那个玻璃碎掉了。就是一个很魔幻的场景。然后，有时候，我奶奶的那些语言啦，就像针一样扎在我的胸口。那都不是闷，那是那种想流眼泪都流不出来的感觉。心里头也有一种担忧，就有一种，我奶奶那些话就是："他妈的！你们都虐待我，虐待我们这些老人！"这些话，我当时也不去分辨，到底有没有虐待这个说法，我觉得我的家庭要破裂了。就觉得非常痛苦。之后去看心理医生的时候，我就跟心理医生讲了我奶奶说的一些话，但是我没有全说，我讲了一下这方面的一些困扰。这成了一个主题。

采访人札记

主人公到底得了什么病？是他人生经历中的最大谜案。父母带他去医院做了各种各样的检查，得出了明确结论，可以排除生理病症。那也就是说，他是精神方面的问题了：是焦虑症？是神经症？或是神经官能症？没有一个大夫给出明确诊断，亦即没有任何结论。因此，我不能给他的病症乱贴标签。

抑或，主人公只不过是普通的心理问题？心理问题—神经症—精神病的确切边界在哪里，普通人当然不知道，所以在生活中，有可能将精神病当作一般心理

---

① 我采访主人公时，主人公的父亲也在现场。

② 她，是指主人公的奶奶。主人公当时觉得奶奶不爱他，不关心他。

问题，也可能将一般心理问题当作精神病——主人公的外婆就尤其担心，要求主人公的父亲带他去精神病院检查，好在这位父亲没有全听岳母的意见，而是征求内行（医生）的意见，把精神病院的医生请到家里来。

另一方面，有关专业人士恐怕也不易对三者的区别给出清晰的边界划分标准，所以在主人公父子的日记和回忆中那几个看病的大夫都没有确诊，或语焉不详，说要继续观察；或含糊其辞，说要做进一步检查。如此谨慎，当然可以理解。小家伙看病数月而一直没有确诊，只能作为疑症或悬案。

从主人公的叙述看，普通心理问题的可能性比较大。患病的根源，当然是因为中考的压力转化为无意识焦虑，导致身心系统故障。休学回家后，又添新问题，一是奶奶不来看他，他觉得奶奶不关心他，主人公期待落空，于是怨恨丛生。二是得知——很可能是推测或想象——奶奶是因为关心宇（宇当时成绩好）而不来看他，使得主人公的怨恨化为愤怒，产生了要杀了奶奶的冲动。三是在这种冲动的间隙，又产生了一种新的心理负担，那就是觉得自己是"丧尽天良的神经病"，从而既内疚更恐惧（自己有精神病）。三种心理问题纠结在一起，超出了主人公的理解能力，更超出主人公的处理能力，于是问题被加倍放大。进而，主人公知道这些心思见不得人，因而无法对人倾诉，问题自然会越来沉重。

此外，主人公休学回家，添了另一新问题，那就是"无聊症"。此前主人公生病，可以逃避上学，同时还得到家人的悉心照护，那是舒适的体验。但初中辍学回家，没有朋友来，没有人说话，觉得很无趣，"不如死了算了"，这是极其不舒服的体验。于是心里又开始"有一块石头"（不舒服信号），稍有洞察力的人都应该能看出，现在的这块石头与上学时那块石头，已不是同一块石头。前者是学习和考试压力的表象，后者则是无聊症、内疚和对神经病的恐惧的叠加。

主人公听到奶奶和姑姑吵架，竟梦见（我怀疑是幻想）自己把镶贴全家人肖像的镜子给打碎了。如果弗洛伊德大夫听到这段故事，当会有一番精彩分析。或是揭露出小家伙婴儿时期对父母吵架和冷脸的恐惧记忆，或是揭露出主人公因逃避压力而生病的隐秘内疚。甚至可能会说，那碎了一地的镜像，正是主人公人格与心智的具体表征。小家伙心智未开，既无法处理环境压力，更无法处理内心纷乱。这可能就是主人公心理问题的症结，亦即他真正的"病"因。

还有一点值得注意，那就是主人公父子此时都还有继续上学的打算。父亲这样打算毫不稀奇，小孩子不上学是不可思议事；问题是，小家伙也有这种打算，医生上门看病时，他还在外面练习中考的跳远科目。这说明了什么？

第五章　辍学生考大学

321

54

疏解郁结

陈：你爸爸给你写信，放在你的床头，你现在还记得吗？

子：那段他给我写过两封长信，都是在我喘气的那段时间，给我写的。那个信的内容啊，第一封信的内容，是属于忏悔式内容，就是在这么多年在他的这个教育之中（有问题）。好像里头有两句话我还记得，一句话就是，其实我们小的时候哇，都没有像你这么多的，好像这么多的辅导，想象不到你心里头到底是怎么想的，我们那时候也是父母从来不管我们，我们就这样长大了，其实我们也不知道啊，怎么去当父母。但是你一定要相信我和你妈妈，我们一直是从始至终都是爱你的，对你没有任何想要放弃的念头。这应该是第一封信的主要内容。

第二封信的内容呢，变得稍微轻松了一点点，就讲了一讲，其实你也是有一些优点的。就是比如说，好像里面提过你对奶奶她们一直就挺好。还说了，其实你的成绩也没有那么的糟糕，是我们要求实在是太高了，就一定要你成为一个（特别出色的人），好像把我们没有读的书没有上过的学，全部都还回来，在你身上要找回本来。然后他还跟我讲了他们那个时代的事，能读到一些书啊其实是特别美好的，一些很普通的书——《烈火金刚》，他说"文化大革命"的时候，他小时候，朋友借他一本《烈火金刚》，被缴掉了嘛。① 他说那个时候想读一本书啊（都不容易），他说他在大坝上，发洪水，他被调到大坝上炒菜呀，② 那个《水浒传》，还是《西游记》呀，看得很来劲。他觉得今天的我们应该倍加珍惜此刻的环境，看到书应该露出他们那种求知若渴、激情四射的状态。但是好像觉得我没有，就是说好像不理解我们对这个书本的那个（不喜欢）。但是他们也不懂我们到底在想什么，所以之后就是说不会对你有更高的要求，相信你会找到自己的方向。

---

① "文化大革命"期间，主人公父亲的同学借给他小说《烈火金刚》，在抄家时被抄走。
② 主人公的父亲在上大学前，是一所中专学校食堂的炊事员。1973年江西发大水，其父随学生老师去抗洪，住在堤坝上，晚上点蜡烛读小说。

陈：你当时对你爸爸两封信的回应是什么？心里回应是什么？

子：我没有嘴上的回应，也没有告诉他我看了。

陈：心里的反应呢？

子：我当时没有反应，看完。我当时其实并没有太多的反应。

陈：啊？为什么？

子：当时没有太多的反应。其实对我来说啊，我觉得父母讲会爱我，简直是一个非常陌生的体验。简直是一个让人难受又陌生的体验。

陈：为什么？

子：好像没有过这样的表达，真是很陌生。这种感觉。就是觉得这种表达，看得一点也不能让人愉快。怎么？这是一种多么陌生的表达方式啊。从来都没有过这种表达方式，我觉得我都有点犯恶心，怪怪的。千万不要再看，看了我全身别扭。那封信现在还在我的床头柜的右边放着。咔，放进去了，觉得真怪异真怪异。这是我当时第一反应。

陈：那你的第二反应呢？

子：这是当时最主要的。就是我当时完全不适应这种表达方法。啊，就是这种感觉，就觉得：这也太心平气和了，这、这、这，这不对劲哪，这不应该呀？我当时真这种感觉。

陈：你觉得"应该"的方式是什么？

子：我觉得应该是"我走过的桥比你走过的路还多，你这小子怎么着"，应该这种感觉。这才是常见的反应。

陈：你觉得那样才是正常反应？

子：对呀，平时就是这样的。跟你说什么事（都会这么说），（这次）居然还会说出对你要求以前太高了。怎么会有这种反应呢？应该是一直对我要求很高才对呀！就觉得这种反应让我很不舒服呀。太陌生了，这种表达，当时（觉得）。这种感觉，全身别扭。

陈：就是还不太习惯这个爱的表达？

子：相当不习惯，简直是别扭。心里想，千万不要来第三封信了，烦死。会让人烦死。

陈（问父亲）：你听到他说不愉快的往事，你觉得有些是你造成的，有歉意，你会跟他说吗？会说自己的歉意吗？

父：不会说。我们还是不会表达。

陈：你至少给他写过两封信。第一封信是在什么时候？

父：那是在他发病没多久，就是在2003年12月。当时，因为在他发病之前，就中学这一段时间，大概那几年啊，我们关系都很紧张。父子之间呀，就基本上是顶牛较劲，就交流都是一种那个刺刀见红一样的交流，就是气鼓鼓的。基本上是那种关系。那种关系，一直到他出现这个问题，我感觉他很可能就是得了焦虑症。我那时候觉得跟他交流很可能我会失控，他也可能失控，交流效果不好，我觉得可能用信的方式会更好一点。我就给他写了一封信。

陈：信的内容你现在还记得吗？

父：记得。一个就是表示我们的歉意啦，讲过去对他关心不够，再就是表达我们父母自始至终都爱他，还有就是讲了一下我自己的一个人生经历，就是碰到困难不要怕，大概就是三方面。

陈：这是第一封信。后面那封信呢？

父：后面那封信的内容我就不记得了。后面那封就是两个月之后写的。具体写的什么，我也不是太清楚。

陈：两个月后，也就是到了2004年的一二月份？

父：对。他吃了药，那时候他已经吃了药。他那时候也是一个很矛盾的状态嘛，就是也是很想去上学，但是去了又不适应。就去一去就回来，回了又去，我们那时候也是很矛盾，一方面希望能够尽快通过吃药来控制住他这种发抖哇什么的，让他早一点适应学校哇，能够顺利地完成学业呀，另一方面又觉得他身体恐怕是更重要啦。

陈：你那个气喘，后来发作过吗？

子：嗯，好像还是发作，发作得少了。慢慢越来越少了。但是，其实在出这个事情的中间大的段落啊，我爸已经开始进行父子心灵辅导。我妈这个事情就是一剂猛药嘛，打醒一大半。其实我爸那段时间做了很多疏经解郁工作。

陈：你爸帮助你疏解？

子：对。开始跟我聊天。那是人生少有的极端深入的沟通啊。真是少有的这种沟通。

陈：你还记得哪些具体内容？

子：我记得很多。有一次，状态是这个样子：我爸会问我，问学校的环境，问你在学校的状况，问你在学校的心情，有没有（问）过爱情我不记得了。但是我印象中是这样啊，问了几个问题之后，我都是普通性回答，但是，好像他问多了之后哇，像打开了一个闸门，我突然一下有了近于泄洪的感觉，说出一些——当时我俩坐在床上——我突然说出一些事情。就是（我对我爸说）那些事情是什么？我说小的时候，我跟宇在一个屋子里头吵架了，那件事情并不是我的不对，但是我奶奶说我欺负宇了，你回来什么话都没问我，你就把我狠狠打了一顿，你是一个不讲道理的人。我清晰地记得我讲了这么一个故事。

陈：嗯。然后呢？

子：然后，我印象中我爸的表情，非常的愁苦，非常的内疚，非常的不安。还有一些震惊。他就不停地跟我道歉，对不起！对不起！我错了！我错了！不停跟我道歉。然后，在这个时候啊，我在说完这个事情的时候，我全身又喘不过气来了，就是我又喘不过气来。

陈：在谈话现场？

子：现场。

陈：在你爸跟你道歉的时候？

子：然后我爸就不停地给我按摩，按摩。就好像那个被打的事情是突然蹦出来的，一个很不愉快的一个记忆。还比如说，我爸要求我呀——跟我一起啊，你做做瑜伽，我俩就做。做到后来我不想做，我说我心里不舒服。我突然又想起了他过去对我做过的一些（不愉快的事），我记得我那次在樟中的事情，我说我一点都不想转学，我在樟中老师很多都对我不好，那个物理老师都说要把我撵走，你们都不知道！你就非要我去转学！我一点也不想转学！如果不是交到泉这些朋友，我都可能会自杀！我说了很多气愤性的话。我就不停地这样说啰，我爸就只能在旁边听。不说话，听。然后，隔了几天，又会给我开始这种工作。那时候又转换了一种方法，又开始聊聊人生和理想。看到我每天看电视，整天整天看电视，看江西卫视放的电影。我就跟他聊天，没啥聊的，我就跟他聊电影。就在这个时候，我爸说，那你以后想干什么呢？你想一辈子在家看电视吗？还是做什么？我当时不知道怎么回答他。

陈：OK。

子：（我爸）看我的表情哪，让我特别难受。不知道该怎么回答他。就特别想回答他，我明天就想去上学，但实在回答不出口。那段时间已经在家里待了一段时间。但是未来到底要做什么？我也不知道。不知道该说什么。然后又有那么几个晚上，我就嚎叫，做梦。我梦见自己在这个梦里打滚，啊，就叫出来了。叫到我爸妈都听到了，过来，就是打开我的灯，问我怎么了。噩梦，夜里嚎叫，就梦见我在床上不停地滚不停地滚。这种梦啊，做过好几次。就不停地喊。

陈：是同一个梦吗？

子：就在梦里只有喊，哎呀。然后在喊中醒过来。有一天，我记得，是我偷听了电话，里头有一个小电话，外头有一个电话，两个是连通的，是我奶奶打电话来，那次是我妈接的，我奶奶就跟我妈说，他在家不上课了？我觉得，她说她要跟我妈和我爸一起去找我的老师谈一下，重返学校。然后我妈就跟她说，妈，你不知道情况，他晚上都在叫，你别管这个事，你不知道情况。我奶奶就有一点点无奈地说，那好，我本来是希望他赶快回到学校中啊。

陈：那个时候中考已经结束了吗？

子：没开始。

陈：还没到中考。还没到暑假的时候？

子：对呀，那还有好几个月呢，发生了挺多事。哦，我经过了几次爆发性的（暴怒）。就是我爸跟我聊天，我就爆发，老说一些我曾经——其实就是把我脑子中不爽的事情啦，用这种方式去间接地去表述了出来——比如说你让我去樟中；比如说我考试明明是考得还可以，你都不听我解释；我的劳动啊，都没有问题，你就会夸别人。还有你就是不问青红皂白把我的那些书全部撕掉，反正说了好多这样的话。我爸都再不回嘴。度过了多少个这样的夜晚。我一说会说好久。八点到十点，十点到一点。说好多好多。那是一个庞大的吐槽期，那是家里面人的噩梦。然后，有时候讲到，我吃饭的时候我有时候会问，那个心理医生是怎么说我的呀？什么问题呀？他们说没有什么问题，我就发脾气，不说？不说？我就突然一拳过去，把桌上的菜呀碗啦全部砸碎了。手也砸出血来了。就控制不住。

陈：是在你妈妈被刺之前还是之后？

子：之后也有，之前也有。一直都有。持续了很长时间，终于到我十九岁才消退。就砸碗，控制不住。要就撞墙，或者拿手砸盘子，反正手边大多数能砸的（都砸）。桌子耐砸，不知道被我掀了多少次，居然都没有碎。我自己都记不清了，脾气一上来就掀桌子，脾气一上来就掀桌子。经过了一段这样的时间。

后来，可能是经过了一段时间这样的的砸呀，有那么一些时候，我好像又能够和我爸说上一些话了。我能不说一些怨恨他的事情，我能说一些别的事了。我有时候就会跟他聊。我跟他聊过，就是到现在我对老师的一些想法，其实在那个时候就跟我爸聊过。就是说，我说文老师其实是一个不错的老师，我在他那里学的时候，其实我就是怕他，我每天都是肛门缩紧，每天都是跟失禁一样难受，可是我一直觉得他是一个不错的老师，他的教学方法的确是在刺激着人去成长，我跟他说过这个话。我也跟他探讨过这个林老师虽然教得很好，但是他打人。这个老师怎么会控制不住打人呢？然后又跟他谈过很多武侠小说，我爸那时候就远没有我看得多了，我跟他谈的武侠小说，我说其实黄易写的《寻秦记》呀，《大唐双龙传》啦，都挺好的，你应该有时间看一看。我爸也会跟我交流，（说）我有时间看。我爸那时候非常珍惜我能够这样正常说话的时候——那时候不大多。

陈：不大多，怎么讲？

子：就火药桶啊，（我）已经变成了火药桶啊，一点就燃。

陈：火药桶是从什么时候开始？

子：在家那段时间开始，就慢慢越来越多了。越来越多了。随着看病的深入，他一开始跟我聊天嘛，应该是他一开始跟我沟通的时候，开始越来越多。好像是心中那些压抑的东西呀——

陈：开始总爆发？

子：总爆发。

陈：宣泄？

子：啊，宣泄。

陈：宣泄有治疗作用，但是也有副作用……

子：宣泄会成习惯啊。就出现在这样痛苦的状态中。

陈：2004 年你妈被刺。那年你没参加中考吧？

子：我参加了。我例行公事地去参加了。

陈：哦？你参加了那年的中考？

子：我参加了。

陈：你在中考之前，还做作业、看书？

子：我做了一些作业。

陈：参加中考是什么情况？

子：就正常考试我基本不太会，因为我没有接受那些后面的补课呀，不太会。就不太会。就（只能做）零散的（题目），把一些我能做的东西，做了一下。反正也尽力考了嘛，但肯定考得不好。拿到了初中毕业证。就这样出来了。然后在那个学校里头——就中考的时候——也遇到了当时班上的那些同学嘛，他们就问我，你的身体好了没有？我说好一些了，那段时间确实是，大喘气呀（少了）。

陈（问父亲）：你当时对儿子的毕业考、中考的重要性排序，肯定是排在他身心健康之后吧？

父：之后。

陈：但是这两者相互矛盾，经常会打架，当时怎么面对？

父：当时就还是以他身体为主，中考这个以后再说。慢慢再考虑。而且主要要看他自己的。因为在那时候我觉得他年纪也有这么大了，让他自己对自己事情做一些决定，对他尊重嘛。所以在学校通知他去（考试），6 月份去中考的时候，我就跟他商量了，我说你怎么看？他说我还是去考。我也晓得他心里也清楚，考得不一定很理想，虽然陆陆续续去上学，课毕竟就拉了很多嘛。本身那大半年在家里也是看电视，看漫画，读书，还有就是听音乐。基本上是这样的。那应试考试肯定不会太理想。跟他商量，他也是这样讲，反正就是作为完成一个任务。所以他也是自己去拿的准考证。

陈：你没陪他？

父：没有陪他。他也在慢慢地在成熟哇，在长大。后来考试也是他自己去考的。考试完了之后，他的那个成绩能够进一般高中，进不了重点高中。进不了重点高中，我当时跟他商量：你自己怎么考虑呢？他说想再去读个初三，想第二年再考。后来我们就找了我们附近的老三中，就去再复读一年。但是在那里读了不到一个礼拜，他就觉得非常不适应，不适应后来就回到家了。

陈：他再一次不适应学校，你的反应是什么？

父：我尊重他。我当时尊重他。接受。当时的想法是，只要你愿意接受教育，我一定尽我最大努力。

陈：中考是在你妈妈被刺以后，是吧？

子：我妈那个事情，叫什么呀？我觉得没有那么大的治愈功效。但我之所以这样讲，真正的治愈功效我觉得是来自我爸的那些开导。那个真的是很有用。那段时间我就感觉到喘气，其实在她被刺之前，我的喘气什么，已经在减少。就是我妈那个事情就让我更好一点啰。

陈：未来怎么着，当时想过吗？

子：我后来还回了一段时间学校啊，我后来又到三中去上了一个礼拜。

陈：到三中去再上初三？

子：再上初三。

陈：上了一个礼拜不适应，那是什么情况？

子：我当时，关于未来呀，说实话，没有任何规划，也不知道未来要干什么。当时的本能反应就是，是不是重回樟中再留一级，重新开始。那个暑假，我也没有见什么朋友也没有干吗，对我来说是一个自闭的暑假。我会上街，我那时候养成了一个上街游荡的习惯，就时常上街去晃荡一下，出去转悠一下，然后，我爸带我，我们去旅游了。

陈：去哪？

子：北京，苏州，然后，还去了——印象最深的北京和苏州——普陀山。那是我们两个去的这三个地方。北京、苏州、普陀山。我们去旅游了一下。

陈：是你毕业的那个暑假期间？

子：对。那个期间。

陈：开学的时候又去了三中？

子：对。

陈：为什么只待了一个星期就又回来了？

子：不想待了。就是明确地觉得不想在学校待了。

陈：为什么？

子：不适应。不舒服。

陈：具体的呢？

子：就是我不想学任何的学校里的课程。我也不想跟任何人交流，老师我也觉得不喜欢。这是最直观的感觉。这就是真实的感觉。就一点也不想学。

陈：到三中去肯定是要找人托关系，你待了一个星期就说你再也不想上学，家里是什么反应？

子：我爸就说随我去吧。跟我妈说，随我去。就说不要勉强。实在不想上不要勉强。

陈：从此就不上学了？

子：对。就不上了，我就开始了在家里蹲生涯。已决定在家蹲了，但是对未来呀什么的没有规划。

采访人札记

孩子身心故障，休学在家，不仅是孩子的苦难，也是这个家庭的灾难。随着时间推移，孩子的父亲终于打消了侥幸心理，开始克难救灾工作，对儿子的教育理念和实际态度逐步改变。改变的起点，是给儿子写信。

第一封信的要点，是这样一段话："我们那时候也是父母从来不管我们，我们就这样长大了，其实我们也不知道啊怎么去当父母。"这段话十分真诚，也切中要害。我是孩子父亲的同龄人，对此有强烈共鸣。我们这一代人的少年时代，适逢"文革"，父母大部分忙于革命工作，小部分是被革命，总之是没有多少时间和精力教育孩子，这一时期学校也不正常，大部分少年儿童都是"放养"。好处是没有学习压力，不至于被弄到人—才分裂的地步，我们可以自由地创建自己的"孩子社区"，自由地创建自己的"少年亚文化"，没那么多的心理问题。坏处呢，就是科学文化知识功底浅薄且零碎，更大的问题是不知道如何当父母，不知道如何教育自己的孩子，尤其是不知道如何面对独生子女。最大的问题是，我们并不知道自己不懂得如何做父母，想当然地认为我们会。恢复高考后考上大学的父母往往更加蒙昧且固执：大学都能考上，还能不会教育孩子？

实际上，我们（当然只是说一部分人）确实不懂得鲁迅先生所说的《我们现在怎样做父亲》，直到孩子出了问题才开始醒悟：我们确实不会。父母不会当父母，不理解孩子，更不懂得尊重孩子，不能与孩子进行有效沟通，是大多数孩子成长灾难的主要根源。好在，主人公的父亲终于意识到了这一点，从此不再自以为是，努力学习如何当父亲，这应该是孩子自愈的重大关键和福音。

值得注意的是，收到父亲的信，小家伙并不感冒，更不认同。甚至说："其实对我来说啊，我觉得父母讲会爱我，简直是一个非常陌生的体验。简直是一个让人难受又陌生的体验。"陌生可以理解，因为父母过去从来没有对孩子说过"我爱你"；问题是，在父亲说爱时，孩子为什么会"难受"？浅层原因是，孩子已经习惯了父母的"教育"方式，突然说爱，让他感到不习惯、不舒适。深层原因是，父母说爱，可能会让孩子自觉或不自觉地感到内疚，内疚也会难受。

好在，孩子父亲的改变，不仅是给孩子写信，而且还陪孩子聊天，与孩子直接交流，倾听孩子内心的郁闷和呐喊。所以，主人公说，父亲倾听他吐槽，的确有"疏解的作用，（负面情绪）得到了宣泄的机会"。后来，父亲还带孩子出去旅游，进一步疏解孩子的苦闷。更值得注意的是，父亲的价值观已经彻底改变，将孩子的身心健康置于首位，即把成人的重要性置于成才之上，更把孩子的感受置于自己的情绪之上。孩子说要去三中继续上学，那好，就托人让孩子进入三中；一周后，孩子说不能适应，那好，就让孩子回家，不上学了，在家里蹲。

父亲和孩子都想不到，康复过程竟会那样漫长而坎坷。

55

妈妈被刺

陈：你妈在街上被人刺伤，这一天你有哪些记忆？

子：这一天记忆就很清晰了。其实我们早上起来的时候啊，就是我后来留下了终生的后遗症，我很害怕比女的走得更快。就是在那一刻，就是在我，那时候我妈是一个，老是走得比较慢嘛，我当时心情又不好，我们全家人心情都不好，医生让我们去做检查的时候呀，我们都处在那种蒙圈的状态，就垂头往前走。就在这个时刻，我就听到身后传来"哎哟！""哎哟！"那个声音，我一转身，看到一个人搂着我妈这样［做举手往下刺的动作］"嗤"，然后往后跑。

陈：凶手刺第一刀你就看见了，是吧？

子：第二刀，我看到的是第二刀。（一共）两刀，我看见的是第二刀。然后我看到后面有两个人在追那个拿刀的人。我当时都分不清那是怎么回事，我就颤抖着声音，问我爸，怎么了？怎么了？怎么回事？然后我爸就跟我说，你妈被捅了。然后我还听到我妈还在喊，叫我快跑哇！赶快跑！然后边喊边说"哎哟，哎哟，痛"。旁边的人围着，也没有人上来帮忙。就看着你。然后我就冲她们吼，电话在哪？电话在哪？打120，打打打，120传来一个声音，就是无人接听。无人接听电话。这时候旁边有人喊，一附院——二附院就在旁边。然后我们就往那个往医院跑嘛，我爸抱着（我妈），我来喊出租车，拦到了一个出租车，然后我们顺着出租车来到医院，我们一走进去的时候，那个地上已经躺着两个人了。

陈：也是被捅伤的人？

子：也是被捅。就是两个年轻人，男性，那两个人被捅得更狠，一背的血。有一个好像被捅了三四刀。然后，我那一天我有把那个医院烧了的冲动，有那么一刻。为什么？就是我们扶着我妈（进急诊室）去办那个的时候，那个医生不管你有没有中刀，居然说：你先去挂号。我当时就有想把椅子摔在地上的冲动。但是没有想到我妈那时候虽然疼痛，她居然有基本的机敏和机智，她说我是检察院的，你放心，先给我做手术。这个时候才允许先做手术。我就去给我妈挂号了。那是我人生第一次为另一个人去挂号。然后就——我当时紧张到什么程度啊，这个门诊部（急诊室）离病房（挂号处）就这么短短的两百米，对我来说好像走了一个长城这么长。我都感觉我走不动，脚都是软的。我就不停地问门诊部在哪？门诊部在哪？到了门诊部，①（收费员）她说几块钱，我一摸口袋我说没钱，我说你能不能等我两分钟，那个人说好，我又慢慢地走回去，问我爸要了50块钱，我爸给了我50块钱，我就去挂了这个门诊（号）。然后那个医生，做手术的医生叫我去借一个轮椅，我在借轮椅的路上——又是我一个人去的——就在这个时候我看到救护车停到那里，又推来一个人，是一个女生，已经死了。我感觉已经死了——那是真死了，不是感觉。那是我爸没有看（到）过的景象，又推进了一

---

① 此处表述有误，应该是门诊或急诊挂号处，不是门诊部。

个，说那个人沿路又捅了两个。然后，就是在这样的情况下，我去借轮椅嘛，这个借轮椅的过程中，那个医生对我也很冷漠。我跟那些医生，我（到）借轮椅的地方，那些医生在做手术，我就冲她们喊，我说医生啦，我借一下轮椅！医生啦借一下轮椅！都不搭理我，我就推着轮椅走。突然过来一个医生，年纪大的，跟我说，哎，你要拿轮椅拿那里去？我就说，我不是说了我要借轮椅吗？我妈被捅了两刀。然后他说，哦，那你说一声啰。我说，我跟每一个人都说了，她们每一个人都不跟我说话，（语气）就有点凶了。就推，推，这时候哇，我就在想，永别了，是不是。就觉得——

陈：你觉得你妈妈伤得很严重是吧？

子：看到一个死尸躺你面前了。我当时直觉觉得那两刀捅得很厉害呀。我再傻我也知道这个，是不是捅到后背，后心，多少个要害部位。我想，这是不是永别了？哎呀，边走还边在想，我戳，最后这个——永别了之后哇，（想起）她还说要保护我，心里头那个内疚的感觉呀，就阵阵传来，阵阵传来。

陈：你用的词是内疚？

子：内疚。就觉得之前对不起她。跟个病号似的，还打过她，还那么多事情，对吧？然后就推着车这样走过来。然后就在这种情况之下走了——其实也没有走多远——但走得跟乌龟爬似的。但是当时你说我要哭出眼泪来干吗，那是啥也没用，我就跟蒙了圈一样，那种感觉。但脑子里就想起一句"快跑哇，你快跑哇"，那个声音。这个时候我就把这个轮椅推进去了，然后，我妈床边还躺了一个女的——不是救护车进来的那个女的——我爸好像在跟几个人激烈地争吵，我爸说，你是哪里的？他说《江西日报》的。（我爸说）你出去，我们家不接受采访，你出去！我爸在跟他们激烈地争吵。然后过来一个人，问我说，你也是目击者呀？我就点头。那个人就掏出个证件说，我是警察，你跟我描述一下当时案件的情景。我好像说的是，我什么都不记得了，问我爸去。那个人问我，我（说）什么都不记得了。然后我就把轮椅推到我妈面前。哋，我就看到我妈居然眼睛还朝我看，还好像笑了一下，一笑我才想到不是永别的时刻。看来——那时候真是有一种——那时候还会有什么胸口有大石头的感觉？啥都没有了。已经。

陈：你的病也治好了一半？

子：对呀。然后，我印象中啊，我妈在里面缝针，我和我爸坐在外面等候的地方，就是闷声不语，坐了好长时间。我爸突然跟我说了这么一句话，说：你妈妈刚刚中刀的时候，喊的还是让你快跑。哎呀，当时一听差点眼泪就飚出来。没（好）意思哭，没在老爸面前哭过，好像不好意思。死憋，死憋，憋住了。然后，又过了一会，过来两个（人），我妈的院长，那两个院长说的话，缓和了一下痛苦的情绪。烈士呀，勇士啊，你这是我们院难得的英雄啊，就开玩笑似的，看大家一脸沉重嘛。(院长说)我亲自推你！就没让我爸推那个轮椅，(院长)推着我妈，她出来了，推着我妈就到后面那个去坐了一下。

然后，这个时候，我就跟我外婆打电话，我跟我外婆打电话是我大姨妈接的。我至今觉得我大姨妈脑子是个迂子，我说我妈被人捅了，你让婆婆来我们家。(大姨说)你乱说什么呀，走在街上还被人捅？我当时我就崩溃了。怎么这么傻的人呢？我说她真的被捅了。(大姨说)你乱说。我有要掐死她(的冲动)。我外婆接了电话，我就跟她说呀。我外婆那个语气都哭了，(外婆说)没有伤到哪里吧？我要过来医院。我说你不要过来，你不要过来，我爸在，现在什么事都没有，你不要过来。然后我说，你在家里等我。

后来那天是坐着检察院的车，院长的车，我回了家。我爸让我下午再来，让我中午先回去见我外婆，吃饭。进门的第一刻，我又有想掐死我大姨妈的冲动。她这样跟我说的：她真的被捅了？在街上都会被捅啊？我当时都想，我都不想搭理她。我当时，我外婆那个表情，看了真是让人好难过。每次回忆那个表情都觉得，其实我外婆那个好担心、好担心，她想马上就提着行李就去找我妈。但是我爸说在家里等，因为我妈可能晚上会回来。(让外婆)做好饭，铺好被子。于是她就什么也不去问细节。吃饭的时候，突然问了一句——就是说，叫什么呀——那个捅你妈的人多大？我说很年轻。我外婆给我夹了一筷子菜，说，他妈了个逼！说了这么一句话。后来我又给我奶奶她们打电话，我奶奶的反应，就比我大姨的反应(正常)，她是相信这个事了。但她的反应夸张：啊，出这样的事了？马上叫你叔叔叫人(安排车)，我们去看。然后就把电话挂了，急得要命。后来又打电话来，我已经叫你姑姑买乌鱼(做)汤，你在那里等我。这就来。后来又把电话挂了。到第三个电话的时候，说她们已经准备好了准备出发了。这时候我爸就说你们不要来，不要来，添乱干吗？(后来)就全家总动员，在我奶奶的召集下集体来看。后来，我妈晚上就回了家嘛。当时在换衣服的时候，脱衣服的时候，她都没法洗澡了。

陈：你妈当天就回家了？

子：回家了。就是回了家呀。

陈：你妈不是在医院住过好几天吗？

子：哦，那我记错了。我记得她回了家。

陈：你给你妈送饭，这个过程你居然忘了？

父：到江西医学院的心理门诊去看嘛。那个也是一个主任，他也跟他(儿子)聊哇，什么东西。第一次是我去的，带了儿子去了。后来，就是有一个星期天，他妈休息——就是 2004 年的，我记得好像是 5 月 6 号，^① 我们（一起）去看（医生）。看完了之后，他就说，你再到我们后面去做一个检查。检查完了你再来。到他^②这里呢，就换了他的药。换药之前我跟那个主任打了电话，^③ 我就说，因为到你们这边不是特别方便，你们这个精神（病院），我就跟他直说了，^④ 现在到了江西医学院的心理门诊治病，我说能不能换药？他说可以的，你征求那个医生的，他建议你吃什么药就吃什么药。后来就换了一种药，就在这里换了。他这里的药是可以开一个月一次，他就开了一个月的药，这第一次就换了药了。吃另外一种药了。换药之后，就第二次去，就 5 月份，他就是跟他聊，聊完之后就说到医学院里面有一个检验的地方，再去检验一下，我们三个人就下去，结果就碰到（当街杀人者），下来没多久就碰到一个医学院的大学生，精神失常，当街杀人。她大概是第五个（被刺的）吧，^⑤ 反正在她之前有两个是没有救治过来了。出事之后其实是儿子送饭，我是在医院里面全程陪同，也在那里住。

陈：妈妈住院以后，他经常去送饭？

父：他送饭。她妈妈（岳母）在我们那里做饭，在那里（医院）住了一个礼拜。住了一个礼拜呢，同房间也是一个被刺的中医学院的大学生，就经常有很多学生来看她，就很吵，影响我们休息。其二就是天气热了，也没空调，我怕她伤口发炎，她那时候也稳定了，我就征求他们那个（外科主任）意见，能不能回家。（他说）可以回家，你随时可以来。后来我们一个礼拜之后就回了家。经过这个事之后呢，原来是儿子做完检查以后，再到主任那里去看嘛，他妈遇到这个事，我就跟他打电话说了，就没检查。他当时就说没问题，不要紧的，他说你这个儿子没有什么太大的问题，他说你有什么问题就随时跟我打电话。我说吃了这个药之后还要不要吃药，他说你吃完这一个月就不要吃了。就可以停。你就让他正常的生活就行了，没关系的。后来就停了药。

子：哎，我忘记了。我记得她回家（的）印象最深。在那一刻我爸在给她擦汗。我就看到——（开始）不敢过去看——然后我后来过去看了一下，我就记得她背上有两个很细小的伤口。我当时想象中，那个刀哇，该是一根多么尖细的，可以把人捅穿的刀哇。就是心情，就是有这样的一个心情。

---

① 此处记忆有误，实际时间是 2004 年 5 月 16 号。

② 指江西医学院心理门诊的医生。

③ 那个主任，是指先前到家里给孩子看病的那个精神病院的主任医师。

④ 这句话的意思是说，孩子父亲直接对那个医生说：找精神病医生看病怕对孩子有不良影响。

⑤ 她，是指主人公的妈妈。

陈（问母亲）：我求证一下，你住院期间，儿子是经常送饭，还是偶尔送饭？

母：我记得他送了饭，我就不记得他是天天送饭。

陈（问父亲）：他是天天送饭吗？

父：基本上都是他。

陈：基本上都是他。（问主人公）你自己记得吗？

子：有这个印象。

母：应该是他。

父：没人哪。

子：不过从推理来讲只有我。不可能让我婆婆来送。

母：好像我姐姐送过一次。然后，可能就是他。

陈：这事很重要，对他的健康其实有很大益处。

母：就是就是。就是他送的。

子：记不起了。但我记得的是那段时间，我学习很努力。我还跟我爸说了，这段时间我会更加努力学习的。那段时间我的确学习上面难得的自觉了。就是每天，我印象很深，就是每天都有课文、数学，都认真地看、认真地读、我认真地学。

采访人札记

一个医学院学生精神失常，当街杀人，与之毫无瓜葛的主人公母亲遭受池鱼之殃，这让人想起金庸的小说《天龙八部》，想起社会网络及人生宿命的复杂度。

主人公妈妈被人刺伤，毫无疑问是一场飞来横祸。但另一面，却也如古人所言，祸兮福所倚。我是说，此次强烈刺激，让主人公受到一次震荡治疗，用他自己的话说，就是："那时候还会有什么胸口有大石头的感觉？啥都没有了！"至少在那一刻，主人公从自己的隐秘困境中暂时走了出来。进而，妈妈被刺时向儿子高喊"快跑哇！你快跑哇！"也是一粒良药，让主人公感动得"飙泪"。无论他是亲耳听到妈妈的呼喊，还是听到父亲复述后才有如此深刻的记忆；无论他当时是否懂得母爱，是否已学会珍惜母爱，在那一刻母亲把儿子的安全置于自己的安危之上的呼喊，这一幕都会永远留在他的心底，成为他自愈的重要因素。

那一刻，他的行为也有着十分重要的意义。我说的行为，包括三件事，一是他去为妈妈挂号，虽然过程听起来有点搞笑，200 米距离"如同走完长城"，他毕竟是去了。二是他去为妈妈找轮椅，过程同样有些哭笑不得，但最终还是借到了轮椅，妈妈是坐着他取来的轮椅被推出病房。三是在妈妈住院期间，他为妈妈送饭。

这三件事有什么重要意义？在我看来，主人公的病因，其实是"独生子女综合征"，或者说是"小皇帝综合征"。要点是，家长一心一意要培养"成才"，几乎完全忽略了孩子人格成长，压抑了孩子的精神自我正常发育。更严重的问题是，因家长过度宠溺而导致孩子生活无能，因为生活无能而导致社会化过程中的种种不适。宠溺和压抑两种力量，将孩子的自我主动性压抑和扭曲得"不成人形"。在妈妈遇刺时，现场只有爸爸和孩子，爸爸要照顾被刺的母亲，孩子不得不承担起自己的责任和义务：挂号、找轮椅、送饭。由于缺乏起码的锻炼，这个年满15周岁的少年的行为能力如小学一年级的孩子。但在责无旁贷的情境下，他勇敢地去做了，克服了种种困难，实实在在地帮助了妈妈，得到了锻炼的机会。即使主人公当时不明白、事后也不承认这样的锻炼有多重要——在采访时，主人公说他不觉得这事有多大意义（见上一节的陈述）——我仍会坚持这样说。

小家伙给妈妈送过几次饭？这是一个有意思的问题。他本人似乎不记得了。在陈述中，他说母亲好像当天就出院回家了（实际上住院一周），所以他不记得为妈妈送饭事。妈妈记得孩子送过饭，爸爸也记得。这是证明。问题是，送过几次饭？是否每天都送饭？则成了悬案。在采访时，我说过此事对孩子的成长事关重大，结果是这对好心的父母"推测"孩子经常送饭——妈妈说孩子的大姨送过一次饭，亦可推测孩子的姑姑也可能送过饭——父母的回答不是事实，而是推理。也许他们真是不记得了，也许是因为听说此事"有意义"而给出对孩子有利的答案。但，推理不是事实。

56

狂躁

陈：家里蹲，时间长了也不容易吧？

子：那段时间喘气已经不再成为困扰我的问题了，困扰我的问题是暴躁的脾气和发神经。彻夜彻夜——可能连着中午晚上睡不着觉——的失眠，就整夜整夜睡不着觉，浑身燥热，那段时间就整个生物钟大颠倒哇，早上不起，晚上不睡。有时候，整整一晚一天都不睡觉。就是睡也落不下几个小时，我怀疑我那时候闹下了神经衰弱的症状。即使睡着也不会睡得很好，一直会早起呀干吗。就是睡不着，怎么着都睡不着。那睡不着怎么办呢？我有的时候拽我爸起来聊天，就跟他聊，跟我聊，什么都聊。聊电影，聊到后来，我爸都在床上就睡过去了。哎呀！我爸体力不行，实在跟不上我的节奏。我要怎么样想办法，怎样度过这个漫漫长夜。我又开始到那书店，那个盗版书店租各种武侠小说看了。然后就整夜整夜地看小说，整夜整夜地看小说。后来发现看小说也不管用，还是睡不着，又改成读英语，一读就睡过去，读到后来，我把那本英语书给撕了。我发脾气，自己跟自己发脾气，英语书砸，就自己跟自己发脾气。

母：那种应该是抗抑郁的药嘛，那个药确实是吃得有副作用。因为慢慢吃了以后，他除了抖以外，他会发狂噢，发躁，哎。那时候发狂哎，实际上很吓人。那时候我这样想，我觉得精神分裂症啊，就是那样的。很吓人。他叫起来的声音，吼喂，马路对面都听得到。那个吼的声音简直就像狮子在吼。就歇斯底里地吼，简直就很吓人。后来我就到了害怕的那种（程度）。

陈（问父亲）：你还记得第一次狂躁的情形吗？还有印象吗？

父：他倒不是没来由（狂躁），他就是会一个引发，比如我们看碟，这个碟已经老了，放不了，卡了，突然一下就会生气，就把那个 DVD 给砸了，就发脾气。

陈：把影碟机给砸了？

父：对对对。就去砸。真的砸，我抓住不放啊，他就摸着边上的东西砸，电扇——边上有个电扇——砸碎。这是引发。还有就是，从那时候起，我和我爱人分了工嘛，就是我来管他的学习呀成长。基本上我的这个业余时间（是陪他），下班回来，我们吃完饭，我就陪他散步，聊天，那么聊天散步有时候就会聊到一些话题，聊到他小时候哇，被虐待呀，当然一开始聊得最多的是聊他为什么会这么难受哇，他这种心理焦虑恐怕要找到这种焦虑源啦，要把这些焦虑源排除，他自己能够正确认识，能够接受自己了，他这个焦虑就会消失，基本上是这样子的。说起很简单，但是做起来就很困难，我就不停地去跟他聊，有时候就会聊到童年一些不开心的往事，聊起火来了，有时候也会发躁。砸得最多的就是我们家那个茶几啦，那个茶几上的东西经常是，咣，一掀，地上全是。有时候难受得就嚎叫，啊，大吼，大吼大叫。一开始我也很紧张，怕他搞出什么问题来。慢慢多了，我也觉得他可能是一种很自然的宣泄，起了宣泄作用。一般发了一次躁之后，他人就像得了一场重病样的，人很累，他就去睡觉，第二天又跟正常人一样。

陈：他狂躁，你心里肯定也烦躁，你怎么消解？

父：我的消解方法有很多种。一个就是自己在读书，（再一个）在工作上比较繁忙。还有我烦的时候有一个方法，就是我早上起来会读诗词和英语，我会朗读。我觉得一朗读，人就（舒服一些）。我那时候心里也堵，一样的，也堵得很难受。我每天早晨起来朗读一个小时，半个小时。就会好。我基本是用这种方法来宣泄自己的情感。

陈：陪儿子去江边散步，具体是什么情况？

父：嗯，基本上我们两个就是并排走嘛，有时候就会在江边对着江发呆啦，两个人。

陈：坐着，还是站着？

父：趴着，在那个栏杆上。基本上每天都出去散步。

陈：聊的话题呢？

父：话题主要就是成长。还有我小时候的一些经历。我也鼓励他，我说我也没有读什么书，后来也考起了大学，而且我拿到正高职称我还算（单位上）最年轻的。我说晚一点没关系。男孩子。就给他鼓励啦。再一个就是谈他自己呀，谈他怎么会发病。他就说他从小就讨厌学习，在学校就很不自在。但是到了后来，就是最后这个附中这个班他觉得这个班的老师同学都特别好，他就很想学好，就着急，着急，就心急，就容易气喘不过来，就主要是……

陈：欲速则不达？

父：欲速不达。

陈：这是他自己说的？

父：自己说，自己说的。就是觉得对不起老师，觉得对不起老师。

陈：你们两个说话说的比例是多少？

父：恐怕起码他是三分之二，我是三分之一。基本上以他为主。我是以听（为主），我主要是听。听的时候，一开始回答他要慎重，要慎重。

陈：三思而后言？

父：不能刺激他。所以他有时候也对我很不满意。

陈：嗯？为什么呢？

父：问你什么事情你都不说！当时你们那个时候不承认，做错了什么东西。就这个意思呀。

陈：你听他说，是有意识地选择倾听他？

父：是有意识的倾听，有意识的。因为很多书里面都提示一定要听他，是一个很好的宣泄。虽然他说的是，你认为是错的，你认为是不真实的，你也得听，也得听。

陈：不会指出他说得不对？

父：不能跟他辩啦。指责他说假话，那是不行的，就是这一点我还是有意识的。控制自己。而且从那时候开始，恐怕我的性格也做了很大的调整。因为我们过去也都是居高临下的，对子女，都是老子经历比你多得多，你还这个那个，就得听我的。原来都是这么个观念，家庭里面那种家长制观念。不考虑他的（感受）。

陈：从此以后彻底改变了？

父：从此以后就彻底改变了。

陈：读英语容易睡着，为什么也发躁？

子：读，一读，读得发躁，我就发脾气，砸书啊，把那个书撕掉哇，就这种。就脾气暴躁哇。有的时候，白天我就开始压马路嘛，骑自行车，从城东骑到城西。不停地转，不停地转，没有目的，就是不停地转，不停地转。

陈：你一个人，没人陪？

子：没有，就是我一个人转。还有的时候，发神经呢，就跟我爸各种吐槽，你的同事有多么的坏，瞧不起我，鄙视我，小时候就折磨我。讲到后来，我说我要砍死他的同事，我都回家拿了把刀要冲出去，被我爸拽回来了。

陈：自己说话把自己的火点起来了？

子：对。这是一种时刻。还有的时刻，比如我爸说了我一句，我抬起一脚，把那个消防栓的玻璃就踢碎了。玻璃就碎在地上。那个砸门的罪证还在那里摆着。①

　　陈：砸门的原因，你还记得吗？

　　子：那也是近似啦，就是讲着一个事犯火，任何一个事都会犯火，讲到我奶奶（也会发躁），不撒（火）就不舒服，不撒我感觉就要杀人了。就这种感觉。就去砸门，那个门，就咣！咣！咣！咣！咣！当时心中还隐隐有期盼，就是哪个保安或者谁呀来问一两句我学习的事情，最好是说你小子不求上进，我就揍这个保安，我当时是这么盼望的。你们敢跟我说话，我来揍你。但没有人来找我。就憋屈着呗。我们花园的后背呀，②有一些运动器材，我就一个人坐在那个运动器材上面，拿脚，一个人在那里练，练，练。看着天，一个人在那里练。有时候就坐一个下午，就发呆。我印象中，很多我爸单位的同事呀，就从我身边走过，就看着我一个人在那里静静地发着呆。还有的时候，同事的狗在身边叫，我就飞起一脚把它踢飞。还有的时候，跑到外面去，找一个江边没有人的地方，地上有沙，我就拿手不停地捶沙，捶沙，不停地捶，捶。有一两次，我碰到那有两个小孩，船家的小孩，在烧树叶点火，我还把他的打火机抢过来，自己点了一团火，又把打火机丢还给他们。自己在那个江边放点火，看那个火升起来，看远处船走来走去。然后把江边的木头往（火）上面丢。

　　陈：你有没有觉得自己不正常？

　　子：就没觉得自己很正常。肯定是不正常的呀。

　　陈：觉得不正常还会干？

　　子：我的这些很多事情，都没有让我爸爸妈妈看见，真的很难受。心里头有很多的（火），我总是觉得强烈的燥热总是伴随着我，我如果不去做一些事情去发泄一下，会疯掉。

　　陈：你玩拉力器把自己扭到了，跟你妈妈说，你妈妈让找你爸去，你也发火？

　　子：我玩拉力器，然后把自己扭痛了。我就跟我妈说，我这里不舒服，你帮我搽一点云南白药吧。她脸色就很不好看，就说你让你爸去管去，我不管你。她这一说以后哇，就胸中有块大石头压着，特别难受。我就——我到房间里去坐着，一股火就"腾"的，炸开锅样的，我就冲我妈狠打——就是即将狠打了，已经动上手了，控制不住了，下手了——我爸就过来制止我，没有让我打。然后我跟我爸说，你跟这个女人离婚，再也不愿看到她。

　　————————

　　① 指的是主人公发躁时，把家里的门砸出一个坑，后来也没有修。

　　② 意思是，住宅小区楼后的小花园。

陈：当你妈妈的面这样说？

子：对，离婚。

陈：你妈是什么反应？

子：我妈当时晚上就回了一趟她自己的家。① 把这个事情跟我外婆呀（说）。她的舅舅在，跟我的舅公讲这个事情。就说要离婚，（儿子）叫我要离婚。这个时候，我外婆过来哈——因为离婚这个事情（是）她心中的一个大忌嘛，一听我要叫她离婚，她就很紧张啊——然后她就过来跟我说啊，说这个……

陈：你外婆到你家来，跟你说？

子：哎，当然到我家来，就是弹劾我一般，说：你怎么能叫你爸爸离婚呢？你不孝什么什么东西。然后我就发脾气，我说我扭到了，她看都不看我一眼，就让我那个（找我爸）。我就发脾气，大发雷霆。

后来舅公又来劝我，舅公劝我的那一下，我就感觉我就不好意思发脾气了。因为我感觉我舅公对我一直就非常好，而且我舅公是没有脾气的人，一直对我这么好，我有点不忍心，我就忍住了。当时还塞给我一百块钱吧。每次见面会塞给我一百块钱。然后我就平息下来了。我就跟我外婆说，我手痛，我只是想擦个云南白药，你那样说我，我是很难受的。后来我外婆下午把我妈约到江边去，进行了一番座谈，说这种情况，你应该关心他，你阴着个脸干什么东西？你还这样说话？我外婆又说我妈。这个事情是这样的。

陈：然后这个事情就过去了？

子：她也没有跑到娘家去住，她就是正常去了就回来了。然后把我外婆带来了。

陈：你妈对你的态度好了些吗？

子：没怎么好。一直到她神经搭对了线，开始看那个书的时候，好像开始有改变。就是说，我们都有神经搭对线的时候，实在是经过漫长的时期呀。那段时间我妈她可能也是控制不住的。这确实是一个巨大的压力嘛，身边有一个这样的小孩在。有的时候比如说，她在这里，哎呀，我进门，我在外面晃悠了一天，在外面不停地骑（车），一身汗回来，跟我妈说，我想吃个西瓜。我妈又说那句话，我不吃，你让你爸买去。我就感觉那个火要涌现了，但是在克制，我说我只是想要个西瓜。我妈说反正我不吃，你让你爸（去买）。她就往厨房走。在她脑后不远处，"咣当"一声，她回头一看，我把碗连着一锅稀饭整个摔在墙上。我吼一句，"我操你妈！"我真这么吼一句，我印象很深。

---

① 妈妈自己的家，即主人公的外婆家。

第五章 辍学生考大学

陈：你对你妈这么吼？

子：我吼，我这样吼。

陈：然后把一锅稀饭摔在墙上？

子：对。然后我妈就吓到了。她觉察到，如果她敢还嘴，我会掐死她的那种感觉。然后她就去洗碗。我爸回来看到一地一墙的稀饭，我爸就说，你们又怎么回事呀？我妈就说，我就跟他说一下，我就不买西瓜什么。我爸就说，你要有耐心。然后我妈就说，她那个词语我还记得很清楚，反正都是我不对，做什么都不对，我就随便说他一句，我哪里做错了？以后你们两个过去，我不跟你们过了。然后我爸也发脾气了，说，不过就不过，你走！我们两个过！你走！你不要管！就变成了这样吵。我妈又回了娘家，我外婆又给我来了电话，弹劾我，我跟她讲我就是想吃个西瓜，那天晚上（外婆）把我妈又说了一遍。那次我妈气就比较大，晚上她就给她闺蜜打电话——我爸和我都在——（她说）命不好，嫁了一个老混蛋，生出一个小混蛋。我当时有冲动，我要过去拿电话线把她勒死。你打电话也小点声啦，当着我们的面打？我掐死你，我当时想。

陈：你妈真的在电话里说那些话？

子：说过这个，然后说命不好。过了几天之后哇，我就跟我爸，还交流这个事情。我说，我妈是个——意思就是我妈是个坏女人，没有爱的女人。我印象中，好像他说的是，你妈是一个做事很认真的人，就是家里头的家务呀全靠她，你对她没有办法，她这些毛病她又意识不到，她改不了。我爸说了这个话。

陈：这样说，你心里是不是好愧？

子：当然。

采访人札记

我曾花费若干时间，想对孩子狂躁的具体时间进行考证和标注，结果是徒然。一是因为孩子狂躁的具体时间，谁都没有准确的记忆；二是根据父亲的日记和口述，得知孩子狂躁的时间并不是某一周或某一月，而是延续了很长的时间。

之所以想考证孩子发躁的具体时间，是想知道他的狂躁究竟发生在母亲被刺之前，还是之后。我要这样做，是基于一个假设，即孩子狂躁可能发生在母亲被刺之前，而不是之后，理由是母亲被刺时喊话让孩子快逃，孩子也深受感动，如何还会狂躁到要将母亲掐死？仔细想才明白，我的假设本身有问题，一是这一假设建立在单一线性因果关系上，而忽略了孩子成长及其坎坷的因与果的复杂性；

二是这一假设以为领悟了母爱，从此会对母亲亲密无间、孝敬有加，那是把孩子当作了大人——如果这样，孩子就不再是孩子，更不是有心理问题的孩子了。

孩子的真实是：为母亲的喊叫飙泪是一回事，发躁发狂时要掐死母亲是另一回事。飙泪归飙泪，狂躁归狂躁，小家伙还没有什么自我同一性。

现在要面对的问题是：孩子为何会狂躁？根据前后数节的采访，大致可以归纳出几点猜想。一是，孩子确实有病（看起来近乎废话）。二是，孩子本来只是心理压力过大，因吃了抗抑郁药即吃错了药而产生狂躁（根据孩子母亲的陈述，有点这个意思）。三是孩子处于明显的绝境之中，想像其他孩子那样去上学，且他也真的那样试了（到三中去上了一周），可是自己又不适应学校的环境，无法走上正轨，只好退避回家；而回家来的日子显然也不好过，无聊得要命，同时还有隐隐的内疚和自责，到街上去漫游，所得目光也多半是惊诧甚至恐惧的（他人的目光就是自我的镜子），这会让主人公更加郁闷。如此一来，上学是不适应，在家里也不舒服，小家伙不会自我反省，更没学会自我管理，郁闷填胸，只有两种原始方法疏解，一是像野兽那样嚎叫；二是外向归因（都是别人不好），找人撒气——不幸的妈妈就有几次都撞上了他的火气：他要妈妈帮他擦云南白药，妈妈没帮他擦，于是他发火，要将妈妈掐死；他要吃西瓜，妈妈没给他买，于是他发火，觉得妈妈简直是个"坏女人"。说白了，孩子是在找碴，把自己心里的无明之火发泄到无辜的妈妈身上。这样的表现，在一定程度上，仍不过是"小皇帝综合征"的恶性发作而已：自己无助，迁怒他人。

可能还有更深层的原因，那就是他的小小的精神自我，仍然被淹没在负面情绪的汪洋大海之中，尚未找到出头生长的机会。毋宁说，他的心理已成了本我、超我、自我相互冲突的战场：本我习惯于舒适区，不想去上学；超我意识到这样做不合常规；自我则承受了这样做的内疚（包括他还没有意识到的对妈妈的内疚），正因为自我还没有长大到可以当自己的主人——实际上，小家伙压根儿就不知道什么本我、超我、自我——没有能力去处理自己的环境压力及内在矛盾，结果导致愤懑与狂躁。无力解决自己的心理问题，正是少年心理问题的病因之一。

父母：离开与坚持

陈（问父亲）：我有一个很重要的问题要求证。我问过他妈妈，她觉得她坚持不住，如果儿子发躁发得太多，坚持不住想要离开。她说你跟她回的话，是说儿子如果好了功劳应该归你不归她，你记的版本好像不是这样的。他妈妈最终并没有离开，一直坚持坚守到儿子彻底地从黑洞当中走出来呀。当时真实的场景是什么？

父：有一次我下午回来嘛，①我一回来，她就在我书房那个地方拦住我，就说我待不下去，我要走，我要搬到我妈妈家去。哎，我说为什么呢？她说他打我，我在洗脚，不为什么。②我说他为什么打你呀？我说他是你儿子呀！他为什么打你呢？她说我在洗脚，他突然冲过来要打我。她就这样说。

陈：然后呢？

父：哎，她说她要走。当时我就说——我当时就很生气——因为我……

陈：你生谁的气？生妈妈的气还是生儿子的气？

父：生她的气。

陈：生妈妈的气，为什么呢？

父：因为是自己的儿子呀！有什么委屈也用不着逃跑哇，就走哇，就气得走哇！我当时就很气，我当时就蹦出一句来，你要走你一定会后悔！所以这句话她一直记在心里头哇。后来这个事情就到处为止了。

陈：你说她如果要走，以后一定会后悔？

父：只说这个。她就闷住了，闷住就没说了。这个事就到此打住了。到此打住了。打住了之后，这件事情多少年之后，儿子已经出去了多少年之后，就是已经好了之后，她就反问我，她说你当年说我离开了一定会后悔是什么意思啊？我

---

① 实际上是傍晚，下班回家。

② 意思是说，主人公乘妈妈在洗脚时，毫无理由地冲过来要打妈妈。

为什么会后悔？我就跟她解释了，我就说，这个很简单，如果当时你儿子在最困难的时候你离开了他，他如果坏下去了，你肯定会很内疚嘛，是吧？你作为一个母亲，他在困难时候你离开他，他坏下去；那么他好起来了，你同样会很内疚哇，一样的啊，我说你当然会后悔呀。她后来就没有吭声了。

陈：嗯。

父：这是一次。还有你讲的那个是另外一次，就这件事情一段时间之后，几个月之后，我们两个人在外面散步，她又说，说儿子那个（话题），又说她受不了，要走。她说你跟你儿子过什么东西，我当时又爆出去了，我说可以！我说我跟他过。我当时很火。

陈：只有你们俩，儿子不在？

父：儿子不在。我就说，到时候教出来的时候你不要说是你的功劳哈。我当时就很生气地，就是一种气话啰。当时很气。后来她也没吭声。

陈（问母亲）：求证一下，他说的两个场景，你能想起来吗？

母：他那个第一个场景，说是踢脚盆啦，后悔呀，这个场景我不记得。但是我曾经有一个印象，不知道哪个场景，他说了会后悔，后悔两个字，你不要后悔，这是有一次的。

陈：这你现在能想起来，是吧？

母：哎，有一次。但是具体这个场景我就不晓得，这是有一次的。然后嘛，我觉得我说我会离开，是我记得我站在一个是在电视机边上，不晓得说什么，那时候也不是吵架，也就是说到这个事情的时候，因为他那样发躁发狂嘛，我说如果这样的话，我说如果真的有那么厉害，发展下去我是会走的。这是一句话。而不是因为吵架。

陈：场景一？

父：这应该又是一次。我记得应该是两次。

母：应该是两次。

陈：场景二就是你们两个在散步？

母：散步？我觉得不是散步。应该是两次。

陈：你觉得不是散步吗？在家里也有两次谈话，是吧？

母：我觉得是。反正是两次。有两句这个话我比较记得，我觉得是在家里说的，那次我很记得是在家里说的，就是我会走的。如果是那个，我是说过。

陈：那跟他说法一致呀，他也说是在家里说的。

母：哎，我觉得还不是吵架这个。

父：没有吵架。

母：说这句话的时候，就是在说因为儿子那时候已经有好转，他在教嘛。然后他说，到时候我不要等我把儿子教出来了你不要说是你的功劳呢。我说我是不会。这还不是吵架。

陈：是两个人在正常说话？

母：说话。我说你不要拖累我就行了。还不是吵架说的，所以他说的那个散步，我就（不记得了）。

陈：散步不散步不重要，重要的是有这句话，确实有？

母：确实是有。我觉得还不是在吵架的时候。

陈：两句话都有？

母：两句话都有。确实是有，是有。正在谈这个事，那我不晓得跟这个接得到一起啊。反正是肯定发生了什么，才会这么说。

陈：孩子踢脚盆的时候？

母：肯定是越演越烈。因为我当然害怕，因为这样的话，我承受不了。是吧？不是心里早就想的，不是这样的。就是我说，如果这样发展下去，如果他真成了神经病了，那就后果很难讲了。那我在家里还搞得来他？他人高那么大，是吧？我说如果他真是那样的话，我是要走的。不是说心里想的要走，就是出现了那种情况我是会走的。

陈：你也对他爸爸也说出来了？

母：就是跟他说的，我就是跟他说的。

陈：这很正常。担心自己老命别弄掉了。

父：压力过大。

母：我是要走的。哎。

陈：实际上你连离开一个星期都没有，是吧？

母：没有。

父：没有。

母：一天都没走。

陈：原因是什么？

母：我觉得也没什么原因，就这样。

陈：你不是担心他狂躁吗？

母：担心不错呀，是呀，也就是这样慢慢子跟得过呀。慢慢边看边走哇。就是在看哪，也就在这里呀。后来每次发躁他都在呀，他在处理这些事情。

陈：他爸在，你就不担心了？

母：不是不担心，我就是躲在家——躲在房间里。一发躁我就在房间里。就他们在那里聊啊、搞哇。

陈：我想问，离开将来要后悔这句话对你有影响吗？

母：好像有后悔两字，他是说了。

陈：有影响，是吧？

母：但是前面的那么多话我就不记得。他说你不要后悔，可能说了。但我是说了，我说这样的话我是要走的。我是说了。然后呢，慢慢子，我也是在看书的时候，慢慢地调整自己，在改。我开始也配合他嘛。这时候，他就会，他就会看到儿子一点一滴的进步，他都会告诉我，因为我看不到啥。我照样还在做饭，做家务。我就管生活，他就盯着他，我不是讲三陪呀。我说陪学习陪吃饭还要陪散步，我说三陪是他，他就全是跟得在里头，只要他一有时间，下班就全是陪儿子。陪得去散步呀什么的，等于他就是近距离的接触他嘛。等于就是，就是有一点微小的进步他都告诉我。比如说，他说，啊，你看他，发脾气是时间又短了几分钟，慢慢子发脾气的时间又短了几分钟。啊，什么什么。他又差点什么，又控制了一下，慢慢子就在说，就是一点微小的进步。哎，如果我听到他说这种微小的进步，我就等于也就看到了一点希望。实际上就是，我也好一点，舒服一点。到这时候，也等于是属于共同努力。

父：后来儿子（狂躁）也慢慢地越来越减（少）了，他（的狂躁）也是在慢慢减弱嘛。她有时候也会跟我议论，她说很多人对我们家也觉得是个谜，因为儿子晚上有时候会突然发狂啊，躁啊，但是第二天又是好好的一个人在外头走，又没有什么那个（问题），狂风暴雨头天晚上，第二天又是风平浪静，一个家庭看上去又挺那个（正常），又没什么。

陈：你们俩向邻居或同事解释过吗？

母：没有。从来不谈这个事。

父：这也是我也要感谢我的邻居，这些同事，他们毕竟还是一些有知识的人。就还比较理解。就没来好奇呀，你儿子怎么回事呀，来敲门哪，咚咚咚，没有。

陈：从来都没有过？

父：没有，从来没有过。

母：没有。

陈：儿子虎啸狼嚎，隔壁邻居没有来抱怨过？

母：没有。

父：没有，没有。

子：有一个原因，不敢来问。因为我是个危险分子。

陈：像一个猛虎关在家里？

父：最多就是在电梯里碰到他，问，你怎么不上学呀？

陈：那个时候妈妈有压力吗？儿子发躁，隔壁邻居肯定知道，这事对你有压力吗？

母：那我不管，我还管不了别人。管不了，反正是没人来问。没人来问我还会主动跟他说呀？

父：在那个问题上，担心邻居，我们其实也有这种心理担忧，但是我那时候就，我们就商量，我说有人来问，你就说儿子喝醉了酒。

母：哎，他讲过。

陈：这块拼图找到了。没有压力是不可能的……

父：我也跟她议论，好在不是在工厂里头，要在工厂里头不晓得要有几多人来敲门了，问你到底怎么回事呀！好奇呀，有的是关心。好奇，讥笑，看笑话，什么都有。

陈：你这个单位没有这样的，是吧？

父：没有。

母：但是背后有议论。

陈：背后议论肯定是有，那个免不了。

父：那个无所谓。

母〔指儿子〕：他都听到过。

子：不怀好意的议论是真没有。

父：大体上就是关心，就是觉得我完蛋了。

采访人札记

口述历史采访有多种形式，常规形式是一对一的采访，例如采访主人公，采访主人公的父亲，采访主人公的母亲，都有单独采访的环节。此外还有非常规形式，即一对二，或一对三，即同时采访父与子，同时采访父母亲，以及同时采访父、母、子三人。一对二或一对三采访的目的，一是希望受访人的回忆和讲述可以相互刺激、相互"点燃"（记忆）；二是要求证某些关键情节和细节，让受访人的记忆和陈述得到印证（或相互质疑）的机会，目的是探讨事实真相。

本节内容，就是一对三的采访，主人公及其父亲、母亲同时在场。本节采访主题，是在前期采访中得知主人公的母亲曾说过要离开——实际上从未真正离开过一天——我想知道当时的具体情境。具体想知道两点，一是了解主人公当时狂躁发作到怎样的程度，二是主人公的父亲和母亲当时曾承受了多大的压力。

采访中得到了一个新信息，那就是主人公曾经在妈妈洗脚时要打她，这是妈妈第一次向孩子的爸爸提出自己要离开的想法的直接原因。假如设身处地，应该不难理解母亲的郁闷和恐惧，孩子就像一个火药桶，随时可能爆炸伤人，而妈妈则是孩子发泄怒火的第一标靶。假如是自己惹怒孩子也还罢了，这次似乎没有招惹孩子，只因孩子心里不痛快，居然在妈妈洗脚时发怒动手。如果孩子这样发展下去，岂不是随时可能都会要老妈的命？郁闷和恐惧催生诸多联想，愈发觉得前景不妙，产生离开的想法，并对孩子爸说出，当是情有可原。

或许有人觉得，当日妈妈在被刺时不顾自己安危而警告孩子"快跑"，这样的妈妈怎么会、怎么可能想到要离开孩子？这一想法有些理想化，甚至有些想当然。现实生活中，母爱也有其边界。长期生活在恐惧压力之下的母亲，也有其忍耐力极限，人都有生存本能，更何况她只是说说而已，并没有真的离开。对丈夫说说内心的恐惧与忧虑，是她疏解内心积郁的一种方式。实际情况是，惊恐的母亲仍和父亲一道坚守在自己的孩子身边，老妈开始读书学习，努力去理解自己的孩子，努力克制和调整自己，并与孩子的父亲配合，一直守护到黑暗尽头。

妈妈洗脚时的冲突，主人公为什么没有提及？这是个问题。有可能是选择性遗忘，即此事无法合理化，从而被潜意识压抑并遗忘。记起并且说出的，都被主人公合理化了——无法合理化的则被遗忘。也有可能是孩子在发躁时有多次类似行为，孩子也记得，但并不觉得那很重要，所以就没有说。还有一种可能，是因为采访人没有将孩子与母亲的冲突列为一个专题，所以主人公也就没有对这一主题的记忆进行系统的回顾和发掘。

多年来，我一直在想：我也是一个父亲，假如我遇到类似情况，是否能像主人公的父亲那样，坚持守护孩子，把自己的忧虑、愤懑和绝望隐藏到内心最深处，只留下和风暖阳，数年如一日？是否能像孩子的父亲那样，意识到自己过去不懂得做父亲时，有决心且有毅力从头开始学习？是否能像孩子的父亲那样坚韧，不怨天尤人，不与妻子相互指责？答案是：我不知道。有一点非常清楚，那就是：我不可能做得比这位父亲更好。

58

康复契机

陈：说说你买碟和听歌的经历。

子：这是我愉快的经历。也是在烦躁期。哎，那段时间，可能本能上也是想寻找让自己舒服一些的歌曲，音乐实在是有那个缓解的作用啊，让你忘记一些事情。点歌台那段时间不知道为什么，老是有人点张雨生的歌，点他唱的《大海》，当时我还跟我爸讲，张雨生的歌你听没听过呀？我爸就说那是靡靡之音。我说挺好听呢。(我爸说) 那就买来听嘛。买了一盘 CD，结果，哎呀，我爸也比较搞笑，我放了一首《大海》，我爸来一句：哎，这个流传很广啊！我又放了一首《我的未来不是梦》，(我爸说) 这个我也听过。我又放了一首《天天想你》，哎，这个我也听过。跟我一块听。说，还真的挺好听的哈。那就听了一晚上的张雨生。

陈：听音乐的时候，心情就非常平和是吧？

子：很舒服。Beyond 的歌我当时就觉得很惊讶，我在想象香港是一个什么样的地方？一个年轻人啊，能那样细致地去描述自己内心的颓丧啊、向往啊，在夜晚的时候感觉到四周都是墙壁的那种难受啊。尤其演唱会给我的触动非常大，歌迷听到那经典的旋律响起的时候啊，泪流满面的样子，我觉得音乐太有魔力了，原来是可以净化人的心灵啊。接着就知道了崔健，有一种说法，北京有崔健，香港有 Beyond，台湾有罗大佑。这三个人就走进了我的视野。由于Beyond，知道了崔健，然后不光听了崔健一个人的歌，一下子买了一批，中国当时地下摇滚音乐，黑豹，唐朝，零点乐队，面孔乐队，眼镜蛇乐队，还有姚老师说过的那女天王。当时听那些歌曲其实没有太多的感觉，[1]有些符合我当时心境的歌，听得如痴如醉。有些其实超出了我认知范围的歌，不理解。如黑豹乐队的《无地自容》，听得很带劲，音乐是重兹兹，开始的"咚"那个，强烈的那种感觉，"曾感到过寂寞，也曾被别人冷落，却没有感觉，我无地自容。"然后就是一

---

① 这话的意思是，其中有些歌曲听了其实没什么感觉。

个嚎叫。那个觉得，喔哇，释放感很强。

有一次在电视上看两岸金曲大联唱。我记得是亚宁主持，他念了一句话，叫什么，他们是两岸三地的领军人物，一个歌词明白如话，一个歌词是犀利如刀，今天会有两岸的歌手老组合演唱他们的歌曲。就是由大陆的羽泉，唱台湾的罗大佑；由台湾的动力火车，唱大陆的崔健。当时一听，哎呀，脑子一根弦被崩开样的，罗大佑的歌写得这么好！当时罗大佑的歌词唱出来的时候，我就，有两首歌嘛，一首叫："黄花岗有七十二个烈士，孔老夫子有七十二个弟子，孙悟空的魔法有七十二变，我们转眼又回到七十二年。岁岁年年风水都在改变，有多少沧海一夜变成桑田。五千年的历史文化里面，成功和失败多少都有一点。"[1] 他的歌词跟打油诗一样，很有快感。还有一首歌叫《鹿港小镇》，"台北不是我的家，我的家乡没有霓虹灯。"觉得好爽。然后我又买了罗大佑的 CD 回家听。罗大佑其实给了我非常大的一个触动。我看他的歌词，发现小时候我最熟悉的《东方之珠》居然是罗大佑写的。我还跟我爸说，你晓不晓得，你们那时候唱了一遍又一遍的《东方之珠》就是罗大佑写的？我爸说他不知道。罗大佑的经典歌曲太多了，当时再听罗大佑的《东方之珠》的时候啊，就掉眼泪。写得那么好，你也说不清楚他在写怎么样的一种情感，那句歌词就是："船儿弯弯入海港，回头望望沧海茫茫，东方之珠拥抱着我，让我温暖你那苍凉的胸膛。"当时觉得那句词写得，写得怎么这么有情感。我就感觉到罗大佑他太厉害了。他有《童年》，有《光阴的故事》啊，明白如话的那种，回忆青春啦，回忆校园的歌曲；他又有《东方之珠》这么大气苍凉的歌曲；他又有《追梦人》啦，《滚滚红尘》那个电影里头的主题曲，他跟陈淑桦合唱的，这样深沉的，有意境的歌；还有像《皇后大道东》，就嘲讽和摇滚样的。觉得这个人（很了不起），这个人是学医的，不是科班生，他怎么能做到的？能驾驭这么多的歌曲？觉得罗大佑他简直就是神，神人哪。就疯狂地去听罗大佑的歌。

然后，郑智化的歌也特别喜欢，就很励志，《星星点灯》啦，《水手》哇，最好听的还是郑智化写了一大堆骂台湾时政的歌。那个歌成了我经常在大街上骑着车，大吼大叫的歌，那个歌他也不唱，说话："伟大的工程要建三百年，区区的小事，六年国建，小小的岛国，肮脏的台北，贪官污吏，一手遮天。"跟说唱乐似的，每天我就街上去吼，去叫。然后就骑着自行车，到处乱转，乱逛。那段时间就停留在港台音乐的范围里面，听了很多港台的歌曲。

还有一段时间我就感觉黄霑的歌曲，好像他是读懂了金庸的一些情节——我

---

① 这首歌的歌名是《现象七十二变》。

并不觉得他读懂了整个金庸——换句话说，他的确是为这个情节中的某一段，认真写的歌词。比如老版的《天龙八部》开场的音乐，那首《万水千山纵横》，关正杰唱的，里头那个音乐是个小号，那个音乐响起来，觉得真好听。后来，我看到那个歌词反面呀，好多是电视剧的主题曲。有一个电视剧《义不容情》，是黄日华和温兆伦演的。先听歌，那个主题曲就是陈百强唱的《一生何求》。然后《当年情》，张国荣的《当年情》，那是《英雄本色》的主题曲，因为这首歌又才去看《英雄本色》的第一集，别人都迷恋小马哥，那个牙签的姿势，人人模仿。我当时最迷恋的人是谁呀？狄龙，因为那个造型太帅了！所以有一个很荒唐的想法，男人应该秃顶才帅。像狄龙那样秃着个顶，走出去，很英雄的去就义，比较帅。

还有罗文唱的一些（歌），《小李飞刀》哇，比如《射雕英雄传》。当时唱《小李飞刀》的时候，我后来写了日记，我日记中写过这样一个事情，就是《小李飞刀》那个主题曲呀，很好听，"流水滔滔斩不断，情丝百结冲不破。"就是那个男人的惆怅。我感觉，写古龙的武侠小说改编的电视剧，你似乎能很容易地找到古龙武侠小说的命脉、精神，就似乎很容易看到古龙小说中描述的人物情感。那个歌曲里写的，情孽缠身，很多事情找上我，可我终究得不到那些爱情，然后伤心的一个人，以酒为生那种浪子心境，你似乎很容易找到。但是，我就想，你要去写金庸——写的那些歌曲啊，好像总是不能把金庸小说中的全部感情写尽。就是你总是好像比较容易去描述一段爱情，一段情节，但是金庸小说中那种博大的，宽大的情节啊（你很难概括）。似乎一首歌曲，总是会把金庸小说改编的电视剧变成一个爱情故事，或者是一个简单的英雄故事。这是当时的一个感觉。

后来就有一天，我看到崔健写了一段话，就说白人唱歌，那些流行歌曲，歌词是暖的，语调是热的，但他们的心从来是冷的；黑人唱歌，他们的词是脏的，调子从来是不按规矩，但他们的心是热的。那一下让我对黑人的音乐升起了一定的兴趣。我们家当时有一盘很经典的爵士乐，就是新奥尔良时期最有代表性的领军人物，叫路易斯·阿姆斯特朗，他唱的一首 *What a Wonderful World*，我当时一听就好像心灵被净化了一样，真的是太美好。那种低沉的烟酒嗓，讲述他对世界的感受。他温暖的语调里面，你听到的不是简单的励志，或者温暖，而是一种历尽了很多痛苦沧桑之后，久经患难之后，爆发的那种发自内心的此刻生活的喜悦感。啊，让你听得就会流眼泪。然后，阿姆斯特朗，爵士（乐）的那种跳动，当、当、当，那个音乐，哎呀——我爸妈在家呀，我都不好意思——我就跟着那个爵士乐跳，跳来跳去。跳得有一回，楼下老大娘上来敲门，让我别吵了，跳得楼下惊天动地。梆、梆、梆，就很亢奋，很亢奋。就听了大量的音乐啰。

中间，宇中考结束，作为奖励啊，我爸就带了宇和我，一起去了深圳。在深圳的时候，我爸有个朋友，他是丰美财务的老总，名字叫民，这个人对我的人生我觉得有着非常大的影响。我小的时候见过他一次，我对他最早的印象是，一个不说话的中年人，喜欢吃披萨，而且吃得很快。他真是一个好人，非常传统。那一天，我印象中，在汽车上听了我爸讲我妈被刀刺了的心情，露出非常心痛的表情："哎呀，太惊险了！太惊险了！这一下子就完了。"那是发自内心的。后来民好像知道了我是一个问题小孩啦，但民这个人确实有着（亲和力）。我一直觉得我最早的（改变）——我后来能变得亲和——跟人打交道方式有很大一部分得益于民。我当时刻意地模仿着民跟人打交道的方式。其实也没有什么别的技巧，就是他问你问题，让你去说。他先搞清楚你爱好什么，然后他选择性地从你的爱好入手，跟你沟通。我惊讶地发现，那时候宇性格也很怪，也是不说话的，他居然能跟我们两个这样的人——有一点小问题的人——都各自沟通。跟宇沟通什么呢？他听说宇不但数学语文这些成绩不错，地理成绩据说也挺好，哎，他就很有意思，他就不问你数学不问你英语，不问你任何成绩好的，他就独问你地理，他好像掐准了你平时地理很好，但却不会有人问津的科目，啊，你知道那个安第斯山脉在什么地方吗？然后宇就回答，每次回答，民都露出"这小子厉害"（的神色）。我也不知道是装的还是真的。但总之，高招，能让你对上话，不容易。

然后也同样用这种方式跟我说话，就是听到我喜欢摇滚，他也喜欢摇滚，然后就跟我讲 Beyond 乐队。然后听到我喜欢电影，他就说哎呀，你一定要跟我讲一讲电影。就跟我讲电影。我跟人出去打交道，碰到太多人都喜欢电影，我一窍不通，你要教我，教了我之后，我就可以用你讲的话，去拾你的牙慧，去跟那些人沟通了。当时真的有点受宠若惊。我靠！实在是（兴奋），然后我就跟他讲了一些我当时喜欢的电影，具体什么电影我都记不得了。好像我跟他讲了一些我对电影的理解，想法。其实当时（我）看电影有啥想法？一点也不高明。但是民说了这么一句话，就说，你有没有想过你在家的时候，把你对电影的一些感觉写出来呢？后来，过了一段时间哇——我不知道是过了一年，还是过了很多个月——总之，《无极》上映，[①] 我的第一篇影评就是写的《无极》。我就是看到了《无极》之后，我那天突然走在路上，想起了民跟我说过的那句话："你可以写一写影评。"我看完《无极》之后，我就写，是第一篇真正意义上的影评。我就因为写了这个《无极》的影评之后，我好像真的找到了我写东西的一点点欲求哇，真的就写了好几篇影评。这是因为民的那番话。这就是短暂的深圳之旅吧。

---

① 《无极》，陈凯歌导演，2005 年 12 月正式上映。

然后回到家之后，还是躁动，难受。有那么一段时候啊，我爸出差，我妈看我晚上老不睡觉，有的时候还哭鼻子，有的时候还发躁嘛，就会嚎叫，就纯属发泄了。有一天晚上，好像我是主动跟我妈妈讲，我说老妈，我应该找一个我能做的事情去做，我不想在家待了。也就在 2004、2005 年吧，我说我想出去，太难受了，在家待着。但是我也不知道我能干什么，没有一点点方向。然后我妈给我列了几个人生选择：一、导游；二、模特；三、司机。也不知道她为什么列出这三个风马牛不相及的职业，就这么跟我说的。我当时想了想，好像觉得导游这个我有点兴趣，其实也没有任何兴趣。她就说，你可能要上什么导游学校哇，要去考什么导游证，听完，又太复杂了，我又不想考导游。但那晚上我的确是燃起了想出去的念头。

那段时期——大概有一个礼拜啊——我突然有一个想法，我想写一写自己的心情。我心里想，作家总是把自己的心情写到本子上。但是我当时是觉得，这个写，跟我写写日记呀记一记呀，是不一样的写，应该是一种——日记是随手写——这个是很认真的要把自己的经历呀，什么呀，给写一写。而且很正式，我掏了个本子，写了一下。从哪开始写呢？从出生的时候开始写吗？从 1988 年出生在南昌到……我当时也不知道当时发生了啥呀？[①] 我看我爸不是写日记嘛，我偷看他的日记去。结果日记没有偷看到，翻出了一本我小时候出生的那个婴儿本，哎呀，我当时看到那个婴儿本子的时候，感觉就是，看到还不如不要看到。看到之后，觉得自己是个丧尽天良的乌龟王八蛋，就是我爸在那个本子上写了一句话，就是，儿子，你是 1988 年出生的，这个本子写给未来的你，你姑姑，当时很兴奋地给你取名，把你的小名叫好好，就好好学习的好，为什么这么取名呢？是因为你太好了。看到这里，我看不下去了，流眼泪，觉得自己就是个丧尽天良的王八蛋，天天在家里发神经啦，砸东西啊，还打人啦，除了我爸没打——我打他不赢——都觉得我是个混蛋。我自己也觉得我是个混蛋。我就难过了很长时间。

我不知道那个是不是给我（启发），好像那个之后我还给我爸写了一篇日记。写了一篇，我说，爸，我做了一个考学计划，我今年要，可能要再去考学。考啥都不知道，纯属是热血一阵子。我爸看了之后，我有印象，看我爸的表情，也有点想哭。就是觉得，我戳！看到我要去考学的时候，这个心里高兴的这个表情哪，太难忘了！真是乌云中透出一点光来那种感觉。太高兴了。就这个儿子终于有一点要上进的征兆了。于是我真的坐在桌子上学了那么两天初中物理，其实我

---

① 意思是说，不记得、不了解他自己出生时的事。

也没有想过要考高中啊什么。学了两天放弃了，觉得受不了，太枯燥无味了。我又丢到一边去了。又断了电，回到浑浑噩噩的状态。开始听听音乐呀干吗的。就有那么一两个接通电源的时刻。然后又有那么几次呢，开始看电影。也就是在2004、2005年这样一段时间，那时候找不到人生方向。我就想，我要做什么？就想离开家。觉得在家里待着真难受，太难受了。但是学习我真的没有什么兴趣，英语我试着读了两下，没有兴趣；看语文也没有兴趣看。但是后来我就惊讶地发现一件事，哎，我好像突然能不再看施瓦辛格了，我不只能看动作片了，我开始能看懂一些文艺电影。突然，好像哪根筋就碰对了一样。我当时看了哪些电影啊，我先是重新看了一下《阿甘正传》，重新看了一下那个拉塞尔·克劳演的《角斗士》。

陈：你又重看了？

子：对呀，那时候我又重看过好几次《阿甘正传》。然后看《七武士》。第一次看到了黑泽明的《七武士》，真正接触到了一部伟大的文艺电影，那是我看得，哎呀，没法想象的内心触动啊。看了好几遍。还有《肖申克的救赎》《拯救大兵瑞恩》，还有《毁灭之路》，还有一个他演的，[1] 非常有名的《绿里奇迹》，他演一个警察，就是斯蒂芬金的小说改编的。哎，看得，当时汤姆·汉克斯就是我心中的男神了。电影越看越多，量越走越大。又回过头来看《与狼共舞》，又看《勇敢的心》。当时就有一个印象，自始至终没有觉得中国电影好看。还看了《西线无战事》《歌舞大王齐格飞》《生活多美好》。哗哗看了这么一大片之后，就觉得《无极》那个电影不好看。就西方电影为什么好，中国电影为什么烂哈，写个影评，（试试看）是不是可以就这个样啊去开始写一些影评了。就写《阿甘正传》，就写《角斗士》这样一些我很喜欢的电影。《肖申克的救赎》我也写过一篇。有一个《爱德华大夫》，就是希区柯克（的影片）。我爸熟悉的几个电影导演啊，他就会买那几个导演的电影给我看，他熟悉的电影就那几个，斯皮尔伯格，他的电影我全看了，什么《大白鲨》《辛德勒名单》《太阳帝国》《侏罗纪公园》。然后就是他知道的希区柯克，《三十九级台阶》《火车谋杀案》，还有一个人是他们那个年纪的人看过的一个探案片，《尼罗河惨案》里面那个梭罗。[2]

陈：波罗吧？

子：哦，波罗演的那个也买来给我看。[3] 还有就是一批南斯拉夫电影，《瓦

---

① 这里的他，是指美国电影演员汤姆·汉克斯。

② 应该是《尼罗河上的惨案》。

③ 应该是指扮演波罗的演员彼得·乌斯蒂诺夫。

尔特保卫萨拉热窝》《桥》，还有索菲亚·罗兰演的《卡桑得拉大桥》，按他的口味给我买了一些。还有几个片子，也是他那个时期给我看的，《远山的呼唤》，高仓健,《追捕》,《人性的证明》①《幸福的黄手绢》，就那个三田洋子演的，②那时候是他们的经典片嘛，也会买回来。《追捕》哇，真没觉得有多好看。但是《追捕》这个片子，导致了我爸我妈我的关系缓和了，就他俩看《追捕》看得津津有味，好像唤起了他们曾经的情结一样，尤其我看到我爸看到女主角一甩头发，那个眼睛一亮，我感觉那个女的可能是我爸初恋，我当时心里暗暗想。

陈：是说女演员中野良子？

子：哎，中野良子，我当时看那个中野良子，长得眼睛又小，个子又矮，喊一句我爱你，他就眼睛亮成这个鬼样子。我说我没见过你们的那个年代。哎，真恶心。这日本电影，除了《七武士》，根本没法看。但当时好像也有一个童自荣配音的片子，阿兰·德龙演的《佐罗》,《黄玫瑰》《黑郁金香》，这几个片子，我爸也买了碟，然后我的第二男神又出现了，就是阿兰·德龙，实在是太帅了。尤其是看那个（《佐罗》），其实现在看那个佐罗的武打已经很一般了，当时看，我戳，比中国的武侠片还好看。这个佐罗这个造型，实在是很帅。我差点把我家的被单给剪了，给我扎一个佐罗的头型。他那个配音童自荣吧，很好听。

我爸就借这个声音说了另外一个事情，就是那个年代，还有一个人的声音迷倒过我们，就是宋世雄主持的体育（节目），解说的这个女排，篮球，这些话。后来有一天我记得，电视上面，就放乔丹，宋世雄那个声音。"啊，乔丹！"我爸就腾地飞起来，这就是宋世雄的声音，当时就跟我讲。那应该是2004年的时候，播完那段回放的时候，就出现了一行预告，星期二，几点几点，就出现了一个庞大身躯的巨人，把那个球灌进去。我爸就说，这个人是大鲨鱼奥尼尔，给他传球的那个人就是乔丹③。（还有）小飞侠科比，洛杉矶湖人队，2004年，他们要对马刺，他说，这场球一定好看。我当时对篮球啊，其实没有那么强的兴趣，但是宋世雄的那个声音啦，那么吸引人，那么篮球是不是应该（看看），我当时真的被他说乔丹投中球的那一刻（吸引了），"乔丹投中了！"那个声音。我当时觉得，篮球很有魅力啊。我也想看一看，他就跟我讲科比的外号叫小飞侠，乔丹的接班人。我说他是不是真的有乔丹这么厉害？其实我也不知道乔丹有多厉害。那跟乔丹比差得很远的，奥尼尔很厉害，很无敌。我说对面这个SPRS是个什么

---

① 《人性的证明》不是高仓健主演的影片。

② 《幸福的黄手绢》女主演是倍赏千惠子，导演是山田洋次。

③ 这里有误，给奥尼尔传球的应该是科比。

队？他说这是圣安东尼奥尼马刺队。我说那有什么巨星没有，他说有三个人，厉害的那个人叫邓肯，外号石佛，我一听，都有外号哇，奥尼尔叫鲨鱼，邓肯叫石佛，科比叫小飞侠，这不跟武侠小说里面一样吗？于是有了点兴趣。

第二天我们就守在那里看比赛，看到了一场，那场比赛奠定了我以后成为忠实球迷的比赛，绝杀马刺，湖人零点四秒绝杀马刺。哎呀，那一刻我是吼叫了，我是跟着全场人的吼叫同时吼叫，好像我在现场一样。我就看到那个费舍尔冲到球场中间，连衣服都没有穿，科比、奥尼尔就山呼海啸般把费舍尔给压倒在地上，就是投中了这么关键的一个球。晚上我就跟我爸细细地交流了篮球之道，他把他理解的篮球全告诉了我。他讲他们那个时候看哪，就是1996、1997年，迈克尔·乔丹，那真是篮球之神哪。我那时候就发了疯，我爸好像也唤起了青春，唤起了青春的回忆一样。我们两个就先从乔丹的纪录片开始看，那一刻我就把乔丹视为偶像，太神了。各种切换，乔丹的各种进球、投篮、运作，哎呀，当时看到他那种交叉的运球哇，换手，变向啊，尤其中距离跳投那种稳，好像看到经常有五个人一起怼他，他都能把这个球给砸进。这简直就是，这哪里是人类？这分明是神话嘛。

当时我看到乔丹，我感觉那好像也是我准备考大学的一个契机，乔丹的纪录片把我是真的感动了。我印象最深是几件事情，第一件是，乔丹在巅峰期的时候，他的父亲遭遇了谋杀，伤心过度的他啊，选择了退出这个篮球界。乔丹当时三连冠哪，正如日中天的时候，突然他父亲被杀了，那么厉害的一个人，他遭遇这种事情，凶手还没有找到。乔丹在发布会上说父亲就是我的生命我的一切，就是如果说，我这个我就没有打篮球的意义了，就退出，退役。那一刻，我看得心中（极其感动），好像流了眼泪，就是觉得人生，这样一个站在人生顶峰的人，遭遇那样的不幸，我被老师打了两下，好像没有太多值得说的地方。第二个细节就是，乔丹，在比较高龄的时期，又选择了复出。解说词说，这个年龄其实是运动员走下坡路的时候了，可是对乔丹这个人来讲，岁月不能在他身上找到一点腐蚀的痕迹。我印象中那个解说词里面有一句设问，外人不知道，实际上为了留住青春，在迈克尔身上有着超乎常人的努力。然后画面切到游泳池里面，他身上背了一堆运动设备，在那个游泳池里，这样走，来回来回走来回走。旁边有一个人在记表。他说，迈克尔，你这样走下去，我都要疯了，你快上来吧，你的步伐会把所有人都晃晕的。然后我爸就告诉我，他在训练步伐，他在水里头都能走，在上面肯定会健步如飞呀。后来，就看他又创造了三连冠，不败的纪录。尤其看到他跟犹他（爵士）那个（比赛）。当我看完他的专题片后，我就迫不及待地，第二天，连续看了犹他爵士的两场比赛，1997年对犹他爵士，1998年对犹他爵士。

为什么看那两场？就是因为在那个专题片中看到了乔丹在 1997 年对犹他爵士队的时候，他 39 度的高烧，据说上场前还在打吊瓶，呕吐，但是那天他拿了 30 分还是 40 分，并且在最后的时刻，用他并不擅长的三分球，投进了整个比赛（关键球）。就结束了这场比赛，赢得了总冠军。我很仔细地看了那场球，我注意到乔丹那天打球啊，连头都抬不起来，每一次暂停，每一次中场休息，每一次替补把他换下来，在休息的时候，他都要拿着一个大冰块敷在头上，我感觉到他已经不行了。然后看他投篮也一点力量也没有，可是就在这样的情况下一次一次地把球给打进，他连往里面突破的力气都没有了，就在最后的时刻，犹他爵士领先，他还把球打进。我就觉得这个，我突然就想起了我小时候看《夸父追日》的故事，我想，这就是我崇拜的那种精神，太厉害了！这不可思议啊！我就觉得难怪我爸说科比永远比不了乔丹。后来皮蓬受伤，犹他爵士队疯狂反扑，最后时刻又落后，在那个时候，他先抢断了卡尔·马龙的球，走过去晃倒了对方，稳稳地投中了那个三分球。在那个时候啊，我很激动。但又有另外一个其实比乔丹更打动我的场景，出现在我的眼前。什么场景？就是镜头对准了黯然失色的卡尔·马龙，当时那个解说员，鲍勃·麦卡杜，是那个著名的球星，他说，马龙，邮差马龙，可能是这么多年来结束总决赛第二天，没有任何休息走进运动场去健身的男人，但是他却一次又一次败在比他更强大的乔丹的手下。这个时候记者就过去发问，你觉得这场比赛怎么样？然后，我觉得马龙那句话——真英雄、真男人应该这么玩——他说："我们尽了全力。他很棒，我们没有办法击败他，但是我们尽了全力。"那个（人）问他说，乔丹在结束之后会退役，那你呢——他年纪很大了——然后他说："不，我还不会走，我还要追逐我没有拿到的总冠军，我的能力还可以为这个球队奉献得分。"第三句话就是，你认为皮蓬和乔丹怎么样？"他们是最棒的！"然后转身就走。然后被皮蓬拦住，两个人有一番拥抱。马龙什么都没有说。我靠！我当时觉得，第一次有一种感觉，那一刻我好像摆脱了老师教给我的中国传统价值观，就是成王败寇，只有考试得第一名的那个人才是英雄。你如果考试不好，你输了，你就不是英雄。

那段时间，我跟我爸就探讨这些。我爸说，哪有成功才是英雄的呢？其实你想马龙啊，他们都是英雄。我们一起看名人堂演讲。我们探讨，篮球它为什么要设立一个名人堂？那名人堂里的球员并不是都拿到总冠军的球员，你还要奖励他们，就是因为他们其实有做出了伟大的贡献啊。如果不是因为巴克利，不是因为马龙他们的顽强，这么难对付，你怎么知道乔丹那么伟大呢？（这）改变了很多我的价值观念。

那段时间我还买了好多 NBA 的专题片来看，我当时最喜欢的就是阿伦·艾弗森，觉得一米八三的球员，在场上那样去拼搏，而且最重要的是艾弗森的那个纪录片拍得最好，我觉得。里面有个特别感人的细节，就是艾弗森坐在那里接受采访。他说，那天晚上，天下着雨，整个大街上灯火通明，我们家断电了，我听到湿漉漉的雨水声，不停地打在我的窗前，那天晚上很冷，我们都没有任何点火的钱，因为我们家没有钱交电费，妈妈用这个月所有的钱为我买了一双篮球鞋，让我上场打球。哎呀，当时那一刻，看得真是流眼泪。特别感人。我觉得艾弗森是个文人。这多么像一个，不逊色于朱自清的《背影》的一个表达，那么有细节，那么的深情。然后就看到那场球，就觉得太了不起了。

我还了解到，NBA 黄金一代，白银一代。1996 年黄金一代，阿伦·艾弗森，科比·布莱恩，雷阿伦，2003 年又是一个新的黄金一代，有勒布朗·詹姆斯，卡梅隆·安东尼，德龙·韦德，克里斯·波什。然后（我）成了詹姆斯的粉丝。专题片里面的一个非常细节的一个环节，詹姆斯说，那段时间对我们家里头会非常难，我十一岁就出来挣钱了，我要去擦车，那时候满大街上面都是毒品，孩子们都带着枪，妈妈为了不让我们也走上这条路，总是在早上五点钟摇醒我，叫我起来去练球，她告诉我说，你只有练了篮球你才能改变命运。她为了让我练篮球，让我有练篮球的兴趣，在我的每一个房间中贴满了海报，我的床头贴着乔丹，我的窗子上贴着艾弗森，我的屋顶贴着科比，我妈妈告诉我说，如果你努力的话，你会在进入 NBA 的时候去跟他们交手，你会和他们一样富有，你必须得起床，你要去练，练。然后他就说，在晚上，没有暖气的时候，唯一的温暖就是妈妈抱着我们兄弟姐妹在一起，后来我越长越大，我就可以抱着妈妈他们在一起。哎呀，当时那一刻听得，我靠，NBA 球员的口才怎么都这么好？另外怎么都讲得这么的有细节呀。还有的就是，觉得他们的那个经历呀，那么的，真的是，我想如果是我，我哪里能承受得了这样的东西？突然觉得自己还是挺幸福的。我还是要考个试，还是要出去。

当然，说归说，但是每次发躁，还是会发躁，我还是有时候啊，无法控制我自己。一些很小的事情，我会着急。比如说我记得有一天晚上，我爸妈答应回来陪我一起看电影，他们晚回来了一个小时，我就大发雷霆，把桌子也掀掉了，把椅子也砸掉了。就跟他们说，你们说话不算数，你们说了要回来，你们心里头就不关心我！发脾气。然后我妈不说话，我爸也不说话，听我把脾气发完骂完，骂完已经十点钟了，他们又打开电视，等我气消了，打开电视，又在陪我看电影。看到十二点钟，结束了那个电影。在这频繁的发躁当中啊——发躁时间在有所缩短，好像是频率在降低——但是也没有那么低了，仍然频率会有个高的时候，一个礼拜甚至有四五次，后来好像又降到了一个礼拜三四次，个别好的时候一个礼拜两次。但是还是发躁的频率非常高，任何一点点他人的眼神、语气上的不对，或者是自己心里头发躁，都会（突然爆发）。

陈：那时候喘不过气的毛病没有了？

子：那时候没有了。就是发躁，爆发式的发躁。没有喘气的毛病了。就是篮球、电影和发躁交替出现，音乐，交替出现的这么几个元素，交替出现的这么一个时候。突然有一天我就问我爸，我说这个世界上有没有一种专业是可以写影评的呀？我爸说，有哇，就有专门的影评专业呀。突然我就觉得，哎，我可以考电影专业，我可以去写影评哪。好像终于找到了人生可以做的事情。就这样，准备踏上艺考之路了。就是有这么一个起点，经过了这么一段时间，这种漫长的揪来揪去，拧来拧去。

采访人札记

这一节很长，主题是主人公的康复契机及漫长的康复历程。主人公讲述的顺序，是他记忆的顺序，而不是生活时间的顺序。证据是，他先说到写电影《无极》的影评，这部电影的上映时间是 2005 年 12 月；后来再说观看 2004 年的 NBA 的经历（也许是 2005 年，即主人公记忆有误或表述有误）。主人公把 2004 年、2005 年的经历放在一起说，无法明确地说出那件事发生在哪一年、那一月，这很正常，因为我们的记忆不可能像日记、档案那样清晰和准确。从主人公的叙述中，我们可以可以整理出一个大致的时间表：2004 年开始听音乐、看电影、看篮球，2005 年暑假和宇一起去深圳度假，受民的启发；开始写影评的时间则应该是 2005 年 12 月以后；至 2006 年初开始考虑走出家门、走出困境。

在这段讲述中，我们清晰地感觉到，从听音乐开始，主人公找到了康复的第一个契机；看电影是第二个契机；看篮球是第三个契机；写影评是第四个契机。康复的基础，是主人公的第一句话："这是我愉快的经历。"音乐、电影、篮球都让他感到愉快，都是他愿意去听、愿意去看、愿意去做的事，这是他康复的第一个奥秘，那就是以愉快为基础。有不少家长都反对孩子听音乐、看电影、看篮球赛，理由很简单，怕耽误学习。但却不知道，这些情趣及其愉快、乐趣、兴奋的经历，不仅对心理郁闷的孩子有极大的疏解作用，对心理"正常"的孩子也同样有积极作用——让孩子富有情趣，充满活力，更有灵性。

主人公说，他转变的契机，源于民的鼓励，这一刻弥足珍贵。一个迷茫的少年，得到善解人意的成人的欣赏，本身就是一剂良药（刺激孩子的自信心）。得到成人有意无意的鼓励，那就更是被注入了兴奋剂，让他看见光明。

父亲的作用也很明显。首先，主人公处于非常时期，父亲对孩子的处境有了更深刻的理解和同情，非但不禁止孩子听音乐、看电影，反而鼓励孩子这样做。其次，父亲还有意识地推荐宋世雄、推荐NBA，让孩子找到更多的乐趣，帮助孩子康复。再次，父亲带孩子去深圳度假，让孩子有机会接触民，听到民的鼓励，事实证明，这对孩子有极大帮助。最后，父亲的陪伴和安慰，本就意义非凡。

更应该注意的是，康复的真正关键其实还是孩子自己。证据是：一、他本能地找音乐来听。二、听人说黑人音乐温暖，就去找黑人音乐来听。三、父亲推荐NBA，他亦主动地将篮球与武侠小说打通，并且在篮球世界找到了自己的英雄和榜样，虽败犹荣的卡尔·马龙也让他产生强烈共鸣和联想。四、听到民的鼓励，就开始写影评，进而开始写日记。五、最关键的一点，是孩子终于开始正视自己的处境，终于知道自己不能在家久待，且主动提出要找一件事做，走出家门——能够走出家门才是真正康复的实际标志。

上述契机中，究竟哪个因素最重要？是个值得思索的问题。很可能，这些因素，即音乐、电影、篮球以及民的启发、父亲的陪护和引导对主人公起到了综合刺激作用，使得主人公在逐渐康复中。值得注意的是，主人公不再喘不过气来，也就是说早期病症已经消退，只不过又有新症候。更值得深入探索的问题是，主人公的这些主动，是否都是有意识的？开始很可能是无意识的，孩子是情不自禁地喜欢音乐；但在看到父亲在婴儿相册上的文字那一刻，自咎自愧之心激发主人公开始半自觉的自我审查——自我主体意识开始从朦胧中觉醒，这才是他逐渐康复的关键契机。当然，康复之路还很漫长，主人公注定要历尽坎坷。

确立目标

陈：你想要考电影专业，是 2005 年，是吧？

子：零四、零五年嘛。

陈：想考电影专业，算是找着了目标和方向？

子：对呀，就找着了。我确实感觉到，好像我能考电影的那一刻，好像我找到了一点方向。当时也不确定，当时印象中，我很兴奋，我到我奶奶家，我外婆家，跟她们说我（准备）好考电影了呀，① 她们当我放屁。我大姨妈是直接说不相信。我奶奶呀还冷笑，好像就感觉她们完全不觉得我要去干这个事情能是啥好事，当时心里头就很失落。我觉得难得涌起一点对未来的信心，丫的每个人都不赞赏，不支持。我好像展现了一下我并不是没有努力呀，那电影学院考影评哪，我看了很多电影哪！（长辈）完全不搭理我。我也看了这么多篮球，证明我对篮球也很有见解呀，（长辈）也没有兴趣。反正就是爱理不理，要不就是干听我说，不说话。对于我要考电影啦什么的，我大姨妈说，就你这个长相你还能考电影，还能当演员？我说我又不想当演员，我去写影评。那都不是真功夫，我大姨妈这么跟我说的。意思就是我肯定考不上嘛。肯定不可能有出息啰。就这样，我就想去试一试。那个时候我爸在南艺有几个作者，问到有一个艺考补习班，我们就准备登陆那个地方，去考一考。这是艺考前的经历。

陈：你爸爸跟你说"你准备看电影过一辈子"，是在什么时候？

子：很早。当时，他穿什么衣服我现在还记得，他那天穿了一身——就是天还不是很热——穿了一身长袖长裤，是那种运动的长袖长裤，有拉链。我当时驼背，我们两个坐在河边的石凳子上，他跟我聊了这句话。那时候当听他说看电影看一辈子的时候，其实心里头是觉得很丢人的，就觉得自己是个不务正业的人。就觉得自己是不是真要看电影看一辈子呀？是不是就完蛋了？我靠！我觉得看电

---

① 这话意思是说：我准备要去考电影专业了。

影是一个很低俗、很下三滥的事，那时候是这么想的。那时候听到真是觉得压力很大，感觉我爸很想让我出去。担心我在这个电视啊（被荒废）。后来呀，他还就此跟心理医生有沟通。

当时我跟我姑父有沟通，我姑父说过一句话，就说我完全是一个沉浸在幻想中的人，所有的东西都是自己的想象。我当时想我姑父跟宇在一起的时候，怎么从来没有说过这么智慧的话？却在我身上说出如此智慧的话。说我沉浸在幻想当中。后来我姑父呀，来找我爸，给我爸一本书，《毕淑敏散文集》，是他从他们学校图书馆借的。那本书啊，好像给我爸有了启示，我爸发现毕淑敏在北京有个心理诊所，他说是不是可以去找毕淑敏有一个沟通啊，毕淑敏的水平肯定是比南昌的这些要高多了吧，他这么想。那次我不是去了一趟北京嘛，他还跟我提过，要不要去预约一个毕淑敏的心理诊所呀，去谈一谈。我当时也没有说去，也没有说不去，好像我爸也没有预约。可能也预约不上。毕淑敏好像给我爸有一点启发。（看了）毕淑敏之后，他就买了几本卢勤的书，给我妈看，就好像受到了我姑父那本书的启发一样。

陈（问父亲）：你问他，想看电影看一辈子吗，那是在什么时候？

父：问过多次。

陈：第一次是什么时候？

父：第一次就是在他坐在家里，就是12月份之后发病，就是在家里的时候。

陈：哦，在2004年5月份之前你就问过他？

父：问过。因为他看电影的瘾太大了。那时候我也比较着急嘛。其实这个话不应该问得这么早。但是那天我就问了，我问他难道愿意在家里看一辈子电影吗？就问过他。

陈：得到的反馈是什么？

父：没有，没有回答。

陈：然后呢？

父：后来又谈过几次。后来有时候散步的时候会聊，比如说看到一本书哇，会说，比如韩国有一个工程师，他又喜欢写小说，我有时候就会聊一聊。我说人生最好的就是干着一件能够生存的事情，又干着自己喜欢做的事情，就比较现实啊。如果完全按照自己的喜欢，生存有问题那也不好。当然我没有把这个道理跟他说啦。就有时候会聊到这些。

采访人札记

找到奋斗目标，并朝着这一目标努力前进，是让主人公康复的更大关键。在上一节的采访人札记中，我说民的鼓励很重要，父亲的陪伴和安慰更重要，而最重要的是孩子自己的自我主体意识在起作用。这个问题还要继续讨论。

孩子找到要报考大学电影专业这一目标，确实与民的鼓励和启发有重大关联性。若不是民的鼓励和启发，孩子不会去写影评；若不写影评，就不会产生报考大学电影专业这一念想；若无这一念想，就不易找到这个奋斗目标。但是不要忘了，这个孩子从小就喜欢看电影，小学四年级时就有朦胧的理想：要当乐评家、影评家；在初中一年级的时候就在《我的梦想是什么？》作文中写自己要当影评家，而得到语文老师的表扬，让他想当影评家的梦想更进了一步。孩子的梦想往往来得快也去得快，有时甚至是即兴发挥，不可全部当真，但主人公爱看电影确是事实。否则，民也不可能找到与主人公对话的合适话题，也就不可能"点燃"孩子的梦想。

本节叙述提供了新信息。一是父亲在孩子刚休学时曾多次说过（最早是2003年12月）："你准备看电影过一辈子？"这话的无奈和不耐很明显，对当时的孩子肯定是一个不良刺激，让孩子的心理压力加剧。好在父亲很快就转变了观念和行为，即陪伴孩子看电影，此时，埋在孩子心里的这句话也就有了戏剧性功能转变，相当于刺激孩子思考：能不能找到一个一辈子看电影的工作？我是说，这话很可能也是孩子找到目标的一个出乎意料的诱因。此外，父亲这话也证明，孩子对电影的迷恋超出常人。二是主人公说，姑父借了《毕淑敏散文集》给父亲，父亲受此书启发，于是去买卢勤的书让孩子妈妈看。这话传达了两个重要信息，一是孩子感觉到被姑姑、父亲、母亲所关注；二是孩子意识到自己的父亲、母亲都在通过看书学习怎样当父亲、母亲。这样一种氛围，对孩子的康复和自我成长当然有十分重要的意义。由此不难想象，在这一段时间里，父亲和孩子交流中，肯定还有大量有益信息，成了孩子康复良药和成长辅助剂。

此时，主人公仍然十分孩子气。典型表征就是：听到顺耳的话就兴奋愉快，听到不顺耳的话就忌恨且愤懑。奶奶、外婆、大姨等对他的目标、理想、兴趣没有表现出他所希望的热情鼓励和支持，就曾让他非常恼火。好在，姑父、父亲、母亲的理解和支持，创造了一个紧密的内层防护圈，减少了主人公的受挫感。

此外，主人公此时已经年满17岁，身体成长已基本定型，内分泌刺激已不再构成对孩子的困扰，也就是说，孩子的"身病"大体痊愈。更重要的是，随着自我主体意识的出现和增强，自我在渐进成长，孩子的"心病"也已过了危险峰值期，所以，长辈的冷水虽仍让他受凉，但他不至于生病了——我将身病、心病打上引号，是因为我没有足够的知识能力判断这个孩子到底有没有病、有什么病。我能确认的，只是这孩子的心理确实出现了一时难以解决问题。

60

艺考培训班

陈：你参加艺考培训班，去了南京？

子：那是我第一次到南京。

陈：那是 2005 年？

子：哎，应该是靠近冬天的时候，艺考之前，靠近冬天，下雨。那段时间我爸呀，给我买了一些影评书。但当时对这些作者都不知道，哪知道什么章柏青啦，对这些人都不知道。后来，在《电影辞典》里面看到很多章柏青写的影评。他又给我找到一些——哦，找了一本很厉害的影评，我想起来了，戴锦华（的）《电影批评》，给我买了，说这个戴锦华写得非常好，就让我看。戴锦华写的超过了我当时的能力范围啦，我不太懂，知识面有点大。还给我买了一本，应该是大卫……

陈：大卫·波德威尔？

子：对，《香港电影之谜》。[①] 那次啊，看了他那本书，对香港电影有了一个比较全面的了解，他那本书可以说对香港电影有相当全面的介绍。有代表性的香港电影导演都列举了，什么王家卫、刘伟强、陈可辛、王晶、吴宇森，还有那个叫什么呀，《监狱风云》的那个，楚原，早期的张彻，洪家班、袁家班，《黑客帝国》里面那些动作设计，袁家班，元彬啦这些，陈木胜……香港电影当时看得是真的很多，就是根据大卫·波德威尔这本书啊，把电影一部一部地找来看。当时不但看了很多主流的香港电影，还看了一些老的，比如说，张彻呀，胡金铨啦，《空山灵雨》吧，还有《侠女》呀，《大醉侠》也是他们的。

陈：这三部都是胡金铨电影。

子：哦，胡金铨，张彻的是什么《残缺》呀，《独臂刀》哇。还有一个片子叫《金燕子》。王家卫的电影是真个地不觉得有多好看啦，看不出味道来。但是，王晶的电影觉得很好看，他那个《赌神》很帅。还有许氏兄弟，许冠杰、许冠英他们。有一段时间，就是看了一堆电影，看了几本影评书，就去南艺补习了。南艺考前培训班，①十二天。南艺，有他的熟人啦，南艺最有名的不是美术吗？美术（系）里有几个老师，一个叫繁，一个叫寅。上课前的一天啊，繁就过来见我们，我跟他呀顶牛。我看到他就讨厌，怎么这么烦人？说话声音这么冲。

陈：什么意思？他怎么烦你呢？

子：其实就是关心你。他是当官的，就有官腔："你过来，我们聊一聊。"就这种语气。"我要请一个老师，你要对他尊重一点。"我听到尊重一点，就犯火。我就说我尊重他干吗？他弄得一愣。他问了我一句话："抽烟吗，小子？"他掏出一包"红梅"，那时候我还不抽烟，他问我的那一刻，我感觉到，哦，原来艺术院校每个学生都可以抽烟哪？不错，很自由。之后聊了十分钟。他不敢跟我聊了，他发现我一聊就点火。

然后我们一伙人去吃饭，吃饭的时候，当时就有寅啦，繁，还有两个老人。有一个戏文系的书记，一个非常好的人啦。当时我发神经，他们坐在一起——哦还有一个人，也是我爸的作者，叫庆——他们三个人，他们三个都是理论研究者，做研究的。然后就聚在一起，当时他们就讲嘛，南艺的现状，当时南艺的（影视）系主任是演员陶泽如，演《黑洞》的那个演员陶泽如。我当时一听呀，就觉得不想来南艺。什么意思？他讲了一个细节，就说去年竞争特别激烈，南京本地入学率80%，外地入学率20%。然后我爸就问，为什么本地和外地相差这么大？他说南艺要保护学校（本地），就是南京考试文化成绩只要求200分，成绩只要求达标就行，外地需要有400分。艺术成绩要考得很高，综合入学。我爸当时一听，就没有说什么。我当时一听，就觉得这个学校太肮脏了，你不是欺负

---

① 南艺，即南京艺术学院。

我们外地人吗？我不要去这个学校！我听完这句话之后哇就生闷气，自己跟自己生闷气。那天中午我就吃了一碗粥，就是因为生闷气。寅是一个年纪比较大的老师，说你现在文化课成绩怎么样？我说我高中都没有上，文化课成绩有多好哇？就是那个非常不怎么的表情啦。我爸就比较无奈了，在旁边坐着，然后那个老人人非常好，就一定要我喝一碗粥，在他的劝解之下我就喝了一碗粥。但是其他时刻呀，不搭理他们。谁也不想理，谁也不想说。第二天，我就到南艺的艺考培训班报到去了。下午去交了钱。当时除了女孩，男生中只有我是我爸陪同来的。

陈：其他同学都是自己去的？

子：对，有的就是南京本地人了。我蹲在门外不愿进去，进去就觉得里面很烦哪，感觉又让我回到小学入学考试样的，就心情比较郁结。其实还有面对很久没有在集体中上学，心里有一些忐忑和紧张。

陈：学费钱是你交的吗？

子：当然是我爸交的，我都没有进去。

陈：哦。

子：我们入学的时候，其实我觉得很新鲜。开一个大会，学生还着实不少，当时要分成几个班，编导班，戏文班，播音班，表演班，导演班，一共分了五个班。我当时看到美女有很多，门口一个学生在不停地喊："到黑匣子集合！到黑匣子集合！"我当时不知道黑匣子是哪，也不敢问，就有点屎急屁股样，就很想拉屎，肚子痛。过了一阵子，我发现只要跟大家走就行了，紧张个啥呀。

进去之后老师讲了什么，我全都没听，还是很紧张，但是我听到了一句话："同学们中应该有抽烟的人哦，不要在教室里抽，我们学校很自由，你们可以到学校外面的任何一个地方去抽。"之后我们就开始上课了。

给我们上课的老师有五个人，一个老师上三天两天。有（第）一个老师叫洁，是我大学老师萍的师姐，头发极长，长得跟印第安人一样，戴一副很厚很厚的大镜片眼镜，跟那个《哈利·波特》里面的麦格教授一样的，穿得像修女，全身包得严严实实，不漏一点风的感觉。她上课，跟学生也不交流，你爱干吗干吗，我就上我的。她教我们赏析电影。哪个镜头是推镜头，哪个镜头是摇镜头，这个镜头有点黄色色调，她当时找了一个电影，色彩变化比较大，叫《天使爱美丽》，多元的色调变化，全是断裂式的讲，就觉得她上课讲得一点也不好。然后一个男老师，叫进，那个老师啊，是一个很有艺术气息的老师，渗透着一种吊儿郎当、不修边幅，脸上总是带着一种嘿嘿的坏笑。那个老师当时让我觉得，哎，好像很不错的样子，有好感，觉得还蛮酷的。他给我打开了另一扇窗户，我突然发现中国电影也有那么多好电影，这个老师上课全部放中国电影。他放了贾樟柯的《小武》，杨超的《日日夜夜》，张扬的《爱情麻辣烫》，张元的《母亲》，娄烨的《苏州河》。那时候第六代（导演）墙外开花时期，[①]国内很冷僻，那一下就好像是禁片大门全打开。还给我们放了一个独立纪录片，叫《铁西区》，王兵导演的。当时，这些电影，我看的时候，心中就很震惊，我印象中我最喜欢的两部电影，一部就是贾樟柯的《站台》，里面的一个画面，我当时看到觉得太美了，就是那个搭着王宏伟在那个小巷子里头，像芭蕾似的，在院子里头那样转悠，那个画面我觉得真漂亮，还有这样表现电影的手法？他跟我们讲影评怎么写，他当时就问我们：你觉得影评和观后感有什么区别？当时找了很多人来回答，我当时就说，我其实说不出什么区别来，我说观后感是不是我不用太讲求章法，我把我心中的感觉说出来就可以了，影评需要专业一点，你需要对镜头哇都要有一些了解。我现在记得，他的东西我听不太懂的原因是什么，他是填鸭式教法，把画面、色彩、声音、音乐、声画对位、声画分析、蒙太奇的理念、导演的用途、美工、灯光的用途、音乐的用途哇什么的，一股脑塞给你。要是没有对电影有着强烈兴趣的话，会睡过去。因为两天半时间看那么多电影，尤其是还看到像《铁西区》这种拿 DV 拍的纪录片，我印象中，我身边的好多人都睡过去了。

陈：你没有睡过去？

子：我没有，我难得的。

陈：老师说你的影评写得四不像，你也没有生气？

子：没有，就是我感觉艺术把我点燃了。就在那一刻，找到了兴趣爱好一样。然后又来了一个老师，叫怡，十分善良，跟我们聊天的时候这么说，我不是学电影的，我对电影没有什么兴趣，我是学中文的，但因为我成绩太好了，学校就要了我，把我分配到这里来的。她教我们编剧分析，那就教得，开启了一扇门又关闭了一扇门的感觉。这个老师念累了就跟我们聊天，挨个聊天，每天点名聊天，聊到我的时候哇——那个老师就觉得我是个很奇怪的学生——我说的时候，全班人都在发笑。我印象啊，没有让我受伤，让我有了一些傲气。什么原因呢？就是她说，你为什么要来这个学校补习呢？我说我想学电影。她说那你是我们南京人吗？我说不是。文化成绩好吗？我说我文化成绩一点都不好。她说那你肯定来不了我们南艺，你可能可以去南广。你为什么来上我们的补习班？我说我感觉到你们的补习班能看很多电影啦，就很坦诚。结果全班都发笑。她说看电影哪，你在家不可以看吗？为什么要到我们这里来看呢？（我说）在这里能看到家里看不到的，不一样的电影哪。全班发笑。我想你们笑我笑个啥呀？但同时我又想到

---

① 这句话的意思是：墙里开花墙外香。

一件事情，似乎，我电影的兴趣比他们都要浓烈呀。我感觉就是我一定可以比他们学得更好。她问我的最后一个问题是，那你爱看什么电影呢？我就说——我当时说错了——我想说我想看体现人性的，我说成了我想看成人电影。

陈：哈哈！

子：然后全班又笑，我才意识到说错了。接下来的一个老师，叫予，那是我的短暂的，在我见到陈叔叔你之前我的偶像。想留长发呀，也是觉得他留长发特别帅，我后来就留了长发，始于这个老师。他是这些老师中三天只讲了一部电影的老师，讲的是张扬的《洗澡》，很细致，非常细致。他上第一节课的时候说，你们打开课本，记一句话，影评，就是归纳电影的中心思想，归纳电影的主题思想，归纳电影的主题概念。你们现在记完了吗，打一个叉，后面写两个字，放屁。我觉得很酷，这个老师。然后他就换个跟我们做心理学分析，他还分析了我的性格。他说，嗯，你这个孩子呀，有一点点小愤青，我猜想你现在应该是一个在学校里面非常乖巧的孩子，我有没有说错？我来一句，老师，我现在已经离开学校了。我记住你了，那个老师说了这么一句话。

他讲课呀，也很容易跑偏，除了有很荒唐的知识以外，他还脾气不好，瞎吐槽，骂张艺谋，骂这个电影，我以为写影评就是要骂呢，对起了我的胃口。后来发现被他教跑偏了。他跟我们讲的所谓文艺电影，都是好莱坞的商业大片，而且讲了一句非常荒唐的理论，说什么真正的好电影都是不为挣钱而拍的。好多年（后），就是上了大学我在图书馆读书，书本里告诉我，就是细细地分析工业体系，电影（产业）形成的时候，我就说，当年我会觉得这个人讲得很有道理，（其实是）胡扯呀。但是，他那句话对我的人生或多或少产生了一个影响，好像给我树立了一个标杆，就是电影有它纯粹的一面，有它不为钱的纯粹的一面。那个事情我觉得还是有正面影响的。当时对这个话真是深信不疑，觉得《拯救大兵瑞恩》是不为钱拍的，《辛德勒名单》也是不为钱拍的。最后结束的时候他说，我没有时间解释你们写的影评了，你们回去把我讲的东西好好理一理，《洗澡》写一篇影评。给个建议，看一个导演要看懂，你买一个导演的碟你就全买，当你把这个导演的所有电影都看过之后，哪怕你碰到这个导演第一部电影，哪怕是他的新片，都可以从上几部电影中找到与这个新片的承接关系，如果他的新片与上几部电影之间没有任何关系，那或许就是影评的一个思路，也是一个展现你们知识面的一个思路。所以就让我养成了习惯，一看电影必看导演的全部。就（是因为）他给我讲的这句话，一直都记着。

第五个老师，叫蓉，她其实学的是美术史，上编剧创作，编故事。哎呀，想一想，她一定觉得我是一个大怪咖，我所有的故事，不是强奸，就是凶杀。她给我们一张图，要我们去想一个故事的情节，她发现每次我都编成了一个，这个男人看到这个人心怀不轨，就导致一场残酷的凶杀案，肢解和碎尸。我就把我心里头那种不爽的东西，全都变成故事写出来了。她后来就找我谈话，说，同学，以后你还会这样写吗？（我说）为什么不能这样写？这样写不对吗？她不高兴，说，你这样写价值观太黑暗了呀！你这么小的年纪，思维这么的阴暗，这么负面。我当时还整出一套高端理论来反驳她，人性本来就是光明面和阴暗面并存的嘛，四周不都有凶杀和情爱吗？但那个老师是个好人，她的课呢，严格说她不是一个搞过创作的老师，不知道怎么让你把一个故事编好，所以她又让你看电影，其实编剧课时间并不多，又看电影。她看电影有严重的偏好，就在她的几堂课中，我几乎看了李安的所有成名作，还有叫——《冰风暴》还是《冰雪暴》？

陈：《冰风暴》。

子：《冰风暴》。就把李安的片子看了一遍。当时，李安的片子给我触动非常大，尤其听到李安在家待了六年的时候，我在家也就才一两年嘛，（觉得）还是有希望的。当时看李安的电影，就觉得很喜欢，我甚至看到那一刻，就是一眨不眨，我发现李安电影中有穿帮的地方，在《推手》里面，在打太极拳，场面调度的时候，忍不住看镜头，疑惑地看镜头的这个场面。我当时，我还去问她，我说你看，李安拍电影也会有这种穿帮性的画面。她就跟我说，李安当时拍电影不大容易了，就这么一点钱，那时候电影是胶片，你是要做预算的，每一个镜头你拍了就拍了，也不能说你返工啊什么的。当时我记得看李安《推手》那个结尾，两父子在监狱里头有一番对话。当时他儿子不是就哭嘛，说，爸爸，把你接到美国来本来以为有好的生活，但是没有想到是这种结果，然后两个人就哭嘛。当时我记得，不止我流眼泪了，班上很多人都流眼泪了。我当时感觉，李安导的电影才是真正的中国电影啊，很有人情味。我又把贾樟柯他们给忘了，还有杨超哇，把他们那种，看他们的电影总是不能这么亲切。我当时感觉，贾樟柯他们讲的好像是他们自己的青春故事，小我的青春故事，但李安好像是能体会到更远的人性方面的东西，特别温暖，那个电影。后来回去我就跟我爸一起买了一盒李安全集，反复看。在过年的时候，还跟我爸一起，把《喜宴》《饮食男女》全部看了一遍。他们也很喜欢。

其实我在这个学校的前两三天不太习惯，我就想回家。我印象中，我交到的第一个同学，他的名字我都不记得了，但是他回了。他三天就回家了。当时中午啊，我连进食堂吃饭我都不愿进，都早上我爸给我带好饭，在那个自助餐餐厅，带好一小盒面包，鸡蛋，中午就吃那个。（我）不进餐厅。到了第三天，我好像找到了想交一个朋友、想熟悉这个环境的一个感觉，我感觉我可以了。就跟那个——就路上找人嘛，看看谁可以搭讪啦——就找了一个很胖的（同学）搭讪，就问他附近哪里有吃饭的地方，他就带我去了附近的一家包子店吃包子。我就问他是哪里人，来自哪。（他说）他是杭州人，来这里补习艺考。我问他，你住哪呢？（他说）在南艺里头有学生宿舍，有很多来艺考的学生都住在里面。他就带我去他们宿舍玩，他宿舍（有）一个年龄有四十岁的男人，来这里是考研的。还住了一个吊儿郎当，很有模仿能力，准备来学表演的考生。在那个地方，我抽了人生第一根烟，他们都抽烟，就给了我一根烟。我一抽，哎呀，很爽的感觉。一开始有点呛，呛出来了，第二口就觉得有点晕，好像很有点消烦解躁的味道啊。之后我开始抽烟了。我还跟我爸说，这里抽烟可以交到朋友啊，你给我买点烟。我爸又给我买了烟，我就每天抄着烟上课了。我经常在厕所呀、在外面（抽烟），下课我烦了我就抽烟，很快烟瘾就一下抽来了。原来一天一两根烟，没几天就变成一天五六根的地步，抽得怎么这么爽，有时候还连抽两根烟。这个时候，我通过烟，我又交了两个朋友，一个朋友叫郎，还有一个叫凯，他们两个都会在下课的时候去抽烟。他们两个一点也不喜欢影评，也一点也不喜欢电影。凯说他考这个学校，是他爸逼的。郎呢，说想做生意，说电影没啥好看的。我唯一能跟他俩沟通的是篮球。跟他们两个在一起，我可能是有一点小小的自卑吧，可能是我没有上学的缘故，他们聊的一些东西呀，我没有办法懂，不是课，而是他们高中的那种恋爱的情况。凯已经不是处男了，讲他做爱的那个经历，讲他在高中的一些趣事，那些东西对我来讲是一个陌生的体验。我突然，有……好像我后来还做了一个梦，我梦见一张白纸，就变成了一张白纸，我醒来的时候有失落感。

陈：嗯？什么意思？

子：我觉得呀有缺失。

陈：你也想谈女朋友？

子：不是想谈女朋友，我就感觉到，我没有读高中可能是一个缺失。我就想在电影上跟他们谈一谈，以弥补这个缺失。可是在看电影的数量上啊，因为他们在上课的时候，我全都在看电影，我看了多少电影是班上同学想象不到的。在这一点上，我们也是没法沟通。后来我就又交了一个朋友，叫朝，现在在北京当编导，他对电影有兴趣，他家在蚌埠，他爸是一所小学的校长。这个小孩读了大量的书，那个时期就读过《战争与和平》《安娜卡列尼娜》和《复活》了，他可以如数家珍给我们讲述细节，他也看了很多电影，没有我那么多，但是也看了非常多电影。他就很喜欢中国电影，他跟我讲了很多冯小刚的电影，《手机》挺好看的，跟我讲。在这点上，我们有共同语言。这小子吧，有方言的天赋，安徽话就不用讲了，他粤语说得极好，他唱的 Beyond 的歌真好听，我时常听他唱歌。但同时他发现我会很多歪歌，我在远中啦学到了一些小混混编的调戏姑娘的歌曲，他说，我靠，你会唱这么多黄歌呀？你太厉害了！你快教我唱。于是我们下课的时候我们两个就经常高声唱歌。"革命军队人人好老婆，你要我要哪有这么多"，"在国外我们来相会，老婆七八个，孩子一大堆"……我们就下课一块跟着唱。当时他志向挺大，他说他想成为一个像张艺谋那样的导演。以后想导一部像《暗花》呀《父亲母亲》①啦那样的电影，才比较有意义。

后来我又交到了两个女性同学，一个叫婧，一个叫静。静给我的印象比较深，她会跟我们讲，她很烦躁。为什么会烦躁？青春期，全身发热，我听到很有共鸣。有一回，她偷偷地把袖子挽起来给我看，全是一条条小刀片割的口子，她跟我说："我一到晚上难受的时候就会拿刀片，割自己。"我印象特别深的是什么呢？她一说完这个事情的时候，凯突然卷起袖子来说，你是拿刀割手，我是拿烟头烫手，他（有）三个烟头的烟孔。当时，我差点我也撸起袖子来，我自己打我自己，现在想也没有留下伤口哇。我当时是这样想，你们的痛苦我完全理解，我也自残。静别的跟我没有共同语言，独独这个青春烦躁上，我们聊得特别多。症状很多地方很像。她说，她从十七岁开始，之后的这么一个学期呀，她说晚上基本上都睡不着觉，整个晚上失眠——还是第一个女孩子跟我讲自慰这个事情——就说靠自慰来缓解压力。第一次自慰就是在压力中去自慰，后来说自慰都没有办法缓解压力了，就拿刀片割手。她那个脸色，我每每想起来，总是觉得她是村上春树写的直子一般的感觉，脸色都渗透着一种病态感，自闭感。她的脸，我每每感觉，我有那么一个瞬间，我很想，我跟她说我很想拿一个小锤子敲一下你的脸。我感觉她的脸苍白得血管都是透明的，不像是人的皮肤一样。她跟我说过一句话，那句话，我觉得，不就是村上春树里面的一句台词吗？她说，我总是想跟一些人去表达一个意思，每当我去表达这个意思的时候呢，我总是没有把我的这个意思表达出来。很烦，很烦，我就拿刀片割手。

还有一个女孩子叫婧，一个男人婆，做事干吗的没有男女之间的边界一样的感觉，就经常跟我们打架。她爸去了国外，她跟她妈，她说其实她在法律上是判给她爸，但是她妈会抚养她到她考上大学，上完大学以后，她就到美国去定居，跟她爸在一起——她现在在美国定居。她说她也并（不）喜欢电影，她说她是希望能成为一个优秀的记者。她自称自己有很多段爱情经历，现在这个男朋友，可

---

① 《暗花》是香港导演游志达导演的影片，不是张艺谋电影；《父亲母亲》应是张艺谋导演的《我的父亲母亲》。

能会在未来跟她结婚，她说他们两个初三就在一起了。那我说你不是要去美国吗？她说她男朋友答应她，也会考到美国去。然后她还给我看她男朋友的照片，我当时看了照片，脱口而出，这不就是个傻子吗，她气得要命，拿手捶我。

主人公辍学之后，再次走出家门，不是去旅游，而是去南京艺术学院参加艺术科目考试培训班。这一节内容丰富，值得关注的点也有不少。

第一点，是主人公高度紧张。精神理想是一回事，真的踏上通往理想的路是另一回事，所以他紧张。更重要的是，在家里待久了，自信心严重不足，社会化程度也明显降低，所以他紧张。例证之一，是有人爱护他、关照他，要他懂礼貌、尊重人，小家伙竟质问对方：为什么要尊重他们？这是一种典型的防御姿态，其实是要保护自己脆弱的自尊。例证之二，是在正式上课的那一刻，肚子疼、像是要拉屎，这是小家伙的老毛病，不必解释。例证之三，谈及自己喜欢的电影话题，明明想说自己喜欢看人性化的电影，小家伙却无法侃侃而谈，竟说"我想看成人电影"。这固然是紧张所致，但若弗洛伊德先生在，他可能会将这句口误解释成主人公潜意识的真实表达。那样解释，当然也不无道理。

第二点，是主人公处于强烈的欲望冲突中。证据是，老师让他编故事，他给编成了强奸、凶杀案。如果是一个精神分析医生，肯定会为得到这份心理档案而欣喜。小家伙的故事中全都是强奸和暗杀，既像是过去看过的动漫或电视回放，也像是自己欲望的投射，实际上是主人公心理的重要表征，说明他抑郁、愤懑和紊乱。只可惜，艺考辅导老师不是精神分析师，说这样写太黑暗，却未懂得佛陀所说，此时的主人公并非"生性黑暗"，不过是暂时"处于黑暗"之中。

第三点更加让人吃惊。参加艺考的静对主人公说"我一到晚上难受的时候就会拿刀片割自己"，而在旁边的凯突然卷起袖子来说，"你是拿刀割手，我是拿烟头烫手"。静的手腕上有诸多小刀刻痕，而凯的手臂上有三个烟头的烟孔。进而，主人公心里想的是："你们的痛苦我完全理解，我也自残。"用小刀割自己、用烟头烫自己、自己打自己的少年究竟有多少？我们不得而知。有这三个例证，足以说明主人公的同龄人，有不少人经历了类似的成长之痛。他们的成长苦难有一个共性，即难以通过正常高考的独木桥，不得不来参加艺术考试辅导班，在通向艺术考试的路上，他们饱经磨难，并以各种方式自残。是这些孩子有问题？还是搭建独木桥即用考分作唯一衡量标尺的教育理念有问题？我没有进行过专门调查研究，说不出所以然。好在，还有艺术考试，让这些热爱艺术或不那么热爱艺术但却有些另类的少年，有一条人生成长的可选蹊径。

最后，我不能假装没有注意到主人公学抽烟、让老爸买烟的细节。小家伙学抽烟，或许是觉得很酷，或许是要通过来回递烟交朋友，或许是要舒缓内心的紧张和郁闷，总之是这么干了。老爸居然也去替孩子买了烟，此时的老爸已经不是通常的老爸，而是孩子的秘书护卫。这么干好不好，我难以判断，但我理解这个老爸。我也理解这个孩子。我知道抽烟不好，但我没资格说三道四。

61

艺考与高考

陈：补习以后接着就考试吗？

子：年后就考试。

陈：年后考试的经历是什么？

子：考试的经历就是没考上嘛。

陈：考的科目是什么？

子：《红颜》，李玉的《红颜》。

陈：考试的科目只是写一篇影评？

子：影评，编故事，面试。我第一试没有过，就是写影评。

陈：写影评就没有过？

子：对。而且，朝也没过，郎也没过。凯过了，婧过了，静过了，南京人好像都过了。

陈：你没有过的原因是什么？

子：当时肯定是——我知道自己没有写好。

陈：知道自己没有写好？

子：当时我知道，我清晰地知道我没有写好。

陈：不是因为你是外地人？

子：不是因为（我是外地人），我当时知道我没有写好。我不懂怎么处理结构，但是那时候我并不知道这是结构问题，我只是感觉到我没有办法把一篇文章变得像文章。虽然我不知道好影评怎么样，但是我知道你总要让人看明白你要说什么吧。你不能和稀泥一般去讲这个东西啊，这是第一点。第二点，我觉得南艺（考试）的《红颜》，电影也超出了我当时对电影的那种读解能力。我也读解不出里面的主题来。

陈：你艺考班结束，回南昌了？

子：回南昌了。

陈：在这个阶段，你写了几篇影评？

子：基本上就变成了每天都写了。

陈：写出来后给你老爸看？

子：给老爸看哪。

陈：老爸看的结果是什么？你们交流的话题是什么？

子：他觉得我写得有进步。毕竟在南艺学到了一下专业术语和一些基础知识，在知识面上面会有些提高。另外就是，看电影的范围变得更加广了嘛。那段时间回到家之后，我跟我爸说，中国电影其实也是挺好看的。那段时间就恶补中国电影了，把老电影到新电影全部看了一遍，从《八千里路云和月》看起，《哀乐中年》啦，然后张艺谋那个《活着》《秋菊打官司》，到陈凯歌的《黄土地》呀，《霸王别姬》呀（全都看了）。当时想找到我在南艺看的那些第六代导演的电影，充满了兴趣，很想看。找遍了网络，找遍了碟店，就找到了贾樟柯的三盘碟《小武》《站台》《任逍遥》。后来在网上又淘到了用牛皮纸袋子装的——是刻录的——贾樟柯的学生作业《公共场所》《小山回家》。看了这样一些电影，然后我还记得我还写了一篇《小山回家》的影评。当时我们俩还有争论，我爸觉得《小山回家》这个电影啦，是十分一般，没有好的地方，特别一般。我当时觉得《小山回家》电影特别好，我说这个电影多好哇！一个民工想回家，他挨个上门去（见）那些朋友，但这些朋友最后每个人都因为自己各自的理由，没法回家，有的因为做妓女回不了家，有的是因为买不到火车票回不了家。结果最后——我说最后这个情节安排得多好——小山自己把头发给剃光嘛，好像最后剃了个头，意思就是我独自回家嘛。就这么个细节。你看得就心里会觉得很难过。我好像影评中写，就好像是，隐藏在剪刀背后的戏剧高潮，①就好像我举了这么一个说法。就是说那个下剪刀剪头只有一个镜头，但里面把可能好莱坞很劲爆的场面所蕴含的感情，都蕴含在这个里面，我觉得里面有东西，我很喜欢那个电影。跟我爸这么说嘛。他觉得不好，我们两个对电影的好坏有争论。然后呢，关于怎么写影评的问题，也有争论和分歧，我总觉得，写影评嘛，你这个人物就是人物，你还是写人物在你这个电影中的感受，所思所想啊，是他在这里的遭遇，是个人的。但我爸呢老有一个时代烙印，他觉得什么电影都是表现一代人思想，什么电影他都是觉得是表现一代人（的典型），《站台》也是表现一代人的迷茫。然后讲到后来，我说，你是不是想告诉我，黑泽明的《七武士》也是表现一代人的迷茫？你是不是（说）《辛德勒的名单》也是表现时代的创伤？你是不是所有电影都是表现一代人？我们俩就为这些争执了很多次，还对电影的细节进行了探讨。

陈：你们两个争执，会让你不快吗？

子：没有。

陈：你爸跟你观点不一致，你没有不快？

子：没有不快。我是觉得，我唯一的感觉，他受那个时代的影响好重啊，跟我的想法好不一样啊。但是我觉得我的想法好像是对的。然后我们会沟通嘛，会争执，但是不快是没有的，那段时间真的是燃起了要好好考上学校的心。

陈：你考试后回到南昌，发躁的频率没有变化吗？

子：依然还会正常发躁，但是好一些。

陈：好一些，是发躁的强度降低了，还是频率降低了？

子：频率降低了。从南艺回来之后哇，我也参加了高考。当然我也还是考得很差。

陈：高考？你参加了2006年的高考吗？

子：对呀，我考了三年。

陈：啊？你考了三年？也就是说每年都参加高考？

子：我参加了三年高考。我参加了2006年、2007年、2008年高考。而且没人逼我去，我自己参加了。我们觉得就跳级考试，也不上高中了。通过艺术这个途径，通过考南艺，我们就有了共识，哎呀——突然想到——达成共识了。我们终于可以父子（达成共识），我妈好像也看到了希望，觉得（可以）跳过（读高中）这个环节，通过艺术的途径，重新走进大学。我也找到了激情，想要从事影评的工作。南艺落榜的那一天，我独自在厕所流下来三滴眼泪，并且跟南艺的一

---

① 这话的意思是说，小山剃头的剪刀背后，是电影的戏剧高潮所在。

个大学生打了一架，看他不顺眼，看他在那里搞牌子，我就挑事，就纯挑事，发泄啊，我跟他打了一架。

陈：怎么挑事？怎么打架？

子：我就过去推他呀，纯挑事。他是我们监考的一个学生，我就纯挑事，把考砸的气撒他头上了。跟他打了一架，然后被同学拉开了。当时考完之后，心中还是很难过。我知道自己没有写好，我回去之后，继续练影评，（准备）明年继续再考。那时候我买了高中的文化课本，语文数学我都买了，自学考大学啦，我就决定从这个时候开始学，我明年可以再来一次。

陈：2006 年的高考，你初中都还有半学期没学，高中没上，总共缺了六七个学期的课，能看得懂、学得进去吗？

子：当然学不进去了，但我尽力在学。我开始坐在椅子上面，一页一页看，（这个题目）到底怎么解。

陈：你确实认真地在看，是吧？

子：而且越到后来，就第一年看的频率是一两个小时，第二年就变成了两三个小时，① 到了最后——我爸都有记忆了——到了最后 2008 年那个时候，我可以一天坐六七个小时了。就是越来越久、越来越久，就是开始看（书）了。但是有一些真的看不懂。我就想，我是艺术生嘛，我不知道当时考电影分数要那么高。

陈：第一年的高考总分是多少？

子：我一直在 200 分左右打转，从来没有上过 300 分。但英语提升了，在我的努力下，从 20 分变成了 50 分。语文在我的努力下提升了，从 60 分变成了 90 分，100 分。② 这几门就是我能努力的课啊。

陈：第一年的总分有 200 多分，是吧？

子：第一年就 200 多一点。第三年我应该接近了 300 分，我在慢速地增长。第三年我英语考得最好，在华③ 每天的督促下，就考到了 78 分。第一年英语我好像只考了十几分。

陈：英语十几分，总分怎么可能达到 200 分呢？

子：我语文（还不错），还有历史啊，这一块呀，历史那些还可以呀，文科是要考历史的呀。

陈：历史地理是综合卷子吗？

---

① 这句话的意思是，第一年每天看书一两个小时，第二年每天看书时间提升到两三个小时。

② 语文考卷总分是 150 分，能考 90 分、100 分，是很不错的成绩。

③ 这个华，是主人公父亲的同事，帮助主人公复习英语。

子：当然，都算分。历史和地理，我当时抄的那些，还在家里保留，真的抄了不少。就是为了让自己能背下来。当时有点静不下心来，就是背的时候哇……

陈：学习的时候还是会发躁？

子：一个发躁，一个走神。

陈：这是你两大特点。

子：而且在那个时候就更加严重。因为我荒废了一段时间了，再要坐在那个椅子上弄啊，看那个东西，着实是有一点点难。所以我就干脆改成了每天抄呗。先是抄，我印象中历史我还做了一张表格，我心里想不就是几几年发生什么事吗？我就背，几几年发生什么，我就全把那个历史时间表挨个勾出来，不停地背，不停地背那个数字。经过这些方法，尽量让自己那个（熟悉），但是还是写些影评。① 到后来写影评哇，那段时间遇到了一个很大的困境，写影评遇到了一个巨大的瓶颈，我突然变成一个字都不会写了。就是从南艺回来之后，就是看什么电影都看不懂。一个字都写不出来。

陈：不会写了？为什么呢？

子：不知道。就是完全空白，也许是在南艺受到了刺激。

陈：南艺的艺考没过关，是一个挫折？

子：挫折。总之，就是脑子体力（跟不上）。也有一种可能啊，庞大的高考压力，已经分散了我的注意力。但是我还是会，我一天学两个小时，我还是会下午看一个电影，我还是在写一个影评。那段时间，我不知道我爸是什么心情啊，是欣慰呢？还是不欣慰呢？我会因为写不出影评而非常的沮丧，我就会跟我爸谈啦，写不出影评那种创作的苦恼。就是说一个字都写不出来了。脑子里头像是，他妈的，一片空白呀！看完那个电影，我坐在椅子面前，一张白纸，我坐两个小时，我一个字都写不出来。我完全不知道怎么写影评了。就写不出来，很长一段时间写不出来。然后就不行嘛，就是很困难，沮丧。那段时间看电影其实没有感觉，到了后来看电影就有一点点出现那种情况了，就看着这个电影，还想着上两个电影，我没有写出来，所以这个电影我也就没有看进去。还留在上两个电影在讲什么、该怎么写的阶段中，（脑子）去打转。有那么一两天，我主动提出来我能不能到我姑父家去补习一下，我快高考了，我就骑车过去补习了。补习的结果，回来我又发躁了。

陈：又发躁？原因是什么？

子：又被宇刺激了呗。就是宇——很奇怪啊——家里突然允许宇玩游戏，在

---

① 这句话的意思是，在复习文化课的时候，还想同时练习写影评。

打一个游戏，叫《盟军敢死队》，我难得就获得了一个玩游戏的机会嘛，我陪他玩了一些，①但那天，我上午补了几道数学题，但以我当时的能力呀，我都没有学过高中，初中还拉了六个月，那只能讲一个简单的东西嘛（复杂的题目我不可能懂）。我就跟他玩了一会，玩的时候他就开始骂我，说你个笨蛋。

陈：宇骂你笨蛋？

子：回家就砸东西呗，发脾气，砸东西。

陈：你从姑姑家回来，心里不快，回来砸自己家的东西？

子：对呀，憋不住砸自己家的东西。

陈：然后呢？

子：砸完就好了呗。我们家那时候就是觉得，你砸吧，砸完了反正又正常了。就这种感觉，砸完就正常了。又有那么几次，学习实在是很躁动，就学不下去。哎呀，尤其是学数学，英语我还能稍微背一背单词，数学我是一点也学不进去呀，又发脾气呀，发躁哇——但好像我就记得没有砸东西——就不停地吼叫。就跟我爸说，我学不进去，我考不上。然后我印象中，我晚上又做了一个梦，我梦到前面是一条永远看不到光明的黑路。我在黑暗中。

陈：你做梦做得像作文样的直白，怎么回事？

子：这是真的，真正的梦。

陈：真正的梦？

子：而且当时我跟我爸交流了，我说做梦，我梦到完全看不到路，前面全是黑的，就全是黑的。而且我感觉我在那个黑暗中行走，我喘不过气来。

陈：梦里也喘不过气来？

子：梦里喘不过气来。

陈：不是真正的喘不过气来？

子：就是我在梦里头喘不过气来。然后我就跟我爸说，梦里头是这种景象。其实我的感觉，我其实没什么希望，考试我不可能考得很好，可能也永远考不上大学。当时就这样说。这个梦是一个我印象非常深的梦。就是一片黑、一片黑，很难受，很难受。哎呀，看不见。我听到我梦里头在喘气呀，喘着气，就是当时我心境的景象啊，就是觉得没有什么希望。

然后背单词吧，印象中我让我爸给我听写了一下，就是陪着我一起学了学，听写了一下，有时候实在学不下去，干脆就不写了，就出去散散步算了。七八点钟，我们就一起到外面去走路哇，散步哇。然后，那时候啊，就会——我发现我

---

① 意思是，玩了一下。

在家待得太长时间了。而且我开始抽烟了，我开始明目张胆地在那个办公区呀，我们那个院子里头哇，抽烟啦。而且很多人还来告状，有些同事还来告我爸的状，①说这小子抽烟了。我爸妈就不吭声嘛。他们知道我抽烟，明目张胆地抽烟，我记得我碰到过程老师——那时候她爱人已经退休到北京工作了，她也去了北京，偶尔暑假就回到了这个地方，或者是中间会回来——有一天散步我就碰到了程老师，她就跟我说——我本来以为她会批评我，但是她跟我说了一番非常慈和的话——她说，你知道吗？机器放久了不动，它就会生锈，在家待久了，你的身体会长，但是你的适应社会的能力会生锈。

陈：这样说话你能接受，是吧？

子：哎。程老师的话我很多我都能接受。我一直把程老师当作一个好人。就是这样，而且那天她讲那一番话的时候，她讲的真的和颜悦色呀！我实在是没有什么（反感），而且那个时候，我脑子好像有一点……

陈：有点开窍了？

子：起码我在学呀。发躁，我想即便不像我这样发躁的一个人，但是拉下这么多课，你再要学，他会发躁也是正常的嘛。后来我又有一到两次，我到我姑父那里补习的经历，那两次我有感觉，我姑姑和我姑父对我（态度）有一点点改观。为什么？他们看到我抄了好多历史和地理的知识点。他们看到我背一个好大的提袋子过来，问我在干吗？我说这是我抄的历史地理的知识点。

陈：袋子有多大？

子：有这么多〔用手比划〕，一大摞。抄了很多，就是用笨功夫抄啦。

陈：那么一大摞，那有上千页呀？

子：我觉得有可能，我抄了很多。真的抄了很多。我那段时间，抄是狠命地抄。另一方面，它不可以消解烦躁吗？那时候，这不也是一种运动？然后就抄嘛。发现我抄了很多，连宇都没有怎么说我了。那之后，我感觉到（他们的态度）确实有一些些变化，看到了我的努力之后。然后我姑父教我一些数学题嘛，有些我真的不会，基础太差了，但是有一些我感觉到，好像我也解不出来，他有时候提点我一两句，我有时候呢又能解出一点点。有那么二十道题，能解出来一道两道。在他的提点之下，虽然只能解出一两道，但对当时的我来说，是很大的精神鼓励了。但是，确实这些持续的时间啦，听起来很光明，其实是坚持三四天学习，又有那么五六天我学不进去。我又进入了一个废武功状态。那个时候，我要不就是抄单词，纯属发泄了，要不就是，那时候我会朗读一下书，一个人骑个

---

① 意思是说，"向我爸告状"。

车到江边，拿一本《中华散文集》偶尔朗诵一下。也有那么几次我就纯在外面瞎逛，闲逛，就是感觉到心中的那个燥热慢慢地消退了，平复了，一平复又平复了四五天。学了三天四天，平复了五六天，这是正宗的三天打鱼两天晒网时间。

陈：发躁的时间比那个学习的时间长？

子：零五到零六，零六到零七，一直都是发躁时间多于学习的时间。一曝十寒嘛，用那个词（比较合适）。之后就好一些。好就好在，现在回忆起来，还真的没有做出把书本全部烧掉，再也不学的这个举动。

陈：从没有这种冲动吗？

子：那时候其实有很强烈的梦想，就是考，想去写影评，想学电影，是真的很强烈。真的是有燃烧起来的冲动，这一点从来没有改变过。虽然当时写影评呢，在南艺回来之后，我一篇影评都没有写出来，但我看了一堆电影，我见到陈叔叔你的第二天，我就写出一篇影评来了。

采访人札记

本节是非常难得的康复档案。是主人公备考过程，也是自愈的过程。不过生活不是童话，不会因为主人公找到了奋斗目标就"从此过上了幸福的生活"。

主人公自我主体性被严重压抑，导致心智迟迟未开，因不适应学校环境而出现身心系统故障，辍学回家如困兽，显然更无助于心智开化。即便找到了艺考这一奋斗目标，也只是一个目标而已，心智将开未开之际，主人公仍然充满孩子气。典型的例证，是他自己考得不好，就去找人打架撒气，这一行为甚至谈不上是外向归因或错误归因，而是他还没有学会思索、不懂归因是怎么回事。

另一个例子，是他仍然对环境很敏感，对他人的眼光和言语更是敏感至极，宇说他傻瓜，他就十分生气、狂躁、回家砸东西。任何一个有生活经验的人都明白，宇说他傻瓜，只是就事论事地说他游戏玩得不好而已，并不是对他智力的否定，更与他人格无关，但主人公却不懂，只顾生气狂躁。与此相对应的是，姑姑和姑父觉得他很努力，他就兴奋到福至心灵，居然能解一两道数学题。

我一直在想，主人公发躁，果真是有心理疾病吗？如果是疾病，那是怎样的疾病？当真是神经症吗？主人公说，头一年每天只能学一两个小时，且连学几天就会有几天发躁，三天打鱼两天晒网，甚而一曝十寒。主人公至今都还将这种状况归因于心理疾病或心理问题。在我看来，这更像是主人公心理的一种不良习惯：遇到问题就发躁，这是典型的小孩脾气，或者说是"小皇帝综合征"。原因不过是，他不懂得解决问题，也不会去寻找解决问题的方法，只会发躁。因为发躁非常简单，习惯成自然，而且还可以逃避责任，久而久之，这种小孩脾气逐渐固化为一种心理—行为习惯。看起来，就真的像是心理疾病或心理问题了。此种症候的原因，是心智未开，更是自我主体成长受阻，没有自我主体，如何去理解问题？如何去解决问题？不懂得没有把自己的行为改善与别人的态度变化联系起来，即不懂得寻找自身原因，只会在遇到批评时过度敏感，以至于发躁砸东西。当然也可能是有病。弗洛伊德说：神经症似乎是一种无知——即病人不知道其应该知道的精神活动——的结果。这与苏格拉底的罪恶基于无知的著名学说非常相近。[1]

好在，主人公找到目标后，自我主体性在生长发育中。他正在练习自己管理自己，抄写数百页历史、地理知识题，就是最好的例证。也就是说，遇到自己力所能及的事，他会努力应对，并由此增强自信心；遇到自己暂时无力解决的困难时，他就会发躁，或是觉得自己"没希望"。小家伙有一种特别天赋，那就是他的梦总是主题鲜明，他还没有意识到问题时，梦里就出现大面积黑暗。

本节最大亮点，是主人公在看电影时，有一个重要的人类学发现：他自己是个人本位，而父亲却是集体本位。这一发现意义重大。我和孩子老爸是一代人，我可以作证，我们所受的教育，我们的思维方式，确实是集体主义的、是以"我们"的方式思考，并且以"我们"的方式感受世界、评价电影，甚至还有许多人以"我们"的思维方式创作文学艺术作品。我们这一代人中，只有部分人找到了个人自我主体，而且寻找和建构自我主体的时间远比下一代更长也更艰难。这，实际上也是我和孩子老爸没有做好当父亲的准备的真正原因，同时也是父子或父女产生代沟的原因。好在，孩子已经发现了代沟的存在，且父子能够沟通，孩子不再为此生气。

---

① ［奥］弗洛伊德：《精神分析导论讲演》，周泉等译，国际文化出版公司2007年版，第239页。

62

疑似初恋

陈：下面说说你与女孩娣的交往？

子：在我南艺艺考结束，在回来的火车上，有一个妇女过来问我，你是不是也参加了南艺的艺考？（后来才知道）哦，一说，就是说她女儿呀也参加了这个南艺的艺考。我说是谁呀？一点印象都没有。因为在那个艺考培训班上，我基本上都不正眼看人，导致有印象的人不是那么的多。就是走了的几个人印象很深，其他的人没有很深的印象。后来，她那个女儿，也叫娣，是一个非常常见的名字了。后来当时我就看她——就往那边看，是谁——后来就是看到了那个女孩，有一些略微的印象。后来我爸就鼓励我去跟她去交流一下。

我就问她：你考得怎么样呀？她说她考到了初试、复试，考到了三试，那个面试。问她在那里上课呢？她说她是在那个莲中，莲中上课。然后我好像还问了一下她妈是干吗的，她妈好像是在洪城大市场附近住，然后，卖器材，卖电器器材。然后当时我就问她是怎么写影评的——我那时候第一关心的就是我的影评为什么没有过关。问这个女孩怎么写影评。她说——这个女孩子看电影的思路呀，我当时觉得好像比男孩子要好样的，这个女孩子看东西就细，就会注意这个《红颜》的影调哇，色彩呀，就是说，现在看你来就是没有那么多想法——揪住了一个点，把它给写完了。然后这件事还让我记在心里，回到家一段时间还经常看色调。

对那个女孩子的感觉是怎么来的呢？其实就是，之前跟女生沟通啊，就是说，跟婧沟通也好，跟静沟通也好，好像从来都没有把这两个女孩子当作女孩子。婧是个假小子，没有女性的气息。静嘛，有女孩子的气息，但有一点点——太像生病的人。我的感觉，或者是跟自己太像。显得像兄弟，不像男女。这个女孩有很强烈的女性气息，就是她话不多，会有羞涩，看你的那种眼睛啦，她是有那种含羞带涩的那种感觉。那个时候哇，在火车上，心里头有一些微微的波动，但是，不是很强烈的那种。当时也读过一首诗了："关关雎鸠，在河之洲，窈窕淑女，君子好逑……悠哉悠哉，辗转反侧。"当时脑子里还想起这首诗。也谈不上辗转反侧，但是在想到这个女孩子的时候，心里头有一点点温暖的感觉。

就见到这个女孩子了。这是我们的第一次见面。我们还留了家里电话。后来，南昌有一个艺考，在江西师范大学里面的统一的艺考考试——你所有的艺考生，在外校考过什么科目，你在这个学校还要统考一次。那次我们就又见面了，就在江西师范大学像一个教学楼里头，那次考试我记得是考了什么？我记得是考了《孔雀》，应该是《孔雀》。

陈：顾长卫的《孔雀》呀？

子：嗯。应该是顾长卫的《孔雀》，当时，我记得那个电影有三个小时吧，^①很长啊。当时看了那个电影写影评嘛，那次写影评哪——那个女孩又是她妈陪来的——我那时候印象挺深的就是（自己）考试的时候没怎么集中精神，总在想啊，怎么跟这个女孩多说上几句话。后来回家，我们一起坐202路公交车，因为202路的终点站就是洪城大市场。离终点站第四五站就是我家。她妈——好像有这么一个情节——她妈呀，她妈知道，我跟她妈说过，我在家里自学，我这次南艺呀什么的都没有考上，好像说了。我觉得当时我很惊讶，我当时自卑感有所减弱，没有觉得跟别人说我在家自学是羞于启齿的事情。有一段是比较不敢，尤其不敢告诉勇呀、泉，我在家里，（隔了）很长一段时间我才告诉他们，我已经离开学校了。那一刻我好像正常的就告诉她们家里的人，告诉她妈，我在家里自学，这次考试啊，我只考了南艺，没有考任何别的学校。然后她妈就跟我说，这个女孩，娣，她考了很多所学校，什么南艺，浙广，浙传，天津师范大学也有一个影视专业（她都考过）。我记得她妈——她妈人非常好，我觉得——就给我们讲了，我记得她邀请我下车——在不到我家的时候，我们好像在心远附近下的车——下了车，她领我们，我们两个去了一个书店，可以借书的书店，^②她妈居然有一张借书卡，她让我也借一本书回家看。我印象很深，我当时转了一圈，我借了一本，那本书啊，好像是一本俄罗斯小说，^③叫《你到底要什么》，我居然借了这本书。

陈：柯切托夫？

子：因为名字太独特，我印象很深。好像我正在思考我到底要什么的阶段，我就自然而然地借了这本书《你到底要什么》。于是就回去了嘛。回去之后哇，

---

① 电影《孔雀》的片长是141分钟。

② 此处表述有误，主人公去的地方应该是江西省图书馆。

③ 表述不完全准确，应该是苏联小说。

我对这个女孩有好感，但这种好感，不至于到辗转反侧、更添烦恼的地步。还是——好像那时候跟我爸（我妈）的关系已经改善了非常多，我给我妈讲了这个事，当时我妈听到这个事啊，还有点不高兴的意思，那个女孩有什么好看的，乡巴佬一个，你看看你老妈十八岁时候的照片！她还真去翻找她十八岁时候的照片。老妈吃醋了，就这种感觉。就给我看照片，当时看完我妈的照片，我说了这么一句话，你现在已经很胖了，但那个时候你依然胖的像个孕妇，有重度婴儿肥。我妈就非常不高兴。好像那天晚上她和我爸在超市里头买东西还说这个事情，那女孩有什么好的？一点也不好！

陈：你妈见过那个女孩吗？

子：见过，我妈艺考的时候跟我们一块去的。

陈：哦？你妈也陪你去艺考？

子：对呀，我爸也带我妈去玩了。我们住在一个宾馆里头，一块去见过。然后我们又有过第三次见面。

第三次见面那一次——我好像有一点想念这个女孩，还会在星期五左右回到家里头，我有一次就打电话去找她玩——那一次啊——那个女孩，现在看来是个妈宝，是个妈宝①——然后她就领我去了她们家在洪城大市场的那个商店。那也是对我算是一个新的体验吧，因为我没有进入过这种小工商业者他们的生活中去看过，（这次）见到她爸，她外婆，她们一家人都和善，但她爸对我的到来是充满戒备和提防的心理。她爸也问了我，在干吗，在哪个学校。我当时又坦诚地把我的经历说了一遍，她爸就没有多问我了。然后——她妈当时还挺关心我的——就问我，你爸有没有关系，就通过熟人，比如说去买通南艺的老师，入个学什么的。我说，没有，我初试都没有过。那天去她家（商店）的时候，吃了个饭，她家专门点了几个菜，专门为我点了几个菜。之后，（我）食量惊人，然后就是实际上他们觉得我（的食量）有点吓人。就是他们家，包括她爸，每人只能吃半碗饭，我居然能把所有多出来的饭全部吃光。他们都吃不完的菜呀，全部都吃个精光。她爸和她妈用非常惊讶的眼神看着我，还有这么能吃的人在。同时我也很惊讶她们家的一个情况——我当时也觉得更惊讶——我感觉就是他们家的条件不是特别好，很一般，但是对于吃方面啦，显得有点浪费，就是菜和饭啦，他们就会倒掉。倒掉，这在我们家是很难允许的情况。当时感觉两边看对方都有一点小小不顺眼的味道。之后我就回去了。这就是第三次的见面。

后来我就陷入了最严重的综合征，就是我天天琢磨着怎么写出更好的影评

---

① 妈宝一般是指"妈宝男"，在主人公看来，女孩也有妈宝。

来，（写出）更好的影评来。中间我得知了几个消息就是——各自我们短信交流，不只是跟这个娣姑娘，婧，静，还有朝，他们都有交流——静最后得到了南艺的三试通过的录取通知书，就是你已经过关。婧没有得到。但是婧得到了浙传和南广的艺考（过关）通知书。朝跟我一样——他好像考了三四个学校啊——都没有过关，他准备复读，但后来他没有复读，他爸给他报了一个石家庄的一个民办学校。凯得到了最后南艺的机会，但是他没有去，他说他想参军，他确实也去参军了。郎是得到了南广的录取通知书。娣得到了天津师范大学的录取通知书，南艺也没有通过。我印象中，那天我是给他们所有的人发了短信，打电话，那天的心情是比较失落的。没有想到还有一个朝在家，跟我一样哪有没过。但想到的是，大家怎么都能通过考试，我就通不过？起码面试通不过，那可能口才不行，因为那时候我觉得自己还挺不能说的，就觉得讲话没那么顺溜。影评通不过就觉得自己有点低人一等的味道，但是心里头又有一点（不服气），以前在学校里面也没有的竞争之心，但是那一天下午升起了很强烈的竞争之心。我一点也（不差），如果是文化课不如他们，那很正常，但是这个写影评啊，对电影的兴趣方面啦，我一点都不比他们逊色，只比他们有过之而无不及。但是为什么会差那么远呢？人家天天在学校里写作文了，我很久没有练了，疏于修炼，必然会这样。更想到的就是我要加紧训练，明年我要考个好的学校。那时候，还有一个美好的想法，就是考到天津师范大学去，跟娣在一块，就不比她低一等了。有这种想法。

　　我又练了影评。后来我还记得，那段时间我买到了几个第六代导演的电影，王小帅的电影《十七岁的单车》，买到《青红》，买到了贾宏声演的《极度寒冷》，还有个电影叫《扁担姑娘》，这四部电影。[1] 然后还买到了一个第六代导演，叫——死掉了——叫路学长吧，他有一个电影叫《展虎》。[2] 还有一个导演叫章明，他一个电影叫《巫山云雨》，《秘语十七小时》。当时我们那里有一个叫真优美的碟店，那个老板是一个文艺青年。我爸就给他列了个碟单，他后来给我爸打电话，说我们列的碟大多数都给你进到了。然后还买了一个禁片，《浩劫》，就一袋碟拿走，我就回家了。结果就是影评没有写出来。就觉得每一部电影我都读不懂，每一部电影我都看不明白，每一部电影我都不知道怎么样下笔。然后又写了一段时间，又休息了一段时间，又学这个高中课本，也烦躁。

　　越接近高考心情是越加烦躁。有的时候，我记得夜晚烦得很厉害的时候，我还给朝啊，静啦，打过电话。然后静说她最近有恋爱的感觉，她说她喜欢上了

---

[1]　上述四部电影都是王小帅导演的影片。

[2]　可能记忆有误，路学长导演没有一部影片名是《展虎》。

进，就是那个南艺的老师进。我说，啊？你怎么会喜欢上他呢？她说进特别酷。她说她还通过在南艺读书的她认识的一个学生给进送过一盒巧克力，但是没有写自己的名字。还到网上去发了疯地（搜）进的照片，找到两张进在大学时期留在南艺网上的两张照片。朝呢，说得超轻松，他说，到了现在这一步，他首先——朝说，朝在考高考的前两个月恋爱了——说他跟班上的第一美女谈恋爱。我说你小子气魄真大，你不怕考砸呀？他说，老师跟我说了，现在这一步的时候多学也没有用了，你可以放松了，所以我现在就开始玩了。就是朝嘛，我们有过沟通。相约我们明年一起去考更好的电影学院。大家心里都知道，那肯定就是北京电影学院了。朝心里他还想做一个导演，我那时候并没有说要做任何导演编导的想法，我只是想写影评啦。当一个评论员挺好的，只有这么一个念想。

后来不知不觉——但其间好像有一段时间就把（叫）娣的女孩忘记了，好像只是淡淡的青春的一个点缀似的。更多的我好像纠结在明年我怎么战斗这个影评上面。真的是觉得头痛五斗，写不出来。我就这样考了高考嘛。我印象是在十二中，就离我们家并不远的一个地方，参加了高考。印象中我高考的课前课后哇，好像我们南昌所有艺考生啦，不良少年啦，或者是不愿意考试的学生，好像都，就是边缘化学生好像都安排在那个学校一样。那个学校开考前、开考后，每一个学生都在抽烟，男生都在厕所里抽烟。当然我那时候已经成了个烟枪了，就觉得无所谓，也在里面抽烟。就这样考完了。考完，认识的每一个同学、朋友挨个打电话。

陈：你高考的时候你爸爸送你吗？

子：没有。我三次都没有。

陈：都是你自己来、自己去呀？

子：我从南艺……（开始）他陪过我。后来艺术统考都是我自己去的。我现在想来，我还没有恐惧到漏考，（想）拉屎、恐惧逃跑的地步。

（高考结束后）我就挨个给所有人打电话嘛。婧说她考得很好。朝说他郁闷得想自杀，说考得一塌糊涂，题目都不会做。然后说他郁闷得在街上玩游戏机。我印象中还鼓励他，我说没关系，大导演很多，成绩都不怎么好。我说贾樟柯成绩也不怎么好——那时候我已经比较了解贾樟柯了，是山西汾临小县城出来的，他成绩也不好——你也许就是第二个贾樟柯呢。对不对？我就跟他这样说了。然后我又跟凯啊，静啦（打电话）。静好像也爆发出之前没有考试的那种能量，她说她也考得很好。后来我印象中啊，我跟娣打电话的时候——我是最后一个打她的电话——打电话的时候就是她爸接的电话，她爸就问我有什么事？我说我想问一问她考得怎么样。她爸就是显然不想让我跟他女儿说话了，他说，不知道，刚刚考完，那怎么知道考得怎么样呢？然后说完就把电话挂了。那时候我就意识到，他不希望我跟他这个女儿来往呗。他大概觉得我是一个不良少年。

我妈好像在外面听到了这个事情。[1] 我就跟我妈说呀，娣她爸把我电话给挂了，可能不希望我跟他女儿来往。然后我妈就去跟我爸讲这个事情，我感觉到我爸妈非常的紧张，似乎又是一场惊涛骇浪，砸墙、砸瓶子的前奏吧。但那天哈，我居然让他们惊讶的，也是我自己也很惊讶，我平静到——简直是无比平静——内心也没有任何的不理解她爸，或者是要骂他爸的那个想法。我就跟我爸妈说，以后不用理娣了，她爸妈不希望我们来往，我就也不用考什么天津师范（大学）了，明年我可以专心考我想考的北京电影学院了。完全没有问题了。我当时说了这么一番话。之后，这个女孩的情况被我抛到脑后了。似乎她在我的生命中没有留下什么很深的伤痕，反倒好像是他说完的那一刻，我还能理解他——理解她爸一样。我印象中第二次见陈叔叔你的时候，我们还谈过这个问题，你当时还跟我说，父亲很多很多难做这个决定。我就说，是哇，我也理解。我们当时在你去台湾在门外沟通，[2] 我们有交流。这个女孩的故事这些。我就准备来北京了。

采访人札记

主人公和娣的关系，有一点像是初恋，却又不像是真正的初恋，所以取名《疑似初恋》。主人公眼里的娣，有"很强烈的女性气息"，话不多，眼里有羞涩，从而让他"心里头有一些微微的波动，但是，不是很强烈的那种"。进而，主人公想起《诗经》中"窈窕淑女，君子好逑……"，说"谈不上辗转反侧，但是在想到这个女孩子的时候，心里头有一点点温暖的感觉"。进而，"考试的时候没怎么集中精神，总在想啊，怎么跟这个女孩多说上几句话"。这岂不很像初恋？

说不像真正的初恋，是因为男女主人公没有单独约会——唯一的一次约会是女孩将主人公带回家吃饭，与其父母家人在一起——没有情话，更没有情书。更重要的证据是，主人公在娣家吃了三大碗饭之后，基本上就没了下文，且"其间好像有一段时间就把（叫）娣的女孩忘记了，好像只是淡淡的青春的一个点缀似的"。最后，当主人公发现女孩父亲不鼓励他们交往，他们的关系也就到此为止。遇到障碍就会发狂发躁的主人公，竟是风平浪静地接受了这个句号。

---

[1] 意思是说，主人公在打电话的时候，妈妈在外屋听到了。
[2] 去台湾的门外，意思是指办理去中国台湾的证件机关办公楼的门外，在等待入门时我们说话。

关注主人公的初恋情感，有多重原因。一是孩子即将年满 18 岁，正是思春的年龄。我知道他从初中一年级开始就饱受欲望和异性想象煎熬，在辍学期间煎熬更甚。我在采访时有这方面的专题，主人公也诚恳坦荡地陈述了他饱受煎熬的记忆，其具体行为与心思与初中时的表现大体相似。考虑到篇幅有限、读者观感、怕扰乱叙事主线等原因，而没有将主人公这一段时间的欲望冲突的痛苦经历编入这部书中。在这样的年龄段，对异性的兴趣是人性本能的显现，针对这一情况，有些国家鼓励异性交往，有些国家禁止恋爱，因国情不同而采取不同规章，也许各有道理，对此不作专题讨论。是否真能禁得住？却是一个问题。

初恋是成长的一部分，也是青少年自我意识、人格风范、心智水平和行为方式的具体呈现。问及主人公的初恋经历，是想探讨他如何思念某个具体女性，如何想象、如何感受、如何理解初恋的对象。主人公的情形只是疑似初恋，因而无法从中找到他如何感受对方、如何理解对方的线索，从而也就无法判断他的心智成熟度。当然，主人公疑似初恋的过程本身，也透露了不少相关信息。

主人公与娣的交往之所以是疑似初恋，且匆匆而过，有两个干扰因素。一是家长的反对（如主人公的母亲）和监督（如娣的家人），二是高考的压力。若因家长的反对或监督而中止初恋，那可能是恋爱中人情感不深或主体性不强、意志不坚——主人公说后来意识到娣是"妈宝"，即可说明问题。其实主人公也近乎妈宝或"爹宝"，因"生病"而恣意嚎叫，却又离不开父母照顾，看似反叛少年，下意识中却时时受父母的暗示而决策和行动。比较复杂的是高考压力，这牵涉到恋爱与高考的重要性排序。看起来，主人公和娣都把准备高考放在第一位，情感让位于高考，其初恋也因此成为这样的疑似初恋。主人公在成长中。

63

北上求助

陈：你来北京找人辅导，具体缘由是什么？

子：我急需找到一个人帮我打通任督二脉。当时就是这种感觉，觉得这个影评哪，在家一个字都写不出来呀。那段时间确实比较困扰我，就是想写影评，想写好，就想要把影评（成绩）提高，明年要考试。这个时候呢，这不就左思右想？也不认识电影方面相关的人哪，专家，专家在哪里？有一天，我其实也是偶然啦，就无聊（地）翻一些书看，就翻到了那本《金庸小说人论》，我当时就在《金庸小说人论》上面——早就知道这本书，但是从来没有看过那本书——我花了两天时间把那本书读完了，又是写得挺好，然后我一看上面简介，哎，我爸不是认识这个人吗？陈墨，他上面不是写了电影资料馆的研究员吗？我想，他不就是写影评的高人了吗？我就跟我爸说呀，你跟陈墨还有没有联系呀？我们去找陈墨，请他指点一下我的影评吧。我们就在这种情况下（去北京）。我爸其实当时都不知道你家的电话号码，先问蓝老师，然后问到了陈叔叔你的电话号码。我们就踏上了来北京的路嘛。

陈：那次是专门来的，还是你爸出差？

子：当然是专门来的啦。

陈：你怎么知道你爸认识我呢？

子：我爸跟我讲过呀，当时我在家里蹲的时候，《今古传奇》那上面不还有你的照片嘛？你和梁羽生，还有谁谁谁的照片嘛。然后，他还提过你，那时候就（记住了），我记忆力也很好哇。我能记得住他给我讲过的你的那些事情呢，这时候那段记忆就浮现出来了。然后我就看到上面，电影资料馆研究员嘛。我想，在电影资料馆，能写金庸，一定能把影评写得非常好哇。这当时是我的向往嘛。所以我就主动提出来了，应该就是专门来的吧，也许我爸找了一个出差的借口。我感觉那是有意来的。因为是我主动提出嘛。然后这次来的重任不就是见你吗？这不算是有目的地登场吗？于是我们就来了。那时候应该是我满十八岁前夕，七八月份？六七月份？就来到北京了。后来，来到北京的时候，我印象中是，第三天见的陈叔叔你，好像是第三天。

陈：哦？

子：前两天好像我们见了祚，^①他也认识陈叔叔你，祚就问，最近陈墨在做什么？我爸就说——我爸也不知道你在做什么——就说做金庸研究，祚就是，他不喜欢金庸，他就说陈墨做这个金庸研究有点可惜了，金庸一点意思都没有，打打杀杀的。我觉得祚这个博客写手，肯定是有水分的，把金庸小说简单化。我当时心里是这么想的啊，他对金庸的说法有点武断，我当时对金庸是很痴迷的，他说金庸不好我是很难接受的。那不就又过了一天嘛。

早上的时候，印象中我穿的衣服呀我还记得，我穿了件黄衣服，长裤，黄色的短袖，然后我就是来见（你）。在电影资料馆的门口，我们离得非常的近哪，我们就在小西天的远洋风景，^②走过来。那一路过来呀，我还是很紧张的。我相当紧张，我每次见老师必紧张，是不是这也是一次不愉快的旅程？但是这一次我心里头是有一些变化的，这次来我好像有明确的目的，这次我是来求知的呀！好像在这里我确实想解决一些苦恼，来问。这不是，陈叔叔你出现了嘛。我们好像等了个，好像到门口给你陈叔叔打了电话，然后打电话的时候哇，过了五分钟下来接我们，我老远看到一个人，我爸说就是陈墨了，我当时第一反应就是你这个说得有一点点出入哇，跟你说的，主要是穿着，穿了件红色的衣服，我印象中衣服上这个部位还破了一个小洞，然后鞋子吧，我当时走得近看，好像出门快那个鞋子还没有穿袜子，穿了一条有条纹的短裤，我当时感觉，哎，这个，照片上不是很干净的一个人嘛，怎么有点不修边幅呢？我当时，第一反应是这个反应，不修边幅。怎么看起来半白头发？年纪没有我爸大怎么白头发跟我爸是一般一般的多？当时的第一反应是，还有就是天门很高，聪明绝顶。

陈：我当时就有白头发吗？

了：有哇。我觉得白头发很多，当时还挺多的，我印象很深。我衡量人老不老的标志只有一个，此人有没有白头发。我爸是白头发，终于在峰和我爸之后，又看到了一个白头发很多的人。然后我们不就见面了嘛，见面之后我记得我俩还握了个手，然后你还问我，啊，小伙子，你长得很帅呀！是不是班上有很多姑娘喜欢你呀？其实当时这个话让我非常的为难，哎，呃了半天，说出一句，没有上过高中，没见过几个姑娘。当时我感觉到——你，陈叔叔——你眼前一愣，很惊

---

① 祚也是主人公父亲的作者，与主人公早已熟悉，参见《旅游不好玩》一节。

② 意思是说，主人公和父亲来北京是住在小西天附近的远洋风景小区。

讶，一问题小孩登场了，那个味道。

然后我们就上到十楼，我就进到家里面。我进到家里的第一感觉就是全部都是书，最吸引我的就是一批台湾远流（出版的）一套关于电影的书，喔，屋子不是很大，书却这么多！我当时还想问你，你老婆有没有不准你看书哇？我当时还想问这个问题。因为要在我家这么多书，肯定我爸就得往床底下搁了，所以我当时还真有——在心里头想——这么多书都能摆出来呀？那会不会你老婆有意见啦？我当时心里头是有这么一个想法的。我看到地上，那个走廊上都堆的是书，我想这书也太多了。当时我还带了几本书来找你签名。其中一本《中国电影十导演》，其实那个书我一个字也没有看，结果你从屋子里抱出《中国电影十导演》来，准备把这个书送我，后来你那天送了我几本书，一本《中国武侠电影史》，《中国电影十导演》签了名，还送了我爸一本。一共整了两本。然后送了台湾出版的《金庸小说杂谈》《千秋万代一统江湖》《有情皆义》三本书，那个书很漂亮，爱不释手。

然后——我印象中是我主动说的——我说，我抽烟，然后陈叔叔你就递给我一盒高端软中华，我当时都不知道软中华有多贵。我印象中是这样啊，我看到你是，手上拿着软中华，桌上放着是红塔山，我当时第一反应是，是不是鲁迅有这个习惯？还是谁有？一个名人有这个习惯，就是抽烟分成两种，一种是放抽屉里面的，给人抽的好烟，一种是自己抽的平时的差烟。我就想，哎，这是一个非常有礼节的方式，就是烟是分两档，好烟和差烟，我当时有这个印象。当时我就抽软中华，其实当时我压根不知道烟有啥味道，纯属烟瘾是刚犯阶段。就抽得觉得，哎，很清淡，但是很好抽。然后咱们就开始交流和沟通。

我记得当时，首先我们好像没谈影评，我们谈的是英语，英语谈的是，就是你谈的自己的经历，自己在三十多岁的时候啊才开始学英语，虽然没有把英语学得考试门门都过，但是每天的背单词干嘛的，好像的确是把口语呀，对话呀，单词量啊，全都在几个月之内就疯长上去。所以说，自学那个也是可以，是不会做不到的，就自学也可以把英语呀学得很好。当时我觉得这个话还压力挺大。啊，这个人太厉害了，在几个月就把英语学好了。我觉得压力好大。我当时的感觉就是呀，虽然给我提出了一个很高的要求，觉得自学英语也是可以有进步的，但是这个老师的话好像没有让我非常的不能接受。尽管是一种压力，好像还是可以接受的范围之内的，不至于揭案而起。

接下来我们探讨的是爱情问题，就是我也刚刚经历一段小恋情，自己的暗恋啦什么的，好像陈叔叔你回答就是，那很正常，每个人在青春期的时候哇，都会有这样一个（暗恋对象）。当时印象中，陈叔叔说我也有，大家都有，你爸也会有，我们都会有。但是他说，① 第一段这种暗恋，第二段第三段，这种开始的恋情，可能都不会成功，成功率都很低。好像说了这么一句话。一聊就，好像这两个问题就聊了很久一样。中间你还聊到了略萨。你说，有一个作家，他写他跟他姨妈的爱情，《作家与胡莉娅姨妈》，后来，姨妈又写了一个《胡莉娅姨妈与作家》，② 我当时不知道这是略萨，但是我很清晰地记得胡莉娅这三个字。我大学是在读这个书的时候才知道是巴尔加斯·略萨。

后来，我们就开始聊哇这个影评应该怎么写的问题。我好像就，也没有说，我的影评遇到了一个字也写不出来的困难，我就是把在影评中遇到的问题呀，以及电影中看不懂的东西呀，我都讲出来，问。比如说，我就问，我问了什么来着？我应该问了《孔雀》里面的含义，应该怎么写。当时陈叔叔你说就是，它是青春电影。然后是，中国少有的青春电影，真的就是表现了——我印象中有一句话是这样的——就是，不是非青春的导演写别人的青春，而是真的是自己的导演，自己去讴歌，③ 就真正能让人看到那个青春的伤痕和失落。那个结尾的部分，冬天里头，孔雀开屏，就是那个迟来的幸福和那个青春，然后对面三个被错过了青春的人，在这样年纪的冬天看到孔雀开屏，那个印象很深。我爸在回来的路上说，这个读解太高明了。因为之前他也跟我又看了一遍《孔雀》，他又用他那一招，那是表现了一代人的青春感伤，他有"一代人"习惯了。你就是从细节上有讲到这个东西。

然后，我们又聊了李玉的《红颜》，又聊了王小帅的《青红》，这几个电影都属于青春电影嘛。这几个电影，陈叔叔你都给我做了解读，每一个解读吧，那个思路哇好像某那个点，让我明白过来了，其实就是讲的知识点非常的集中，不是那种这里色彩，那里镜头，音乐，散碎型的了，都是通过一个细节。我好像突然明白就是有一个细节，那个细节只要一找到，好像可以找到这个电影的中心和主旨呀，关键词一样的味道。当时你告诉我说，其实那电影的名字，很多时候它那个主旨、关键词就藏在片名当中。当时印象中还探讨了《无极》，那时候我看电影还处于比较简单的阶段，我就说《无极》是个大烂片，然后陈叔叔你又说了一句话，那句话让我获益终生，之后对我的人生起到了关键影响（作用）。就是说：萝卜青菜各有所爱，看电影永远不要说一部电影是 部一无是处的电影，一定是

---

① 表述有误，是针对采访人的，意思是"你说……"。

② 表述有误，《胡莉娅姨妈与作家》是略萨的作品，《作家与胡莉娅姨妈》才是胡莉娅作品的中文译名（本书原名是《巴尔加斯没有说的话》）——很可能是"陈叔叔"即我本人当时就说错了。

③ 意思是，《孔雀》这部电影有导演的真情实感，是要表达自己青春的回忆和感受。

有它的闪光点在里面。我居然把这句话理解得有点高深，我后来理解成了，一个人也不会只是一无是处的人，他必然有一个点是你不知道的闪光点。好像因此改变了我对人的看法，我印象中听完这句话很长一段时间我心中的躁闷好像有所减少。还让我多了一层东西，我会反思了，自己做过的事情，不知为什么，这句话就引发了我可以反思了。因为这样一句话。然后写影评我也觉得，原来影评是这样写的啊。就是客观的一种态度嘛，你要去正视电影的一些问题，也不能掩盖它整个的优点，甚至开始你还要先看到人家的创意之处。就从这个观点进入的话，陈叔叔你跟我讲《无极》这个电影也有它的过人之处，其实也挺好的；但是在讲故事方面确实好像是第五代导演的弱项吧，说了这么一番话。

　　之后我们还探讨武侠小说。当时我看得也很浅薄啦，那些很幼稚的话，我说我感觉陈家洛和张无忌两个人特别的像，其实不怎么像了，两回事了，但是陈叔叔你肯定知道我说的是荒唐的话，但是没有反驳我也没有批评我，听着而已。

　　那天谈话还跟我谈了一个内容，就是你要集中精力，就是你要锻炼你的注意力集中性，有这么一个话题。因为有这句话，我开始在祚他们谈话的时候，我在旁边抱一本历史书，锻炼注意力集中性。

　　第二天，我们又来找你了。在门口，就碰到了徐振亚。好像是，陈叔叔你说你熬夜，看足球，说死忍死忍，没有忍住那场看球的诱惑。终于还是爬起来看。敲门敲了很久的门，你在睡觉。后来印象中我是在小墨姐的那个房间污染那个屋子，你给我抽了很多烟，抽了一堆烟。我在那个屋子里头，我印象中给了我一本《当代电影》吧，那期《当代电影》好像陈叔叔你也写了一篇关于《无极》的文章。好像有陈凯歌电影，分了好几个版，好几块专栏啦，都写陈凯歌，贾磊磊也写陈凯歌，你也写陈凯歌，好像那一期几篇文章就统一性地把陈凯歌所有的电影全都讲了一遍。当时我印象中我认真地读了你写陈凯歌，好像我记得你说陈凯歌是少年心气，①还是什么，就是说陈凯歌很有，非常有才气，写的文章也是特别好，但是好像有一点润泽不足的意味，什么唐宋歌词记了一堆，②然后他电影中一个一个的人物，也好像是他知识分子小清新中那个少年心气的延伸一样，但是总是有得有失了，有些地方有失语，有些地方——好像每个电影时期都列了一个小标题。我看完了那篇文章之后啊，我后来把《中国电影十导演》顺便看了一下，当时认真读的那篇就是《树上的啊哈和树下的……》

　　陈：侯孝贤。

_____

　　①　文章中说的应该是"少年意气"。

　　②　这个表述很有意思，把唐诗宋词，说成是唐宋歌词。

子：侯孝贤。我当时印象就比较深，侯孝贤这个导演，因为里头第一，导演提出来（他的故事）显然很特别。怎么特别呢？这个导演是因为一本书悟道的，朱天文给他一本书叫《沈从文传》，这上面有一句——好像是说——侯孝贤从中发现了看世界的第二只眼睛。就是一个在树上一个在树下，总有一个别处的眼光在看，在凝视这个世界的味道。他的镜头语言是不动的。

后来我看完之后，我们吃饭，你还有一个探讨，当时你说了一个话就是，这是东西方不同的电影思维，文化思维，决定了他们镜头语言的运动方式，有不同。西方人他强调追寻，叩问，所以他们的镜头——移动式的镜头很多。东方是禅悟嘛，讲究思考，讲究静观。所以侯孝贤呢（是东方式的）。那天提到了一个导演叫小津安二郎，说你很喜欢小津安二郎。你说你如果只有一个月的时间只许看一部电影的话，你就只会看小津安二郎。就说这些导演啊，就是小津、侯孝贤他们电影的镜头啊，总是沉静的，不动的。东方电影的一个特色。我还问了你哪里有侯孝贤的电影可以买着，有点想欣赏这个侯孝贤的电影了，生出了兴趣。

后来，哦——我还想起来了——陈叔叔你还看过我写的两篇狗爬字一般的影评，我心里想，一定会把我骂得狗血淋头，这个影评写得还能有人看吗？结果陈叔叔你说我写得还不错。我现在想来，哪里是不错呀？纯属鼓励式语言。但是有一点你说的，我相信是真的，给了我很大的鼓励。你说，我这个里面有一些闪光点，现在想来就符合我当时写作的情况，就是可能想法是有，可是和稀泥一般，聚不成结构。然后就说我每个里面都有一点点闪光点，当时给我讲了一个事，就是说，你灵感很多的时候，会散的时候，那你就要收；你没有灵感，一个字都想不出来的时候哇，你就小墨点蘸纸会越构越大，就是舍弃大的东西，找一个小点，进行切入。就是说两种应对。就是思路全有的时候要克制，思路无解的时候你要去找点。就说过这么一些话。当时我写这个影评就有《红颜》。

然后我们还有一番交流，就（是）女性的心理。后来临行的时候，我记得陈叔叔你说，可以随时打电话沟通。哎呀，我觉得这个很好，就有很多问题，终于找到人可以说了。然后我的北京之旅这一趟就结束了嘛。

回去之后，陈叔叔你就登上了我奶奶的黑名单。我回去跟我奶奶讲，说在北京见到了一位非常好的老师，他跟我聊女人，谈恋爱，还给我，叫我抽烟，我还当着我奶奶的面一边抽着烟一边跟她讲。我奶奶就大发雷霆：这是什么老师？居然叫学生抽烟！因此而上黑名单。之后我就开始昂首挺胸地在家里面抽烟了。我奶奶在我也抽。我叔叔还递烟给我抽。后来我姑父也接受了我抽烟这个悲惨的事实。我就在家里肆无忌惮地开始抽烟了。

影评在之后得到了井喷式的大爆发。堵塞的思路，哪个泥丸打破了，一下子把这个写影评这个很难的这个憋屈的七八百字啊，突然开始写得过两千字了，就这个味道，就好像一下子，哗啦哗啦可以写好多了。以前写不懂的那个影评全都找到思路了，哇，就写得很畅快！在那里很畅快啊，持续了很长时候这个畅快的感觉。真的是灵感开窍，天门迸发的感觉，我觉得太过瘾了。然后我爸那段时间就很高兴，就是清晰地感觉到我的这个变化和进步，这次见完之后，真是飞跃式的提升，完全是不一样了。就是栓塞打通了，我也不知道是怎么回事，反正就是通达了，再也不纠结了。现在想来，就是把所有想的东西消化了嘛。所谓色彩呀，语言啦这些东西，找到了一个贯通的思路，我消化了。

采访人札记

　　从见到主人公的这一天开始，我就成了他的故事中的一个正式配角。我已记不得第一次见面的具体情形了，却还清晰地记得对他的第一印象。一是个头很高，比我高出一个头还不止。二是有点驼背，不知道是不是因为个子高的缘故。三是他一脸稚气，说是小学生的脸那是没问题，说是幼儿园小朋友的脸似乎也没有问题。关键是第四，这小子说话不会与人对视，最多是看你零点几秒目光就立即逃开，当时的感觉是，这个小家伙像是一只受伤严重的小鸟。

　　那次见面，我对他父亲的印象更深。几年前我们见面时，他还是一个洒脱壮年，短短几年后再见，他已是白发丛生，满脸憔悴，一脑门子苦涩，目光恍惚，抬头纹深如沟壑，里面的忧伤随时能溢出。他让我深受震动：可怜的父亲！

　　更让我和我太太印象深刻的，是来到家里之后的情形——我已记不清到底是第一次还是第二次，或是每次都是如此——这个可怜的父亲即使在和我说话的时候，始终神情恍惚，因为他 80% 以上的注意力都放在儿子身上，随时在察言观色。儿子说任何话，他都会连连点头称是，比新兵见到连长更加毕恭毕敬。而小家伙呢，和我说话，眼睛却盯着我家的天花板，好像那里有敦煌壁画。后来我才知道，这个可怜的父亲如同英雄黄继光，随时准备堵枪眼，他儿子则如同随时可能爆炸的定时炸弹——问题是不知道他何时爆炸。父亲的样子，让全世界的父亲母亲都会感动且心酸。我还记得他们去后，我太太说了几次：他父亲太可怜了！

　　主人公父亲之所以如此小心翼翼，很快我就明白了。小家伙说要报考电影学院，我带这对父子去电影学院一位老教授家请教。老教授性情温和，慈眉善目，对我们非常热情，应我之请指点小家伙考学要诀。他刚刚开始说话，也不知道触动了小家伙的哪根神经，只见他目露凶光，像是遇到豹子的狼，马上就要扑上去玩命。那一刻，我似乎也听到了雷管引线被点燃的"嗞嗞"声。于是立即行动，拉着这对父子立即离开老教授家。一身冷汗之余，终于理解为什么小家伙的父亲要学黄继光。——这段经历，小家伙记得清清楚楚，采访时也说了，只是他自己也不知道为什么那一刻就突然发躁。因篇幅关系，这段采访没有被编入正文，只能由我在这里作一简要说明。在这里，要向那位老教授再次表示道歉！

我一直都不知道为什么小家伙和我那么投缘。和我在一起时，他居然从来未出现把我掐死的冲动。这次采访才知道，并不完全是因为那支软中华烟（那烟是朋友送的，我用以待客，倒不是专门预备两种烟），而是因为此次来北京求助竟是小家伙自己的主意。这就再次印证了：要我学，你就是我对头；而我要学，谁都可以成为朋友。我的意思是说，此次北京之行，是主人公自我觉醒后的重大决策，既有自我觉醒，那就一切都好办。我很幸运，与他见面适逢其时。

说小家伙主体觉醒，证据是，我说一句没有一无是处的电影，他竟能够联想到："一个人也不会只是一无是处的人，他必然有一个点是你不知道的闪光点。好像因此改变了我对人的看法，我印象中听完这句话很长一段时间我心中的躁闷好像有所减少。还让我多了一层东西，我会反思了，自己做过的事情，不知为什么，这句话就引发了我可以反思了。"——小家伙能这样联想，我即便多上几次他奶奶的"黑名单"，又有何妨？

64

回家读书

陈：从北京回去后，就开始大规模读书，是吧？

子：那个时候呢，我觉得又有一个人生最重要的转折点，我认为的变化，那就是我开始大批量读书了——就从那之后回来，① 也就刚回来了一个礼拜——之前我爸也给我买了几本书，比如买了孔庆东的评金庸，买了王小波的一些书，都看不太下去。就孔庆东的我觉得还挺好看，因为他写得通俗，王小波的我还看不太出来，我那时候还觉得孔庆东比王小波更好呢，完全看不懂，其实没看懂王小波。但是我记得有一天，就觉得叫什么呀，纪德老说他想当作家的那个时刻，是一只金色的飞鸟两次落在一顶帽子上，我感觉我那个时刻也像那个金色的飞鸟一样，好像我也分不清是想象还是真实，总之我感觉到在我身后一批书架上面啦，有一些，那些书的页面中有一圈圈光，好像划过一样，突然我就有一种冲动，我想找一本书来看一看。我就拿了第一本书——这是我第一本认真读的算是纯文学书——就是高行健的《一个人的圣经》。然后我就抽出来，就问我爸这是什么书哇？他说这是中国的诺贝尔奖获得者，2001 年吧。② 高行健，(这本书) 是盗版的，是他和民在咖啡馆吃饭，③ 有人提着一个书兜子过来，问你们要不要书？就买了两本这个高行健。然后我就开始看高行健。说实话，一个字都没有看懂，内容他讲了什么我都不知道，完全不记得。但我就记得他的叙述是有快感的，尤其是他写的那些黄色的东西，简直就是 (神了) ——但是啊，那些黄色的东西啊，并不觉得在情感上是看一本黄色书籍那样的兴奋感，相反，我觉得高行健的黄色描写像一个空洞的躯壳好像进入了一个没有信仰没有灵魂的世界里面，在里面靠性度日的那种感觉，就觉得性爱是一种空虚和痛苦，而不是什么亢奋和满足。这时候我惊讶地发现，同样的文字对裸体对性的窥视和表达，他好像因为写法的不同、心境的不同，它呈现出来的状态是截然不同的状态。因为他的写法很独特，就你、我、他，你、我、他，不停地在交织，我的部分像现在，你的部分是过去，隐藏着他的个人的心路历程。"文革"时期，各种时期，里头很多那个时代的那些烙印。我当时历史知识也不足，并没有太清晰，而且他对"文革"的一些感悟和表达，应该是我之前读过的中所没有的那种写法。包括，他写东西，我当时感觉就是读到后来我快读到两百页，读到一大半的时候，我读高行健我感觉身上会发冷。我感觉这个作家的文字充满了冷酷，他看世界的方式没有温度，是多么的冰冷。但是当时对愤青的我来说，这好像很贴合我的心意，觉得看世界就是这种悲凉的心境。又觉得是一种，跟鲁迅也好，跟朱自清也好，跟我读过的课本上的那些作家也好，完全截然不同的写法。他的写法，好像——用现在的话讲——很现

---

① 意思是那次从北京返回后。

② 此处记忆有误，高行健获得诺贝尔文学奖的时间是 2000 年。

③ 这里的他，是指主人公的父亲。

代，但是对当时我来讲，他的写法很自负。就觉得他狂啊，很狂的感觉。对人啦，对时代呀，就充满了那种冷眼的，萧萧萧的感觉。哎呀，我说老爸——他这上面还有一本书，叫《灵山》——我也要看。《灵山》我并没有看。我是很多年之后在大学里面读了《灵山》。

但是那时候我就突然有了买书的念头，我就想起了我初中的时候，有一个学生，他就在上课的时候看一本书，就叫《海边的卡夫卡》。我就问他，哎，《海边的卡夫卡》是什么书啊？好不好看啦？我爸也没有读过，他是这么解释的，那是青春文学中的非常畅销的一个作家，叫村上春树。我说他有哪些书呀，他说他最有代表性的作品叫《挪威的森林》，哎，我那时候正好喜欢披头士的歌曲，《挪威的森林》就是列侬唱的一首歌。我说我要买一本《海边的卡夫卡》和《挪威的森林》来看。后来我就在网上买。那段时间很奇怪，村上春树的书还缺货，想买的《寻羊历险记》《舞舞舞》《一九七三年的弹子球》都还买不着，但是《挪威的森林》一直是有。那本书，①我翻开，我看过了第一遍之后就不忍心再看第二遍，原因就是那本书是我生命中的至宝，它给了我人生无法想象的鼓舞，就是那本书。在那本书到货的前一个礼拜，我比较亢奋，我跟朝打电话，我说你读没读过村上春树哇？他说我靠，那是一个大黄色作家，简直就是个流氓，我才不读呢！我当时听完说是黄色作家我心中更加期待，正好老子这时候对女人感兴趣，来了正好当黄书看。然后就来了嘛，我就读了《挪威的森林》。当时读《挪威的森林》的时候，哎呀，就每一个字我都觉得有一种比高行健还给予我敲在我心里面的感觉，开头在飞机上面，恍然的那种状态，想起了直子啊，想起了绿子啊，然后深夜的那种打飞机，然后，手淫，然后和永泽那种，面对富二代中的那种友情，渡边面对那个病态少女的那种包容，他的那种宽和，以及那个渡边身上我感觉有一种很强烈的人性的力量。一个人可以很坚强地生活下去，尽管那个校园里面那么的动乱，有政治的动乱，有青春的骚动，对渡边来说，他都可以很坚强的，身边有人，敢死队，后来不是失踪了吗？有人失踪、有人自杀，有人就是永远不能——就是说绿子啊、直子啊——就变得正常的状态。但是，他都是一直能隐忍，坚持。他自己，一个人搬到一个屋子里去，自己打工自己生活。当时觉得，这本书太好了。我就跟我爸说，村上春树我觉得才是最好的作家。

后来村上春树那个《挪威的森林》里边——我看书有个习惯，从不看前言和序，我都是直接跳过来，我连作者自己写的内容提要和序都不看，我就直接看情节——后来我就反过来看林少华访谈村上春树的这个序言，当时里头有一个问

---

① 那本书，是指村上春树的《挪威的森林》。

题，他问村上春树一个问题，就问他，你如何看待另外两位日本的诺贝尔文学奖获得者。这两个人就是川端康成和大江健三郎。然后我马上就叫我爸给我买川端康成和大江健三郎来给我读。大江健三郎那本书的名字叫《性的人》，里面有他多个《万延元年的足球》《性的人》《夸张的蒙太奇》，还有一个就是他的代表作，写他自己和他那个弱智的孩子，有这么几篇。川端康成就买了他的《雪国》《古都》《千只鹤》，还有《伊豆的舞女》。在到货的那段时间，我爸就说，日本还有一个作家，其实不是作家，是散文家，也是画家，他的文章写得特别好，你可以看一下，就是东山魁夷。那段时间读东山魁夷的作品，晚上还是睡不着觉，但是我记得我晚上就点着那个灯看东山魁夷的散文集。东山魁夷我觉得他是一个要死的人，一身的病，他就说在这个狂风暴雨之中啊，你是一面小舟，有时候你越挣扎，风浪越会把你吞噬，就要岿然不动，就是这种感觉。你就任它风雨飘摇，你的心不要变。东山魁夷好像跟川端康成是非常好的朋友，他里面就有写到跟川端康成的一些故事，他活得很长，川端自杀了。他那个书里头写满了感伤，怀念川端康成。当时我就对川端康成充满了期待，我想这是一个怎样的作家，能让东山魁夷那样景仰地去写？他举了一个细节，就说川端康成，给川端康成写一封信，就是您能不能给我的画集写一个评论？然后东山魁夷等了一个月两个月，一直都等不来，这时候突然有一天寄来了，他打开来一看，他惊讶地发现，川端康成给他寄了十几张不同的序言，每一个风格都不一样，他当时就心里头震动了，说怎么能让川端给我写这么多东西？这太可怕了。赶快回信说，您太厚爱了。川端康成就回了几个字，就说，你的画让我很惊讶，以我对我的要求，我觉得我给你写的每一篇我觉得都不能用，没有想到你说每一篇都很好。那谢谢你。哎呀，我当时觉得，川端康成那个人格，好像，这个人格形象就是扑面而来，这一定是一个内心非常有情怀，非常伟大的作家。我就很期待，等待着川端康成来到我身边。

等了一阵子，川端康成也到了，我就先读了《雪国》，再读了《古都》，再读了《千只鹤》，后读了《睡美人》，读了《伊豆的舞女》。那时候觉得，我影评不想写了，我想写小说了。只觉得川端康成写得太好了。我觉得比村上春树写得要好很多很多。我就感觉，这个川端康成的小说呀，其实你不用太追究他的情节是什么，情节其实一句话可以概括，一个女孩在夜晚的遐想，一对男女在一个雪国的相遇，但是就这么（迷人）。他好像这个坐让的细节呀，就绵长到会让你就是说，就是不忍翻页，就一个小小的女孩映在车窗中的细节，小小的菊子叠衣服，添一碗米饭一点点小小的细节，一小点花落在上面，一点小折射呀。川端康成我觉得他有八十只眼睛，他看到这个世界上所有的角落，他把他全部的细节都写进他的小说里面了，并且渗透着一种（灵光）。哎呀，我当时看川端康成，他是一个，他是夜晚的，特别清澈的很哀愁的月光。一轮很哀愁的月光啊。就是写的那些女人都那么可爱，那么美好，但是最后的结尾却又那么的忧伤。那就是读得如饥似渴，川端康成就成为我的第一偶像。《伊豆的舞女》呀，《雪国》啊，看了好多遍。仔细看，这么一个人，看到一个舞女的这么一个细小的细节，他怎么就能写得这么的让人感动啊？反复看，反复琢磨那个文字之间的奥妙，体会他那个韵味，好像川端康成的文字都有味道，能嗅得着一样。而且你只要看十个字，忧愁的感觉就能扑面而来。

然后在这种心情下就读了大江健三郎，读大江健三郎的时候，说实话也非常喜欢，但没有像川端康成这么喜欢。大江健三郎似乎是一个跟我的时代更近的作家，好像他的文章更加的现代化，里面有乱伦，有变态的性骚扰，有对青春的那种性固于虐恋式的那种真实的感情。尤其我印象深刻的是，他说根据自己（经历）改编的生出畸形弱智婴儿的时刻。其实读那篇我读得很震撼，我心里想，家丑不外扬啊，你怎么可以把自己内心的痛苦哇那么诉诸在文字上面？你这个孩子生下来的丑陋哇那种给你内心的痛苦，你恨不得把他摔死，觉得这怎么是我的孩子，这种拷问，这么直白地写出来，难道你不怕社会上的人把你当禽兽哇？就是这种感觉。但是又有一点惊讶，就是让我看到，我居然惊讶地看到一个，我读到这篇小说的时候，我惊讶地发现，一个即将要当父亲，但是又并没有做好当父亲准备，只有想象的方式去当父亲怎么样的这样一个人物，被现实给击垮，在一天之内被击垮，又在一天之内涅槃的这么一个故事。感觉好像，突然一种感觉，因此原谅我爸妈：没有做好了当父母的准备呀。我们以为我们做好了当父母的准备，其实一点也没有做好当父母的准备，当你的小孩，这个弱智生出来，就是描写得特别恶心，湿漉漉的小手，眼睛一条缝，然后身上有软骨病，感觉是个魔鬼，身上都有鳞片。我就感觉这个小孩好像不就是我嘛。我感觉（自己）就是那个让父母失望，跟自己想象不一样的所有小孩的化身。就是这种感觉。接下来，这个人物——我看到——他开着一个车，在丛林里面找占卜师，找自己的情人，不断地去思考该不该，他天亮回来又抱起那个小孩。我突然也有一种不可思议的感觉，居然能把一个人一夜之间的思考写得能让这么远的我能有共鸣。还有，我就觉得很像一个史诗。那么小的东西能够写得这么宽大。大江健三郎也很伟大呀。

又因此啊我又重读王小波。王小波最喜欢的一个作家叫卡尔维诺，我去看了卡尔维诺的书，当时看了《祖先三部曲》，看了《宇宙奇趣》。那对我来说又是一个新的挑战，我就发现这个世界上文学千奇百怪，什么都有啊。如果说村上春树、川端康成、大江健三郎都是抒写自己内心的情愫，抒写自己心中的创伤，抒写自己的回忆，那卡尔维诺好像是在做智力游戏啊。就是把大量的宇宙系的知识，罗列成一个又一个的，像文学训练式的考试课题一样，用一个虚构的人物去看这个宇宙中的谜团，又是另外一种思维方式。我突然感觉，原来文学并不具备那么高深的使命，它在一定时候也是一个非常高端的愉快的智力游戏。你可以在文字间做游戏。看了卡尔维诺，我感到这个极端享受自己文字游戏的这么一个作家。

由于看了他，那时候又会想到我要找点什么别的书来看，那就想到侯孝贤写过的，受沈从文自传影响吗？这一大片下来，就读了不少书了，稀稀拉拉读了很多书了。当时最疯狂迷恋的还真的是川端康成，我爸还洗印了一张川端康成的照片，我当时还有一种想法，喔，川端康成长得很像我外公啊，我当时有这么一个想法。因为川端康成，怎么说呢，眼睛好像总是不闭着的，眼睛总是非常明亮，然后他总是显得很忧虑，又感觉他很安静，就总是感觉他沉浸在一种冥思的状态。那个状态对我来说非常迷人，我感觉看到了一尊佛一样，那个照片被我供在床头。每天像拜菩萨一样：哎呀，川端，你这老大爷！多看他，爱不释手。

还有段时候，我读了一两本阿兰·德波顿写的随笔，那其中有一本书对我影响也挺深，叫《拥抱逝水年华》，就是讲普鲁斯特的人生。那本书对我起到了很大的鼓舞。普鲁斯特二十九岁的时候突然跟自己的保姆说，你知道吗，我会成为一个作家。他保姆就说你简直是疯了，你怎么可能会成为一个作家呢，你这个一事无成的人。然后我看到普鲁斯特的病态，哮喘，胃病，一天只吃一顿饭，却吃三顿的量，生活没有规律，每次幻想着远行，可是刚才走出两步就觉得自己会死在路上，于是乎又回到那个屋子里坐着，神经质。最好玩的一段，是写乔伊斯和普鲁斯特在一次文学沙龙上两个人相会了。德波顿写得非常幽默，他说，在我们想象中的场景，二十世纪这么伟大的两个小说家，那么两部伟大小说《尤利西斯》《追忆似水年华》相遇，这应该是无比美妙的。场景应该是这样：一个记者兴奋地跟乔伊斯说，乔伊斯先生，您读过普鲁斯特先生的《追忆逝水年华》吗？乔伊斯兴奋地说我当然读过《追忆逝水年华》，那是一本多么美妙的书，比我的《尤利西斯》写得还要好！就如数家珍地说着普鲁斯特《追忆似水年华》中的各种细节，然后普鲁斯特在边上露出像小女生一样含羞带怯的表情。他说，[①] 但是真实情况是这样：他也没有看过他的书，他也没有看过他的书。普鲁斯特讨厌乔伊斯，因为乔伊斯是个烟鬼，而且毫不避讳，到处抽烟；乔伊斯也不喜欢普鲁斯特，因为普鲁斯特是个怪人，成天披着大毯子。二十世纪最伟大的两位作家最接

---

① 这个"他说"，是阿兰·德波顿在《拥抱逝水年华》中说。

近的一次相遇是他俩在一辆车里面，乔伊斯给他一根烟，普鲁斯特哮喘咳嗽，但是依然说打开窗吧，乔伊斯先生。两个人就这样，唯一的一次接触就结束了。我当时就觉得，哎，很好玩！文人之间的那种相互竞争啦或者是怎么着，那种关系写得真是很幽默。也有过想法，哎，买一本《追忆逝水年华》来看嘛。普鲁斯特一定是一个跟我有共鸣的作家。《追忆逝水年华》还买不着。到大一的时候才终于把这《追忆逝水年华》补完。这是跟普鲁斯特的缘分。

这段时间我就读书、看电影。这段时间，我妈好像神经搭对线时期也就发生在这个时候，好像她有时候，我坐在那里看书，她好像也坐在里面看书，然后她就……我明就感觉到好像她没有那么着急了，对我。（觉得我）有变化，看着也不一样了。就因为陈叔叔你讲过法国电影很好，特吕弗的电影，吕克·戈达尔的电影，都值得一看。我那段时间把新浪潮电影，包括（意大利）新现实主义（电影），就补齐了。卢奇诺·维斯康迪呀，《大地在波动》；德西卡的《偷自行车的人》《擦鞋童》这样一些电影，还有特吕弗、戈达尔《狂热皮埃罗》《筋疲力尽》，《四百击》还是《四百下》呀？

陈：《四百击》，翻成《四百下》也一样。

子：对。就是他那个安托万系列，我都基本看过了。就是看了这么多电影。读了这么多书之后，我发现，我戳，我怎么还是发躁哇？我当时我自己都觉得我不可理解我自己，怎么还是觉得我心里头这么烦躁哇？就是那个烦躁。就是我对社会上面的那种很偏执的看法，慢慢地有所消退。当然，不可能上升到我今天对我奶奶那么宽容的认识，我当时依然对我奶奶很讨厌，但是我能明显地感觉到好像我的愤怒的那个情绪呀，对社会上的看法呀，想到社会上去杀人放火那个心情啦好像有所消解，就没有那个躁。这个是有清晰的变化的，这当然是有点欣慰。但另一方面就发现，怎么我还是老是会发躁哇？就没来由的我就吼叫啊，有一次吼得很厉害，我把自己的衣服都撕破了。还有的时候，我一个人在家，烦死了，我依然会有这样的躁动和不安。然后又有新的挑战，电影和文学有了这么大的魅力，你再让我静下心来学文化课，对我来说真是有一丁点困难了。我好像文化课又学不下去。所以我开始给自己制定计划，试图按照一个严格的逻辑的标准，来安排我自己的生活。结果我发现，脑子里信息又开始多了，老是想看电影看小说呀，那个魅力实在太大了，学习就又变得很烦躁。我又跟我爸发脾气：学习好烦！我不想学习！好难受哇！我又出现学三天、歇八天的这么一个状况。我没有说不去考试，但是我觉得学文化课呀，真是一个很困难的事情。当时对我来说，就是非常困难的一件事情。

陈：第一次给我打电话，是要鼓起勇气才行？

子：记得有影评上面的困扰，有电影上面的困扰，还有学习上面的困扰。三大困扰嘛。

陈：四大困扰吧？

子：四大困扰？

陈：还有发躁的困扰啊！

子：嗯。就有这几个困扰，就想起还是要跟陈叔叔去个电话，沟通一下。

陈：第一次打电话的勇气是从哪里来的？

子：好像没有费很大的勇气，就好像是（很自然的事）。

陈：打电话是你自己决定的吗，还是你爸要你打？

子：我决定打电话。但是问了我爸，可不可以给陈墨打一个电话？然后我就打电话了，就是这样。应该说勇气好像，不是说了可以打电话吗？好像那个勇气无需鼓起吧？于是就打了呀。第一通电话我应该问了电影的问题，还顺便谈了一下我最近读了一些书，我想我每个电话讲的就是我最近又发躁了，好像我第一个电话讲的必然也有这个问题，就是发躁嘛。发躁时间依然很多呀，这种情况。我打电话应该有个三十分钟，第一次没有很长啦，是在早上的十一点钟，好像是这么一个时间点。后来我爸出了一趟差，你告诉我爸说晚上八九点是你看杂书休息不干活的这么一个时期，就是有时间来接受心理咨询，时间就变成了晚上居多嘛。

陈：给我打电话及后来见面，还记得哪些呢？

子：见面我倒是记得啦。那时候我还有个变化，就是我留了一头长头发。那个长发呀，给我奶奶造成了巨大的冲击。我奶奶问了这么一句，陈墨老师允许你留长发吗？（我说）肯定没问题。于是黑名单再次登上。然后，我记得有一天是这样的，我的头发留得好长啊，好长好长，爆炸头。然后，我叔叔带我妹妹、我奶奶上门来玩，我妹妹好小，还问我：你干吗要留长发呀？当时还照了一张照片，我妹妹趴在我身上，用手蒙住我的眼睛。我奶奶那天呀十分的不爽，重复了至少有三次到四次，你这个头发太丑了，赶快去剪头哇！我的留长发给家里人造成精神冲击了。就是全家一致反对，除了我爸、我叔叔没反对，我姑姑无数次要帮我剃头。

另外，就是十八岁以后，我的胡子开始很长了。我从来不主动剃胡子，但那段时间胡须开始疯长，长成我现在这个鬼样子了，就是变成连边胡（须）了。然后我当时看到当时我的自己呀，还自觉得挺好，我十分喜欢这个造型。我从来没有想到要剃胡子呀干嘛的，然后就这样了。所以我第二年见陈叔叔的时候，已经有留胡子长头发的造型了嘛。

第二次我应该是单独见的陈叔叔。我爸是下午还是第二天我们又一起见的。我们单独见过一次面。那次好像还要去办什么，台湾什么证，① 还坐了一趟出租车，去办那个台湾的证。当时我记得我们谈了很多文学，那次我问了一个问题，诺贝尔文学奖中最好的作家应该是谁，就是那四个作家，川端康成、罗曼·罗兰、马尔克斯、然后那个威廉·福克纳，这四个作家。我记得中间我爸连打两个电话催我回家，但是我们整整谈了一天时间，一直谈到下午四五点钟。谈了电影啊，文学，谈了我的学习状况，学习问题还是一个集中度的问题。好像是当时比较麻烦的问题，怎么在这个精力集中和心里烦躁这两个基点之上找到一个平衡点，是那段时间比较困难的一个主题。

在第二次见了你之后的一两天，我们还见了朱霞阿姨，小墨姐呀，② 我们有这么一次见面。朱霞阿姨当时说了一句话我当时印象还挺深，我在抽烟，朱霞阿姨问我爸，你都不管他吗？然后我爸还跟她说，那我还有啥管的呀？然后陈叔叔你还说他爸非常宽容，好像说过这么一句话。后来还讲了一下你们之间的恋爱往事。朱霞阿姨说，怀孕的时候，陈墨打鸡蛋，一（半）个鸡蛋在锅里一（半）个鸡蛋在锅外，而且那个鸡蛋啊，无比难吃。然后陈叔叔你说，你在下放的时候，外婆不让你做菜，你可以享受不做菜待遇，做菜方面了无训练；之后去了朱霞阿姨家里头嘛，朱霞阿姨的妈妈又很好，你又可以不训练；到了家里，朱霞阿姨也不要你做菜，于是这三重不做菜的经历，导致你至今不会做菜，从来不做菜，就是有这么一档子事情。印象中我们返家的时候，我跟我爸说，老爸，你终于有一样可以胜过陈墨叔叔了，你会做菜。

采访人札记

这一节中，主人公说自己读书、看片的经历。或许有人会怀疑：一个辍学的初中生，居然读了那么多书？居然读得懂川端康成，读得懂卡尔维诺的《祖先三部曲》。

这是两个问题，请容我分别回答。主人公在那段时间是否真的读了那么多书？我可以证明，确实是读了那么多，因为他经常与我通电话，经常谈论他正在读的书。如果没有读过，他不可能说出那些书的内容，更说不出自己的感受。至

① 指《大陆居民往来台湾通行证》。
② 朱霞是陈墨的妻子，小墨是陈墨的女儿。

于第二个问题，即那时候的他是否读得懂卡尔维诺，是否读得懂川端康成或是高行健？这当然不能由我回答，因为懂与不懂，是如人饮水，冷暖自知。我能证明什么呢？我能证明，这些话都是他说的。其中是否混杂了主人公此后多年的心得体会？这倒是一个问题，实际上，这也正是口述历史心灵考古工作中的重大问题：主人公的记忆会不会受到日后阅读与思索的扰动？答案应该是肯定的。即：主人公对过去某一段的记忆，很可能会受回忆讲述时的经验所扰动。

好在，这并不是这部书或这一节的要点。这一节的要点是，主人公的读书热情被他自己点燃了，开始与高行健、王小波、村上春树、川端康成、大江健三郎等高端文学家"见面"了，尤其可喜的是，他开始养成读书习惯。当时懂得多少，不是关键问题；关键问题是，通过读书使得他的身心烦躁大为减少。这也部分证明他真的读进去了，至少读懂了某些信息，并且这些信息让他烦躁的身心得到临时（或永久）的安抚。仅仅是这一点，在主人公而言，就已可喜可贺。

主人公的收获还不止于此。这一节中，最重要的内容，是下面这段话："我读到这篇小说的时候，我惊讶地发现，一个即将要当父亲，但是又并没有做好当父亲准备，只有想象的方式去当父亲怎么样的这样一个人物，被现实给击垮，在一天之内被击垮，又在一天之内涅槃的这么一个故事。感觉好像，突然一种感觉，因此原谅我爸妈：没有做好了当父母的准备呀！"古人说读书明理，这就是最好的例证。主人公所明白的，可能是我们的生活中至关重要重要的道理——如果说还有比这更重要的道理，那就是下一句话："我感觉（自己）就是那个让父母失望，跟自己想象不一样的所有小孩的化身。"这句话表明，主人公不仅有了自我觉醒，而且有了更难得的自我反省和自我评估。这种自我反省和自我评估，不仅是个体精神自我存在的确切证明，更是自我健康成长的关键因素。

即使主人公此时还没有读到大江健三郎的《被偷换的孩子》和《愁容童子》，或暂时还不明白自己身心问题的根本原因是自我"本真"被超我社会习俗所偷换，而此后的一切灾难与痛苦不过是"自我回归"路上的宿命坎坷，那也不要紧。因为，他已经开始自觉读书，已经受到文学的熏陶和启发，已经走上了自我本真回归之路。更可喜的是，他已尝到了读书之乐，已经找到了治愈（自愈）的良药，也找到了让自我不断成长所需的精神食粮。

65

第二次艺考

陈：说说 2007 年艺考，你选的目标不止一个吧？

子：我当时只选了一个，就非北电不去嘛，[①] 是这么选择的。但是，当时啊，我爸他们感觉到，我的文化成绩有困难，考不到那么高的成绩。就考虑能不能找一个别的学校？那一刻成了让我们全家很头痛的事情，就是所有的电影学校哇，就是好一丁点的成绩要求都不低。当时就国家戏曲学院，文化分稍微低一点点。

陈：你是说中国戏曲学院？

子：嗯，中国戏曲学院。（文化课录取分数线）稍微低一点点。（家人）在劝说我考国戏[②]方面啊，我一开始死活都不想考，就觉得国戏不好，我也不了解国戏——其实国戏也挺好的。但是当时就是想去北电，北电有多好我也不知道。我妈当时，一方面开始有变化，感受说话没有那么刺激，好像对我有一些了解；但另一方面，其实啊非常着急，就是赶快把我弄上大学，赶快，特别急特别急。那段时间我妈就控制不住了，就不停地在我耳边嘀咕，我只要一睡觉起来，她就给我嘀咕，其实国戏也挺好。就不停地给我嘀咕，给了我很大的压力。说了几次我就又发躁发脾气了，摔书啊摔桌子呀，指着我妈吼：你不要老说不要急、不要急，自己比我还急！急成这个样子。我发了一两次躁之后哇，我妈就再也不说了。

但是那段时间啊，我自己学这个课都觉得有困难。很长时间学呀，学一下子就发躁，我自己都对自己文化课能考上北电表示怀疑了。我就自己也有点动摇，（觉得）国戏也不妨去试一试。于是我们就准备那两个学校，国戏和北京电影学院。国戏有一个艺考培训班，我就去参加那个艺考培训班。但是这个艺考培训啦，对我来说，又是一个我时刻想逃跑的过程——这个艺考培训我又有点不适应。另外在上国戏之前那一段时间，我那个摇滚乐迷的程度，又变高了。因为发

---

① 北电，即北京电影学院的简称。

② 国戏，即中国戏曲学院的简称。

躁嘛。

　　想起来（了），我又跟陈叔叔你打过几个电话，我们还聊过。我说听摇滚乐呀，能消耗一点心中的烦躁气，但是啊，听摇滚乐听久了呀，有时候心中更躁了。陈叔叔你还说过，这个摇滚乐呀，就像是烈性毒药，有的时候听一下好像可以起到一定的舒缓作用，但有的时候你去听摇滚乐呀，不但不让你舒缓，让你更加躁动。建议让我尝试听一些别的音乐。我印象中，我那段时间，我听了什么恩雅呀，《神秘园》啦，《二泉映月》呀，那觉得挺好听，就又靠听音乐治愈缓解了一段时间。但已经痴迷地听摇滚乐，可以说把殿堂级的全部都听了，皇后乐队，老鹰乐队，各种（音乐），听了一大片。

　　在这种情况之下啊，我到国戏的时候其实都在游离状态，老师讲课呀，干嘛的呀，我都听不太懂。有一天晚上，我特别不想在这个学校待了，特别想逃课，我一个人住在宿舍里，就特别想回去，心情烦躁嘛，烦躁哇。我印象中我跟克①打了一个电话，当时克听到我这么烦闷哪，那个老兄是个好人，他就开着车过来，在晚上八九点钟，他开车来到了中国戏曲学院的门口，（一起）吃了个饭。吃完之后我的心情有些平复，开车回来的路上，他停在门口，停了一段时间——他就想找一些跟我沟通的方式——他就说，听说你特别喜欢摇滚乐？然后我说特别喜欢。他就说，你喜欢谁？我当时跟他说了很多中国的摇滚音乐人，他说那些人啦，都是我的哥们。他说我自己当了一段独立记者，我给自己的任务就是采访这些摇滚音乐人。所以何勇啊，张楚哇，唐朝这些人，都是我的哥们，我都认识。他说他的那本《摇滚梦录》是他独立完成的摇滚访谈录。我说那你还有吗？他说有，他会送我一本。我当时问了他很多关于摇滚乐的一些问题，其实有一点把我想象的拉回现实啊，又一次把想象拉回现实。他说，基本上大多数时刻，你在 CD 上听的那些经典的歌曲，他们每一次音乐会的录像带我都看过，他们现场的录音我也去过。就给我讲，瞬间把我对中国摇滚的这个梦想呀，那种崇高的感觉，消解得一干二净。但同时又拔高了我对西方摇滚的认识。他跟我说了一句话，他说其实你要搞艺术创作啊，你要干嘛啊，真是一个非常漫长的道路。他说他采访，当时跟我一样，抱着一个特别美好的目的，去采访那个摇滚音乐人，就是觉得一个信徒的心情去采访摇滚音乐人，但是采访完之后，实际上他感觉到更多的是一种细小的失望。为什么呢？他感觉大多数摇滚音乐人只是在一个没有摇滚乐的时代里率先接触到了这些音乐的流派，然后他们又有一些音乐基础，然后进入了这个领域，就是赶上了时候。他问我，你有没有感到奇怪？时隔十年，你

---

　　① 克，是主人公父亲的一个朋友。

只能听到他们的代表作，却听不到他们新的作品。他就说，那是他心中，他去采访的时候很大的一个失望。然后他就跟我说，艺术之路哇，其实真的是一个很漫长的道路，你要是要走这条路的话，要做好很多的准备呀。有这么一段沟通。后来他就送了我那本《摇滚梦录》。这番话对我挺有点缓解情绪的帮助。

在国戏写的第一篇影评啊，我就没有写好，写得松散，又是写得一团和稀泥似的。那个影评写出来，就觉得有一堆想说的东西，有一堆好像看到了一些东西，但是呢，写出来就变成了稀泥，变不成结构。① 那天下午我拿着一张20分的试卷和一张90分的试卷跑到陈叔叔你家来，我们进行了一番探讨。陈叔叔你给我列了几个目标，② 第一，这个学校要求的是典型的高中生写作文式写法，中心思想（明确），含义要有正能量，你得按照这个写，为了过关，这个东西没得商量。第二件事，你又讲了一句人生的至理名言，让我之后很多时候，就是大学想休学的时候哇，这句话——就觉得不想上了就想到这句话——就是：你干啥事都可以，不能逃跑。逃跑一次啊，就想逃跑第二次，逃跑第二次啊，就形成习惯性逃跑。我有时候就想到这个，不能逃跑。就老是记得，你是这么说的：就是说失败不要紧，烦躁不要紧，不学可以休息，不懂可以睡觉，但是绝对不能逃跑。这是第二个目标，就定下了不能逃跑。第三个目标呀，就是你一切以老师的要求为主。③ 我当时很恼火，老师讲的怎么跟我听的不一样啊？④（你说）一定要忽略所有的信息，要听老师讲的，你要接收老师讲的信息为主。在这三大目标的基础上，我就又回到中国戏曲学院进行下一步的补课。补完课，就直接艺考了，影评我还是被涮了。影评写的是《马背上的法庭》。我又写砸了嘛。我又没过关嘛。国戏是考三试，我过了第一试，第一试是编故事，我过了。

陈：编故事？

子：编故事是第一试。哎呀，那时候看到第一试上榜的时候，心里头还是很高兴的，非常高兴！觉得从小到大，不论是中考高考，任何测验，好像真正通过的不多啊！突然通过一关，这好像也是个鼓励。于是过了两天我就考那个影评，《马背上的法庭》，考完之后，我记得我跟陈叔叔你打了个电话，我就汇报了一下我这个影评的思路是怎么写的，就是法治和人治的这个冲突哇，好像就是这个电

---

① 这句话的意思是，自己对电影的看法和想法都只是一些模糊的碎片，无法找到一条清晰的思路表达出来。

② 所谓目标，实际上相当于临时性行为准则。

③ 这句话的意思是说，要报考这所学校，必须按照培训班老师的要求去做。

④ 这句话的意思是，辅导老师对电影的读解，与陈墨对电影的读解不同，这让主人公恼火。

影的主题吧。当时陈叔叔你是这么说的，对，就是这样写。你觉得肯定会过关，当时我觉得我写得也挺顺溜的，应该能过关的。就是觉得我的讲述啊，思路这么通畅啊，我看怎么也不再是和稀泥了吧？而且中间有这么两次我听了陈叔叔你的建议，写影评啊我按照他们的要求去写。我就 20 分，30 分，50 分，60 分，又写了三四次影评，就是好像摸到了他们的应试套路，我就掌握了。所以觉得这一次怎么着都应该过了，应该有可能成功吧。我操，失败了。

后来，陈叔叔你让我把那个影评的思路仔细地理一理，我记得我还写在一本小本子上了。几天后我们又见面了，见面之后我们又探讨了影评该怎么去写。当时陈叔叔你的判断，是两点，第一点就是影评有点大肚，结构分配上面还是略有不均匀，就是有些地方可能涨出来了，你的意思就是老师一天可能要阅千万份试卷，你写得一时不流畅，即使你这个肚子涨出来是个闪光点，他也有可能会忽略，所以下次要缩肚子，这是其一。第二个就是还有一种可能性，可能是不擅长应试，就还不能熟练地写高中生作文。第一句是属于严厉点评，第二句属于鼓励式发问，可能还不善于应试思路。准备再战北电。

陈：考北电大致的经历是什么？

子：嗯，大致经历呀，我考北电的时候哇，肯定考试也没有太成功。但是我还是清晰感觉到我的又一个变化，就是我跟人的沟通好像又好了一点点。

中间发生过一个插曲，就填报入学考试（报名表）的时候哇，我遇到一点麻烦。这个麻烦是什么呢？就是他们觉得我是一个没有高中经历的学生，说你要开证明，但是每一个在这里面试的老师啊，报名的老师呀，都不知道要开什么证明，好像应该要看到你的高中学生证（毕业证）之类的。复试的时候，一个报名老师就很凶地跟我说，那天不是就让你带吗？初试的时候。我说我没有啊，他说你一定要带，初试之后复试要的。我跟他说："我那个……"他打断我说话："之前（就）让你带！"就很凶，然后他转身走了。我当时很生气，我就在他身后说了句，我靠，是不是啊？结果他回身说，你说什么？你再说一遍？我说我说啥了？你重复一遍。我们俩就顶了两句。他就走了。后来没辙呀，只有我爸来说这个事呗。当时我印象还挺深的，那个报名的老师和学生问我爸——特别跩，特别惊讶地问我爸——你儿子，你们那边南昌没有高中的（毕业证）这个东西还能考大学吗？这怎么可能呢？我爸说了一句话，把他们就怼回去了。说，我就高中没上，就考大学呀！贾樟柯[①]高中也没有上不也在你们学校吗？说完之后，填表，过关。就有这么一档子经历。也不晓得这个小小的不算很愉快的插曲（有什么影

[①] 这里记忆有误，应该说的是张艺谋。

响），其他很多时候，我能感觉到我有一些细小的变化。①

以前都是觉得，到艺考学校去考试，有两种心情，第一，对那些南艺在校的学生，心里是真的有自卑感，就觉得他们高人一等，就觉得我们在他们眼中狗屎都不如哇。魔化他们，②就会挑衅，就会打架，在南艺的时期。但在北电，看到那些学生的时刻，我好像那种感觉就消除了，没有觉得他们是比你高的学生，只觉得你应该礼貌地对待他们。后来我在那里等贴榜名单的时候，有两三次我在抽烟，就有人过来问我，同学你借我打火机，我就说好，借给他。后来又有几个人没有打火机，我就主动走过去帮他们点上了。那几个学生都是北电的研究生、本科生啦，后来他们就对我很友好，每次见到我都笑。有一个帅小伙，大概是导演系负责招考的，每次见我都笑，后来有一回跟我说，你特别像一个导演，你很有艺术家气质，我觉得你肯定可以考进来的。我就感觉我身上一定是有什么东西（打动了他），有一些变化。我不太这么焦躁了。

北电的考试呢，哎呀，其实整体还可以啦，就是写戏文（影评）的时候我出现了差错，③导致我戏文初试那个影评我没有过关。又出现了那种，其实就是太想考好，太过紧张，整个考试的过程中全身燥热，导致又没有写好，导致又失败了嘛。那次自己没有发挥好。我先过了初试，初试很简单，我觉得，就写一篇记叙文，我就很轻松的过关了。复试的时候，其实现在想来挺简单的，就是写了一个片子叫《归心似箭》（的影评），斯琴高娃演的，都已经打下课铃了，然后都交卷子了，写是写完了，但是我就知道我肯定过不了。原因很简单，因为躁动的情绪呀，让我的文章又写散了。我之后回家补写了一篇影评，我想这么写我应该可以过关的。其实也很简单，就是抓住一个思路，当时就是想，写它的爱情不就行了吗？革命电影也有细腻的爱情，就行了。然后到电影学考试的时候，那次影评我就 OK 了，状态就来了，就可以完成这东西了，那次影评考的是《梦》，《梦》的一段，黑泽明的《梦》中间的一个段落。然后写的时候我就感觉 OK 了。我能感觉到那个哎呀，顺畅。那次过了关之后，就感觉终于是拨云见日啊。第一，洗去了南艺影评写不好的那个难受，也找回了国戏写影评没有过关（受挫的信心），好像觉得不按照老师的要求写出来，总觉得自己不行啊。这个东西就没有了。还有就是我去考电影学，每过一次试你要交一份钱，你要填一个表，这个时候那些说我没有高中文凭的老师都对我和颜悦色了，都不一样了。他们都认识我，说，

---

① 意思是说：若是其他时候遇到类似情况，主人公多半会气急发火，但这次没有，算是个小小变化。

② 意思是说，因想象对方看不起自己，把自己当作狗屎，于是将对方也妖魔化，挑起事端。

③ 表述有误，不是"戏文"而是电影文学系的考试，主人公报考了两个专业，一是电影文学，一是电影学。

过来，来填表吧。我就感觉到，似乎我还是一个还可以的学生，那种感觉。感觉就有自信了。就可惜面试的时候还差点意思，又以失败告终了嘛。

陈：面试发生了什么？

子：面试其实也很简单，那时候面试官是周。[①] 周的面试方式——其实讲白了是运气了——面试方式有一点单一，就是他只问你古诗词，而不问你会的古诗词，他问的是你不会的古诗词，所以你就答不上来。没有问电影方面的。古诗词答不上来。另外两个老师，问了我关于我喜欢什么文学呀，喜欢什么电影。哎呀其实当时看了好多电影，我就说我看过很多电影，尤其喜欢日本电影，沟口健二呀，成濑巳喜男啦。他们就问我看过《裸岛》没有？我说我听说过这个片子，是新藤兼人导演的嘛，但是我没有看过。真格的没有看过，实话实说。编不出来呀！他们就问了我这几个问题。然后，你对文学方面有什么印象？我就讲了我对《伊豆的舞女》啊，对川端康成呀，那样的一些印象。

陈：那怎么没过呢？

子：就是没有过。最后没过。其实我就真回答了三个问题。我觉得我回答还可以吧，除了那个古诗词我真答不上来，《裸岛》那个我也不会。很多年之后，我回想啊，可能两个原因很主要，第一个原因就是古诗词答不上来嘛，周他喜欢，他好这口，就降分。还有一个原因，那个时候哇其实很多学生，就是为了应试，为了面试，背了大量的考试题目，就是电影史都知道，但是电影却未必看过；所以老师是不是也觉得我是背了电影史上的东西，没有看片子。其实我是真看了。如果你不问我（《裸岛》），问其他的几个（片子），我是可以答出来的。结果很快就出来了，我也没有弄上嘛。但是我从北电回来，在路上，我爸发信息给我说，你回来了没有？我说我回来了，榜出来了，我还是落榜了。然后我爸回了一句：没关系，你已经尽力了。我当时就是一路走回去的，走回去的时候哇，说实话，心里真的没有很大的沮丧。

陈：没有沮丧，还是有？

子：没有。真的没有很大的沮丧。就觉得好像做到了一些我以前没有做到的事情，就有这种感觉。影评也突破了，也进入到面试了，而且面试我当时想——我当时真是这么想——我记得当时我跟陈叔叔你打了个电话，陈叔叔你当时很生气，你说那都是些什么人啊？然后，我在路上走的时候，我就感觉，那叫什么来着？我后来回去呀，我写了一个微小说，第一次写微小说。那个微小说是怎么写的？就是根据我那时候的心情写的。写了个什么呀，就是一个残疾人，断了腿，

---

① 周，是北京电影学院招生面试主考老师。

他总觉得自己是一个残疾人，他总觉得自己什么都不行，然后医生给他接了一条假肢，他觉得那个假肢就是——我当时是一个很科幻的故事啊——那个假肢是肉体假肢，最后跟腿长在一起，但是一定要忍耐，过一阵子这个假肢才会跟自己的腿合二为一呀。就在这个假肢一直不融合，不融合就导致他没有信心，他这时候碰到了劫匪，劫匪在抢劫小孩，他就上去跟这些劫匪搏斗，击退了劫匪，并且还受了伤，但是医生说你的细胞已经坏死了，再不可能装别的假腿了。但他跟医生说，没有关系，我感觉我已经有了一条腿。我当时写了这样一篇微小说，是说我那时候的心情。我感觉我已经突破了。另外——我想起来了——那个周他们应该知道我是没有上高中的学生。

陈：这可能是一个原因。不然，你读这么多书、看这么多片子，没道理不过。

子：这是我有信心的。

主人公第二次参加艺考的经历，我也有些记忆，只不过没有主人公的记忆那么详细。主人公当时还在康复中——这里所说的康复，是指适应社会规范及具体的考试规范——其主要问题，是很多时候仍处在"想当然"阶段，即习惯于按自己的感受和欲望行事，无法进入"信当然"层次，即难以认同学校辅导老师或学校考试大纲的权威性，难以按照权威的要求去做，想做也难以做好。

仔细想，小家伙当时社会化程度还比较低，不知道如何待人接物，更不知道如何恰当地、合乎社会规范地表现自己，所以在面试时很难获得一般老师的好感。小家伙此时已经看了不少书，看的影片更多——我相信他当时看书、看片的数量已经超过了参加考试的大部分人——但他看的书和影片大多是凭兴趣选择，且他看书、看片的兴奋点、共鸣点却是与众不同。更大的问题是，此时他写的影评，主要是表达个人的共鸣和联想，有时候过度兴奋，联想太多，让他自己都把握不住，写起来就撒得开、收不拢，与考试的规范要求有一定的差距。

我看过他不少影评，他的影评确实有自己的看法，存在的问题也比较明显。一是有时候写得零碎，没有中心点或聚焦点；二是联想过于丰富，有时候会写得离题；三是不知道如何把影评写得符合考试规范。我评点他的影评，当然是以鼓励为主，赞扬他的发现及表达的亮点，而对其中的问题则小心翼翼，说得委婉。有些委婉的说法，可能会被小家伙所忽略。我就只好明说，让他仔细听艺考辅导老师的话，按辅导老师的说法去做。我也和他讨论电影，也说我对电影的看法，我的看法和说法可能会让他产生更多的联想，但却对他的考试没起多大作用。事实证明，我不是个合格的艺考辅导老师，主人公的影评经过我的辅导仍没过关，说明我的辅导没多大作用（弄不好还可能有副作用）。对此我很抱歉！

现在想来，艺考虽然失败了，主人公却成长了。例如，他学会了遇到困难和挫折时不再逃跑。他过去的行为模式是，遇到困难无法解决就会烦躁，烦躁到一定的程度就会逃避。逃避成为习惯，结果是对社会规范及考试要求更不适应，不适感和挫败感会造成更多的心理阴影。更可喜的是，他渐渐学会了接受了真实的自己。过去他对自己没有太明确的概念，常常只有宾格的"me"去感受外界社会规训和环境压力，而没有主格的"I"，更不懂得自己（主格的我）去审察自己（宾格的我、客观存在的我）。习惯于自我中心，常常把自我期许和自我想象当成真实的自己——大部分年轻人的神经症都起源于此——一旦与外界评价不一致，会大大受挫却不知道受挫的原因，更不知道如何去规训自己、改进自己、提升自己。此处艺考的最大收获，是主人公开始有明确的自我意识，并且逐渐接受了真实的自己，知道自己的不足，也知道如何去努力。他与北京电影学院的本科生、研究生打交道时不再感到自卑，招考老师的生硬态度也没有惹怒他，就是清晰的证明。

66

两个人的沙龙

陈：你写微小说，表示你虽然考试没过，但自信心并没受挫？

子：信心受到了鼓舞。其实也缘于，从那年开始嘛，我川端康成读得稍微少一点，我别的书读了一些。开始读一些，那些正气凛然的书籍了，其中就有《大卫·科波菲尔》，《红与黑》《悲惨世界》，然后还读完了《约翰·克里斯多夫》，读了德莱塞的一些书，《嘉丽妹妹》呀。然后，巴尔扎克读了两下就读不下去，就放弃了。读了一些经典。就是说，那段时期那些经典文学对我的精神好像有点小小的补充，又是一个新的人生阶段一样的感觉。

川端康成时期属于孤寂的青春少年时期，然后读罗曼·罗兰这些书之后哇，心就变得宽大了一点，觉得人类理想还是比较广博的，好像对人性这种东西充满了信任，不论面对怎样的阴暗存在，总是可以用搏斗，用自我的力量去战胜这一切。《悲惨世界》那个大主教，对什么是上帝有一番说辞，上帝可能有一千种说辞，但我觉得，最美妙的一种说辞是，悲悯，是慈悲。我记得我跟陈叔叔你还探讨过这个问题，就是说，一个人，他是一个罪犯，他已经在监狱待了那么多年，人生一片阴暗，那在真实生活中，这样的人，他还真的有可能发生（改变），因为一个主教的善心，因为一首诗，一首歌。当时还看了一个电影叫《窃听风暴》，也是一个这个……

陈：是《窃听风云》吧？

子：《窃听风云》。[①] 德国的一个片子，就是一个国安保卫的人员，读一首诗，就是窃听那个控制对象的一首诗，然后灵性觉醒，然后把那个人给放了，暗暗保护那个人嘛。我们探讨过，人在这样的环境下，真的有可能，生活中有善心这样的爆发的时刻。陈叔叔你说一个综合的因素，你说，其实还是看一个人的接受度，一个人心灵的那个开放程度，（心灵雷达）张开程度，你要是在某个时刻突然张开了，你接收到那个信息，就有可能突然一下子治愈。大多数也有可能会张不开，就有可能依然成为一个——叫什么？——蒙昧的人。我们有过一番探讨。

然后，那段时间，我们也还探讨过《大卫·科波菲尔》。当时陈叔叔你跟我说，书一开场，主人公用他的眼睛来转述自己出生时的那些东西，本身就是在那个时代狄更斯给这个世界贡献了一个他的创意。他也是处理人情味的大师，他写的这些英伦风情，人与人之间细微的交流，每每有各种各样的细节，总有一个，过一会让你感到感动，会让你温和的感觉。我们也探讨过《红与黑》，当时我还问陈叔叔，《红与黑》啥细节都没有，这小说哪有细节呀？陈叔叔你吓一跳，说，什么叫《红与黑》没有细节？那《红与黑》你回去数一下，哪里不是细节呀？我说细节不是有具体的动作行为语言，这个描写才叫细节吗？你说谁说只有描写

———————————————

① 主人公没有说错，他看的电影确实是《窃听风暴》（德国弗洛里安·亨克尔·冯·多纳斯马尔克导演），而不是采访人所说的《窃听风云》（香港电影）。这是采访人出了错。有意思的是，采访人出错，主人公跟着出错，这是因为主人公相信采访人，"信其然"，才出了错。采访人出错，应该记录在案。

动作语言行为才叫细节啊，心理对话，内心的涌动啊，包括那个回望啊，游离呀什么的，全是细节呀。然后，我们还探讨过于连的死，最后他为什么会有那样的一个状态，好像就是他解脱了。陈叔叔你就说，人有时候意识到自己快要死不可挽回的那个时刻，会变得比较纯粹，因为已经没有任何事情可以羁绊你了，那时候往往是灵性爆发的时刻，于连他就是一个那样的时刻。我们还探讨过茨威格，《昨日的世界》里头，陈叔叔你说最让你感动的一句话，是明天会更好。你说这句话让你十分感动。还探讨了一段，一些死亡跟诗人的关系。当时，读了很多诗歌嘛，其中有海子啊，这些人，很多都有自杀的倾向。当时，陈叔叔你是这么说的，自杀的人，有好多种，最愚蠢的人容易去自杀，而最聪明的人也有可能去自杀。你讲到了川端康成的自杀，海子的自杀。海子的自杀，可能是他心灵的脆弱，十四岁就上清华，①过度早的天才，不足以承受。陈叔叔你说，诗歌方面是在腾飞，心智方面是少年，其实是一个受伤的少年，容易去自杀。另外，川端康成可能是感觉到自己，包括海明威，就感觉到自己江郎才尽，曾经的我写作是这样一个水准，到了七十多岁的时候，岁月还是终于把这个人的写作水准带走了。江郎才尽，就没有意义了，所以就自杀。我们探讨了一段这个东西。

我还让我爸带给你看我模仿波德莱尔写的诗——那段时间极度喜欢波德莱尔——然后学他诗，哎呀，实在很有宣泄效果。脏的，淫的都能写出节奏来，我就仿着写，把自己各种不爽的心情都写进去。陈叔叔你还说，还好是你爸，如果不是你爸的话，我估计你已经进精神病院了。要这么写诗的话就完了，你就进精神病院了。那段时间应该变成文学沙龙课了，就是又一个经典文学慢慢飘过。

电影方面，考国戏北电的时候，我就发现有一个神奇的能力，就是你都不看那个电影，我就跟你讲讲情节，你就能分析这个电影的中心主旨。我把在我艺考培训班里面的电影——但是你没看——我来讲，我们当时来分析这个电影。一个电影（是）《我们俩》。

陈：马俪文的那个？

子：马俪文的那个。当时你没看，就让我仔细讲它的情节，讲它的细节，当时你还很得意地说了一句话，说，相不相信，我就没有看过那个片子的结尾，但我说一定是那个结尾要表达的意思？最后那个马那个人回到那个地方，物是人非，人都没有了嘛。当时我们俩讲这个。还讲了《德尔苏·乌扎拉》，黑泽明的电影。我当时问你老虎在里面的含义是什么，你解释这是人类的恐惧符号、图

---

① 可能是主人公记忆有误，也可能是"陈叔叔"错了，海子不是 14 岁入清华，是 15 岁时考入北京大学。

腾，你要战胜的一个东西。哎，这个好神奇呀。没看都知道该怎么解读哇，这个太厉害了。还有的时候我们也探讨川端康成和高行健，到底谁强谁弱这个问题，然后你就讲了这么一句话，就说，高行健啦，文字过度冷漠，但是川端康成的文字，还是有很多人性的温暖在里面，川端康成的文字水平是要远远胜过高行健。

我们还谈过木心。当时我爸推荐木心，你看了之后说，木心好像没有期待中的那么好看。你给我举例子，你说木心，如果要比对的话，应该是跟董桥比对，董桥是谁我都不知道。你就说，他们两个——我印象中——你说他们两个是雅文学，有中西合璧的这种（修养）。但是你感觉董桥的好像更加清爽，清淡，好像比木心熔接得更加好一些些。有这么一番评论。

还有，那个时候不是张中行嘛，推荐看张中行。《负暄琐话》《负暄三话》，然后你就说这老张的文字和阿城的文字，是这个行业里面首屈一指的好，一个就是，张中行境界比较古拙，看上去都平平无奇，真的如老头子坐在门前跟人喷话一样。阿城的文字散淡平常，但不乏趣味。当时谈过《树王》《棋王》《孩子王》，你这么说，阿城固然好，但你也不能太像阿城啦，太像阿城散淡，散淡得都没有追求事业的心情了，那也不行哪。当时我们还探讨过这个问题。

你还跟我说卓别林是超级大师。你说站在一个很高的视点去俯瞰这个人类世界，其实你很像一个蟑螂，走哪都有一面墙，撞着，你也不知道怎么回事卷入一个莫名其妙的荒诞命运中。换个角度说，这是一个非常幽默逗笑的事，卓别林其实也是站在一个很高的角度，看待世界的一些形式。好像你说的是，你以为卓别林是带着笑的创作，实际上卓别林的内心从来没有笑容，他是带着悲悯在创作他手下的那个夏尔洛。

另外，我们还重点谈过意大利的那个电影导演，朱塞佩·托纳多雷，《天堂电影院》。你当时就说，这个电影导演的电影都比较好，我最喜欢的一部就是《天堂电影院》，因为里面的那个场景，让我就流眼泪。什么场景？你说《天堂电影院》里面有一段，就是说你永远不要回来，不要想念我们。你说你外公在你曾经上大学的时候，也说过类似的话，你一定要有成就再（回来）。就是看到那一段的时候，你也是哗啦啦流了一大片眼泪，想起外公。然后说他另外两部电影都很好，《西西里的美丽传说》《海上钢琴师》，三个电影都特别好。

那段时间我也写影评嘛，我给你看的影评是今村昌平《楢山节考》和《鳗鱼》。当时，我们就秩序，就里头就秩序该怎么弄，好像有一番探讨。我问你，今村昌平里面的每一个人物哇，都处在，他天生有一个强烈的秩序压抑着，但是他在里头又要想挣脱这个秩序，去向往的地方。他到底是要干吗呢，这个秩序对他意味着什么呢？你当时说的是，人在秩序当中，他就去寻找平衡，又容忍，但是又挣扎，然后不断去寻找你该有的一种人生。你好像还说过一个例子，就是《楢山节考》好像在北京电影学院放映的时候，让北电的哪个老师赞不绝口哇，成荫，还是谁谁谁谁，赞不绝口，大为惊讶，就是说世界上还有今村昌平这么好的电影。然后还探讨过人性和兽性，今村昌平蒙太奇组接，总是可以在蒙太奇里面诉说一个东西。后来我又看了成濑巳喜男和沟口健二。沟口健二的《尤小姐》和《雨夜物语》，成濑巳喜男，我看了《浮云》，《山阴》，比较过这两个导演谁高谁低，区别。你说的好像是这样的，成濑巳喜男和沟口，他们都是表现女性比较擅长，但是成濑可能会比沟口显得活跃一点点，比沟口稍微的更有可视性一点。

　　然后，讲得还有一个很多的人就是小津安二郎了。你对他，陈叔叔就是极端喜欢。然后你就描述了很多电影里面的细节，你说，你看笠智众一个苹果削了五分钟，你看着也会落泪；你看父亲那个神态："索那斯嘚"（是吗？），一句这样简单的语言，就感觉简直不是语言，简直就是一首诗，就讲小津安二郎。你看那个《东京物语》里面，那些人物，都那么充满了市井的气息，你无法判定他们是好人还是坏人，（也看不出）他们身上承载着任何社会意义，他们的宣泄，他们的优点，都显得那么的平常，但是最后那个父亲的表情，又让人觉得那么的悲伤。我们就是大量的电影商讨。哦，我们探讨过金基德的《春来冬去》……

　　陈：《春去春来》？

　　子：《春去春又来》。你觉得金基德的这个电影啊，就特别好，有禅意，有东方的韵味。陈叔叔我后来问你，我说，那韩国电影有大师吗，金基德算是大师吗？韩国电影还有姜帝圭，金东园。然后陈叔叔你就说，韩国电影，他们还算不上是大师。然后我问是为什么？你说，你评价这个大师的标准啊，应该是要有一个——怎么说呢——多元的心吧。应该是这么说的，金基德还是显得浅一点点，但是已经处于在找寻他们时代的大师的阶段，就显得不如那些大师那么的，经典大师的那么的纯澈；还是觉得，应该说底蕴稍差，毕竟电影发展只有这么几年。但你说他们开放的政治风气和竞争的环境，一定会让他们的电影又高升。包括你当时还非常赞叹了那个韩国电影的商业发展，说他们商业电影的那种工业化程度极高，而且风气极好，开放性极强，不断地走在跟好莱坞 PK 呀这种地方，然后越走越高。当时我还问过你，日本电影怎么样，你就说日本电影它在现代类型片竞争方面好像不如韩国电影那么快速，好像有这么一个说辞。当时有意大利电影节，我们看了几部电影，我记得《甜蜜的生活》，费……

　　陈：费里尼。

　　子：费里尼的《甜蜜的生活》，当时我感觉这又是一个你陈叔叔相当欣赏的电影导演。于是我又找费里尼全集来看。但没找着，直到大学我终于把费里尼看完了。那段时间，我们一起，小墨姐还有朱霞阿姨，我们五个人，^①一起去看了费里尼《甜蜜的生活》。当时，我印象陈叔叔你——我观察了一下——你看电影那个片子的一开场，你就发出一个声音，"喔哦"，一开始是耶稣像被直升机吊走，飞走了。"日"飞得老远，你就说一个"喔哦"。之后发生了一个场景，我印象还挺深的，首先有人睡着，有个老兄在打呼，我其实也有点想睡，这个电影实在是太深奥了，看不懂，（但我想）陈叔叔在旁边我不能睡呀，死撑，终于撑完了。但是后面发生的那个场景让我印象深刻，这对当时的我来说其实是一个强烈的刺激，没见过这样的场景，就一个文艺电影，一个好电影，在专业的人士中有这么至高的荣誉，大家都为它鼓掌。觉得好电影值得掌声，这是应有的境界。这个导演已经都死翘翘这么多年了，你还这么鼓掌。这个就让我看到了对电影啦，你要有充分的尊重，这个观影的过程中是一个尊重艺术家创作的过程。所以在大学的时候，老师放一些闷片，很多同学都睡过去的时候，我就从来没有睡过，就总是铭记那个掌声。

　　第二天，还是过了几天，我们又探讨过，当时我们在意大利电影节，^②放的两部电影，那两部电影呢——我们看了有，我们看了好几个，每一部我都记得哈，但是，只有一两部我们是专门探讨过的——一部就是《甜蜜的生活》，我啥也讲不出来。据说你还考了小墨姐，好像小墨姐讲的很多，但她说，好像她说了她的想法被你的想法打压了，就是都不如你讲得好。后来就跟我们细致地讲了一下，就是，基督被绑架走，人失去了信仰，处在那种精神涣散的状态中，所以滥交哇，没有希望啊，各种各样说了一大堆。我一听，我戳，这个电影这么有深度。我当时心里想我怎么完全看不出来这个电影有这么好呢？实话实说，当时电影真是看不出来这么好。提纲挈领给我讲了这个整体的含义。之后我们又探讨了两部电影，那两部电影的名字我都不记得了，有一部电影也是一部黑白电影，讲的是一个农村里面一个少场主的故事，那个少场主的主演，我不记得名字了啊，^③也是一个名演员，当时陈叔叔你跟我讲，说经常把这个演员和马斯楚安尼和阿兰·德龙比帅，好像是《皮埃罗》^④的男主角吧。

　　陈：是不是贝尔蒙多？

　　子：就那个尖脸的。

---

① 五个人，是指主人公父子加上陈墨一家三口。

② 意大利电影节，其实是中国电影资料馆主办的"意大利电影展"。

③ 这部影片是《维阿恰农庄》（莫罗·博洛尼尼导演）。

④ 应该是指《狂人皮埃罗》的男主角贝尔蒙多。

陈：我不记得了。

子：那个片子又考验了一下我的读解能力，我读出一个牛头不对马嘴的解释，我当时印象中，我说，这个少场主啊，他一定是受不了这个肮脏的农村，那个农场他叔叔都摸自己侄女的胸部，尽是乱伦和荒唐，所以他要（逃走）。陈叔叔你听完之后，说了一下你的想法。你说就是每一个青春期的少年啊，他都处在一个澎湃的、想要挣脱这个掌控的这么一个环境，其实就是一个现代对传统的冲击，现代的就是那个少场主，传统的就是那个你在农场里看到的种种景象，腐朽的农场主，整个已经僵死了的农场的运作，人与人之间除了性欲，伦理都已经不顾了。这么一个人，他要挣脱自己的掌控，要去追求每一个年轻人的新的事物，所以他要挣脱这个东西。这又探讨了一部电影。

后来我们又探讨了两部电影，我那两部电影是连看的，有一部电影我还记得片名，但是后来我再也没有找到片源，那个电影叫《我是多余的人》，还是叫《多余的人》，① 就是有这么一部电影，讲的是一个很古怪的情节，我当时真的有点看不太懂，就是一个歌星，奸淫掳掠，生活特别痛苦的一个歌星，和一个不待见，又对生活有着真知灼见的一个球星的故事。然后我们当时也探讨这个电影嘛，为什么这个电影叫《多余的人》，陈叔叔你就说，这样的主角他们两个虽然没有见过面，但是呢他们两个惺惺相惜，因为他们相互之间灵魂有感知，他们都是多余的人。但是多余的人，又是人类的希望。就像那个被忽视的足球明星，他其实发现了新的足球的奥秘，那个歌唱明星，他其实唱出来那个非凡的歌曲。他的嫖未成年少女，他的吸毒，他的醉酒，他的你看到所有的负面的东西，恰恰印证了这个人天赋的高绝和一半是天使一半是魔鬼。叫我永远记住这句话："（人）一半是天使，一半是魔鬼。"我就感觉这句话是对我说的，有意说给我听的。意思就是，我也是一半是天使一半是魔鬼，其实你有多少负面的东西，你也可能有多少天赋的东西。然后你说，这是一个非常非常深刻的电影。当时还讲了《古兰经》里面的一个谚语，② 蚂蚁之中总会有离群的小蚂蚁，那个蚂蚁往往是找到新食物存在的动物。这两个人其实他们象征着很多人，都有像那个离群的蚂蚁，我们无法辨识出这两个人的天分和才气。然后你跟我说，你看大多数作家，他们也都是这样的，离群的，能发现新大陆的人。然后还探讨了一部是什么，是一个DJ电台，一伙摇滚歌星每天放着那个摇滚乐，DJ电台的老大拿枪嘣死了自己，然后很多年之后，几十年之后，大家来祭奠这个人。你是这么说的，这个很像切格瓦

① 记忆有误，应该是意大利导演保罗·索伦蒂诺编导的《同名的人》。
② 此处记忆有误，后面蚂蚁的故事与《古兰经》无关。

拉现象。其实人类重复着出现一个年轻的精神领袖，然后他死后，大家来拜祭他的这么一个循环着的仪式。他当年是一个先锋者，多年以后，平庸的人们来拜祭他。你的评价是，这部电影不如《多余的人》来的真切和深刻。它还是显得类型化，它还是简单，它的意识形态是可以辨识的，前者有更加复杂的结构和创意。后来我们还探讨过《悲惨世界》，里面，沙威，还是那威啊？

陈：沙威。

子：沙威这个角色的特质，我印象中陈叔叔你说过一个很让我出乎意料的答案，你说沙威是，实际上是，你说你跟哥伦比亚大学一个教授共同得出的一个共识，就是在国家意识形态和人类良知两者之间的一种选择，这是个英雄。这个问题让我思考了好一阵子。这简直太让我意外了。为什么？当时看《悲惨世界》我看了很多书评啦，都是中国一些挺有名的评论家写的，把他定位成一个国家符号，极权机器，政治爪牙，还没有说他是一个英雄，这样的解释没有过。我当时着实是出人意料，就想了很久，琢磨了很久。

后来读罗曼·罗兰，陈叔叔你不也说，现在这么多年过去了，其实读罗曼·罗兰，其中很多细节已经记不清了，但是还是记得《约翰·克里斯多夫》里面说过的两句话，一句就是，生活不过是一场悲剧而已；第二句，让清新的风啊吹进来。你没有给我解释那个含义，我就听懂了你要说的意思。然后你还说了罗曼·罗兰带给你的鼓舞和影响，你在大学练字就抄《约翰·克里斯多夫》。我就，哎呀，这本书给你的影响这么大呀！还把《约翰·克里斯多夫》都抄了一遍。

陈：那套书有四本。

子：对。四本。全部抄了一遍嘛。就是为了练字，就抄了一遍。当时还说了另外一个故事，就是你把《离骚》背出来了。我为了证明我的智力跟你有那么一点点接近，我后来也把《离骚》背出来了，还跟我爸一起背，说你看，我也用了十几天就把《离骚》背出来了。现在背不出了，当时确实我把《离骚》背得滚瓜烂熟。在大一的时候，老师讲《离骚》的时候，我还当场把它全部背了出来，老师都说，行行行，你不要背了，觉得这个人太恐怖了，能把《离骚》背出来。就是因为当时陈叔叔你说你把《离骚》背出来了。你说《离骚》对你还影响挺大。

和主人公在一起，我确实度过了许多美好的时光。所以说，这是我们两个人的沙龙。只要他来北京，我们就有说不完的话。即使他不来北京，他和我也可能在电话里聊个没完。所以如此，一是因为小家伙总是有问不完的问题，且满怀激情，激情与思考相互激发，形成良性循环。另一方面，我愿意说，因为我发现小家伙敢于或愿意与我对视了，从零点几秒，到一二秒，有时可长达五六秒之多，一直在不断进步。小家伙目光纯真，孺慕之情可感，我当然就更来劲。

当时有一个明确的想法，那就是和他谈话时，首先是跟上他的思路，他想要说什么就和他说什么，巧的是，他喜欢的书和电影我也很喜欢，而他问及的话题我也碰巧有一知半解。其次才是，在可能的情况下，也想陪着他从愤怒和紊乱中走出来，具体方法就是推荐阳光、温暖、具有人道主义情怀的作家作品。谈雨果，谈罗曼·罗兰，肯定是我"设计"的，说屈原和《离骚》也应该是。

现在我想转换话题。说人的记忆力是否可靠？有多可靠？主人公是我采访的数百人中记忆力最好的一个，在我们两人的沙龙里的那些话，他居然记得那么多，就是最好的证明。我对当时的记忆，肯定不到他的一半（我年轻时的记忆力也算是不错的哦），他说的许多事、许多话，我已经完全记不得了。

为什么我们两人的沙龙，他能记得那么多，而我记住的却是那么少？这就是个值得探讨的问题，而这个小小沙龙中只有我们两个人，是比较并验证我记忆力和他的记忆力的最佳机会。我记得比他少的原因可能是：一、我的记忆力没他好，一般人要么擅长于记忆场景，要么擅长于记忆言语概念，这家伙二者都擅长，我肯定比他不过。二、我年龄比他大，60岁了，记忆力衰退当是个可选的托词。三、我是说者，他是听者，通常的情况下，听者记得的比总是比说者多。

主人公记忆力如此之好，除了记忆的天赋之外，可能还有一个重要原因，那就是当时他自我觉醒，主动张开心灵雷达，能捕捉到一般人可能会忽略的信息。在二人沙龙里定向捕捉信息能力如此之强，记忆力如此之好，表明主人公的好奇心和求知欲极其旺盛。假如没有强烈的求知欲，如何能记得这么多？其中秘密，或许还可以增加一条，那就是当时他的大脑活力惊人，不仅理解能力大大增强，而且联想丰富。证据是他说的这段话："'（人）一半是天使，一半是魔鬼。'我就感觉这句话是对我说的，有意说给我听的。意思就是，我也是一半是天使一半是魔鬼，其实你有多少负面的东西，你也可能有多少天赋的东西。"

值得一说的，是主人公对这段往事的记忆也存在一些空白和误记，例如，想不起电影《维阿恰农庄》的片名，这很正常，没有人能记住一切。有意思的是，他把《同名的人》记成了《多余的人》——确实有《多余的人》，是科斯塔-加夫拉斯导演的法国和意大利联合制作的影片——之所以有此误记，当是因为我们当时提及了"多余的人"这个话题，他的记忆被话题所扰动。

最后，我要老实交代，上面说的那几部意大利影片名，我其实也完全不记得了，之所以能予以注释，是查了中国电影资料馆当年影展的片目。我说过，我的记忆力虽然也算不错，但肯定比不过眼前的这个小家伙。

67

魔鬼·天使·人

陈：还有哪些记忆？

子：我们谈过两次《地狱门》，衣笠贞之助的《地狱门》，就那个女主啊，为什么要更换衣服，代替那个男主领死的这么一个情节。陈叔叔你是用《天龙八部》给我解释的：这个细节你应该很容易理解呀，阿朱不就是顶替她父亲被一掌打死了吗？当时陈叔叔你是第一次这么跟我讲的。后来我们又第二次就衣笠贞之助的《地狱门》这个构图我们又有探讨，我说那个构图很奇怪，正常构图应该是一个很中正的感觉，这个构图好像是有意识拍歪了。陈叔叔你当时还给我举了一个典故，滑向地狱。地狱门，它有象征意味。又讲了《天龙八部》，实际上那个女主角加裟被那个人刺死了，那个人幡然醒悟发现自己的举止真是荒唐，于是他出家遁世，忏悔自己的罪孽，肯定了佛性，肯定了佛的意义。但是《天龙八部》更伟大，你说，它肯定了人的意义，乔峰一掌把阿朱打死之后，唤醒了的是乔峰的人性。你还举一个细节就是，虚竹离开寺庙还俗，在那个巨大的冰窖里头（破戒），他从一个从小生活在一个不知世事的小沙弥，到他吃肉，做爱，没有一点点污秽这种细节，最后虚竹获得的什么？获得的是人世的幸福。（《地狱门》）那个肯定佛，而这个更伟大，这肯定的是人。

记得你越讲越多，最后给我讲到文艺复兴去了：人为什么伟大。文艺复兴的伟大，其实就是肯定了人的伟大。就越讲越远，达·芬奇、拉斐尔绘画，把人画得都充满了温暖的发现，包括但丁。聊了很多。似乎触发到了你很久思考的命题，突然有了一次井喷式大爆发。回去我消化了很长时间，还思考虚竹那个问题，说虚竹那个细节还有那么深刻的内涵啦？金庸真的是太厉害了。

你还跟我谈了莎士比亚，说，莎士比亚博大精深，西方的说法，莎士比亚之后，人类再也没有新鲜的故事。实际上，在你看来，莎士比亚是一个真正意义上懂得人性的科学家，人性的大师。他里头各个人物都有他鲜明的性格，独一无二的特质，一个剧作家可以读懂那么多的人，人物和特质啊。后来我们还探讨，当时是这么说的：你现在看一些文学，觉得它完美无瑕，毫无缺陷，随着很多年之后，随着你文学素养的提高，（会发现）这些大师也会有他的一些缺陷，只不过你的视野不够高，（现在）也许你看不出来。当时我觉得《我的父亲母亲》，《那山那人那狗》挺好。当时你就说，在你看来，这两部片子好看，在中国商业电影中是非常不错的，因为他们的商业化，导致这两部电影的风格过度的甜腻，显得有一点点厚度不足，而且渗透着第五代的气息，就是理想化，父辈的爱情故事。

还有那么一段时间呢，陈叔叔你跟我谈佛，谈佛教。跟我举过一些佛教的例子，也是就《地狱门》谈的。我就记得你跟我讲的几句，几句话我记得很清楚，我是问你，加裟那个女人，那么一点点死去的力量，她能唤醒这个恶棍的人性，整个电影中呈现出来的为什么叫地狱门？哪里都是邪恶，哪里都是荒唐。然后陈叔叔（你说），这符合佛教说的，一灯如豆，苦海慈航，就是一盏小明灯依然可以驶向千里，光照世界。那段时间我老说有砍人杀人的欲望，陈叔叔你就说你要想搞真正的人文工作，你就要有佛的世界，真正伟大的艺术哇，思想家呀，他其实是最高的佛的境界。就举了个例子，地藏王菩萨，地狱中尚只（还）有一个坏人，你就不能成佛呀，[①] 你要去渡劫呀，这是地藏王菩萨。还有一次是吃饭的时候，你跟我谈六祖慧能，举过一个例子，那个例子让我印象还很深刻。就是什么来着，说了什么呀，

陈：不是六祖说他吃肉边菜吧？

---

① 原意应该是：地狱不空，誓不成佛。

子：不是，那是后来了。那个是后来。说的是——应该我想起来了，是六祖慧能好像要被追杀，他上船之后，他师父给他说了一句话，师父问，你这时候是要师父渡你，帮助你，还是自己要帮助自己？然后慧能说，我迷失的时候是师渡，现在我要自渡。你的意思就是告诉我，现在你要自己去开凿自己的一片天空。你是这个意思。不是肉边菜，肉边菜是后来。我记得很清楚，讲了两次六祖，这是第一次，讲六祖，读佛经。那段时间也导致我买了本《金刚经》在家里读，完全没有读懂。我买了一本《六祖坛经》，我勉勉强强终于把它给读完了。《金刚经》就是云里雾里，雾里看花一样的，完全读不懂。所以得出一个结论，随缘，随缘，不要强求，我就拾点牙慧好了。这就是谈了佛教的事。

那段时间，陈叔叔你就处在经常会说一句话："他这个创造哇，已经属于全人类了。"那段时间你经常重复这句话。

陈：那是什么意思呀？我都没有听懂。

子：就是我们讲一些伟大作品的时候，讲一些好的小说的时候，你就会说这个作品已经是全人类的作品了。你跟我们讲过《双城记》，我们讲过茨威格的一些小说，你提的我都没有看过，你说茨威格很伟大，是特别好的传记作家，也是特别好的文学家。

陈：他也有《棋王》《一个女人一生中的24小时》等小说。

子：嗯，你讲《棋王》啊，《一个女人的24小时》呀，你说他的小说呀，你说他的文字，看上去那么的精确，其实里头也蕴含着激情四射的东西。然后你说，茨威格的这些作品呀……当时讲得手舞足蹈，我隐约看到了，我爸说的，①难怪说你当时天门放光，讲得那么的滔滔不绝，那一刻我好像有点明白过来了。你说茨威格的东西已经属于全人类了。当时你说了好多人的东西属于全人类。比如说，你说过老子、庄子，与整个地球万物对话。老子与宇宙时空对话。他们属于全人类了。六祖，伟大的思想家，他的那些话语，也是属于全人类了。卓别林，也是你评价的一个，他也是属于全人类了。还有一个人就是，那个人是谁呀，陀思妥耶夫斯基，你说陀思妥耶夫斯基是写人类内心，其实我当时奇怪怎么说陀思妥耶夫斯基？我压根就没看的时候，我比较晚才看陀思妥耶夫斯基，但是，你说，他在写人类底部的暗流哇，就是你看不到的那个，意思就是你看不到的意识的深海。你说陀思妥耶夫斯基也是属于全人类的。然后你跟我说，我现在在努力，又向往托尔斯泰，又向往陀思妥耶夫斯基，他们两个都属于全人类的。你说托尔斯泰是人类的一种极致，就是世界万物，长江大河，波澜壮阔的社会图景，

---

① 这里是说主人公的父亲当年讲述陈墨谈文学时神采飞扬的情景。

走的是广度。陀思妥耶夫斯基是深度，是深海。他们两个是一体两面，你跟我说，其实就是，他俩中间有无数个地带，你说这个地带也许偏陀思妥耶夫斯基一点，也许偏托尔斯泰一点，中间有无数的可能性。你说，也许中间有一座山峰，被你发现了，就属于你。你说被我发现了就属于我了。你看得越多，你发现山峰的可能性也就越多。当时我们有这么一番探讨。

当时还有另一个——那个事情又让我回去思考，思考了很久——我就问，陈叔叔你这个——我就是感觉啊，要坚持当一个伟大的小说家，当一个伟大的导演，当一个伟大的艺术家，好像很不容易呀。我说，雨果这些人，我说雨果家里头钱那么多，女人无数，流亡起来不照样很惨吗？我心里想，雨果坐在马车上面都看书，都不放弃思考，我说我坐在火车上都想睡觉。我说，我都不确定我以后能不能坚持得住啊。我还问陈叔叔你，我说，你能不能坚持住哇？然后，陈叔叔你当时说了一番话把我吓一跳。你说：我也不知道我坚持得住坚持不住啊，也可能坚持得住也可能坚持不住，我的好处是我占有国家的铁饭碗，我有一份收入，我就是衣食足嘛，我就努力地攀登那个高峰。今天我要没有这些东西的时候，那我会成为一个小偷也好，什么也好，那我也不知道哇。① 但这不是主要的一句话，还有后面的一句话更吓人，你说，但是如果说，以我现在的辛勤来看，如果说有一天啊，我觉得我不写书了，我不读书了，② 没有思考力了，一切事情就放弃了，那我可能找一个没有人认识我的地方，我就去死。当时陈叔叔你说了这么一句话。哎呀，当时把我吓死了。原来陈叔叔也是像川端康成一样有自杀情结的人。我是这么理解的。把我吓了一老跳。

当时我们看意大利电影节的时候，我记得是见到你一个同学，叫王晶晶，王晶晶那天吃了三碗米饭，还点了一个炒肝。我对他印象深的还不是这些，我对他印象深的是他对你的一个评价——他好像表情有点郁闷，我觉得带着些微的点愁苦的表情跟你说，就劝你的语气说—— 陈墨，你这个人，太过极端，太过偏执。陈叔叔很意外的表情，手上还端着一本书，啊，我极端偏执啥了？王晶晶说：你就是偏执。我一开始还不太理解，我说陈叔叔偏执是什么意思啊？后来听完你说你要去死，（才觉得）偏执狂，是一个偏执狂。我当时有这么一个想法。我说陈叔叔已经到了，我很多年后读一本书，钱钟书写他"文革"的时候，四周

---

① 这句话的意思，应该是说人生之路多种多样，一切都有可能，假如我没有幸运地考上大学的话，没有谋生技能，说不定会成为小偷。隐含的意思则是：要好好把握自己的人生。

② 意思是，如果有某一天无法写作、也无法阅读。

没有书嘛。① 我当时想，是不是陈叔叔讲的也是这个意思呢，知识分子一旦不思考了，一旦没有书，人生都变得空洞无味了，都没有使命了，那只能是——就是还不如去死呢。是不是这个意思？我很多年之后看钱钟书写的那个随笔。当时我们就有这个探讨。这个探讨把我折磨了好久，我还，那段时间还到处去找，我要证明，我当时还得出一个公式，我说，有可能高端的知识分子，他的结果就是去死，所以说，他才能成为高端的知识分子，要有殉道的精神。我设想啊。

于是开始就你这个思路，那就我第一次读茨威格的传记（作品），里面有一本书叫《自画像——与魔鬼共舞》。② 他写的人物是，尼采、德国的戏剧作家荷尔德林、还有一个是克莱斯特，好像是黑格尔时期的作家克莱斯特。当时我记得，他就说了这么一个，就是开篇啦——我是茨威格的忠实粉丝，他的所有小说传记我都读过，就是因为当时读他那段见解，我倒没有理解陈叔叔你干吗要去死，我理解我自己，还得意了好长时间，就是发躁我也觉得发就发吧，没有什么了不起，该发发，该砸砸，我还找到了理由一般——他说了一番话，就说呀，人的心中，其实在这个深处哇，你就有一个魔鬼，那个魔鬼其实就是你创作的火焰和源泉。越是天赋卓绝的人，你越有可能与魔鬼共舞，你要没有这个东西，你也就没有这个东西。接下来写的三个作家，他们心中深藏的就是那种，他们养着一个小魔鬼，那个魔鬼最后促成了他们走向崩溃而毁灭。然后，我就读这三个人，哎，当时读得，既唏嘘也感叹，天才原来是这样的结局，太让我，很悲伤啊。一方面觉得我也是有天赋的人啊，心里头也住着一个小魔鬼。后来陈叔叔你还跟我说过，你这个小魔鬼不能丢，你要丢了的话呀，你就做不了艺术创作了。你变成一个普通人了，就什么东西都恒定了。我当时又有了另一番的思考，我在想啊，这样的一个人类内心的魔鬼呀，但是又怎么解释另外的一条路？就是歌德呀，雨果呀，包括萨特呀，加缪，还有罗曼·罗兰啦，这样的一些人好像也没有所谓的魔鬼的存在，他们不是也能创作出《悲惨世界》呀，《浮士德》呀，这样伟大的作品嘛。

于是我后来见到陈叔叔你的时候——好像考完北电之后，就是那个暑假，我又来到北京——来沟通这个事情。你当时给了我一个回答，就让我，哎，我就豁然开朗了。没想到今天对我还影响很大。当我的朋友，我身边其实有很多所谓为

---

① 记忆有误，应该是杨绛的《干校六记》中说，有一天杨绛问钱钟书，一直在干校生活下去行不行？钱钟书说：没有书。

② 记忆有误，书名应该是《与魔鬼作斗争》；《自画像》是另一部书，写的是卡萨诺瓦、司汤达、托尔斯泰三位作家的生活。

了艺术什么都不顾的朋友，但就因为你的那一番话，我就没有听他们的，没有把艺术和人生排斥开，就因为你那一番话，有很重要的影响。你说雨果、歌德包括托尔斯泰，你还很幽默，你说托尔斯泰是个富翁，家里几代都是富人。我说啊，托尔斯泰是富翁，看到一幅画像上，他在耕田啦。然后陈叔叔你说那是他在锻炼身体，绝对不是他在耕田，① 他家钱多得根本用不完。就说，他们是属于这种类型，从小良好的家教，几代没有断根，没有"文革"，没有反右，没有中国的所谓的断根运动，一代一代到他们身上成为一个集大成，成为一个精英。他们有极强的理智，又有充分的感性，两者平衡得比较好，同时又没有生计的压力，从小女人又围着他们身边转，所有你可能要困扰的问题，在他们身上都不足以引发问题，这样的话他们就保有得比较完整，他们生活也比较幸福。当时你还说了一句话：所以说法国提起他们的文学领袖他们的精神领袖的时候，更多的会提雨果，就不会提巴尔扎克。但是你说，那些与魔鬼在一起的人，尼采，克莱斯特呀，荷尔德林啦，梵高哇，蒙克哇，包括还有海子这样一些人。你就说，这些人也了不起，就是说，他们自身可能天然有缺陷，但是他们，如果他们没有艺术，他们的缺陷就会放大，他们一边战胜着自己的缺陷，一边去完成这些艺术，努力让自己变得更加完整。如果说雨果是个大房子，他们就只有不停搭建不停拆卸。但是，你就说，他们也伟大，也了不起。总之他们是在战胜自己的缺陷。你说，其实这两种路哇，并不全然是，你当时还说了一句话，就是，到这个岁数才明白，这两条路也不是全然你选择的，因为有天然的成分在里面，但是以后的发展——你跟我说——你是可以选择的，不要轻易地去模仿任何一条路，就是不要去模仿托尔斯泰的路，又或者去模仿荷尔德林，海子的路。你，关键是你是谁？你要走哪条路？这个以你为主。说过这么一番话。

　　我当时，哎呀，回去就思考，思考良久。似乎就，怎么说呢，就是说，（大学毕业后）要我去找工作，我从来就没有把工作排斥掉，跟这个是有关系的。其实就是始于那番谈话。而且这个谈话还起到了一个效果就是，好像可以，好像我有可能适应社会，可能我不是一个所谓的怪人。好像我可以战胜缺陷。那就是，你也可以呀，你不能像托尔斯泰那样搭个大房子，你既然推倒那个东西，你就搭呗。那段时间好像又获得了释然。

　　那段时间，我们又探讨过余华和莫言。我记得说余华的时候——记得外面还在下雨一样，小墨姐也在——你当时说呀，余华是中国非常了不起的作家。你

---

① 我当时是不是那么说的？已经无法记忆了。如果那么说，也可能是幽默。老托尔斯泰耕田肯定不是为了锻炼身体，而是与其人生观即"托尔斯泰主义"有关。

说，余华、莫言很了不起，尤其对余华评价非常高。你说有可能——我说他们有可能拿到诺贝尔文学奖吗？你说他们有可能拿，因为他们非常了不起。他们，你说他们有那种，你说他们很多年前，你见过他们，有那种生在人群中，就是有那种岿然不动的那种霸气似的在里面。你跟我说，在中国活着，没法活得很轻松，你得开辟两条通道，一是在外面嘻嘻哈哈，另外一条通道得有自己理想的世界。就两条通道的开通，要有超越别人的毅力，隐忍，你才有可能。你说，这两个人，在很多年前你还是很年轻的时候，你就见了他们，你就发现他们有这种（特质）。所以你判定他们两个会非常了不起，也许诺贝尔奖就会是他们。你当时说过这句话，而且包括你也说了，他们也有不逊色于高行健的能力。重点就点评了，你说余华的《活着》，《许三观卖血记》非常的了不起，是特别伟大的作品。我当时听了之后，我听了之后就惊讶说，啊，陈叔叔难得对中国作家评价这么高。于是乎，我回去就买了，那三本书是红皮书，《在细雨中呼喊》《许三观卖血记》（还有《活着》）。我爸也肯定记得这段事情。就是我读完这个之后，我就拽着我爸的衣服说，你读，你一定要读《活着》，你要不读《活着》，你的人生是不完整的。然后那几天我就发现我爸坐在那里神不守舍地看《活着》。读完之后，我们两个探讨了好长时间。啊，写得太好了，我爸描述啊，那个小孩死的时候，血被抽干了，就这样死了，死得都这么荒唐，这么悲凉，尤其想到最后，那富贵就剩一头老牛在那里，他还没有死。富贵看到那个，富贵我是替你去死的，就是"文革"清算，那个人被枪毙了，那个人说：富贵，我是替你去死的。然后，我们两个就很激动嘛。我们两个还看了张艺谋的电影《活着》，当时觉得大失所望。觉得，哎，怎么没死光呢？好像张艺谋淡化了余华的锋利呀，变成了一个带点宽容的（态度），张艺谋的青春的回忆那种感觉。尤其有一段，他们在打仗的时候，那段描写就真是比余华那个穿着胶鞋，找粮食，后来发现不用去抢粮食了，拿胶鞋不可以点火嘛，人家在打仗，他们去脱人家的胶鞋，一边脱还抽人家的板子，打仗写得这么的幽默，太了不起了。我后来还问过陈叔叔你，表现战争表现得像余华这样的，给你打了电话，应该是（说）余华这样的，这么荒唐啊！

采访人札记

这一节仍然是两个人的沙龙故事。因为篇幅太长，作一节怕增加读者的阅读压力，所以就将它们分为两节。两节的篇幅都不短，这表明，我当年和主人公当真是说了许多话。主人公记忆力确实惊人，竟记住了我如此多的啰里啰唆。

接着说"记忆是否完全真实可靠"这个话题。在主人公的陈述中，我又找到了一个例子，那就是他记得我说过莫言有"霸气"，我应不会用这个词。在我的印象中，莫言谦和平易、英华内敛，脸上非笑似笑，眼睛如闭如睁，在三人以上的公共场合，随时如老僧入定。在我看来，这是真正的大气，而非霸气。若说有霸气，年轻时余华才华横溢而头角峥嵘，庶几近之。主人公把我对余华、莫言两位大作家的印象都说成"霸气似的"，那肯定不是我当时的原意。

提及此事是想说明，记忆力再好的人也不可能在记忆中100%地再现生活历史现场。主人公显然是按照他自己的理解，对我的话进行"编辑"后再存入自己的记忆中，也有可能是在采访现场进行临时"编辑"。小家伙喜欢霸气、欣赏霸气，认为一个大作家有霸气是理所当然的事，也有可能把霸气理解为与众不同。总之，那是他的理解和记忆，而非我的原意和原话。做口述历史的人都知道这一点，历史学家也不应因此而责备口述历史"不真实"——我能证明，主人公的记忆和陈述大多是真实的，只不过并非100%客观，其中有他的主观解读。

我和主人公说过很多话，中心线索应该都与"人"有关。我不记得是否和他说过古希腊圣城德尔斐的阿波罗神殿上的箴言："认识你自己。"有人说，认识你自己是人类最大的智慧，这话对我产生过巨大影响。人类探索人性，与个体认识自己，确实是事关群体发展和个体成长的重大关键。文艺复兴是人的解放，莎士比亚发现人性的奥秘，陀思妥耶夫斯基和茨威格对人性的深刻洞察，金庸对人性和人世的精彩刻画，乃至诸多艺术家的疯癫……都与"人"有关，与了解人性、认识自己有关，目的非常明确，是希望小家伙了解人、了解自己。我记得还曾与他谈及佛家的《十牛图》——但不记得是什么时候、什么场合了——那是希望小家伙找到真实的自己、接纳真实的自己，不要停留在简单原始的幻想与幻象中。

我不知道"人既是天使、也是魔鬼"这话是谁第一个说的，这话对我也有重大影响，对主人公也同样如此（在前一节陈述中他有明确表述）。但如今我对"人一半是天使，一半是魔鬼"这一表述不是特别满意。一是因为这一表述虽近人性真实，目的在道德判断；二是因为这一表述忽略了更重要的第三维，即人的精神自我主体。我喜欢把魔鬼性理解为人类的生物性即本我，把天使性理解为人类的社会性即理想化的超我，而人类个体最重要的其实是第三维即精神性自我主体。个人的成长，说到底，就是从出生时的生物性个体，经过社会化规训而成为合格的社会成员，同时或稍后必须经过自我觉醒而致精神个体化。并由精神自我协调并统率生物性自我、社会性自我，形成自我同一性，才算是成熟。

如果说我对主人公的成长当真有点影响，那应该是，我曾有意识地让小家伙理解人，尤其是了解自己——了解人和了解自己是双向互动的：越了解他人就会越了解自己；反之亦然，越了解自己也就越了解他人——促使他认识自己，发挥自己的聪明才智，用自己的眼睛看世界、看艺术、看自己。人有时候需要信任权威，但却不能在"信当然"的陷阱里爬不出来。

68

亦师亦友

陈：2007年为高考，准备和考试情况是什么？

子：要好一些了。

陈：比零六年好，是吧？

子：对。因为遇到了华。①

陈：呃？你说说这个人。

子：重要人物，华同志就出现在江湖中了。② 一次在火车上面，冬天，我应该是跟着我爸又去北京。当时有我爸的多位同事，军啦，谁谁谁，不认识的一大片，我基本上是不理。我就一个人坐那，一个人听音乐，音乐开到一个中等音量，我当时听到《乡村路带我回家》这么一个曲子的时候哇，我听到旁边一个，长得挺帅挺精神，就跟着这个音乐一块哼，哼着还非常好听啦，那就是华。他就跟我打招呼：哎呀，你喜欢这个音乐啊？然后我就跟华聊天，大有一见如故的感觉。

华是个讨人喜欢的人，他是我爸的同事，刚来不久吧，公关的能力极强，有

① 华，是主人公父亲的同事。

② 这句话的意思是说，华是作为影响主人公成长的重要人物，出现在他的生活中。

一股亲和力，就像大哥哥一般温暖的亲和力。他就跟我讲跟我聊，说他大学的时候，组乐队，他是乐队的主唱，和主音贝斯手，他说他经常弹一些乐曲，（就有）《乡村路带我回家》——就是我放的那首歌，约翰·丹佛的——他这首歌是唱得滚瓜烂熟。然后就跟我聊他喜欢一些歌，比如零点乐队，Beyond 乐队，都跟我还能搭上边，后来他就跟我聊天啊，他就发现我这个听音乐的量啊，实在远超过他这个当过乐队主唱的人的水准，发现我给他一放，里面存了大量的，中国经典的、国外经典歌曲，乡村，民谣，爵士乐，等等等等，当时我非常迷恋鲍勃·迪伦，他有一个书在中国刚刚出版，叫《像一块滚石》，我当时听大量他的歌，迷得一塌糊涂。我就跟他一放，他就觉得很新鲜，聊得太投机，我们俩就留下电话。

之后，不就来陈叔叔家见你嘛。那天我还跟你说了，我跟华聊了一个话题。就是我说我最近喜欢语言波澜不惊，看似平淡其实不平淡的（艺术作品），我就跟你说我最近读鲍勃·迪伦。那时候陈叔叔还问我，这是谁？我就说是美国非常有名的民谣歌手，他写了一本书叫《像滚石一样》的传记，都入围了诺贝尔文学奖评选。你当时还很惊讶，歌手写的这个？你当时还问，啊，是吗？当时你又推荐了我读另外一个人的书，推荐我读梭罗，你说梭罗的《瓦尔登湖》哇，就是那种看似平淡里面又是韵味无穷啊，还推荐我读毛姆，读毛姆散文，毛姆散文也很有智慧。后来我读了毛姆的《月亮和六个便士》，那个小说我也是特别喜欢。

后来回去学习还是遇到困难。北电也好（别的学校也好），文化课不好你始终过不了关啦。这个时候我们就想，怎么办？该怎么样去补习这个课程？我还记得跟陈叔叔你打了电话。有几次又会烦躁，我发躁把衣服给撕了，就是又大发雷霆，就是没砸东西，把衣服给撕了个精光，要拍下来一定是一个非常丑陋的画面，自己把自己的衣服给撕破了。跟跳脱衣舞似的。然后大吼大叫，吼完晚上十点了，给陈叔叔打了个电话。陈叔叔你当时还问我，说你的嗓子怎么了？都哑了，说不出话来了。我就跟你讲，我又发脾气了，衣服都撕光了，当时我们还交流过，如果找一个能陪伴我读英语的人，是不是也会帮我。我突然就说，找一个大学生，英语也不用很好，他陪你读。当时陈叔叔你说：当然可以呀！你非常有信心地跟我说。一开始还没有想到要找华来补习。

有一天，我再遇到了华。华就很兴奋，见到我特别高兴。后来我就约他，好久没有见了，晚上吃饭。我就约他晚上我们吃了个饭。他说他喜欢电影，我那段时间正在着迷北野武，《花火》《奏鸣曲》呀，《大佬》哇，《性爱狂想曲》呀，《大逃杀》这样一些作品。当时还写影评呢，我还给陈叔叔你看了《大逃杀》《花火》的影评。尤其当时看《花火》，特别震惊，结尾，"砰、砰"两枪，我就当时给华形容。华就很兴奋，就：哎，还有这样的电影？回去我一定要看。回去之后给我打个电话，说看了《花火》，他看《花火》跟我的角度不一样。他学美术的嘛，就看到《花火》里头北野武画的那些画，他说那个画画的太好了。他说你知道吗，那个画的流派呀，是点彩派的画法，那个感觉，就是一点一点一点，串成那种抽象语言，梵高哇，很多日本这些画家，都非常喜欢这种点彩派的语言。（华）对这个还是相当在行。那个时候我就有了一个念想，要不要请华过来给我补课？

于是就由我爸给华打了一个电话。华说，我的英语就是属于二把刀，实在是称不上有多好。然后我爸就说，没有关系，你来陪着读就可以了。于是华就出现了。简单沟通了一下我们该怎么做，华在我们家借了几本初中英语之类的书，我们就开始了每周一到两次的那种补习。（华）就是陪读，陪练，陪聊。华呀，一开始讲课，这个老兄性子是十分的急躁。我爸妈都没有给他钱，每次给他准备了一顿餐宴，他这个人很受感动，特别着急我能够一窜千里，特别的急呀，急，急迫。当时还给了我挺大的压力，我觉得受不了，这么严。每天读那么多课文。就我的习惯——我已经养成了那种（习惯）——一会看一下书，看个半小时，读个英语，读个四十分钟，听会歌。所以我每次跟他在一起的时间，我也听会歌曲。他就很着急呀，你沉迷在这个歌曲当中。我跟他开玩笑，你要不去当个初中老师你是可惜了，我感觉我上了那么多初中（学校），你呀是最暴躁的一个（老师），我跟他说。后来，又跟他沟通了几次，我干脆跟他说，你管那么急干吗呀？我学不进去呀！我们两个还吵架。但后来像哥们一样，他就说，那我们就宽松对待，开始慢慢就，他好像也找到节奏，每个礼拜讲一篇课文。他讲课文就是读，背单词，尽可能的。他也不会做（英语试题），我们就瞎做。

早晨，有的时候他还带我去跑步，纯属对我进行虐待，跑得比我简直是快得不能再快了，属于业余顶级高手那一类。每天都跑步。在跑步的时候啊，我们也聊过很多的事，我就说我爸老带我到赣江游泳，你来不来游泳？他说他不会游。（我说）没关系，我爸可以拽着你、拖着你，拿个救生圈，我们可以来游。他有一天就真的带着泳裤来了，当时他下了江之后，就被我爸拖到江中间，只会拿脚狗爬蹬，然后我在旁边游，一边游他一边说，喔，靠！你是不是报复我才让我来游泳的呀？我以为你的游泳跟你的跑步技术一样烂呢，游泳游得这么好，叫我来献丑！然后我就有点嘚瑟嘛，各种瞎游，反正比你游得好。在路上，华跟我讲，其实我感觉到，你可能是这个世界上最幸福的人，因为你爸实在是一个太厉害的老爸，会游泳，游完泳之后，又懂生活，会做各种菜。他总记得我爸做过馒头，拿酱油一刷，上面铺一个煎蛋，太有生活情趣了。他说我——突然露出一点自卑——说我爸就是农民，就什么都不懂，生活完全不懂。我看那个表情哈，当时我就说，我说你回去读一首诗，海子写的，就是，我本是农家子弟，为什么来到城市游玩，他有一首这样的诗。① 我建议你读海子，读完海子就不会觉得农民子弟了，回去读海子。然后他回去真读海子。后来他又一次上英语课，他就抱着海子的诗集，说，海子好，我好像看到了自己的影子。还跟我朗诵。

我们还一起朗诵过食指的《相信未来》，（还有）顾城的一些经典诗句。顾城的诗当时背得很熟了，我的心是一座最小的城，② 然后我们就不用书都能够背出来。还有小时候背的一些诗歌，什么《割草谣》那样的诗，就一起朗诵。（这样）就把华误拐进了诗歌界。同时我也跟着他读英语。华就发现啊，我俩的英语水平（越来越接近），开始的时候，华比我高这么一丢丢，③ 毕竟是上过高中的。后来发现我记忆力实在是很好，就是每一次，后来他改成了什么呢，他念一段话，我读下一段，我不用书了，他就发现，我每次这些课文哪，就是真的能背得很熟很熟。中间他安排了几次测验，他看我做得很快，他出的题也比较简单，都是念过的课文，填（单）词，反正他一直怀疑我是抄的。我说我没抄，我真的是背了这个课文。英语，在聊诗歌聊音乐的情况下有进步。

但是同一时呢，华在某些时刻也是一个思想单纯、保守、固执的人，他有时候并不理解你的青春期的烦躁和暴躁。他其实没有见过我青春期的咆哮，但是我把他当着哥哥一样，我会和他讲，有时候我会发脾气，有的时候我会控制不住。他那种传统的思想呢，教育我，你不要老想别人怎样适应你，你要适应社会。那我就开始跟他进行辩论了。我们用各种画家的例子证明，人的烦躁是多么的正常的一个事情，我们两个开始各种举例子，最后我老拿那些坏人（脾气）的例子凡人高，蒙克，不都是神经病嘛，你读过的，就包括修拉，劳特累克，这样一些人物，哪个不是有自己的脾气和个性？还包括塞尚、高更。（我）那时候也读了很多画家的散文，高更的《诺阿诺阿》，康定斯基写的回忆录，塞尚的散文随笔。我们两个开始对拼，最后我们俩还相互顶牛。我说，你说你这个牛的性格能不能改？然后他就反过来说，你不吃包菜、不吃苦瓜这个性格能不能改得了？我说我改得了，你看我下个礼拜我就开始吃包菜，你信不信？就从那时候开始，我跟我爸妈说，你们看我吃包菜，华看到我可以吃包菜，其实我一吃包菜，就像陈叔叔你闻到番茄想吐的那种感觉一样，就是不喜欢吃。我就为了跟华顶牛，我就开始天天吃包菜。华来，苦瓜在那里放着，我现在开始吃，那段时间就整得我就一个

---

① 指的是海子的《浪子旅程》，但主人公所说的诗句不完全准确。
② 诗题是《我的心，是一座城，一座最小的城》。
③ 一丢丢，即一点点。

不挑食动物了。

　　就这种情况下，我参加了高考。高考的成绩出来那天，我印象很深，应该是那两三年时间我爸妈一起在家里少有的开心时刻啊。一进门的时候我就感觉他们语气不一样，我爸就在哈哈笑。我记得他在对我喊：来，英语高手，过来！我心里想，戳，什么情况？我一看成绩单，我也——我也很惊讶，居然比 30 分又多了 30 分，我居然考了 60 分！这么一个分数。哎呀，在对当时的我来说，就觉得有点不可思议了。很高兴，真的很高兴。然后，我爸还跟陈叔叔你打了电话，说我英语有了很大的进步。你在那边也很高兴，还祝贺我们。然后我把这个消息告诉了华。华好像不怎么高兴，感觉我应该考得更好一点。

　　我们两个经常喝酒，聊天。有的时候，很像——华自称很像高更和梵高住在一起的数个月——两个人平时嬉笑怒骂，亲如密友，但是一旦是谈到艺术问题、人生问题，两个人吵得势如水火，恨不得把对方给干死。华他那里有把吉他，弹吉他的时候，我们两个相处得非常好，不好听的说，肉麻一点说，如胶似漆，就是这么亲密。两个人还肩膀搂着肩膀，两个人唱 Beyond 的歌曲，吼得惊天动地，经常有对面的人来敲门，叫我们小点声，（说我们）喝多了酒。也有很多时刻，探讨到一些人该如何处事呀，应该怎么生活的问题的时候哇，我们两个又吵了个不可开交，激烈争吵。我觉得康定斯基的美术水平要胜过高更，康定斯基又能写传记，又能写艺评，抽象绘画又是开山立派的祖师爷，那肯定是要比高更要好哇。华就不同意，他说高更那本《诺阿诺阿》那本书写得也非常好哇，而且高更画那些原始人，独特的肖像构图，比康定斯基那个抽象的更加具体更加好看。然后我们两个就不停地辩论。那段时间间接地成了我的美术补习课了。

　　印象中，我们俩也曾什么话都不说，抱着书哇，坐在那个地上读书。读的是什么书呢？我们两个都买了一本欧文·斯通的《梵高传》，① 然后我们都读《梵高传》。我们读了一阵子之后，还相互交流心得，当时有很多心得，我们相互解答，相互去沟通。比如说，华就老觉得这个梵高性格过分偏激，他去追求爱情的时候，亲戚们反对，他就把手放到火上去任火去焚烧。在我看来，我就说，艺术冲动中的自虐在艺术家中是非常常见的，不仅梵高有这种过激的表现，我说很多艺术家都有。然后华他就说，好像我就从来没有把手放在火上烧的冲动。但我来一句，我虽然不把手放在火上烧，但是我时常有拿头撞墙的冲动，我都撞过。然后华说你更适合当艺术家，我够呛。我们当时还有过这样一些沟通。我当时特别羡慕梵高在法国的文化氛围，我说天才好像总不是单独的，你好像看上去就这一

---

　　① 说的是欧文·斯通的《渴望生活：梵高传》。

个天才，他的身边，那些二流的，或成就不如他大的，还有因为意外没有出名的，人这么多，而且你看梵高身边围着多少伟大的画家呀。欧文·斯通写的，推开门，街上躺着一人，那人是塞尚。两个人到咖啡馆去聊天，有劳特累克，有高更，走出来到一个朋友家去串门，修拉在那里画印象派的绘画。你看，每一个艺术家水平都这么的高端，在一起每天不停地探讨艺术作品，梵高能不成为超级厉害的人吗？然后，华当时就说这么一句话，他说，其实在技艺方面，能画到梵高这样水平的人，十分之多，但是真正能有梵高那么朴实的，那样涂抹，看起来那样粗糙的，那种拙劲，那么真诚地去绘画的人，极少。而就是这一点真诚，让梵高的画凸显出来，与众不同。这句话我当时听了之后有很深的共鸣，原来艺术家真诚是这么重要。

于是后来我还跟陈叔叔你打了电话，我说当时我们聊艺术的真诚问题，我说艺术家在创作的时候或者是在写东西的时候，你是不是真诚是必须放在首位的？然后陈叔叔你说，你必须真诚，你如果不真诚的话，你干脆就不要去搞艺术创作，你要不真诚也不可能创作出好的作品。你说得比较深了，你说你要坦诚面对你自我的多个自我，[①] 无意识的自我，无数个自我，（必须）去面对。那个时候，你又给我讲了另外一个理论，那个理论——我那段时间一直在归纳——你说你读了这么多东西呀，你要适当地归纳、消化。你说人的脑子呀，其实是可以变成抽屉的，每个抽屉你要归类，你说到了你现在这个地步的时候，有的时候，坐火车，即便是你一本书都没有带，即便你的同事在旁边打扑克牌，你好像都不会受其干扰。你就会从你的抽屉中抽出一些问题，你看过的书，细细有味地去品味。脑子里有很多很多个抽屉。于是我还算，现在我有几个抽屉了呢？我有一个美国文学的抽屉，我读了斯坦贝克，我读了德莱塞，我读了艾略特——艾略特是不是也是美国的（作家）呀？

陈：英国的。

子：那就不算。我有日本文学的抽屉，日本文学倒是读了很多了，什么安部宫房，三岛由纪夫，川端康成，村上春树，宫部梅雪，松本清张，还读了那个作家，叫芥川……

陈：芥川龙之介。

子：芥川龙之介。还读了一个作家，我不记得叫什么名字，哦，横光立义。还读了一个作家，当时那个作家叫无产阶级作家，就是写《蟹工船》

陈：小林多喜二。

---

① 表述有误，应该是"自己的多个自我"，即本我、超我、自我、潜意识动机等等。

子：小林多喜二，《蟹工船》。然后还有一套我特别喜欢的书就是，好像也是陈叔叔你建议我读的，叫《方丈记》《枕子草》鸭长明写的一套书，[①] 然后还有那个德富芦花的散文集。还有那个，叫什么来着，姓紫，紫式部的散文集，[②] 还有《万叶集》。古典文学着实没有读几本，也就把《水浒传》《西游记》往里头搁了一搁。法国文学，我就是——北电我不是也突破了几个关口吗——我爸就奖励了我一套加缪全集，那时候读了《鼠疫》《局外人》和《西西弗之神话》，我好像存在主义，法国的也可以放一本进去。然后我不是还读过雨果嘛，巴尔扎克我也读了一点，福楼拜是法国的吧？福楼拜的《包法利夫人》嘛，我也放进去。俄罗斯，当时也就读了四本肖洛霍夫，那索尔仁尼琴这些都还没有接触到。相对而言就显得短了一点，但是我读了一本车尔尼雪夫斯基的评论集，也放到里面。嘭嘭嘭排了类，然后就发现，文学读了一堆，电影也读了一堆，有些知识还很欠缺，当时我觉得欠缺的知识是这个戏剧，我觉得戏剧读得很少。但是好像也没有往下读了，就是戏剧以后再补了。

采访人札记

如主人公所说，华确实是主人公人生中的重要人物。华对主人公的帮助，决不仅是让主人公的英语考试成绩提高了 30 分，也不仅是由于华的陪伴使得主人公的狂躁大大减少；更重要的是他们的交往，促使主人公迅速成长。

在个人成长过程中，家长、老师、同学、亲友、玩伴都是必不可少的重要角色，具体某个角色的影响力及重要性如何，当然因人而异。不仅因主人公的不同而不同，也因家长等其他角色的态度、能力及"气场"的不同而不同。在我看来，还有一种角色也很重要（如果不说更重要的话），那就是亦师亦友的角色。既有老师的博学与宽容，又有朋友的坦率和诚恳，华就是主人公人生中的这一角色。

华是主人公父亲的同事，按理说是主人公的长辈，而主人公偏偏是个不懂长幼之序的家伙，结果弄得长幼难分。华的另一个身份，是被请来辅导主人公英语，相当于主人公的家教。一开始，华也试图扮演老师的角色，力图不辱使命，对主人公的英语学习抓得很紧，而主人公偏偏不服管教，反过来教训老师，久而久之，华和主人公的关系就被主人公折腾成亦师亦友。华当时大学刚毕业，年龄

---

① 记忆有误，不是《枕子草》，而是《枕草子》，作者是清少纳言。

② 应该是《紫式部日记》。

只比主人公大几岁而已，并不在意长幼秩序，更无师道尊严，久而久之，他们的关系越来越不像师生，越来越像朋友。正是华的宽厚耐心，让主人公茁壮成长。

华将他们俩的关系比喻成梵高和高更的关系，很是形象。主人公与华的关系，是主体间的关系。他们一起唱歌，一起看电影，尤其是一起讨论电影、一起争论美术和人生，这对主人公的成长有极大的促进作用。例如，华告诉主人公："你可能是这个世界上最幸福的人！"这句话的意义和影响就不能低估。如此亦师亦友的良伴，在人生中可遇而不可求。关键时刻遇到华，确实是主人公极大幸运。

关于"抽屉理论"，这里要作一点解释。其实那不是什么理论，只是我个人的经验，要点之一，是提醒主人公读书要努力成"片"，例如读某一个时代暨某个特定国家的某个作家的作品，如果感兴趣的话，最好是将同一国家同一时代的作家作品追踪读遍，同国同时的作家作品读得越多，理解起来就会更容易，而且记忆也会更加深刻难忘。至于"抽屉"之说，那也不是成形的理论，同样是一种经验和猜想，要点是对自己的大脑进行有效"管理"。我当时正在思考自我管理问题，包括目标管理、时间管理、身体管理、情绪管理、大脑有效性管理等等，我不记得是否对主人公说过这些。按理说，主人公当时还小，不大可能和他谈及这个话题，但主人公提及"抽屉"之说，或许我曾说过类似话题也未可知。

69

黎明前的黑暗

陈：后来呢？

子：就好像，当时这个（高考）成绩也出来了，要为之后的再一年去做打算了。这个时候，而且叫什么呀——陈叔叔你还劝我，关键时刻这些书还可以放一放，集中精神准备高考的这个阶段。然后，我还打包了一些书，想着下一步怎么高考了。这不就进入（准备下一次）高考阶段嘛。

有一回，我记得是夏天的时候，我爸带着我去出差，我爸就四处搜寻到了北师大珠海分校，他就领我到这个珠海分校去看了一眼。那个学校景色实在是（好），说第一也没有第二了，在中国它的景色（无与伦比），在一个小山谷里面，景色确实是太好了，鸟语花香。但是心里头，当时其实是一点也不想来这个学校。当时虽然是暑假，有一些学生在教学楼里做事情。我们去学生宿舍转了一下，我们去教学楼转了一下，当时我看的感觉就是，这里的学生啦，一点艺术学校的气息和氛围都没有，我觉得连文化气息都没有。更像是来生活、过日子的富二代，一个个穿得那么光鲜，尤其是我看到在人群中走的拉手的男女，暑假也不回家，就在这里谈恋爱。他们走的那个样子，我感觉这哪里是学校呀？这简直是养老院。我心里头是真格的是不想来这个学校的。那时候想过考中戏，有上不了大学可以上大专班、（以后）可以专升本（的想法）。结果搞了半天，中戏的大专分数也远不是我能达到的。我那时候就稍微压多一点就受不了，一曝十寒的那个习惯依然改不掉。只是说，开始好起来了。你不要给我很大的压力，就让我自己在那里学，我开始可以捧着书本自己学了。你不要给我压力，不要逼我，我学累了我就会放下。我已经不会撕书呀，发躁哇，什么一学两天，休八天的情况，是少了。

那段时间，自己能坐在那里（主动学习）了。我有个很深的印象，我家里有人来修灯，是我们社管物业的主任，当时他修我屋里的灯，我妈就说你出来，要修灯，我就端着书本就出来了。坐在桌上就继续看书，后来又修客厅的灯，我又回到沙发上去看书，当时抱的是一本英语书（在看）。那个主任还说，呀，小伙子不错呀，一点都不受干扰，专心。这是我人生唯一的听到外人说我学习认真。

但是，我有一次最后的反复，就是十九岁考大学的时候哇，我有一次最后烦躁的大反复。那一次的烦躁是——好像是——两三年以来，最烦躁的一次。我那时候也不管什么晚上给你陈叔叔打电话（的约定）了，基本上中午、早晨，我就直接给你打电话。每次打电话我都说，哎呀，陈叔叔，烦躁哇！没有用啊！你的方法根本就不顶事呀！这一烦躁，烦躁得——我靠！七天、八天、九天、十几天，就天天跟你陈叔叔打电话。（同时）就烦我爸，就烦躁，我什么都学不下去。这个还很奇怪——那段时间我一直我还觉得很奇怪——为什么在那个最后的时刻啊，我会来这么一次强烈的烦躁。那个烦躁，跟那段时间来之前的一两个月，还是什么时候，反正我跟陈叔叔说，以后哇不论从事什么一定要跟艺术和人文相关联的这么一种工作。当时陈叔叔你还鼓励我，结果出了这个事情之后哇，陈叔叔你还跟我爸写信，我爸给我念这封信，这个儿子这个烦躁一出哇，对我这个职业规划重新改观，^① 让我要先考虑职业规划的问题，别在家里待出毛病来了。

那段时间又出现了一段全家紧张时刻。又开始失眠，又开始干嘛。各种各样的事情。我用了各种（方法），看书也不顶用，弹皮箍子也不顶用，拿头撞墙也不顶用，出门散步也不顶用。书也不想看，持续了那么，有半个月，应该有半个月时间，到后来我都不好意思打电话给陈叔叔你了，打了七八个电话，一天一个（电话）。每天都是一早就犯病，犯病就犯一天。然后就这种情况之下，印象中好像，在这段事情十二三天、十四天之后——所以我一直很喜欢加西亚·马尔克斯的原因就是——那一天我拿起了《百年孤独》，就是看着《百年孤独》，烦躁突然消了。那本《百年孤独》神奇的是，还是陈叔叔你借给我的。某一天，N 个月之前，我在你家借了一本《百年孤独》，然后伴着《百年孤独》回来读，马尔克斯的。那天我觉得好像很烦躁，但是又好像不是很烦躁，好像处在那个断电不断电的那个中间状态，我当时就突然觉得我好像可以看一下书了，我就端了一本《百年孤独》来看。马尔克斯叙事快感确实像那个奥雷利亚诺看到冰一样能降温，一下子就把那个温度"哐噹"给降下来了，烦躁好像就远去了。

但是在读书的时候，我发现了一个事情，烦躁是伤身的，不是伤心理，而是伤你的灵性，就是我感觉我变得木了，我感觉我少了一点东西，就是我看书哇，虽然我觉得马尔克斯的书好看，但是我感觉我的脑子啊，活力不是很强。然后，感觉好像那种，我是这么感觉的，每每读到，喜欢看书的时候，精神高度集中的时刻，你是有亢奋感，头好像有个虫子一样，整天往外钻，觉都不想睡，只想读书。好像经过这一次烦躁之后，我脑子里这个虫子被杀死了。有那么时间回过劲来，读完《百年孤独》觉得好看，我还给陈叔叔你写信，问你，这个乱伦的时候，这个猪尾巴的小孩，他到底意味着什么，我还写信问你，但是我感觉就是这个虫子走了，了无生趣，提不起劲来。

然后我又陆续拿了几本书来看，当时把余华的《活着》找出来重新读了一遍。后来是读谁的书好像又读出了一种慢慢可以专心看书让你喜悦的那种劲儿呢。那时候我印象中读的就是，那是一个中国作家，台湾的，哦，白先勇，读他的《台北人》，写他的青春期跟女孩接吻了，写那个台湾的风土民情啦，那台湾人的文字好像有一种人情味的力量啊，我觉得跟我之前读的稍微有点区别，好像说换了一种口味。突然就觉得脑袋里面有根筋被唤醒了，好像读书又能有劲道了，这种感觉。这是最后的一次，这种最漫长的一次长期烦躁的结束。

---

① 这句话的意思是，要对主人公的职业与未来进行重新规划。

当时陈叔叔你说，当时听到我这个烦躁哇，非常的紧张，好像感觉这前几年的努力啊，已经到了前功尽弃的时刻，就是说了这么一番话。然后另外说了一番话就是，你每发一次躁，你的灵气就少一分，你的这个脑子里亢奋的那个点就少一分，你要想找回来就没有那么容易了。你如果年纪大一点，再发几次这样的躁，你（的灵气）未必找得回来。你现在能找回来，以后未必能找回来。就是跟我说这么样一个时刻。因为年轻好找回，年纪大就难找回了。那次之后，大烦躁就绝迹于江湖了，再也没有出现过超过两个礼拜的烦躁。到大二下学期的时候还有过一个两个礼拜的烦躁。那次一结束之后我又缓回劲来了。大三大四就彻底能正常工作了。但那次是青春期最惊人的一次烦躁吧。

现在回头想，当时为什么会有那样一些大烦躁？那要硬是找原因的话，跟我奶奶对我的态度有一些些关联吧。就那个，就是我奶奶呀，我那段时间读了一些书了嘛，我的确是感觉我跟之前是有不一样的地方，很希望得到我奶奶的认可呀。另外也想告诉她，我现在的这种情况啊，并不会持续很久，好像我应该独立一样。哎呀，但是我奶奶这个，就是我说的嘛，在我不读书的时候劝我多读书，我要读了书的时候，她劝我别成书呆子，这是一个让我很难受的地方。有一次我记得她来我们家吃饭，那时候我的屋子里头已经多了很多书了，而且我那时候买书成瘾哪，我都是成套成套的买，当时我那上面放着成套成套的那些书。那天我印象中还读萨特呢，萨特其他的书都没有先读，我先读的是他的那本《书斋生涯》，就讲他自己的读书经历。那本书，那一页我觉得特别好看，我就在那里读。当时我奶奶就——哎呀，我觉得很受伤，说实话——拿起我那个书看一下："花这么多钱买这个东西！"（把书）往桌上顺手一丢，"我没时间看这个。"当着我爸跟我的面就说了这事情："花这么多钱读这个书！"哎呀，我想把她宰了的念头是没有了，那段时间好像消去了，但好像这个奶奶依然不怎么认可我呀。就觉得不舒服，心里真是不舒服。然后又有那么几次，我印象中是，她听到我考不上的消息的时候，她就露出那种"我就知道你考不上"的早已得知的那种表情。恨不得，我就不知道该说什么。就告诉她我北电没有考上，她这么回答："哦，没考上啊，嗯，我知道。"哎呀，真是颓丧啊，那种感觉。但是你要告诉她，我在努力读书，最近我读了很多书，她也不会有什么兴奋和亢奋的地方。觉得你跟她没有啥关系一样。难受，这个事情是让人很难受的地方。另外那边，我外婆对于我读这么多书哇，她也觉得不以为然，那又是一重打击。我外婆说的就更重了，就说你每天就活在这些幻想当中，读这些小说。她心里头是非常轻视小说的。然后她就教育我，说她最近都看什么科技的节目，我就只读这些小说，没有用的东西，学习上的书就不看。哎呀，当时也跟我说过这么几次。现在回忆起来，我奶奶可能是回避关键，我外婆是心急如焚，各有理由。但总之啊，我读书实在得不到两位老人的赞赏啊。

另外，宇的事情也让我困扰和烦躁。那个时候，（宇）应该也参加了高考了，但是也就是失败了嘛，没有考得很好。哎呀，好像，就是我印象中，在这个考前的一两年，就是考前吧，高二，（宇）跟我爸打电话，说连续几个晚上睡不着觉，怎么着都睡不着，紧张得要命，各种各样的。本来听到宇这个成绩一掉千丈一塌糊涂哇，我该觉得心里头很宽慰才对，老子幸灾乐祸的时候（到）了。（其实）一点也没有幸灾乐祸。我当时反倒觉得，就是觉得很惊恐，我就想，宇会不会成为第二个我？我就想这个问题。当时甚至产生了一种怨恨感，我说，我们一家的老师，一屋子的老师；宇家那么多个老师，姑姑是老师，爷爷是老师，外婆也是老师，这边还有这么多老师，我们这边也是这么多所谓的老师，教出我们两个废物来。老师？老师个屁！当时心里头我就这么想，还不如不要生在这老师家庭，生在什么普通农民家还更好，当个农民更好。当时心里有这种很怨恨的想法啦。然后，宇当时的问题又确实不轻了。我姑姑那时候有那么一次，就是在我二十岁前夕，就是最后一次大烦躁前面的那一段时间，她找我——那对我来说，也是一个很惊讶的事情——她突然打电话叫我到她们家去商讨事情。我就去了，路上我在怀疑：找我商讨事情？姑姑是不是神经错乱了？还会找我商讨事情，我在家里算哪根葱啊？还真是商讨事情。商讨什么呢？就是我姑姑和我姑父，那段时间难得统一在一起跟我交流意见，那次见到我姑父的时候，我姑父还是有精气神啊，不像现在这么失落，① 好像还是对未来有一点点向往的表情，就说：现在宇自闭得不得了，跟家里什么都不说了，就说你能不能请宇出去走一走，吃个肯德基什么的？

我过了两天，约宇在步行街的肯德基吃了个饭。其实那天我们什么正规的（话题都没聊），大家想象中我们应该谈到未来的学习呀，人生的方向啊，自己的学习状态呀，甚至聊女人也行呢，毕竟年纪，聊聊相互之间喜欢的姑娘，向往的爱情也好像是一个挺正常的事情。但是那天我听宇走了一路，他是这么说的，说的好像，第一个我感觉他很怀念我们一起去深圳玩的时光，他讲起我们在大梅沙的时候，海浪冲刷上来，把我们拍到岸上面的场景。也会想念，因为会说另一个话题，南昌都是有钱人吃肯德基这种低等的东西，在深圳啦都是没钱的人、打工的农村的人吃这种东西，这种低等的东西。怎么在南昌就成为有钱人吃的东西呢？当时这个话我听的心里很不舒服。我问我爸要钱过来吃个肯德基，结

---

① 意思是说，不像多年后采访时这样失落。

果你说这个肯德基很低档，实在让我很难受。但是那一次我没有数落他，也没有说他，我就跟他这么说的——我理解了他的话的意思——我就跟他这么说，深圳是一个打工者居多的城市，我们看到很多在肯德基吃饭的人，他们是赶得去上班的，或者是打工族，大城市的这种生活，就是要这种快餐生活的一个主菜，可能他们会在那里吃得更多一点点。南昌不一样，南昌毕竟是一个三线城市嘛，说句不好听的话，大家朝九晚五工作之后，晚上是无所事事的，这时候除了吃喝玩乐之外，你可能很难找到别的事情，所以我们看到那种八九点钟在肯德基买咖啡呀，汉堡的情况，就会出现。可能是，你说的有钱人来吃肯德基，享受肯德基，纯把这里当作一个娱乐。我当时这么说的。他跟我说了这么一句话，他说他以后就想去深圳这样的地方工作。当时我说，你会喜欢深圳那样的节奏吗？我说那样的节奏可是很快速很快速，而且我说你要吃很多低档的肯德基呀。然后，宇就露出那种——我爸很清楚我也很清楚——你没法形容的坏笑。一种说不清道不明的坏笑。就好像是知道了，想到了一个坏点子那样的感觉。然后我印象中——我在抽烟嘛——他问我抽烟的感觉，我说，其实我那时候二十岁的时候抽烟抽得有点喉咙痛了，我说抽多了烟，你过一段时间就会来一次重感冒。你有咽喉炎的。我就因为纯属是烦躁我才抽烟。我其实是想戒，现在戒不了哇。我好像离了烟，好像没有什么可以控制烦躁，有依赖性了。我说你就不要抽了。但是我说了另一句话，我说，但是如果你觉得真的很烦躁，你也来一根，我不像你爸妈那么的死板，我们可以一起抽烟，没有关系。我还递给他一根烟，他没有抽。我们有过一番交流，就在那天下午。他最后问我，你以后会去哪里？当时我脱口而出说，我应该会去北京，我最喜欢的城市。我到过那么多地方去旅行，苏州杭州哇，各种地方去旅游，但是我对任何地方都没有很深的向往，我最喜欢的地方就是北京。我说我在七九八的地方，找到像家一样的感觉，很高兴，在那个地方，好像跟你聊电影的人，跟你聊文学的人，比南昌、比任何一个城市都要多，所以我想去北京。他听得若有所思。

采访人札记

所谓"黎明前的黑暗"，当然是说主人公在第三次艺考和高考前的那次大发躁。主人公那一次长时间、高频率的发躁，天天给我打电话的情形，我有清晰的记忆。当时确实不知道是什么原因，担心他是不是身体出了什么状况，所以才会一边听他的电话，尽量安慰他；一边给他老爸写信，要他考虑 B 方案，即设法让孩子尽早出去找工作，怕在家里蹲的时间太长，可能让情况越来越糟糕。

事后看，是不是由于纯粹的心理原因而发躁？我是说，主要是因为临近第三次艺考和高考，正因为是第三次——所谓事不过三——不容有失，而小家伙自己却没有真正的把握，由此产生极度焦虑，刺激并启动了自我保护本能，具体表现就是再度发躁。如果是小学时或初中时，主人公或许会有逃避考试的潜意识，但此时年纪大了，明确希望自己考上大学从而有机会走出家门，有意无意中堵死了逃避之路，于是再度陷入绝境：想高考、没把握；想逃避、不愿意。这一切可能发生在潜意识领域中，主人公当然不可能找到具体的原因，我也同样如此。

主人公说，他的那次发躁，可能与奶奶和宇两个人有关，这一外向归因并无可靠依据。但循此线索，或许可以发现主人公发躁的隐秘——潜意识——因由。主人公之所以十分在乎奶奶的态度，因为奶奶是家长的家长、权威的权威，主人公非常非常想获得奶奶的认可，获得认可的途径其实只有一条，那就是考上大学。问题是，主人公对自己能否考上大学完全没有把握，却因为想获得奶奶的认可而增加了一份额外的压力。这既是主人公发躁的原因，也是主人公将发躁归因于奶奶的不屑态度的原因。假如奶奶对他说类似"乖孩子，读这么多书哇？真是了不起"或是"乖孩子，考上大学固然好，考不上大学也没关系，你努力就好"的话语，会不会让主人公停止发躁？可惜没有实验的机会。

主人公说他发躁与宇有关，这也值得分析。主人公的表弟宇，从小学开始就成绩优异，得到奶奶的无数夸奖，也让主人公父母没面子，从而让主人公备受压抑。按理说，宇在高中时成绩突然下滑——宇成绩下滑的原因也值得分析，不过超出了本书的范围，只能存而不论——主人公压力减小，应该感到轻松才是，为什么主人公却说自己发躁与宇有关呢？如果要找原因的话，那只能是："宇这样向来学习好的人都考不上大学，我这样的人还有什么希望？"或者是："我向宇吹牛说要去北京，如果考不上大学，去不了北京，还有什么脸面对宇？"主人公当然没有能力察觉自己的潜意识，却说是为宇的状况担忧（而引起他发躁），这与他当时的处境及心理明显不合（他长大后确实在为表弟担忧，且一直试图帮助表弟走出困境）。我的这番二把刀的分析是否靠谱？实在不敢说。

我只能肯定一点，那就是，这个小家伙遇到难题而无力解决时，他就会发躁。这种状况可能是所有人的共性，即人人都受潜意识支配而不自知，这个小家伙只不过是表现得更为突出而已。

主人公说："我发现了一个事情，烦躁是伤身的，不是伤心理，而是伤你的灵性，就是我感觉我变得木了。"这是主人公的亲身体验，应该认真对待。我的理解是，所谓发躁即强烈的负面情绪像洪水那样淹没个体身心，应对如此强烈的负面情绪所消耗的能量一定十分惊人，此后能量供应不足，且内分泌、神经功能紊乱，当然会出现灵气消减、大脑发木现象。至于我当时对他说，每发躁一次、灵气就会减少一分，是基于一个简单的猜想：负面情绪堆积和爆发很可能会改变人的神经通路。灵性产生自神经通路发达，前提是既活跃又松弛，在心情压抑乃至狂躁的情况下，肯定会抑制乃至改变神经通路，从而影响灵性自由发挥。

70

第三次艺考

陈：你在珠海分校艺考是什么情况？

子：严格说在珠海分校的艺考，不是很顺畅。尤其是第一试，非常不顺畅。什么原因呢？——哦，那次艺考我叫我爸不要陪同，但那一次好像全家的集中度达到了一种高度啦，就是好像觉得，我妈都好像用心我的事情了，我妈说我的每一次考试，每一次发榜放榜，你爸都要陪同。于是就有了我爸陪我考北师大珠海分校的整个过程。

陈：考点在哪？

子：北师大。但是第一次考试其实不顺。不顺在哪呢？是因为我当时上了一个中戏的培训班，喜欢上了一个姑娘，这个姑娘姓薛。这个姑娘就让我体会到了比那种朦胧的感觉要强烈得多的那种暗恋创伤症，这次真格的是优哉游哉、辗转反侧，全身燥热，发神经了。就是有一点这种滋味了。尤其是考北师大珠海分校之前哪，她考北电，那个姑娘其实我全程辅导，考到了北电。她把我当老师一样对待，经常给我打电话，然后让我教她怎么写影评。我（俩）是在中戏的培训班认识的，她后来考上了电影学系，她的影评啦什么的等于全是我培训的嘛。但是感情是没有表白过，当时我还是觉得我有那种低人一等，很自卑，觉得没有任何勇气去表达这种事情，依然觉得很自卑，没有说嘛，憋得难受。听到这个女孩的声音啦，看到这个女孩写的卷子啊，都会神不守舍啊。那睡不着觉哇，难受哇。然后考北师大珠海分校之前，她也来考北电，见过一面。见面的时候哇，我就感觉她态度对我比较冷漠。其实想一想，人家要考试，能够对你多热情咯？但是，我又过度敏感，导致那天晚上，我在考北师大珠海分校的那天晚上，一下都没有睡着，整夜没有睡着。

第二天早上，我印象中我爸还给我量了表，我发烧了，烧到了三十七八度，说我生病了。就在这种身体状态下，我沉着头，全身燥热，头上在发烫，走进了考场，就去考第一试。报名的时候，本来是这样，本来计划再考一考中戏，看博一把中戏大专有不有希望。当时报名的时候是我后来最喜欢的熊老师，[①]她在那里当那个（报考老师）。那次很奇怪，我们学校最厉害的老师倾巢而出，来参加监考。之后，每一年监考，我问这些老师，一个都不用来，就是在那一年倾巢而出。陈老师后来跟我说，我们都是被逼的，我们这些人平时自由散漫，这次无论如何你们要去亲自监考。于是那一年陈老师带队，所有人都杀到北京来监考，阵容很强大。当时熊老师——我爸就问她，他说我们要考中戏，这个时间能不能调整呢？她说你可以调整到下午，中戏也是这样无法确定是上午还是下午。在这种情况下，我当时还不怎么想放弃中戏、北电哪，我还是很想上的学校。陈叔叔当时你力劝我要孤注一掷，集中精神（考一个学校），明知（文化）考不了就不要再浪费时间了。我还跟陈叔叔你讲，那我喜欢那个姑娘，要考北电哪，那我也不去啦？（你说）这也是一个理由，但相比于你自己考学来，这个理由不足为大。然后我们争执了一番之后，听了你的，我就专心地奔向了北师大珠海分校。考之前的一天给我来了这么一折，第二天我等于是高烧状态走进考场，我印象中我看人的脸都是懵的。北师大珠海分校那个考法呢，来了一个散向考察，第一试面试自我介绍，介绍完了你就可以走了，也没有什么才艺展示这些东西，他这个有点独特，也不知道谁想的辙。[②]

第二试，就玩这个编故事了。第三试才是笔试，走了一个跟别的学校完全相反的流程，本来第一试应该是影评或者是编故事。我本来准备了一篇很长的自我介绍，把我看过的什么书哇，我最擅长的东西，挨个罗列了一圈，本来我觉得这

---

① 熊老师，是北京师大珠海分校的老师。

② 此处记忆有误，主人公的父亲说，一试并非自我介绍就结束，而是有才艺展示。儿子出来跟父亲说，很多人朗诵海子的《面朝大海，春暖花开》，或朱自清的《背影》。他朗诵了一首自己写的诗叫《冰雪》。

一次是很稳妥嘛。哪知道，就这个烧一发之后，脑子就蒙了圈，我所有准备的东西全部都忘了个精光。当时是五个人同时进去讲，我感觉另外四个人全都比我讲得要好，挨个上去讲。我心想，我靠，讲得他妈的都这么好哇，都不带打结的。我当时想（自己）肯定死定了，这次我又要复读了。我印象中我讲话都变成了结巴，就变成了讲哪是哪，也许他们觉得我讲得很好吧。我当时这么讲的，就完全没有（按）准备（的讲）。

我说，老师，我还很清楚地记得我讲了什么。我说，我是江西南昌人，我是一个特别不喜欢循规蹈矩生活的人，我也特别不喜欢过平庸的生活，我觉得人生年轻的时候一定要去追求艺术，并且为了艺术去献身，去死都可以。我喜欢罗曼·罗兰，喜欢川端康成，得巧不巧，陈老师最喜欢的四个作家都在我说的这个范畴之内。我想是不是撞到了运气，也不知道，但当时我就是喷口而出，我喜欢川端康成，喜欢海明威，喜欢加西亚·马尔克斯，好，这就占据了他的那个（注意）。然后我又讲学电影之路啊，我说如果你想的是以后为了出名，为了成为一个大导演来学电影的话，我觉得肯定是可耻的，是低俗的，我觉得学电影就应该抱着纯粹的热爱，你每天看电影，会控制不住得发抖，没有人催促你，你也可以一天看五部电影，七部电影，你就是热爱电影。我想我应该是一个这样热爱电影的人。我好像就是这样，结结巴巴，带着一点很嗫嚅，我印象中当时讲得我眼泪都快出来了，我就这样讲完了。

出来之后（觉得）我是没戏了，肯定没考上，没戏。晚上我就跟陈叔叔打电话嘛——你还没有听我讲完——你当时说：你不是考得蛮好吗？没听出你哪点讲得不好哇。啊，这讲得好吗？"你一定能通过，你肯定讲得很好。"当时陈叔叔你这么说的。后来过了两天，放榜的前一天，就陈叔叔你那句话呀，直接让我高烧好了，我就退了烧，然后那个女孩的事呀，一下子全部忘了个精光。就看到了希望，我戳，能考上啊。然后离那个考试放榜的前一天，我爸就请你，我们三个就在那个塔希堤咖啡馆，我们喝了一杯咖啡，当时陈叔叔你又给我补习了一下编故事课。本来我和我爸想得特别复杂的编故事，你就简单化了事，你的意思是把所有元素穿进你的故事里去，就可以了，要求不要太高。然后我就举了好多我知道的电影图片的画面，就互相编嘛，当时好像陈叔叔你觉得我每个故事编得都还可以。其实都编得很幼稚，在最后那一刻我就忍不住——快要结束补课的时候——我就忍不住问你，我说，我只要把这个故事讲个来龙去脉，不是很假，就算是过关了？然后陈叔叔很惊讶的跟我说：本来就是这样啊，你又不是去考编剧。当时你说，老师看的只是你的临场应变和反应能力，怎么可能你在短短六分钟编出一个杰作来呢？我一听太有道理了，我怎么早没有想明白？

　　但是第二天去看榜的时候——我事后想，还好我妈让我爸一直陪我去，我一个人去的话就死翘翘了——为什么呢？我是榜上有名的，我居然就没有看到我自己（的名字）。我拽我爸走，我爸就不走，就在那里盯着看，找到了我的名字，在那个边角料底下，（我的）名字。就这样，又再次地奔向二试嘛。二试就是，我也记得很清楚，二试给我出（抽）的题目是几个元素：医院，妈妈，梳子。三个元素，让我编一个故事。然后，拿完题之后出门等待，三分钟后进场。一拿到这个题目之后哇，我又绝望了，我完全没有思路，我说，我当时还想，要不要给陈叔叔打电话呀？就三分钟，我也不知道（时间够不够）。我走到外面，看到我爸，我爸在门外等，他们没有管得那么严。（心里想着）我拿到的题，医院、妈妈、梳子。我看到我爸的时候，脑子里突然想起来，哎，我不是有个同学初中得癌症吗？他癌症结束之后头发不就没有了吗？如果他是个女孩，又是她妈妈陪伴，只要把这个男孩改成女孩这个故事不就出来了吗？有了！我就进去了。进去之后，我印象是这样，我高烧已退，脑子已经清醒，我就感觉我异常淡定了，没有紧张。讲这个故事的时候，我居然哭了，因为毕竟是自己亲身经历的事情，好像在那一刻不知道怎么神通附体，有感而发，我就讲得流了两滴眼泪。就说妈妈一直给这个姑娘梳头，但是随着化疗，头发越来越少，最后，成了光头了。我就说了这么一个故事。反正符合陈叔叔你说的有来龙有去脉，多大创意不知道，讲完了。当时印象中，陈老师就说，好，下一个。这一次我是感觉，这一关我是能过关。我感觉到我的功力已经发挥到极致了。考完后，我还是照例给你陈叔叔打了个电话，然后打完电话之后，陈叔叔你说我编得很好嘛。等待下一次考试。但是陈叔叔你严厉提醒我说，考试之前把该抽的烟抽足，千万不要考试时抽烟——我之前干过一次高考抽烟的事，（你就说）千万不要在考试时抽烟。

　　于是那天我带了一盒全新的烟，全新的红塔山，上阵了。考试的时候，当时考的是一个法国电影，叫《蝴蝶》，就是爷爷带孙女捕蝴蝶的故事。另外还有一个就是，那应该就是陈老师的题目了，整了一个——哦，其实现在想来，珠海的考题，我觉得可以说是不逊色于北电的——就是开放性的考题，它是有问答题，综合题，拼在一块的。那场考试从早上八点，进行到了中午一点半，回到屋子的时候都已经两点了。我爸在那个驻京办留了一碗饭和一根红薯，我当时吃完了，我就说考了很久，放电影都放了一个半小时，还有综合考题，那些题目是问答题，我印象中有《重庆森林》，说一部你最喜欢的悬疑电影，这样难不住（我）了，我已经有大量的积累。但是，还夹杂着有点难度的文学题。比方说，于连是出于哪部小说，我看过《红与黑》啦，就没有问题了。文学题，历史题，夹杂着一些电影题，又有开放性的试题，就一部你最喜欢的电影谈一谈你的感受。当时我就写的是卓别林嘛。现在想来那完全是抄袭了，我看了傅雷写卓别林，我总是记得傅雷写卓别林，语调、语气，他对卓别林的那个看法，我基本上像背书一样，就仿照着写上去了。还有一道题就是，你理解什么是类型，什么是题材，什么是类型片，你能从字面上明白含义吗？请回答，请思考中国到底有没有类型片。有这么一道题，我觉得题还是相当的不错。当时这个也没有难度了，因为陈叔叔你给我讲过，就类型和题材的差异，专业化的区别，然后中国没有类型片，我就写出来了。最后就是写影评了。写影评呢，我觉得我写得没有很好，但是我感觉我写得也不会很差，因为我感觉我这次没有烦躁，我一直在那个考试的状态当中，我把我印象中这个能写到的东西呀，我都写进去了。我应该找到了它的主题嘛。《蝴蝶》的故事，其实就是温情脉脉的祖孙情嘛。我应该找到了它的情感的逻辑，我感觉我能写进去，而且那个时候我其实读了编剧学的书，我之前就读过什么西格菲尔德啦。① 我印象中，我在《蝴蝶》这个电影中我看到了故事的三个转折点，我当时还在笔记中记下了几分几秒，大概几分几秒，多少时间，然后我就描述，感情有三大转折，然后就写上去。我感觉我找到了逻辑关系。但是因为已经失败过太多次了呀，暂时不清楚我这次能不能成功。

我印象中是元宵节，我跟我爸晚上就到了陈叔叔你家嘛，路上看到你们电影资料馆门口还有打鞭炮哇，放焰火呀，我当时第一反应就是朱霞阿姨是不是也在底下放焰火呀？好像万家灯火的那种感觉。上去之后，进了门，朱霞阿姨第一句话说，陈老墨今天一直在说，你今天一直没有打电话来，是不是没有考好，把驻京办的门给砸碎了？还没有打电话来！还没有电话来！就说这句话。然后，陈叔叔你当时就说，你爸在楼下给我打电话，说陈墨，我们到你家楼下了，现在上来。（你说）你爸那个语气的兴奋值在这个段位，你肯定考得很好，我就明白你没有砸门了。我当时对于自己考得很好这个事情，我不知道陈叔叔你当时怎么判定我考得很好的，我真的觉得发挥得极为一般。我没有觉得是特别的好啊。觉得每一道题没有难住，但是呢，总觉得没有写出什么超高水平的发挥，能不能考上真的不知道。

这不就过了几个月，要到出最终成绩的时候吗？我当时很悲观。我还安慰我爸，我说，老爸，如果我没有考上你千万不要奇怪，但是我今年再考不上我也不在家里待着了，我会去外面，哪怕是去江西服装学院，我都去，我不想在家里待了，我待腻了。北电什么我就不考了。追逐梦想也不在一时，我要出去，我当时说过这一番话。然后我们两个就到我爸的单位上，通过网络查成绩，我爸那个声

---

① 这里记忆有误，应该是布莱克斯莱德《电影编剧宝典》。

音啦，有点痛心疾首："他说，哎呀真的没有考上！"上面显示几个字：对不起，你没有通过。于是我回去跟我妈讲这个事情，然后得到这个消息的时候，我还给你陈叔叔打了电话，大家都好像显示得比较淡定啦。最后还是没有考上。但是，印象中你还问了我爸，就是我听到这个失败的消息之后，反应是什么。我爸说，很淡定。然后陈叔叔你当时露出比较欣慰的声音，不知道你说了啥，应该就是说我没发躁是个好事。我妈好像也没有生气，似乎我妈也觉得这次我也尽了我的全力了吧。

然后，又过了一两个礼拜，突然有一天，华来敲我们家的门：（说）我把你们的这个过关书给拿来了，高兴一下吧。我当时还说，戳，什么过关书喔？那个时候有很多民办大学打电话来说，同学，你愿不愿意来我们学校，我认为又是一个破民办学校给我寄的，不去。一打开一看，拿到信封一看，北师大珠海分校，当时傻了眼。靠！开什么国际级玩笑！寄错了吧？上面写：恭喜你，你已经得到了我们的录取通知书，就是有这么一封长信，一封证明。哎呀，当时都不能用高兴来形容。其实人有时候拿到这个巨大的喜悦的时候，没有什么高兴的反应，真是惊呆了的反应，就是那种啊什么话都说不出来。第一反应就是给你打个电话，陈叔叔你也很难理解。我爸又晚上跑到他们单位上去查，那天晚上我妈又骂了他一晚上，但是这次不是臭骂啦，这次是笑骂了。我爸输错了我的（身份证）号码，所以显示我没有通过，他后来重新输了一遍，发现他输错了一个号码，后来就通过了。

陈：这跟你看榜没有看到你的名字一样。

子：一模一样。然后高兴嘛。这个时候，就准备高考呗。在这段时间，真的没有发生惊天地泣鬼神的事了。恋爱的那种优哉游哉、辗转反侧的感觉在这次考试后也消退。就对那个女孩的那个（迷恋），很像张无忌喜欢的那个朱九真，好像看着那么一两个月，处在那个迷恋状态中，好像你迷恋上了一个仙女，突然过了之后，也就觉得是一个普通的女孩，可以放下，无所谓的样子。情感这个事情一过，2008年是凯尔特人队迎战湖人队的那个赛季，凯尔特人组成了三巨头，当时和湖人队比赛呀。我当时很想看詹姆斯跟凯尔特人三巨头之间的较量。

陈：有詹姆斯什么事呀？湖人队是大鲨鱼奥尼尔和科比。

子：季后赛开打是四五月份，五月份正是高考的冲刺阶段。以前我还写写诗，写写抒情的情书，那段时间也都不写了。最想看的还是看篮球哇，就特别想看，好像是一场篮球界的三英战吕布。但是，怎么说呢，我很纠结，我还跟你陈叔叔打过电话，那时候你对我要求还没有那么高，就是说我可以（选一场看），一周有四五场，选一场看。哎呀，当时就是，我印象中啊，我一个月看了一场，詹姆斯，他们恶战了七场。[①]里头打了至少有一个礼拜多吧，隔一天一场，有时候隔两天一场。尤其是，心里最难受的是，错过了第七场，皮尔斯和詹姆斯对飚，一个得了41分，一个得了45分。那天我印象很深，我在家里压着，忍着没有看。进了门的时候我爸唉声叹气，说，哎呀，好可惜呀，詹姆斯飚了45分，还是输掉了。我爸整个上午在单位上什么事也没有干，打开电脑看东部决赛。（我）就忍住了嘛，就忍住了看NBA。不是一场没看啊，一个月还是看了那么一场，东部决赛早结束，西部决赛那边，湖人对马刺，还有一场，我看了马刺赢湖人，但是，另外的消息又是我爸告诉我的，今儿科比飚了39分，把邓肯给干掉了。就是（总决赛）要相会了。就在这个时候，迎来了我的高考，我就上阵了。其实当时对能不能考上还是很忐忑，因为已经经历了太多次失败，经历过太多这种不过关啦，那时候本来都觉得没有拿到北师大珠海分校的这个毕业证的，[②]你都无所谓了，就是考试而已，反正今年已经做好准备要离开家了，就放松心态，上场赶考吧。后来终于收到（大学录取）通知书。

采访人札记

主人公第三次艺考，可谓事故不断。第一个事故，是主人公暗恋薛姑娘而不敢直接表示——暗恋本身并非事故，只是故事——在北京再见面时，发现薛姑娘对他相当冷淡，主人公彻夜难眠，以至于自己考试的那天突然发烧（我至今也不知道他发烧到底是因为"失恋"所致，还是因为紧张所致）。更大的麻烦是，小家伙临上阵前，竟要脚踏几只船，既想考北师大珠海分校，又想考中央戏剧学院，还想考北京电影学院（因为薛要考这所学校），当时与他"争论"，是要说服他集中精力聚焦于一点。实际上，也是想让他学会对任务目标作重要性排序：假如同时面对几项任务，或要在几个目标之中选择，需要学会对任务和目标作重要性排序，哪个最重要就先选哪个。没想到，此次暗恋，最后竟也无疾而终。

第二个事故是看榜时居然硬是没看到自己的名字，还以为自己没有通过，差点误考。第三个事故是他老爸在查询艺考信息时，居然输错了主人公的身

① 主人公讲的不是NBA总决赛，而是季后赛东部决赛。
② 表述有误，主人公其实是说艺考过关通知书。

份证号码，得到"没通过"的信息，几乎让人窒息。这几个事故，原因当然是紧张。

但事情还没有完。接着是第四个事故，在填报高考志愿时，主人公的父亲再次出错，以至于在高考录取时主人公的档案无法及时投递到报考学校，主人公的父母不得不到处求人，解决问题。我采访主人公的父母时，父亲说孩子妈接近崩溃，母亲说孩子爸接近发疯，由此不难想象当时的情况：这对苦难夫妻其实都接近崩溃的边缘。主人公的父亲做事向来认真仔细，在查询信息和填报志愿等环节上接连出错，可以想象这可怜老爸紧张到何种程度。这不难理解，自从主人公辍学在家，一千多个日日夜夜的压力积累，即便是钢铁神经也会恍惚迷离。

2008 年秋天，主人公进入了北师大珠海分校，开始了他人生的新阶段。但这离"主人公从此过上幸福生活"却还十分遥远。真实情况是，主人公进入大学后，仍然坎坷不断，主因仍然是不适：首先是生活不适应，其次是学习不适应，再次是整个环境不适应，晚上睡不着，早上起不来，上课没精神，下课无处去。很自然就产生休学的念头，身心发躁，多次想休学逃跑。哭笑不得的是，由于他不适学校生活，无精打采，同学们甚至怀疑他吸毒，有人专门盯着他。更恐怖的是，还有骗子乘虚而入，打电话给可怜老爸说他儿子被绑架了！——那天我正好和他老爸在一起吃饭，看到可怜老爸接电话时的表情比蒙克的名画《呐喊》更瘆人。直到他与孩子的系主任联系上，系主任又与孩子联系，说孩子在学校里，根本没被绑架。即便如此，该老爸的满头白发仍如秋风枯草，兀自战栗不休。

主人公的系主任姓陈，是知名作家，正是艺考时的主考老师。陈老师对主人公的关心鼓励、训练教导，是主人公成长史上的又一重要篇章。在我看来，如果没有系主任陈老师的悉心关怀，主人公很可能难以熬到大学毕业。

71

迟到的成人礼

陈：你回学校去放映和讲解你的《家族往事》，[①] 具体缘由是什么？

子：我毕业两年了嘛。早在我准备进入社会之前，已经结束了《家族往事》的拍摄。陈老师有一年暑假来到我们家来看我——真格的来看我——我们又在一起喝了点酒。我印象中，他是从桂林坐火车，坐了好多个小时，我是晚上九点钟接到了陈老师。当时我见到陈老师，我记得我们两个还拥抱了，笑得特别开心。他就哈哈大笑。那天晚上陈老师说他一点都不困，十二点钟我们还在看《家族往事》，看完陈老师说的那个话，我一直印象很深，他说，我要跟你喝一点酒，那个很深沉的声音。然后我就跟他端了一杯酒过来，他喝了之后，想了很久说："这个纪录片我觉得很好，我觉得，如果我在你这个年纪，我都不敢想象我能拍出这样的片子来。"说完这个话，他说我一定会让你到学校去放映。后来一直说，中间约过我两次，我都没有时间。终于那一次有时间了，我就回去放映了。

陈：放映之后还有演讲和互动的环节，是吧？

子：简单讲了两句，没有讲太多。

陈：哦？讲的是什么呢？

子：我说，这肯定不是一部杰作，你们如果看过电影，这部肯定是比你们看过的所有电影都粗糙和不怎么好看的电影。甚至于，你们各位同学不知道，也许你们都没有看过这样的纪录片。但是可能在我们的认知之外，在北京，在日本，在意大利，这样一些小众的电影节里面，一直都存在这样的纪录片。这些纪录片都是像我一样——一个人，一台机器，一台三脚架——去完成的。因为没有任何投资，也没有任何公众的放映渠道，所以说，在这种情况下只可能在你的投资范围之内（拍摄并制作），在你的家庭，拍摄他们所认为的现象。[②]

---

① 主人公带着自己的纪录片去母校放映，是在主人公大学毕业两年后，2014 年年底时。

② 这句话的意思是说，只能在家庭中拍摄纪录片作者认为值得拍摄的生活场景。

另外讲了我自己的一个思考。我说我是一个——我从来就不是一个了解父母、了解爷爷奶奶、了解我家里任何事情的小孩。我的端午节、我的中秋节，很多时刻，因为我的学习成绩太差了，我父母也不让我过。所以直到今天为止，我不记得我奶奶的生日，不记得我爸爸妈妈的生日，（更不记得）我爷爷的生日，甚至我爷爷是谁我都不知道。在大四的这一天，①我有机会去拍摄这些，其实就是想知道这些。还有一个原因就是我当时在大学看了一大堆中国的纪录片，我当时有一个思考，首先我觉得独立纪录片非常伟大，不管它获得多少钱，多少的声名，那个东西不重要，独立纪录片一定是活跃的。但是我敢说，所有——大多数纪录片的作者，他们会过多地关注社会题材，去拍游民，去拍他人，去拍社会现象，比如说强拆，比如说弃婴，比如说工厂里面对工人的虐待，以揭短的方式好像来获得这种纪录片的关注一样，拍出西方人想象的那个中国。我说我不希望跟他们一样，我希望我的这个作品，是一个我自己很多年以后看，是一个很宝贵的不让自己后悔的一个财富，成就自己的一个东西，也是一个留给家里人留给后代的一个东西，同时也是从我私人的更贴近灵魂更贴近心灵的方式去呈现的一个作品。

陈：OK。这部作品是你的成人式。

子：放映结束的时候，我跟学校的师生——底下也坐了一百来个人，一个很大的礼堂啊——我感谢一下陈老师，我说……

陈：具体是说什么？

子：我感恩了所有老师。严格说，在校老师我全部感谢了一遍，我当然说得最多的还是陈老师。我就说，感恩陈老师，非常了不起的文人，这个年代能赏识我的人真的不是太多，我觉得我也真的没有那么优秀，但是陈老师还是像父亲一样教育我，一步一步陪着我。结果这个时候，陈老师把话给打断了，说："这段我来讲。"他抢掉了话头说，他曾经是一个——那句经典的话就是，我说过无数次那句话——他是一个形貌魁伟，形貌猥琐，像个在阳光下行走的大老鼠。但是他有句话说得我很感动，他说，我有意识地培养他写小说，有意识地让他发表讲话，让他上课的时候多发言，终于把他在人群之中会拉稀，会呕吐，正眼都不看人的小孩，变成了今天的这样的他。最后是他做的结尾（陈词）。

陈：OK，成人式最好的总结，也是你成人式的一个贺词。

---

① 意思是说，在大四的某一天（开始这个拍摄计划）。

　　这一节的时间，是上一节的 6 年之后，主人公 4 年大学生涯和毕业后的两年，中间被"剪切"了。主人公对这 6 年的经历也有详细陈述，编纂时考虑再三，决定加以省略。原因是怕本书篇幅超长，出版社有负担，读者也累。如上节的采访人札记所述，主人公这 6 年经历有不少事故和故事，大都是成长坎坷的余波。

　　系主任陈老师说主人公"形貌魁伟，形貌猥琐，像个在阳光下行走的大老鼠"，大学 4 年也就是他修炼成人的故事。陈老师对主人公的呵护和关爱，在这一节中的动作细节和总结陈词即可看出。主人公在大学读书时，曾发表过短篇小说，编导过话剧在学校公开演出，毕业两年后带着长纪录片《家族往事》回母校放映并演讲，这些都与陈老师有密切关联。这样的老师，同样是可遇不可求。

　　主人公大学毕业后没有马上找工作，而是在他老爸的协助下，花一年多时间做家族长辈口述历史，采访了父亲、叔叔、姑姑、奶奶、爷爷的老同事、叔祖父夫妇及其家人、伯祖父妻子及其家人、大姑婆、小姑婆等人，辗转千里，拍摄素材超过 100 小时，剪辑过多个版本。这一过程，也是主人公成长的过程，不仅学会了倾听和观察，学会对他人的关心与理解，更重要的是找到了自己的根，懂得了祖父辈、父辈如何在生活中如何从阳光少年熬炼成家族标志性的"苦脸"，从而知道自己是谁、从哪里来、向何处去。最后，他正是凭这一作品，在北京的传媒公司里找到了工作，顺利地进入了职场，此后才算一路顺遂。

　　说长纪录片《家族往事》在母校放映是主人公迟到的成人礼，是实事求是。主人公确实是在 26 岁时才真正成年。外在标志是他顺利走入职场，适应了社会环境，与他一向恐惧的外部世界达成和解；内在标志是其本我、超我、自我终于融会贯通，形成了自我同一性。更重要的，是他学会了感受他人的感受、理解他人的理解，懂得了珍惜和爱，让奶奶和外婆感动并发自内心地为他骄傲。

　　有一次聚会，我听到主人公的一个发小、留英经济学博士张说："我们这批人中如果有人能成大才，应该就是他（指主人公）。"我问为什么这么说？张博士说，因为他没有上高中，没有受应试教育摧残。此说让我吃惊，想一想又觉得有些道理。果如是否？当然不敢论定。我知道，主人公确实冲破了"想当然"的心智藩篱，没陷入"信当然"的迷津，懂得用自己的眼睛看、用自己的耳朵听、用自己的心灵感受、用自己的大脑思考，成大才的基本条件他已具备。但这只是基础和起点而已，是否能探索未知且能追究其所以然？是否能因此而成更好的自己？则要看主人公如何自我设计、自我建构、自我成全。因为，独立思考基础之上还有专业性独立思考，其上又还有创造性专业独立思考，其上仍还有原创性独立思考，如此才能在探索未知的征途上独树一帜。生活其实也是如此：适应环境只是及格，选择环境也不过是良好，只有能够创造环境者才是真正优秀的人。

主人公还年轻。年轻的妙处就在于：一切皆有可能。

72

父母的感悟

陈：儿子在家里辍学四五年，父母肯定跟着孩子受尽熬炼，您有什么话要对一些年轻的父母说？说体会、感悟、经验、忠告都行。

母：哎，我觉得就是有事情最好是（夫妻）两个人沟通，要说出来，因为你不说（对方就不知道）。

陈：两个人，指的是夫妇俩？

母：哎，两个人要说。为什么呢？你想你的一套，我想我的一套，因为根本不知道对方是干什么，而且做的同一件事情都不沟通，他也不知道，就会产生你怪我、我怪你，（原因）就是不商量。按道理要商量。商量还要觉得有什么方法，要那个——要试到来看，行不行，就是行得通、行不通，不能说你说的就对，我说的就不对呀。不能这样。

陈：嗯。

母：自己强词夺理，我觉得不能这样。

陈：嗯。

母：再一个我觉得，我可能确实没有关心孩子，确实没有站在孩子的这种角度上去考虑，这么多年我觉得我确实没有。后来想，我觉得是没有。因为我确实也是当时是不懂。我觉得我这方面的知识是欠缺的。

陈：有这个认识，就很了不起。

母：我希望年轻人接受我们这个教训。我有些朋友——她们现在也都生了孩子嘛——我都告诉她们，怎么样关心孩子，怎么样从什么时候开始教孩子，而且还有邻居的一些成功经验，人家怎么教的，并不是我一家、一个人的经验。我把这好的东西告诉别人。然后，告诉他们也不要死搬，你也要根据你孩子的具体情况来做。再一个，孩子要多鼓励、不要多表扬。

陈：要多鼓励不要多表扬？鼓励和表扬的区别在哪里？

母：是有区别，很难区分，那就要靠你自己去体会。

陈：什么是鼓励，什么是表扬，这是两个很重要的两个概念。一般人都会把两个混在一块，您能不能解释一下？

母：多鼓励就是鼓励他去做，比如他做得很好（的时候）。不要过多地去表扬他，是鼓励他去做这件事情。就是你不管做什么东西，只要努力去做，不要管他做到什么程度，你努力了，就是最好的，最棒的，我认为是这样来鼓励他。多让他去动手嘛，不要去包办，让他得到成长嘛。我觉得这个很重要。

陈：就是鼓励他多去做，努力去做？不要空洞夸奖？

母：哎，让他去做。不管你的结果怎么样（孩子努力就好）。

陈：不要计较结果？

母：不管你做什么，都鼓励他是最好的孩子、最棒的孩子。我觉得要这样去鼓励孩子。理解他——原来我不理解我的孩子，哎，我不理解——后来我也开始在理解，包括他后来不是在准备高考哇，因为他很难学得进去，在家里，可能思想很难集中嘛，很困难，又没人教他，一个人学，他高考全靠他初中的那一点底子，真是不容易。我以前好像觉得他不学习，我会说他不努力。

陈：当时很生气？

母：现在，看那样子我一点都不生气。我会理解，他又不是机器人，哪里（能）一天到晚学呢？我们自己也做不到哇。后来他自己来跟我说，妈妈呀，我学不下去了呢！我说，你学不下去就要休息呢，吃水果呀干什么。反倒是我在关心他。

陈（问主人公）：你妈妈说过你学不下去就要休息，是吧？

子：嗯，很后面。

母：是啊。后面嘛，就是在高考的时候嘛。

子：漫长的过程。

母：就是我转变以后嘛。

陈：这就是最大的转变。而且表明你理解他是真实的。

母：虽然我理解得不是那么透彻嘞。我已经是在这么做。

陈：努力改变自己就很了不起。OK。谢谢！——（转向主人公的父亲）：请您也说说自己在这五年或这十几年的感受和感悟。

父：孩子的教育和成长，难就难在每个人都不一样。现成的经验又很多，真正用在自己的孩子身上好像都不是很对路。我儿子的成长经历，让我深深认识到，教育孩子、抚养孩子是一门艰难的学问，对父母的要求是很高的。回顾自己陪伴儿子走过的成长道路，感触最深的一点就是父母要学会爱孩子。这个爱，是理智的爱，包括尊重、理解、宽容、平等以及从孩子的实际出发。我的儿子敏感、胆小，虽然记忆力好，但对课本学习总是精神不足，但在自己感兴趣的事情上却很活跃，很兴奋。小学，他的成绩基本上跟得上。我们从"文革"过来的一代人，不少人可能都一个情结，总希望自己的孩子获得更大的成功，把孩子的成才看成唯一重要。不仅要成才，还要成大才。这或许是一个致命的错误。我就是这样一个家长，对孩子要求过高，认为我那条件都考上了江大，① 你条件这么好，就要考上北大。到初中，儿子学习不适应，成绩落后，我们看不到他人品上的诚实和善良，看不到兴趣对他成长的重要，一味指责他上课不用心，偷懒，用打骂高压等方式来对待他。临近中考的时候，儿子受压抑的情绪终于失控、爆发。出了问题，才迫使我反思，才意识到子女的教育问题、成长问题，一部分来自社会，更多是父母造成的。我们身上的很多问题，来自时代，来自我们的成长环境，我们的家庭，当然也有遗传，比如我们家的人普遍性子火躁。我们对孩子教育，居高临下，简单粗暴，从自己的美好愿望出发，认为孩子只有学习好，考上好学校才有前途，学习成绩唯一重要，你记性好，成绩必然要好，成绩不好、就是不努力。结果导致儿子陷入人生困境。

当孩子出现心理问题，怎样去面对，怎样去解决？作为家长，一是要反思，敢于面对现实，面对自己，勇于改变自己；其二是坚韧，不管多么困难，永不放弃。儿子能够走出困境，我觉得有三个关键。第一，他要能够接受自己，平坦面对自己。比如由焦虑引起的发抖、发躁，一开始难免惊慌，但他慢慢适应了，慢慢对自己认可了，慢慢不在乎这种发抖，慢慢他不在乎自己这种发躁，慢慢接受自己。这是一个漫长而重要的转变。第二，他自己想清楚了自己要干什么，找到人生方向。我们很多孩子从小到大不知道自己想干什么，都是老师叫他干什么，

---

① 江大，即江西大学，亦即现在的南昌大学。

家长叫他干什么，他自己不知道自己要干什么。我觉得我儿子在青春的黑暗期自己找到前进的方向，对他的成长，对他心理的康复，非常重要。还有一个就是他要有精神的偶像，灵魂的导师，这个非常重要。哪怕这个精神偶像是书本上，电影中，或者是历史中的。我儿子的幸运就是在他否定一切，认为世界一片黑，没有一个好人，父母、亲人都是不相信他的时候，他，哎，幸运地遇到了他佩服的偶像，就是陈墨。哎，这陈墨，我无论什么困惑，无论什么问题，都可以交流，都可以得到解答。他就觉得人生有了光。这是他人生的大幸运。这个作为他这个特殊的，敏感的人，我觉得非常重要。如果是不敏感的人，那种瓷实的人，可能随大流，人家怎么走我怎么走。他这种特殊的人在目前社会里生存，付出的努力和难度就更大。我觉得（他）就属于这种人。那么他找到了这个，就是他人生一个很大的幸运。慢慢地，当然，考取大学这些也是很那个（重要），但是即使不考取大学其实也无所谓，今天想来，他只要有自己想干的事，有自己佩服的人，这个人哪怕不是活生生的人，哪怕在书中找到他的偶像，在电影中找到了他的偶像，在历史当中找到他的偶像，那对人生都是有巨大的帮助的。所以，这是最关键的。那么他通过自己努力，找到自己的道路，做纪录片呀，做视频啦，在事业当中，理想与现实的这种平衡与矛盾，面对这种复杂的关系，应该怎么走哇，情爱呀，男女之间的，这就慢慢成熟了。

总的来讲，他的成长，走的是跟别人不一样的路，这种路充满艰辛、变数和风险，有很多偶然因素，是不得已而为之，它是难以复制的。我们只能从中吸取教训，获得启发。在他走出困境的一些节点上，如果没有碰到真正推动他的人，他是很难走出来的。未来我对他充满了信心，一个人如果有过濒临绝境，直面生死这种高峰体验，没有什么能够难得住他。

陈：OK，他真的长大了！

采访人札记

主人公真的长大成人了。主人公的父母也以其实际行动证明，他们从没有准备好当家长、不懂得做家长，到学习怎样当家长、成为真正合格乃至优秀的家长。这一小节，是主人公父母的感悟，也可以说是他们在家长学校毕业的致辞。

我们的社会中没有鲁迅先生所说的"父范学堂"，主人公家长对孩子的做法并不少见，恐怕多数家长仍然在这么干。这对家长的难能可贵处，是他们没有怨天尤人，而以爱心坚守，进而努力改变自己，并自学成才，终于创造了奇迹。

主人公的母亲意识到自己知识欠缺，从而努力补课，勇气和明智让人钦佩。她说教育孩子时夫妻两个人一定要沟通，正是家教的一大关键。而"孩子要多鼓励、不要多表扬"一说，值得铭记。我猜她的意思是，要多鼓励孩子去行动（这是真爱），少来名不副实的夸赞（这是宠溺），识别其中细微差异，才是好妈。

主人公父亲的总结更富理论性。首先，意识到家教"难就难在每个人都不一样。"确实抓住了最大关键，自家孩子不仅与别人家的孩子不一样，遗传不一样，营养不一样；孩子与父亲或母亲也不一样，媒介环境不一样，成长条件不一样，学习压力不一样……想凭自己的经验去复制孩子，不仅枉然，甚至危险。

其次，把孩子的成才看成唯一重要，"这或许是一个致命的错误"。其致命之处在于，一味让孩子考高分，忽略乃至压抑了孩子的自我本真，人、才撕裂，结局很可能是人、才两空——人生病、才灭失，危乎险哉！

再次，该老爸说，孩子成长的关键，一是"他要能够接受自己"，二是"他自己想清楚了自己要干什么"，三是"他要有精神的偶像，灵魂的导师"。这三点，正是孩子成长的几个关键环节。其中第三点须作些讨论。该老爸说，陈墨是主人公的偶像，恐怕是夸张了，我是愧不敢当。真实情况是，父亲、民、华、大学里的陈老师和我（以及很多人）都只是主人公成长环境的一部分，也都只是主人公精神偶像的一块拼图。进而，如主人公的父亲所说"哪怕这个精神偶像是书本上，电影中，或者是历史中的"人，都可能成为主人公的精神偶像和灵魂导师，就主人公而言，史铁生、村上春树、罗曼·罗兰、金庸、梵高、乔丹、勒布朗·詹姆斯、卡尔·马龙、鲍勃·迪伦（还有许多人）；甚至还有文学、艺术作品中人如夸父、愚公、刑天、萧峰……这些人可能都是他的偶像或导师。

自我成长，自我意识、自我审察只是基础，自我设计、自我建构才是关键，而在自我设计和建构过程中，必会借鉴他人的经验——主人公的成长经历即充分说明了这一点——见贤思齐，其实是人类个体心智的突出特征。只要多接触人，就会见多识广，在生活中，在文学作品中，在音乐中，在美术中，在篮球及其他体育运动项目中……孩子总能找到自己的偶像或导师。而所有的偶像和导师，其实都只是孩子的精神营养或"建筑材料"。关键是，偶像或模范必须由孩子自己选择，至少是要孩子真心认同。若是外在权威如家长、学校、社会逼迫孩子学习"别人家的孩子"，通常只会适得其反，会让孩子反感且自我压抑。

最后，主人公的父亲说："感触最深的一点就是父母要学会爱孩子。这个爱，是理智的爱，包括尊重、理解、宽容、平等以及从孩子的实际出发。"这可能是家庭教育的最大关键。每个父亲、母亲都以为自己爱孩子、都说自己爱孩子，固然不假，但很可能含有自以为是、想当然的成分。只要问两个小问题：你了解你的孩子吗？你尊重你的孩子吗？就能分出父爱和母爱的成色。弗洛姆写《爱的教育》让世人受益，他提出爱的四要素即关照、负责、尊重、相知（理解），让我们知道对孩子的爱，不是纯粹的感情，也不能仅凭天性，而是要懂得孩子并尊重孩子。主人公的父亲在弗洛姆的四要素之外，又增加了宽容、平等、从孩子的实际出发等要素。正可谓：实践出真知。懂得这样的爱，还有什么问题不能解决？

附录：对主人公妻子的采访

陈：你第一次见这小子是什么时候？最初印象是什么？

妻子（以下简称为"妻"）：第一次见到他应该是 2012 年的春天。第一眼看到他呢，觉得比较奇怪吧。他戴了一顶黑灰色的帽子，胡子、头发还比较长，头发自然卷，块头比较大，跟我认知的那些白白净净的同学是不一样的。我觉得我跟他不是一个世界的人，那个人好奇怪。

陈：然后呢？

妻：2014 年夏天，我刚刚考试（取）博士，他邀请我和勇①去看《家族往事》。进他那个家，我的第一观感就是，天哪！怎么这么乱脏？厨房所有的碗都没有洗。然后就看《家族往事》呗。看的感觉吧，是，首先这个东西，我觉得他还是蛮厉害的，虽然说他跟一些好的纪录片肯定水平是有差距的，但是他完全是一个人（完成的）。我就记得很清楚，包括他的配音都是他自己配的，他那个浑厚的嗓音。当时勇还说，你要不要找一个专业的配音给你配一下？然后他问我的意见，我说不要。我说你这个有特色，这个是你自己的嗓音，别人替代不了的。我那时候对纪录片完全不了解，我说内容上不是那么好看——比较严肃——但是从他个人能做成这件事情上来看，我是非常非常佩服他的。因为他敢于在学校毕业（后），用两年的时间，去采访家里的这些老人，去做这样一个事情，我觉得是很有勇气的一件事情，也是很有价值的一件事情。我甚至觉得比我写的那些论文有价值多了，确实是这样一个感受吧。所以，慢慢、慢慢的，也就把以前的那种成见给抛弃了，有了后来比较对等，甚至我觉得他在某些方面比我厉害得多，（有）这样一个观感。

陈：以前有好学生对差学生的那种成见，是吧？

---

① 即主人公的发小，这时候已经从中国传媒大学毕业在北京工作。

妻：对。

陈：请接着说，然后呢？

妻：以后应该就是（我）上博士了哈，这一年其实是经历了很多的事情。很多事情可以说让我改变了许多。在博一结束的时候，甚至有过休学的念头。

陈：哦？为什么？

妻：第一点，就是学习上的压力。第二点是来自家庭，我不谈恋爱，没有对象，这个压力。我有一个表姐在北京，博一那段时间，①给我介绍了好多好多（男孩子），我也不知道为什么——我可能我有我自己的问题——因为我跟那些相亲对象都没有一个谈成的，呵呵。压力，就使我整个博一都比较焦虑吧。有一个爆发，——也是很偶然的一次——就是2015年春天，博一那个寒假结束回来以后，我们几个同学吃饭，那天反正好像各种情绪积累到一个点了，心里又无处发泄，那天很神奇，我、他还有我一个朋友，叫进，我们在"雕刻时光"（书店咖啡屋），晚上就在那里一直聊天。进她说她第二天要上班，她就提前走了。就剩我和他，结果很神奇，那天我就没绷住，当他的面哭了。哈哈哈。然后他就很紧张，他说怎么回事？他也不知道该怎么办。但是他说他那天还有稿子要改，第二天还要上班，又跟我聊了一两个小时吧。但是太晚了，实在不行了，他就回去了。

从那件事情之后哇，跟他有比较多的沟通了。那天一下子没绷住，他就知道我其实压力很大。他后来就会有意的，主动的，会时不时地关心我。问问我，你最近怎么样？情绪怎么样啊？等等等等。第二，他会介绍我一些书去看，包括荷妮②的荣格的这些心理学的书，我都买回去看。荷妮的《我们时代的神经症人格》，看完了就跟他交流，这是心理学的书。还有其他的书，比如文学呀、小说啊，等等，包括一些日本的文学，通俗文学，等等等等，介绍了不少书我看，这是第二个。然后，他这个人比较细心，就是在那以后他会主动去关心你，有一次我在朋友圈里面说我特别想念台湾的麻薯。他那次去厦门出差，他就说他给我带了麻薯回来。然后，他还会带我去看话剧，看电影，看纪录片。还有音乐，他都会主动介绍给我，然后去听，去看。包括我会跟他聊，听了这个音乐的感受，看完了电影什么感受，等等。那个时候交往就比较多。我觉得交流里面，如果说是对我的影响，可以分两个层次……

陈：你是说他对你有影响？

妻：当然。他对我的影响比较多吧，我觉得。可以分两个层次，分深浅。从

---

① 博一，即博士研究生一年级。

② 指的是美国精神分析学家卡伦·荷妮，著有《我们时代的病态人格》等。

浅层次来说，他其实是扩充了我的知识储备和知识面，因为之前对于音乐、纪录片还有其他文化艺术的东西我是不了解的。突然接触到这些东西，我觉得还是很有意思，对我来讲是生活的丰富吧。第二个层次是比较深的层次，也是对我影响最大的一个层次，就是说他会借助我们所读的书，所聊的东西，来帮助我分析我自己。尤其是在看荷妮的书的时候，看完我就跟他聊，然后他也会帮我去剖析，最终也会有很多很多的结论，他会帮你去认识自己。也帮你去树立信心。

陈：认识自己，是他直接对你，还是推荐一些书？

妻：两者都有。一种就是通过书。后来我们交流得多了，我有一些困难的问题，我就会去问他。

陈：比如说——

妻：比如说相亲的事情。其实在这之后，相亲一直没有断，那时候就比较头大。到那个时候就会去问他，哎，我跟这个人交往的情况是这个样子的，这个有什么，给我分析一下，有什么东西。然后，他就会分析，这个是什么样，那个是什么样的。通过这些，然后就会引导到后面一个更深的讨论吧。

陈：他还介入你跟别人相亲的事？

妻：啊，这个是他的一个特点。说到这里，我想起来了，那时候他自己也给自己起了个外号，叫妇女主任。

陈：妇女主任？是女士闺蜜的意思吧？

妻：对。就是女士所有的这些情感问题，他都可以被作为咨询的那个人。反正很多人都咨询他这些问题。

陈：很多人？你的同学室友？

妻：不是不是，他身边有一些女性朋友哇。遇到什么情感上的问题，心理上的问题，也会去问他。他读的书确实多。终于找了一个心理咨询师。哈哈。

陈：你是名牌大学的博士生，由这个"妇女主任"带着到处野，会有心理上的矛盾冲突吗？

妻：没有。我觉得我那时候跟他出去做这些还是蛮开心的。

陈：你是三好学生类型的呀——

妻：我觉得是这样，我那个时候，我觉得（自己是）处于一个没有自我的状态，自我长期被压抑，而且以父母的意志为意志，以社会的意志为意志。面临自我强烈的反抗和冲突的时候，就一直没有主。他其实是一个自我很强大的人，我觉得那个时候，更多的是他引导我吧，他引导我去找，你的自我在哪里。所以我觉得，可能还是受他的影响大一些。

陈：跟他交往，对你具体的影响是什么？

妻：其实到现在，还没有（到）真正明白自己要做什么的境界，我觉得我现在还没有。但是有一个明显的改变，就是我敢于主动去做一些决定了。

陈：自己当自己的主人？

妻：对。

陈：从闺蜜到恋人，情感变化大概是在什么时候？

妻：2015 年 8 月份他回北京，我弟弟来北京，我们三个一起去了草场地。我们约定那天出去玩，他那天早上才告诉我，他一晚上没有睡觉，工作到五点，因为他住在天通苑，他就不回去了，就在积水潭麦当劳那边睡了几个小时，第二天等我跟我弟弟去草场地玩。

陈：你被感动坏了？

妻：我就觉得感动坏了。就觉得这个太不容易了，特别愧疚。我们上了地铁以后他就开始睡觉。那天玩了一天，这是第一次玩。那天正好是见了我姐姐和我姐夫。因为那天是我弟弟刚来，我姐姐姐夫呢也想尽一下地主之谊，想请我们吃个饭。我们那时候还在草场地玩，就给我姐姐和姐夫说，要不你们来草场地，他物色了一个比较好的餐厅。开始选择的餐厅，结果那个地方刚装修，甲醛都没有透干净，我姐那时候刚怀孕，所以就临时换了，到七九八的小万食堂那里吃。印象比较深的还有一点，就是点菜。我们点菜都比较随意，可能就你想吃什么就点什么。他后来跟我说——我不晓得他当时是怎么想的啊——首先，他知道我弟弟喜欢包菜，所以他就特地点了个包菜；我姐怀孕了嘛，不能吃辣的嘛，点了一个不辣的菜。他后来跟我说，其实点菜他是那么考虑的，他点那两个菜，其实是为别人点的。哦！我当时就想，我从来没有考虑过这些问题。因为我在外面吃饭，从来没有想的别人想吃什么菜就点什么菜，一直是我想吃什么菜就点什么菜。后来就觉得，他挺会为别人考虑嘛，这一点让我印象比较深刻。那天还有一个比较好玩的事情，就是大家都不喝酒，就他一个人喝了一个二锅头。他后来跟我讲，他是要喝酒壮胆。

陈：喝酒壮胆？为什么？

妻：因为见了我姐姐和我姐夫，就是说不好意思。或者说第一次见到他们就怕，紧张，还是什么意思。我吃饭的时候，是感觉到他有点紧张。

陈（问主人公）：心里有想法了，是吧？

夫：① 呵呵。对呀！我后来讲了。

陈：你没觉得他对你有想法？

---

① 这里的"夫"，即本书主人公，女友已成妻，主人公自应升级为"夫"，说"子"怕人误会。下同。

妻：我不觉得他有任何想法。

夫：神经大条。

妻：我一直是个神经大条的人。

陈：知道他有想法后，你的反应是什么？

妻：有过一段时间排斥他。他能感觉到的，就是有点不适应。就是觉得，关系一下子改变了，我好像我想排斥，我想让我们回到我们之前的那个状态。但是他比我有经验，我越是排斥，他越是主动跟我聊。最后也蛮享受这个过程。

陈：你考察过他这个人吗？考虑过吗？

妻：有。他的最大的能力和最大的优点就是在与人沟通这一块，我觉得是很有方法的，而且他经常会在工作当中遇到一些很好的朋友。他不管跟谁交往都是很真诚的。他的真诚是，我会听你说，我知道你现在在关心什么，在需要什么，我就跟你聊什么，会这样取得别人的信任。这一点是他的一个优点。包括跟我的交往，一开始也是源于他的这种开诚布公，不伪装自己，这样也会让我卸下我的盔甲，让我敢于去跟他坦诚一些我自己的东西。他不伪装。至少在我面前，每次说起他那些对艺术的见解，对艺术的看法，理想什么的，我觉得很真诚，没有伪装。也许他的有些话在别的人看来觉得好像有点不现实，说梦啊。

陈：说梦？比如说呢？

妻：比如说："我就要做一个伟大的艺术家，我要创造出伟大的作品。"这种话其实一般的人……

陈：一般人不会说？

妻：但是他在很真诚地说这些话。你会感觉到他内心有一个强大的冲动，他要去做他想做的那件事情。然后，在与人交往这一块——跟我在一起交往就是，他会比较体贴啦，比较会关心你现在的状态呀。你有一个情绪的变化，他能感知到。甚至有时候，我们两个不在一起，如果你不舒服，通过你说话的语气就能感受出来。（他有）强大的感知力，发微信那几句话，他就能感知到。

陈：他的感知，你印证过吗？

妻：对。感知得对。就是我不舒服嘛。那段时间做口述史，①我特别怕他受影响，所以我一直都没有告诉他，怕他受影响，怕他休息不好。后来他就不停地问我，知道你不舒服。他猜对了。这是交往上。然后，最最让我觉得放松就是，他一点都不隐瞒他自己的过去，也不隐瞒别人所谓不好的东西呀，黑暗的历史呀，等等等等，他全部都不隐瞒。这让我也有一种勇气，就是你应该这样去面对你自

---

① 应该是指 2017 年 7 月，主人公当时正在接受口述历史采访。

己的过去。这是好的。

陈：不好的呢？

妻：不好的，他的发躁。小发躁有啦。比如说，剪片子的时候发躁，找音乐找不好，素材不知道怎么搞的，特别烦，他这时候就需要别人陪。我这时候尝试这个方法是管用的，比如说他在发躁的时候，你就陪着他，帮他选，帮他一起去听，等他剪出来了，他自己就好了。他就："哎呀，谢谢你呀！陪我。"哈哈。当然我觉得这个很正常，当我写不出论文的时候，我也发躁哇。我很多次论文没有思路，我就会烦躁。他就会帮我去聊，论文应该怎么写。他当然不能给我具体的指导，但是他跟你说相关的一些事情，也许可以找到一些方法。嗯，不好的，就是怕麻烦，就不愿意让生活的小事浪费时间，更愿意把时间花在他觉得最重要的事情上，比如说他喜欢看书，看电影，他觉得时间应该花在那些事情上。有时候我对于家务有点苛刻，喜欢搞来搞去的。他就比较（烦），有的时候他也不会（表现出来），大部分时候他不会说。他有一个观点，就是觉得不要搞那么干净，差不多就行了，不要把时间花在那些事情上。

陈：家务怕麻烦，具体指的是什么？

妻：比如说，我觉得衣服不能超过两天洗，但是他要一个多星期洗。比如租房子，我们的房子转租，因为时间没到，转租要不停地发帖，然后有人上门来看，可能看了十几个（人次），别人没有看中的，需要花时间去应付。他觉得特别麻烦，就说那个钱就不要了，那个押金（不要了）。

陈：你来做，他也嫌麻烦吗？

妻：现在好多了。在我的逼迫之下，勤换衣服。

陈：你心目中，觉得他是怎么样的一个人？

妻：嗯，他虽然偶尔也会发躁，还有一些过去历史的影响，但是我觉得他的经历很奇特。他这些经历在他身上并没有浪费，过去的时光他也并没有浪费，虽然可能走了一些弯曲的路吧，但是我觉得他还是好好地利用了那些，让他变成今天的他。

采访人札记

这段采访完成于 2018 年 8 月 19 日，采访地点是北京石景山某小区主人公租住地，采访时长 2 小时 30 分。采访团队成员如前，即陈墨为采访人，李颢、李一意摄像，刘玲录音。其时，受访人还是主人公的女友，已获得博士学位，正在一所大学做博士后研究。小两口是 2020 年才登记结婚的。

采访主人公的女友，是想知道外人——现在已成他的"内人"——是如何看主人公的。当然也想知道，主人公在恋爱时如何说自己。没想到他在恋爱之前就把自己的经历和盘托出，毫不隐瞒，这表明他接受了自己，这是他心智成熟和心理健康的共同表征；同时也表明，他有真正自信去面对过去。

进而，我想知道，一个博士"学霸"，怎么会爱上一个辍学多年才考上大学本科的"差生"？此前我们见面，女博士说，她读的书没有主人公多，我倒不特别诧异，因为我知道主人公确实读了很多书。采访时，女博士说她受他的影响更大，觉得他比她更懂得替别人着想（社会化程度更高），这才让我震惊。

女博士说，她在与他接触之前一直是乖女儿、好学生，在家听家长的，在学校听老师的（职场上听老板），一直没有什么自我意识，也不知道自己要什么，就连恋爱事也听从亲戚安排去相亲。此可谓"信当然"的典范。男主人公的社会化程度向来很低，向来怕与陌生女性打交道，在大学毕业三两年之后竟然变成女生"闺蜜"乃至"妇女主任"，不仅善解人意，而且还能在细微处体贴人、照顾人。可见，此时主人公早已不是昔日吴下阿蒙，情商更高，社会化也更充分了。

这是什么情况？或许有人认为，是因为主人公读杂书更多，女友／妻子则只读专业书。这样说当然也对。但可能还有更深刻的原因，即主人公自我觉醒并健康成长之后，懂得自己也懂得他人，社会化即水到渠成、顺理成章。女主人公则与之不同，一直是由超我主宰，按家长、老师等社会权威的指示去做，好处是顺利地考上大学，继而考上硕士研究生和博士研究生。问题是，她一直把超我指令当作自我选择，不懂得超我与自我之分，强大的超我抑制了自我的成长。

在现实生活中，我见过许多这样的人。我把这类人称为"二维人"，即只有本我和超我，与本我、超我、自我俱全的"三维人"有明显的不同。"二维人"也可能有其幸福人生，但更可能会遭遇本我欲望与超我规则的冲突之苦（社会化超我本来就是用以规训人类本能欲望）。由此，我仿佛明白了古代中国为什么有许多人"满嘴仁义道德，满肚子男盗女娼"，那是因为他们无法处理食色本性与社会道德的冲突，只好嘴上说一套、行为上做另一套。同时我也明白了，为什么鲁迅先生说某些人是"做戏的虚无党"，那是因为这些人虽按社会文化剧本作秀，但内心深处却不懂得社会文化剧本的真义，其行为仍然由其本我即生物性本能所支配，在演绎社会文化剧本规定台词和动作时，内心却是一片荒芜。

在精神自我这个概念刚刚传入时，我们对人的"自我"充满警惕，甚至充满反感，以为自我就是自私，以为自我必然是文明道德的大敌。实际上恰恰相反，唯有自我觉醒者才能懂得"人是社会关系在各方面的总和"，才能懂得社会化的必要性和重要性，才能更好地社会化，真正地社会化。主人公的成长就是例证。

我敢于在这一节作如此议论而不怕主人公妻子会怪罪我，是因为我知道，她显然已从"二维人"变成了"三维人"，是真正合格的现代人。

后记

做这部口述历史书的想法，起意于 2015 年。我把这个想法告诉主人公，主人公说，好。后来又咨询主人公的父亲，他也说，好。这就算立项成功。

按照口述历史工作常规，在项目确定后，采访人要做功课、做预访，继而写出访谈提纲。我是让主人公将自己的所有记忆写出一份《提要》，作为我采访他的《访谈提纲》的基础。这样做，不完全是因为我想偷懒，而是知道主人公记忆力极好，怕预访提问可能会扰动主人公的记忆原生态。大约是 2016 年底，主人公写出了数万字记忆提要，提要非常详细。继而，我又照此办理，让主人公的父亲也写出自己的记忆《提要》以及他认为应该关切的问题，父亲也完成了。接下来，我在他们的《提要》基础上作出《采访提纲》，工作就轻松了。

接下来，就是组建工作团队。我在中国电影资料馆做"中国电影人口述历史"采访工作多年，有自己的采访工作团队，但这个采访不属于我的工作范围，没道理让电影资料馆的团队成员来做这件事。只能找愿意做这个工作的朋友另组团队，成员包括李一意先生、李颢先生、刘玲女士，再加上我本人。具体分工是：我担任采访人，李一意、李颢担任摄像，刘玲主管录音。

接下来是约定正式采访时间，只能利用公共节假日及各自休假时间，第一阶段采访是 2017 年 7 月，第二阶段采访时间是 2018 年 1 月，第三阶段采访时间是 2018 年 8 月。采访地点主要是在我家，有一、两次是在主人公住处。

具体采访时长是：主人公 44 小时 48 分钟；主人公的父亲 8 小时 24 分钟；主人公的母亲 8 小时 42 分钟；还有一次集体采访，即同时采访父亲、母亲、少年，时长 3 小时 36 分钟；最后是采访主人公的女友，时长为 2 小时 30 分钟。完成全部采访，零零落落历时一年，总共 25 次，总计时长 68 小时。

接下来的工作，是要根据录音、录像整理出口述历史原始文字抄本，要求是文字抄本要与录音、录像上的言语保持高度一致，将采访人和受访人的每句话乃至每个口头禅都记录下来，即按照录音、录像中的实际信息作准确复制。刘玲女士、李一意先生用了一年左右时间，整理出超过 100 万字的原始抄本。

接下来的工作，是制作编纂抄本。也就是在原始抄本的基础上，整理出可供阅读（出版）的编辑抄本。编纂抄本有不同思路和规格，将主人公及其父母、妻子的采访单独成篇是一种编法，将主人公及其父母的采访按时间与主题合在一起是另一种编法，只编选主人公的陈述而把父母的陈述作为注释材料是第三种编法；进而，编纂抄本是将所有采访内容都编入，还是只选取其中的一部分？这又有诸多问题要考虑。最后觉得，还是从主人公幼年时编到上大学那一刻为好。我们按照不同规格要求，制作出三个编纂抄本，即 50 万字编纂本、40 万字编纂本，和 30 万字编纂本。

接下来是我的工作，即在三个编纂抄本的基础上，作出精编抄本。具体说，是以 30 万字抄本为主，参照另外两个抄本，确定编纂本的最终模样。需要说明的是，在我的编纂本中，受访人陈述的语言（严格说是言语）基本保持原状，而采访人的言语则改动较大。理由是，在采访过程中，采访人说的话，比现在呈现的要啰唆得多，为了沟通顺畅，采访人常常要向受访人解释为什么要提这个问题、这个问题的要点是什么、我说的某句话或某个词是什么意思等等；此外，在采访现场，采访人的话也像受访人的话一样，让对方明白意思即可，所以经常有半句跳跃现象，即一句话还没有说完，知道对方理解了意思，就不再多说，转到下一句话。现在的编纂抄本，不是面对受访人而是面对读者，要让读者明白采访人说什么，且不能太啰唆，同时还要对采访内容起到联接作用，所以，对采访人的言语有大量改写。因为读者要看的，并不是采访人怎么问，而是受访人怎么说。

除编纂外，我的工作还包括撰写每节一篇采访人札记，这是本书与其他口述历史著作不一样的地方。之所以这样做，与我提出的"口述历史—心灵考古"这一概念有关。提出这一概念，是因为许多人误解口述历史，发现口述历史的个人记忆和陈述中与客观事实不完全相符，就说口述历史不可信、不能用。做口述历史的人都知道，口述历史的言语信息、记忆信息、生活（历史）信息，或者说言语事实、记忆事实、生活（历史）事实不能等同，它们可能一致，也可能不一致，需要口述历史工作者去作考据甄别、分析提炼。进而，我一直相信，口述历史中不仅能提炼出历史学、社会学、人类学等有用信息，且能直接观察和提炼出人性信息。之所以叫"心灵考古"，是因为口述历史的陈述与记忆都与心灵有关，即个人语言信息、记忆信息、生活信息都与人性密切相关，即便是表述错误或记忆错误也都有十分重要的意义和价值，为什么出错？为什么错成这个样子？其实与陈述人的心理状态及其身份、个性及其生活有关。口述历史中没有无用信息。如何用？有用到什么程度？则与采访研究者的专业及其能力有关。

心灵考古也和人类学考古一样，包括两个阶段工作，前一阶段是现场挖掘，后一阶段是文物信息整理、考据和解读。口述历史的采访和记录，就是现场发掘工作，即把受访人的记忆信息采集发掘出来，并以录音、录像及文字原始抄本等多种形式加以保藏。本书中的《采访人札记》，则是信息整理、背景说明、信息考据、信息解读的分节报告。我的知识和能力有限，这一工作做得不够好，肯定存在许多错误和缺点，但我相信这个路子是不错的，值得不断尝试和探索。

最后，是将完成的编纂抄本送交受访主人公及其父母、妻子审阅。这是对他们权利的尊重，也是最后一道审查工序，让受访人检查其中信息错误和不当评说。

在此，要再次感谢接受我采访、同意化名出书的主人公及其家人！感谢和我一起工作并付出大量辛劳的李一意先生、李颢先生、刘玲女士！

这部书能够顺利完成并出版，首先要感谢中国大百科全书出版社社长刘国辉先生！他担任人民文学出版社总编辑时，出版过我采编《陈骏涛口述历史》，那是我做心灵考古的第一份实验报告。如今，他又要我将这部《成长之难》书稿交给他主持的中国大百科全书出版社。刘先生对口述历史的理解和支持，让我由衷感激！

我要感谢中国大百科全书出版社的陈光博士。我给陈光兄打电话，原是希望他指派一个懂得并尊重口述历史的人做本书责任编辑。没想到陈光兄说，他要亲自担任这部书的责编。我知道他有多忙。就问：你没开玩笑吧？他说不开玩笑。这让我喜出望外，衷心感谢陈光先生！

最后，我还要特别感谢我太太朱侠。她是我和本书主人公"两个人的沙龙"的隐身第三人，也是此次口述历史的义务策划人和专业志愿者。我感谢她，还因为她领导我生活数十年，让我安享宁静的书斋生涯，始终不离不弃。

陈墨

2020 年 8 月，于北京小西天